中等职业教育农业部规划教材

DONGWU SHENGCHAN JICHU

动物生产基础

苏成文　彭少忠　主编

U0229827

中国农业出版社

内容简介

　　本教材贯彻"以服务为宗旨、以就业为导向"的职业教育办学方针,紧紧抓住畜禽生产和水产养殖过程中必备的基本技能,围绕畜禽营养需要与饲料加工、畜禽遗传繁育、畜禽场设计及畜禽舍环境调控、猪生产、禽生产、牛生产、羊生产、特种动物生产、水产养殖9个模块,设计34个项目,并分解成多个典型工作任务。每个工作任务的编写,采取先阐述完成本任务必须具备的基本知识,然后以典型的实践案例引出具体任务,引导学生设计完成本任务的工作方案,从而使学生系统地掌握完成每一个工作任务原理、方法和步骤,提高学生解决生产中实际问题的能力。

　　本教材既可以作为中等职业学校相关专业的教材,也可以作为广大畜牧兽医工作者的培训及参考用书。

编 审 人 员

主　编　苏成文（山东畜牧兽医职业学院）
　　　　彭少忠（广西水产畜牧学校）
副主编　王桂英（赤峰农牧学校）

参　编（按姓名笔画排序）
　　　　王国强（南阳农业职业学院）
　　　　田慧丽（山东畜牧兽医职业学院）
　　　　李华慧（广西柳州畜牧兽医学校）
　　　　杨菊凤（山东畜牧兽医职业学院）
　　　　肖　峰（山东畜牧兽医职业学院）
　　　　覃栋明（广西水产畜牧学校）
　　　　樱　桃（赤峰农牧学校）

主　审　徐相亭（山东畜牧兽医职业学院）

　　本教材是依据《国家中长期教育改革和发展规划纲要（2010—2020 年)》，贯彻教育部《关于进一步深化中等职业教育教学改革的若干意见》文件精神，按照中等职业教育服务区域经济发展的指导思想，依据"以就业为导向、以能力为本位、以素质为基础、以企业需求和学生发展为目标"的教育理念，结合我国畜牧业生产实际并着眼于畜牧业未来发展方向编写而成。

　　本教材从强化实践能力培养、提高学生分析问题解决问题能力、适合于职业岗位及职业资格需要的角度出发，以"实践案例"模拟生产情境，引导学生分析案例，制订"实施方案"，培养学生解决生产实际问题的能力；"必备知识"以适用、够用、实用为度，使学生掌握畜牧生产和水产养殖的基本理论；"小贴士"清新活泼，给学生一些小的提示和帮助；"知识拓展"扩展学生知识面，开阔视野；"职业能力测试"帮助学生掌握本次任务的重点知识与技能。

　　本教材由山东畜牧兽医职业学院徐相亭教授审稿，对书稿提出了许多宝贵意见和建议，提升了教材质量；本教材在编写过程中参考了许多专家和学者的资料，在此一并表示感谢。

　　由于编者水平有限，难免有不妥之处，恳请广大读者及同行指正，以便修改。

编　者

2015 年 5 月

MULU 目录

3

绪　论
畜牧业形势分析

 学习任务

　　农业是我国国民经济的基础，畜牧业是农业中最具活力的支柱产业。本次任务中，你应该明确畜牧业的作用，熟悉我国畜牧业发展现状和目前存在的问题，能为我国畜牧业发展提出合理建议。

必备知识

　　1. 畜牧业在国民经济中的地位和作用　畜牧业已成为国民经济中其他部门不可替代的重要产业，集种养加、产供销、贸工牧于一体。目前，我国畜牧业产值已占农业总产值的30%以上，畜牧业发展快的地区，畜牧业收入已占到农民纯收入的50%以上，畜牧业已成为农业中最具活力的支柱产业。

　　（1）畜牧业能为人们提供动物性食品。动物性食品营养丰富，易于消化吸收，是人类的优良食品，动物蛋白在人体摄入的蛋白总量中所占的比例也是衡量一个国家（地区）人们生活水平的重要标准之一。

　　（2）畜牧业能为轻工业提供原料。畜牧业能为食品加工、毛纺、皮革、油脂、生物制药等轻工业部门提供原料。

　　（3）畜牧业能促进农业持续、健康发展。

　　①发展畜牧业可以促进种植业从以粮食和经济作物为主的二元结构向粮食、饲料作物和经济作物为主的三元结构调整，促进生态农业的发展。从发达国家的经验看，发展种草养畜的效益要比发展种粮养畜的效益高3～5倍，不仅提高了土地的利用效率，而且还有利于涵养水土，保持土壤微生物平衡，实现农业生态系统的良性循环。

　　②种植业除了为人类提供可直接食用的农产品外，大部分是人类不能利用的农副产品，而这些就可以用来发展畜牧业，进而为人类提供大量的畜产品。

　　③畜牧业还能够提供大量、廉价、优质、可再生的有机肥资源，能够改良土壤，培肥地力，减少化肥施用量，避免污染，促进农业可持续发展。例如：秸秆过腹还田，既生产了畜产品，又增加了土壤的有机质，还减少了因焚烧秸秆造成的环境污染，在维护生态平衡、保护环境方面具有不可替代的作用。另外，通过推广科学养猪，采用"三结合"厩舍，建沼气池，既可解决农户燃料问题，还减少森林砍伐，减少水土流失，改善生态环境。

　　（4）畜牧业是农民收入的主要来源。随着畜牧业的稳定健康发展，畜产品商品率不断提高，农民出售农产品的收入中来自畜牧业的比重逐步提高。

　　2. 我国畜牧业发展现状

　　（1）畜牧业综合生产能力持续增强。2013年，肉类产量8 536万 t，连续24年居世界第一；禽蛋产量2 876万 t，连续29年居世界第一；奶类产量3 531万 t，居世界第三位。畜牧业综合生产能力不断增强，充分保障了城乡居民"菜篮子"产品供给。

（2）畜牧业产业素质稳步提升。2013年，全国年出栏500头以上生猪、存栏2 000只以上蛋鸡和存栏100头以上奶牛规模化养殖比重分别达到34.0%、62.9%和30.6%，标准化规模养殖快速发展。以原种场和资源场为核心，扩繁场、改良站为支撑，检测中心为保障的畜禽良种繁育体系基本形成并不断完善。2011年，畜牧业科技进步贡献率达52%，产业技术水平明显提升。生猪、蛋鸡和奶牛优势省（自治区）猪肉、禽蛋和牛奶产量分别占全国总量的92.0%、67.7%和88.3%，畜牧业主产区产业优势明显。畜牧业农民专业合作组织发展迅速，大型企业不断涌现，产业组织化水平不断提高。

（3）饲料工业发展迅速。2013年，工业饲料产量1.91亿 t。主要饲料添加剂实现国产化，赖氨酸、维生素C等产品在国际市场占据重要地位。饲料机械制造业专业化发展迅速，产品达数十个系列200余种，远销国际市场。饲料产业集中度进一步提高，年产50万 t 以上的饲料企业或企业集团达30多家，产量占全国总产量的42%。

（4）草原保护建设成效显著。全国禁牧休牧轮牧草原面积16亿亩*，落实草原承包面积33.1亿亩，退牧还草工程和京津风沙源治理工程围栏封育草原面积9.3亿亩，项目区植被覆盖度提高12%，草原牧区牲畜超载率降至30%，鼠虫害危害面积下降15%。

（5）畜牧业产区及产业带基本形成。我国畜牧业分为牧区、农区、半农半牧区和城郊4种类型。牧区分布在东北平原西部、内蒙古高原、黄土高原北部、青藏高原、祁连山以西和黄河以北，区内适宜发展牛、马、羊、骆驼、牦牛等牲畜。牧区养殖主要采取放牧方式，以经营畜产品为主。农区畜牧业以饲养猪和家禽为主，而黄牛、水牛、马、驴、骡等畜种则主要供役用，饲养方式以舍饲为主。半农半牧区沿长城南北呈狭长的带状分布，是农区役畜和肉食牲畜主要供应基地之一，是农业与牧业交替发展地区，兼有纯牧区放牧与农区舍饲的特点，以牛、马、羊饲养为主，是肉、奶、细毛的重要生产基地。城郊畜牧业分布于城市和大型工矿区周围，是伴随着城市经济的发展从农区畜牧业分化出来的集约化程度较高的畜牧业，以饲养猪、鸡、奶牛等畜禽为主，有奶牛饲养场、大型机械化养猪场和养鸡场等，为城市和工矿区直接提供肉、蛋、奶等畜产品，代表我国养殖业较高发展水平的规模化和现代化畜牧业。

近30年来，在畜牧业发展过程中各种畜禽产品的区域分布发生了较大变化，逐渐形成了优势养殖产业带。从肉类产业区域经济看，已逐步形成以长江中下游为中心向南北两翼扩散的生猪生产带；以中原和东北为主的肉牛生产带；以西北牧区和中原及西南为主的肉羊生产带；以东部省份为主的禽肉和以中原省份为主的禽蛋生产带；以东北、华北及京津沪等为主的奶业生产带。

3. 我国畜牧业存在的问题

（1）畜牧业发展方式仍然落后。当前我国畜牧生产中，小规模低水平的散养方式仍占相当大的比重，近40%的生猪由年出栏50头以下的散户提供，60%的奶牛由存栏20头以下的小户饲养。小户散养方式所固有的生产粗放、信息不灵通、防疫条件差、标准化程度低、良种化程度不高等问题，严重制约了产业的持续健康发展。

---

* 亩为非法定计量单位，1亩≈667m²，15亩＝1hm²。——编者注

（2）畜产品质量安全还需加强。随着生活水平的不断提高，社会公众对畜产品安全的要求也越来越高，社会关注度空前加大。由于畜产品生产者素质参差不齐，部分生产者质量安全意识淡薄，非法使用违禁添加物的事件时有发生，对行业发展的冲击和影响很大。畜产品质量安全监管机制不健全，监管任务十分艰巨。

（3）主要畜产品价格波动很大。作为广大人民群众生活的必需品，肉蛋奶等主要畜产品的价格稳定事关城乡居民的切身利益，也是促进国民经济稳定运行的客观需要。但受畜产品生产特点和市场供求等因素的影响，畜产品价格呈波动态势。随着全球一体化进程的加快，国内外多重环境影响的传导联动日益加深，市场变化的放大效应还将进一步增强，畜产品价格波动的趋势仍将延续，为实施供给和价格调控带来巨大挑战。

（4）资源紧缺问题不容忽视。随着畜牧业的快速发展，饲料粮需求增量将高于国内粮食预期增量，饲料资源紧缺将成为畜牧业发展的关键制约因素。作为饲料生产的重要原料，2010年我国进口大豆5 480万 t，进口依存度达75%，鱼粉进口依存度也在70%以上；2010年饲用玉米用量超过1.1亿 t，饲用玉米已从供求平衡转向供应偏紧。同时，规模养殖用地难、用工难、融资难等问题也对畜牧业发展形成严重制约。

（5）重大动物疫病防控形势依然严峻。国内重大动物疫病防控形势依然严峻，布鲁氏菌病、结核病、包虫病等人兽共患病有所抬头，严重威胁畜牧业发展和公共卫生安全。外来疫病防控难度大，对我国疫病防控的威胁在短期内难以有效缓解。病毒变异速度的加快，也使得动物疫病防控难度不断加大。基层兽医防疫队伍素质不高，执业能力参差不齐，兽医系统培训平台和执业兽医体系尚未完善，履行《中华人民共和国动物防疫法》职责任务难度大。

（6）生态环境制约日益凸显。随着社会公众环保意识地不断提高，环境保护和污染治理等系列法律法规的出台，对畜牧业污染防控提出了更高要求。由于畜禽养殖污染处理成本偏高，部分畜禽养殖者粪污处理意识薄弱，设施设备和技术力量缺乏，畜禽养殖污染已经成为制约现代畜牧业发展的瓶颈。

（7）草原保护建设任务艰巨。近年来，虽然保护草原生态环境的观念逐步增强，但草原生态总体恶化的局面仍未能根本改变。目前，全国90%以上的可利用天然草原出现不同程度退化，人草畜矛盾突出，重点草原牲畜超载问题严重，草原畜牧业生产力不断下降。

4. 我国畜牧业发展对策 《全国畜牧业发展第十二个五年规划》提出了"十二五"时期的发展目标：畜牧业生产结构和区域布局进一步优化，综合生产能力显著增强，规模化、标准化、产业化程度进一步提高，畜牧业继续向资源节约型、技术密集型和环境友好型转变，畜产品有效供给和质量安全得到保障，草原生态持续恶化局面得到遏制。因此，加快我国畜牧业发展应科学谋划，统筹考虑，重点突破。

（1）完善优势区域布局。按照"稳定发展生猪和家禽生产，加快发展牛羊肉和禽肉生产，突出发展奶类和羊毛生产"的思路，促进畜产品优势区域布局形成。生猪生产在稳定数量的基础上，加快品种改良，优化猪群结构，增加适合市场需求的优良"三元杂交"和配套系瘦肉型猪的比重。禽蛋生产控制发展规模，提高生产水平，逐步调减城郊饲养总量，扩大农村适度规模饲养，积极推动蛋品加工业发展，实现由规模扩张向提高效率转变，由单一鲜蛋供应向鲜蛋与加工蛋品结合的转变。禽肉生产在增加数量的基础上，重点提高产品质量。大力发展牛羊肉生产，加快肉牛和肉羊品种改良，提高优质产品比重。羊毛生产通过大力改良品种，提高集约化饲养水平，努力提高优质羊毛产量。突出发展奶类生产，在不断增加养殖数量的同时，加强品种的改良，建立优质奶源基地，提高整体产奶水平。强化饲料工业布局，依照统筹规划、优势互补、协调发展的原则，搞好东、中、西部3大地带的协调发展，推进地区间协作。

（2）推进畜牧业产业化进程。畜牧业产业化程度低，缺乏有带动和辐射能力的畜产品加工企业是制约我国畜牧业快速发展的主要原因。走畜牧业工业化道路，大力引进扶持并培育具有竞争力和发展前景的龙头企业。提高技术装备水平，调整产品结构，完善龙头企业与基地、基地与农户利益联结机制，逐步形成产加销一体化的生产经营体系。以龙头企业为中心，在周边集中布局，建立龙头企业生产基地，扶持、培育家庭养殖大户，以大带小，发挥养殖大户的示范作用，促进养殖水平提高。围绕畜牧业，以加工业为主线延长畜牧业产业链，提高畜产品附加值。

（3）健全动物防疫体系。畜牧生产应注意疫病防疫体系建设，在场址选择、场区布局、生产流程设计、污染物处理、疫病综合性防制措施制订及产品流通等各方面，加强科学管理，建立一个完整的科学疫病防制体系，保证畜牧业健康发展。

（4）发展循环经济减轻环境污染。大力发展循环经济，实现物质和能量多级利用。实施种养区域平衡一体化和畜禽废弃物的资源化。积极采用各种措施支持和鼓励利用畜禽有机肥，不仅可减轻畜禽废弃物对环境的污染，也可改善土壤结构提高土壤肥力。加强综合利用，从源头减少排放，减少治理成本，提高环境、经济和社会效益。

畜牧业是畜牧基础理论和生产技术的有机结合，综合利用动物遗传育种和繁殖的理论科学及实际生产技术，挖掘畜禽的遗传潜力，培育出品种优良的畜禽品种（品系）、运用畜禽营养科学和饲料加工技术、畜禽环境卫生控制技术以及畜禽饲养管理技术，充分发挥畜禽的生长潜力，为人类提供量多质优的动物产品，实现绿色、可持续发展是畜牧业的发展方向。

职业能力测试

1. 目前，我国畜牧业产值已占农业总产值的_____。
   A. 5%   B. 10%   C. 30%   D. 60%

2. 下列家畜中，适宜在内蒙古高原、青藏高原等牧区内发展是_____。
   A. 牛   B. 猪   C. 鸡   D. 羊

3. 某公司计划开展畜禽养殖业务，招聘畜牧人员，你到该公司应聘，请为其进行畜牧业形势分析。

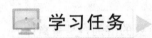

模块一

畜禽营养需要与饲料加工

项目一　畜禽营养与供给

任务 1　分析营养物质的功能与供给方法

学习任务

　　饲料中的营养物质是畜禽身体结构和畜产品的物质基础、是畜禽能量的来源，能否合理的供应所需的营养物质，直接影响畜禽的生长发育和生产水平。本次任务中，你应该了解各种营养物质的生理功能，熟悉各种营养物质缺乏时的危害，掌握各种营养物质供给方法。

必备知识

　　1. 饲料中的营养物质　国际上通常采用概略养分分析方案，将饲料中的养分分为 6 大类，即水分、粗灰分、粗蛋白质、粗脂肪、糖类、维生素。概略养分与饲料组成之间的关系见图 1-1。

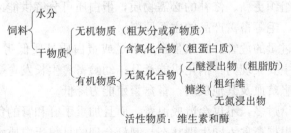

图 1-1　概略养分与饲料组成之间的关系

　　（1）水分。水是动植物体的重要组成成分，动植物体内水分一般有两种存在状态：一种与细胞结合不紧密，可以自由移动，称为游离水或自由水；另一种与细胞内胶体物质紧密结合，难以移动及挥发，称为结合水或束缚水。不同种类的动植物，其水分含量不同，同一种动植物的不同生长期，其水分含量也不相同。

　　（2）粗灰分。粗灰分是动植物体在 550～600℃ 高温炉中充分燃烧后剩余的残渣。主要为矿物质的氧化物及盐类等无机物，有时也含有少量泥沙，故称为粗灰分。

　　（3）粗蛋白质。粗蛋白质是动植物体内一切含氮物质的总称。它包括真蛋白质和非蛋白质含氮化合物（NPN），在动物营养学中又把非蛋白质含氮化合物简称为氨化物或非蛋白氮。如氨基酸、硝酸盐、铵盐、尿素等。

（4）粗脂肪。动植物体内的脂类物质总称为粗脂肪。它是用乙醚浸出的全部醚溶类物质，除中性脂肪外，还包括游离脂肪酸、蜡质、磷脂、树脂及脂溶性维生素等，故称为粗脂肪或乙醚浸出物。

（5）糖类。糖类是粗纤维和无氮浸出物的总称。粗纤维是植物细胞壁的主要结构成分，它包括纤维素、半纤维素和木质素等，主要存在于植物的茎秆和种子的外壳中。无氮浸出物是糖类中的可溶部分，它包括单糖、双糖和多糖，其中的多糖主要指淀粉，它存在于植物的种子、果实及块根块茎中。动物体内不含粗纤维，无氮浸出物含量也很低。

（6）维生素。维生素是一组在化学结构、生化特性和营养作用等方面各不相同的低分子有机化合物。动植物体内维生素的含量很少，但它在动植物体内物质代谢过程中起着重要的调节和控制作用。

2. 各种营养物质的生理功能

（1）水的营养功能及畜禽缺水的后果。

①水的营养功能。水是畜禽身体的主要组成成分，是畜禽体内重要的溶剂，是畜禽体内各种生化反应的媒介，参与畜禽体温调节，水有润滑作用。

②缺水的危害。畜禽缺水会影响畜禽健康和生产性能，幼年畜禽表现为生长缓慢，成年畜禽表现为生产力下降，特别是高产奶牛和蛋鸡最为明显。饮水不足，奶牛的产奶量急剧下降，母鸡产蛋量迅速减少。

畜禽长期饮水不足，常使畜禽健康受到损害。当畜禽体内水分减少8％时，畜禽有严重的口渴感，食欲丧失，消化机能降低，并因黏膜干燥而降低对传染病抵抗力；当体内水分减少10％时，就会导致严重的代谢紊乱；体内损失20％以上的水分就会引起死亡。

（2）蛋白质的营养功能及不足与过量的危害。

①蛋白质的营养功能。蛋白质是构成体组织、体细胞的基本原料，是畜禽体内生物活性物质的主要成分，是组织更新、修补的必需物质，蛋白质可分解供能或转化为糖和脂肪，是形成肉、蛋、奶、皮、毛等畜禽产品的主要原料。

②蛋白质不足与过量的危害。日粮蛋白质不足或蛋白质品质低劣，就会影响畜禽健康，导致生产性能降低，主要表现为：消化机能紊乱；幼龄畜禽生长发育受阻，泌乳量下降，产毛、产蛋量减少；易患贫血及其他疾病；畜禽繁殖能力降低。

日粮中蛋白质供给过多，不仅会造成浪费，而且加重了肝和肾的负担，严重时引起肝和肾疾患。因此，应该根据畜禽不同生理状态，制订合理的日粮蛋白质水平，以保证畜禽正常的生长发育，提高饲料转化率，降低成本，不断提高畜禽生产效率。

（3）糖类的营养功能。糖类主要包括无氮浸出物和粗纤维两大类。糖类是畜禽体内能量的主要来源；是体组织的构成物质；是形成体脂肪、乳脂和乳糖的原料。粗纤维是畜禽日粮中不可缺少的成分，粗纤维吸水量大，进入胃肠后体积膨胀，可起到填充的作用，使畜禽有饱腹感。此外，粗纤维还具有刺激胃肠蠕动、促进消化液分泌和粪便排出的作用。

在饲养实践中，如果日粮中糖类供应不足，不能满足维持畜禽正常生命活动需要时，就会动用体内的贮备物质，首先动用的是糖原，其次是体脂肪，最后动用蛋白质。

（4）脂肪的化学组成与特性及营养功能。

①脂肪的化学组成与特性。脂肪分为真脂肪和类脂肪两类，由甘油和脂肪酸结合而成的脂肪称为真脂肪。由甘油、脂肪酸和其他氮、磷化合物结合成的脂肪称为类脂肪。脂肪酸分饱和脂肪酸与不饱和脂肪酸。脂肪中含有不饱和脂肪酸越多，其硬度就越小，熔点也就越低。植物油脂中不饱和脂肪酸含量高于动物脂肪，因而在常温下植物油脂呈液体状态，而动物脂肪呈固体状态。

②脂肪的营养功能。脂肪是构成畜禽体组织的重要成分；是贮存能量的最好形式；是脂溶性维生素的溶剂；供给幼年畜禽必需脂肪酸；对畜体具有保护作用；是畜产品的成分。

（5）矿物质的营养功能。

①常量矿物质元素。

钙和磷的生理功能：钙和磷是构成骨骼和牙齿的主要成分；钙在维持神经和肌肉正常功能中起抑制神经和肌肉兴奋性的作用。

钠、钾、氯的生理功能：钠和氯的主要作用是维持细胞外液渗透压和调节酸碱平衡。钠、钾可促进神经和肌肉的兴奋性，钾还参与蛋白质和糖的代谢。

②微量矿物质元素。

铁的生理功能：参与载体的组成和转运；参与体内物质代谢；直接参与细胞色素氧化酶、过氧化物酶等的组成和各种生化反应。

铜的生理功能：作为金属酶的组成部分，直接参与体内代谢；维持铁的正常代谢，有利于血红蛋白合成和红细胞成熟；参与骨骼的形成。

钴的生理功能：参与维生素 B_{12} 的组成；在蛋白质、蛋氨酸和叶酸等代谢中起重要作用；是磷酸葡萄糖变位酶和精氨酸酶等的激活剂。

硒的生理功能：具有抗氧化作用，参与谷胱甘肽过氧化酶的组成；对胰腺的组成和功能也有重要的影响；有保证肠道脂酶活性、促进脂类及其脂溶性物质消化吸收的作用。

锌的生理功能：参与体内酶的组成；维持上皮细胞和被毛的正常形态；维持激素的正常作用；维持生物膜的正常结构和功能。

碘的生理功能：参与甲状腺素组成；调节代谢和维持体内热平衡。

（6）维生素的营养功能。维生素是维持畜禽正常生理功能所必需的低分子有机化合物，在代谢中起调节和控制作用。根据其溶解性能，可分为水溶性维生素和脂溶性维生素两大类。

①脂溶性维生素。

维生素 A 的生理功能：维持上皮组织的健全与完整，尤其是眼部、呼吸系统、消化系统、生殖和泌尿系统；维持正常视觉；促进生长发育。

维生素 D 的生理功能：促进小肠黏膜细胞钙结合蛋白的合成，促进钙、磷吸收与骨骼的钙化。

维生素 E 的生理功能：维持正常生殖机能；防止肌肉萎缩；是抗氧化剂，可保护维生素 A 及不饱和脂肪酸。

维生素 K 的生理功能：促进肝合成凝血酶原及凝血因子。

②水溶性维生素。水溶性维生素包括 B 族维生素和维生素 C，各种水溶性维生素的营养功能见表 1-1。

表 1-1　水溶性维生素营养功能表

维生素名称	主要生理功能
维生素 B$_1$（硫胺素）	作为能量代谢的辅酶，促进食欲、生长，为正常糖类代谢所必需
维生素 B$_2$（核黄素）	是酶系统的组成部分，为体内生物氧化所必需
泛酸（维生素 B$_3$）	辅酶 A 的组成部分，为中间代谢的必要因子
维生素 B$_5$（烟酸及烟酰胺）	为辅酶 1 和辅酶 2 的组成成分，为体内生物氧化所必需
维生素 B$_6$（吡哆醛、吡哆醇、吡哆胺）	为蛋白质和氮代谢辅酶，参与红细胞形成，在内分泌系统中起作用
叶酸（维生素 B$_{11}$）	参加一碳基团代谢，与核酸蛋白质合成，红细胞、白细胞成熟有关
维生素 B$_{12}$（钴胺素）	参与核酸与蛋白质合成以及其他中间代谢
生物素（维生素 H、维生素 B$_7$）	参与糖类、脂肪与蛋白质代谢
维生素 B$_4$（胆碱）	是乙酰胆碱、细胞卵磷脂等的成分，参与肝脂肪代谢；参与甲基转移
维生素 C（抗坏血酸）	参与细胞间质胶原蛋白的合成及氧化还原反应；促进抗体的形成，提高白细胞的吞噬能力

（7）能量与畜禽营养。

①能量在畜禽体内的转化。饲料中 3 种有机物在畜禽体内的代谢过程伴随着能量的转化过程。饲料中的能量在畜禽体内的转化过程见图 1-2。

总能（GE）：指饲料在氧弹式热量计中完全燃烧后，以热的形式释放出来的能量。总能只表示饲料完全燃烧后化学能转变成热能的多少，并不能说明被畜禽利用的有效程度，但总能是评定能量代谢过程中其他能值的基础。

消化能（DE）：饲料的可消化营养物质中所含的能量为消化能。即畜禽摄入饲料的总能与粪能之差。即：DE＝GE－FE。

代谢能（ME）：饲料的可利用营养物质中所含的能量称为代谢能。饲料中被吸收的营养物质在利用过程中有两部分能量损失。一是尿中蛋白质的尾产物尿素、尿酸等燃烧所产生的尿能（UE）；二是糖类在消化道，经微生物酵解所产生的气体中甲烷燃烧所产生的能量，即胃肠甲烷气体能（AE）。即：ME＝DE－UE－AE 或 ME＝GE－FE－UE－AE。

净能（NE）：代谢能在畜禽体内转化过程中，还有部分能量以体增热（HI）的形式损失。代谢能减去体增热即为净能。即：NE＝ME－HI 或 NE＝GE－FE－UE－AE－HI。

净能是指饲料总能中，完全用来维持畜禽生命活动和生产产品的能量。前者称为维持净能（NEm），后者称为生产净能（NEp）。不同生产用途时生产净能的表现形式不同，例如育肥畜禽的产脂净能（NEF）、泌乳家畜的产奶净能（NEL）、产蛋家禽的产蛋净能（NEE）、生长畜禽的增重净能（NEG）等。

②畜禽的能量体系。虽然净能最能准确表明饲料能量价值和畜禽的能量需要，但考虑到数据来源的难易程度，一般在生产实践中，我国采用消化能作为猪的能量指标，以表示猪对能量的需要和猪饲料的能值；采用代谢能作为禽的能量指标；采用净能作为反刍家畜的能量指标。

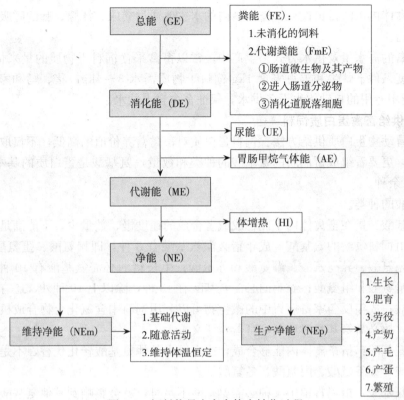

图 1-2 饲料能量在畜禽体内转化过程

小贴士

动物为了生存、生长、繁衍后代和生产，必须从外界摄取食物，动物的食物称为饲料。一切能被动物采食、消化、利用，并对动物无毒无害的物质，皆可作为动物的饲料。饲料中凡能被动物用以维持生命、生产产品的物质，称为营养物质或营养素，简称养分。

实践案例

2012 年，山东省养殖户张某购进仔猪后用玉米饲喂，仔猪被毛粗乱，皮肤苍白，生长缓慢，1 个月后，陆续出现啃食异物、关节肿大、四肢弯曲、呈犬坐姿势、后肢瘫痪等症状。这是典型的仔猪营养缺乏症，请为其制订解决方案。

实施过程

1. 供给畜禽充足饮水

（1）畜禽体内水分的来源。畜禽体内的水分来源于饮水、饲料水和代谢水 3 部分。其中，主要是饮水。

（2）畜禽体内水的排出途径。畜禽体内的水主要通过粪尿、汗腺、肺的呼吸、产奶、产蛋等途径排出。

（3）畜禽的需水量及供水方式。生产中，常以畜禽采食饲料干物质的量来估计需水量。在适宜的温度条件下，牛和羊每采食 1kg 饲料干物质需水 3～4kg，猪、马和家禽需水 2～3kg。主要使用专用的自动饮水设备供水，保证畜禽自由饮水。

2. 合理供给畜禽蛋白质饲料

（1）单胃动物蛋白质供给方法。饲料蛋白质对畜禽营养价值的高低，不仅取决于蛋白质含量的高低，更要看组成蛋白质的氨基酸的种类和数量，氨基酸是蛋白质的基本结构单位，常见的有 20 余种。

①氨基酸的种类。

必需氨基酸：指在畜禽体内不能合成或者合成的速度慢、数量少，不能满足畜禽的营养需要，必须由饲料供给的氨基酸。成年猪必需氨基酸有 8 种，即赖氨酸、蛋氨酸、色氨酸、苯丙氨酸、亮氨酸、异亮氨酸、缬氨酸和苏氨酸；生长猪的必需氨基酸有 10 种，除以上 8 种外，还有精氨酸和组氨酸；雏鸡的必需氨基酸有 13 种，除以上 10 种外，还有甘氨酸、胱氨酸和酪氨酸；成年反刍家畜瘤胃中的微生物可以利用饲料中含氮化合物合成机体所需要的全部氨基酸，故必需氨基酸对反刍家畜营养意义不大。

非必需氨基酸：指畜禽体内能够合成，或者可由其他氨基酸转化代替，不是必须由饲料供给的氨基酸，如谷氨酸、丙氨酸、冬氨酸等。

限制性氨基酸：指当日粮中某种必需氨基酸不足时，就会影响到其他氨基酸的利用，并使整个日粮中蛋白质利用率下降，这种氨基酸称为该日粮的限制性氨基酸。饲料中限制性氨基酸缺乏程度越大，限制作用就越强。通常把饲料中最易缺少的必需氨基酸称为第一限制性氨基酸，以此类推为第二、第三……限制性氨基酸。

单胃动物蛋白质消化吸收的主要场所是小肠，小肠可以吸收利用大量的氨基酸和少量短肽，大肠中的细菌只能将饲料中数量很少的氨化物合成菌体蛋白。因此，单胃动物能利用饲料中的蛋白质，但不能很好地利用氨化物。单胃动物的蛋白质营养主要取决于氨基酸是否平衡，特别是必需氨基酸和限制性氨基酸的数量和比例。氨基酸平衡遵循木桶原理，即蛋白质就像由 20 多块木板条围成的木桶，每块木板条代表一种氨基酸，蛋白质的生产效果犹如木桶里的容水量。如果饲料缺乏某种氨基酸，即如木桶上的某块木板短缺，其他木板条再长盛水量也不能增加，这种氨基酸限制了蛋白质的利用率。氨基酸平衡的木桶原理见图 1-3。

②提高单胃动物饲料蛋白质利用率的措施。日粮配合时饲料种类应多样化；补充氨基酸添加剂；日粮中蛋白质与能量比例适当；消除饲料中的抗营养因子；补充与蛋白质代谢有关的维生素及微量元素。

（2）反刍家畜蛋白质供给方法。反刍家畜蛋白质消化的主要场所是瘤胃，瘤胃在微生物的作用下将氨化物转化为微生物蛋白质。吸收的主要场所是小肠，小肠在酶的作用下将微生物蛋白和在瘤胃中未被分解的饲料蛋白降解为氨基酸吸收利用。可见，反刍家畜不仅能利用饲料中的蛋白质，也能很好地利用氨化物。所以，氨化物在反刍家畜蛋白质营养上占有十分重要的地位，在生产中常用氨化物（非蛋白氮）代替蛋白质饲料饲喂成年反刍家畜，以节约

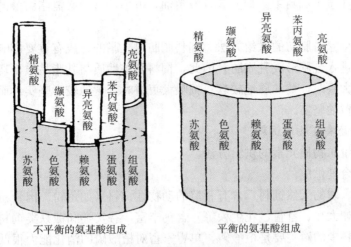

图1-3 氨基酸平衡的木桶原理

成本。常见非蛋白氮主要是尿素及其衍生物。

3. 合理供给畜禽糖类饲料

（1）单胃动物糖类的供给方法。单胃动物消化吸收糖类的主要场所是小肠，小肠在消化酶的作用下，将淀粉转化为葡萄糖进行吸收；其次，大肠在细菌发酵作用下，可以将部分粗纤维转化为挥发性脂肪酸进行吸收。因此，单胃动物能很好地利用糖类中的无氮浸出物，但不能大量利用粗纤维。生产实践中，仔猪饲料中粗纤维含量应控制在4%以下，生长育肥猪饲料控制在8%以下，母猪饲料控制在10%～12%，肉用仔鸡和产蛋鸡饲料控制在6%以下。为单胃动物配制日粮时，应多喂富含淀粉的谷实类饲料。

（2）反刍家畜糖类的供给方法。反刍家畜消化吸收糖类的场所主要是瘤胃，其次是小肠、大肠。糖类的吸收形式以挥发性脂肪酸为主，以葡萄糖为辅。因此，反刍家畜不仅能大量利用饲料中的粗纤维，而且也能利用饲料中的无氮浸出物。生产实践中，反刍家畜可以饲喂大量青粗饲料。

4. 合理供给畜禽脂肪性饲料

（1）肉用畜禽脂肪的供给方法。单胃动物所采食饲料脂肪的性质直接影响体脂肪的品质。在猪育肥期喂给高脂肪日粮，可使猪体脂肪变软并易酸败，不适于制作腌肉和火腿等肉制品。因此，在猪的育肥期间应少喂脂肪含量高的饲料，多喂富含淀粉的饲料，因为由淀粉转变成的体脂肪含饱和脂肪酸较多。采取这种措施，既可保证猪肉的品质，又可降低成本。在肉鸡饲料中添加玉米油、亚麻油和鱼油，可提高鸡胴体中必需脂肪酸的比例。

反刍家畜体脂肪的品质受饲料脂肪性质的影响极小。虽然反刍家畜采食的牧草和秸秆类等粗饲料中的脂肪不饱和脂肪酸含量很高，但不饱和脂肪酸在瘤胃内经细菌的氢化作用而转化为饱和脂肪酸，再经肠壁吸收后合成体脂肪。因此，反刍家畜体脂肪中不饱和脂肪酸含量很少，体脂肪较为坚实。

（2）蛋鸡脂肪的供给方法。饲料中脂肪的性质直接影响蛋黄脂肪的品质。鸡蛋的脂肪酸组成容易通过调整饲料来改变，即蛋黄中脂肪酸的组成和含量随饲料中脂肪酸的组成及含量

11

的变化而变化。在蛋鸡饲料中添加亚麻籽或鱼油，可生产富含必需脂肪酸的鸡蛋，称为"营养蛋"。

（3）乳用反刍家畜脂肪的供给方法。饲料脂肪对乳脂的合成有重要影响。饲料脂肪在一定程度上可直接进入乳腺形成乳脂肪。因此，饲料脂肪性质与乳脂品质密切相关。以牛奶的乳脂为例，饲喂大豆时，黄油质地较软；饲喂大豆饼时，黄油较为坚实，而饲喂大麦粉、豌豆粉和黑麦粉时黄油坚实。

5. 合理供给畜禽矿物质饲料

（1）主要常量矿物质元素的供给方法。

①钙、磷的合理供应。

饲喂富含钙、磷的天然饲料：含有骨骼的动物性饲料（如鱼粉、肉骨粉等）钙、磷含量高，豆科植物（如大豆、苜蓿、花生秧等）含钙丰富，谷实类和糠麸类饲料中钙少磷多。谷实类和糠麸类饲料中的磷主要是植酸磷，单胃家畜对植酸磷的消化能力很低。在猪、鸡饲料中添加植酸酶，可促使植酸磷分解释放出活性无机磷，而被消化吸收，既可以降低饲料成本，同时也可减少畜禽排泄的磷对环境的污染。

补饲矿物质饲料：植物性饲料一般不能满足畜禽对钙、磷的需要，必须在饲料中添加矿物质饲料。常用的含钙矿物质饲料有蛋壳粉、贝壳粉、石粉等，常用的含钙、磷的矿物质饲料有骨粉、磷酸氢钙等。

加强畜禽的户外运动或补饲维生素 D：多晒太阳，可以促使畜禽被毛、皮肤中 7-脱氢胆固醇转变为维生素 D_3，维生素 D 可促进畜禽对钙、磷的吸收。

对饲料地、牧草地多施含钙、磷的肥料，以增加饲料中钙、磷的含量。

优良贵重的种用畜禽可注射维生素 D 和钙磷制剂，也可以口服鱼肝油，预防或治疗钙、磷缺乏。

②钾、钠与氯的合理供应。植物性饲料，尤其是幼嫩植物中钾含量丰富，一般情况下，畜禽不会缺乏。除鱼粉、酱油渣等含盐饲料外，多数饲料中均缺乏钠和氯。食盐是供给畜禽钠和氯的最好来源。一般猪饲料中食盐添加量为 0.25%～0.5%，鸡为 0.35%～0.37%，注意应将含食盐量高的饲料中的食盐计算在内。

（2）主要微量矿物质元素的供给方法。主要微量矿物质元素的供给方法见表 1-2。

表 1-2　主要微量矿物质元素供给方法

微量元素	主要供给方法
铁	仔猪生后 2d 内，在颈侧肌肉分点注射右旋糖酐铁钴合剂
铜	将 0.25%硫酸亚铁和 0.1%硫酸铜混合溶液，滴在母猪乳头上让仔猪吸入
钴	给妊娠母猪和哺乳母猪日粮中添加铁蛋氨酸、铜蛋氨酸、钴蛋氨酸螯合物，效果更好
硒	将亚硒酸钠稀释后，均匀拌入饲料中补饲。饲喂家禽时可将亚硒酸钠溶于水中饮用，但要严格控制供给量
锌	常用硫酸锌、碳酸锌和氧化锌补饲，如采用有机形式的蛋氨酸螯合物效果更好
碘	缺碘地区畜禽要注意补碘，常用碘化食盐补饲

6. 合理供给畜禽维生素饲料　常用维生素的供给方法见表 1-3。

表 1-3　常用维生素的供给方法

维生素名称	供 给 方 法
维生素 A	多喂含有丰富的胡萝卜素和维生素 A 的绿色饲草、胡萝卜、黄玉米、鱼肝油、蛋黄等
维生素 D	家畜经日光照射在体内生成；多喂鱼肝油、晒制的干草或日粮中添加工业合成的维生素 D
维生素 E	多喂富含维生素 E 的植物油、绿色植物、小麦麦胚及蚕蛹等，或在日粮中添加合成维生素 E
维生素 K	在畜禽消化道中可经微生物合成，多喂青绿饲料，补饲工业合成维生素 K
维生素 B_1（硫胺素）	多喂谷物外皮、青绿饲料等，补饲工业合成硫胺素
维生素 B_2（核黄素）	多喂青绿饲料、酵母、发酵饲料等，补饲工业合成核黄素
烟酸及烟酸胺（维生素 B_5）	在体内可由色氨酸转化，多喂青绿饲料和苜蓿等饲料，补饲工业合成烟酸
维生素 B_6（吡哆醛、吡哆醇、吡哆胺）	多喂酵母、豆类等饲料，补饲工业合成维生素 B_6
泛酸（维生素 B_3）	多喂苜蓿粉、奶粉、发酵制品等饲料，补饲工业合成泛酸钙
生物素（维生素 H、维生素 B_7）	多喂谷物、豆饼、苜蓿粉、干酵母、奶制品、青绿草等饲料，补饲工业合成生物素
叶酸（维生素 B_{11}）	多喂植物绿叶、小麦、豆饼等饲料，补饲工业合成叶酸
维生素 B_4（胆碱）	添加天然饲料脂肪或补饲工业合成胆碱
维生素 B_{12}（钴胺素）	多喂鱼粉、肉粉、肝粉、发酵制品等饲料，补饲工业合成维生素 B_{12} 制剂
维生素 C（抗坏血病维生素、抗坏血酸）	应激状态下应多喂青绿饲料、块根鲜果等饲料，或补饲维生素 C

🔍 知识拓展 ▶

提高反刍家畜尿素利用率的措施

（1）日粮中必须含有适量易消化的糖类。糖类的性质直接影响尿素的利用效果，因此，添加尿素的日粮中要有一定量的淀粉质精料，建议每 100g 尿素配 1kg 易消化的糖类。

（2）日粮中应含有一定比例的蛋白质。添加尿素的日粮蛋白质水平在 10%～12% 为宜，如果日粮中蛋白质水平低于 10% 时，会影响细菌的生长繁殖。

（3）日粮中应含有供微生物活动所必需的矿物质。钴是维生素 B_{12} 的成分，如果钴元素缺乏，瘤胃细菌合成维生素 B_{12} 受阻，会影响细菌对尿素的利用。硫元素是蛋氨酸、胱氨酸等含硫氨基酸的成分，而这些含硫氨基酸是合成菌体蛋白的原料。此外，还要保证细菌活动所必需的钙、磷、镁、铜、铁、锌、碘等矿物质的供给。

（4）控制尿素喂量。尿素喂量为日粮粗蛋白质的 20%～30%，或日粮干物质的 1%，也可以按成年反刍家畜体重的 0.02%～0.05% 计算添加量。一般成年牛每头每天喂给 60～100g，成年羊每头每天喂给 6～12g。

（5）注意饲喂方法。严禁将尿素单独饲喂或溶于水中饮用；严禁把生豆类、胡枝子种子等脲酶含量高的饲料掺在含尿素的谷物饲料里一起饲喂。将尿素均匀地混合在精粗饲料或添加到青贮原料中青贮后一起饲喂；开始饲喂时应少给，逐渐增加量，使家畜有 5～10d 的适应期；或将尿素、糖蜜、矿物盐混合并压制成块状，供牛、羊自由舔食。

任务2 分析畜禽典型营养缺乏症

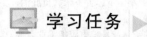 **学习任务**

畜禽的生命活动和生产需要各种营养物质，如果这些营养物质不能满足畜禽需要，便可能出现缺乏症。在本次任务中，你应该熟悉畜禽常见营养缺乏症，能根据症状判断是哪种营养物质的缺乏症。

实践案例

2010年，湖南省某肉鸡饲养场20日龄左右的仔鸡陆续出现皮下积蓄多量渗出液，有些鸡头部后仰，呈"观星状"，有些鸡足爪向内弯曲，用跗关节行走，有些鸡神经症状明显，原地转圈。据此案例分析这是哪种营养缺乏症。

实施过程

1. 矿物质元素缺乏症

（1）钙、磷缺乏症。畜禽食欲不振，生产力、繁殖力下降。

畜禽出现异嗜癖：异嗜癖是指畜禽喜欢啃食泥土、石头等异物，互相舔食被毛或咬尾咬耳等，如母猪食仔癖、母鸡啄蛋癖等。缺磷时异嗜癖表现尤为明显。

幼年畜禽患佝偻症：幼年畜禽表现为骨端粗大、关节肿大、四肢弯曲、呈"X"形或"O"形，肋骨有"念珠状"突起，骨质疏松，易骨折。幼猪多呈犬坐姿势，严重时后肢瘫痪；犊牛四肢畸形、弓背。

成年畜禽患软骨症：软骨症常发生于妊娠后期与产后母畜、高产奶牛和产蛋鸡。为供给胎儿生长或产奶、产蛋的需要，畜禽过多地动用骨骼中的贮备，造成骨质疏松。

（2）钠、氯缺乏症。植物性饲料中钠和氯含量较低，畜禽缺钠和氯表现为：食欲不振，被毛脱落，生长停滞，生产力下降。并表现掘土毁圈、喝尿、舔脏物、猪咬尾等异嗜癖。

（3）镁缺乏症。非反刍家畜需镁量低，一般饲料均能满足需要，不需要额外补饲。镁缺乏症主要见于反刍家畜。

反刍家畜缺镁症可分为两种类型：一种类型是长期饲喂缺镁日粮，导致犊牛和羔羊痉挛，称为"缺镁痉挛症"；另一种类型是早春放牧的反刍家畜，采食含镁量低（低于干物质的0.2%）、吸收率也低（平均7%）的青牧草而发生的"草痉挛"缺镁症，主要表现为神经兴奋性增高，肌肉痉挛，呼吸弱，厌食，生长受阻等。

（4）硫缺乏症。畜禽缺硫时表现为消瘦，角、蹄、爪、毛、羽生长缓慢。反刍家畜用尿素作为唯一氮源而不补充硫时，也可能出现缺硫现象，致使利用粗纤维能力降低，食欲下降，体重减轻，生产性能下降。禽类缺硫易发生啄癖，影响羽毛质量。

（5）铁、铜、锌缺乏症。成年畜禽一般不缺铁。哺乳幼畜，尤其是仔猪容易发生缺铁症。初生仔猪体内储铁量为30～50mg，正常生长每天需铁7～8mg，而每天从母乳中仅得到约 1mg 的铁。如不及时补铁，10 日龄左右即出现贫血症状，表现为食欲降低，体弱，轻度腹泻，皮肤和可视黏膜苍白，血红蛋白量下降，呼吸困难，严重者 3～4 周龄死亡。

畜禽缺铜，影响正常的造血功能，血管弹性硬蛋白合成受阻，弹性降低，从而导致畜禽血管破裂死亡；长骨外层很薄，骨畸形或骨折；羔羊表现为"摆腰症"；羊毛生长缓慢，失去正常弯曲度，毛质脆弱；有色毛褪色，黑色毛变为灰白色；免疫力下降；繁殖力降低。

缺锌时，畜禽食欲降低、采食量下降，生产性能降低，皮肤和被毛受损；繁殖性能降低、骨骼异常；皮肤不完全角质化症是很多畜禽缺锌的典型表现。此外，缺锌畜禽外伤愈合缓慢，机体免疫力下降。

（6）钴缺乏症。畜禽缺钴或维生素 B_{12} 合成受阻，表现为食欲不振，生长停滞，体弱消瘦，黏膜苍白等。反刍家畜瘤胃中微生物能利用钴合成维生素 B_{12}。

（7）硒缺乏症。我国东北、西北、西南及华东等省区均为缺硒地区。缺硒时，猪和兔多发生肝细胞大量坏死而突然死亡，仔猪在 3～15 周龄容易发生，死亡率高；3～6 周龄雏鸡患"渗出性素质病"，严重缺硒时会因胰腺萎缩导致其分泌的消化液明显减少；幼年畜禽缺硒患"白肌病"，四肢站立不稳；成年家畜的繁殖力下降。

（8）锰缺乏症。以玉米为主食的猪、鸡易缺锰。缺锰时，采食量下降，生长发育受阻，骨骼畸形，关节肿大，骨质疏松，繁殖机能下降、神经受损和共济失调等。生长鸡缺锰易患"滑腱症"，腿骨粗短症，胫骨与跗骨关节肿胀，后腿腱从踝状突滑出，鸡不能站立，严重时死亡。

（9）碘缺乏症。缺碘会降低畜禽基础代谢，导致甲状腺肿大。幼龄家畜缺碘表现为生长缓慢、骨架小的"侏儒症"；妊娠家畜缺碘，可导致胎儿发育受阻；雄性家畜缺碘，精液品质下降。

2. 维生素缺乏症

（1）维生素 A 缺乏症。畜禽在弱光下视力减退或完全丧失，患"夜盲症"；上皮组织干燥和过度角质化，易受细菌侵袭而感染多种疾病，如泪腺上皮组织角质化发生"干眼症"，呼吸道或消化道上皮组织角质化引起肺炎或下痢，泌尿系统上皮组织角质化产生肾结石和尿道结石；畜禽繁殖力下降，妊娠母畜流产、难产、产弱胎、死胎或瞎眼仔畜；破坏软骨骨化过程；骨骼发育不全，压迫中枢神经，出现运动失调、痉挛、麻痹等神经症状。幼龄畜禽精神不振，食欲减退，生长发育受阻。

（2）维生素 D 缺乏症。缺乏维生素 D 会导致钙、磷代谢失调，幼年畜禽易患"佝偻症"，妊娠母畜和泌乳母畜易患"软骨症"，家禽除骨骼变化外，喙变软，蛋壳薄而脆或产软壳蛋，产蛋量及孵化率下降。

（3）维生素 E 缺乏症。家畜繁殖力下降，甚至不孕不育、胎儿发育不良，胎儿早期被吸收或死胎；家禽产蛋率和孵化率均降低；幼龄畜禽易患"白肌病"，仔猪常因肝坏死而突然死亡；毛细血管通透性增强，致使大量渗出液在皮下积蓄，患"渗出性素质病"；肉鸡饲喂高能量饲料缺少维生素 E，患"脑软化症"。

（4）维生素 K 缺乏症。畜禽凝血时间延长，可发生皮下、肌肉及胃肠道出血。禽类更易发生维生素 K 缺乏症，母鸡缺少维生素 K，蛋有血斑，孵化时，鸡胚也常因出血而死亡。

（5）B族维生素缺乏症。

维生素 B_1 缺乏症：禽与牛呈现角弓反张，头部后仰，神经变性和麻痹，特别是生长速度快的鸡最易发生，呈现"观星状"。猪运动失调，厌食呕吐，消化紊乱。

维生素 B_2 缺乏症：猪表现为食欲减退，生长停滞，被毛粗乱，并常为脂腺渗出物所黏结，眼角分泌物增多及白内障。鸡的典型症状为卷爪麻痹症，足爪向内弯曲，用跗关节行走，腿麻痹，母鸡产蛋率、孵化率下降。

维生素 B_3（泛酸）缺乏症：猪生长缓慢，运动失调，典型症状是"鹅步症"，鳞片状皮炎，脱毛，肾上腺皮质萎缩；鸡生长受阻，皮炎，羽毛生长不良，雏鸡眼分泌物增多，眼睑周围结痂；母鸡产蛋率与孵化率下降。

维生素 B_5（尼克酸）缺乏症：生长猪患"癞皮症"，皮肤发炎，结"黑痂"，被毛粗乱，生长缓慢，消化机能紊乱，呕吐、腹泻；鸡表现为口腔炎，皮炎，羽毛蓬乱，生长缓慢，下痢，母鸡产蛋率和孵化率下降。

维生素 B_6 缺乏症：幼龄畜禽食欲下降，生长发育受阻，皮肤发炎，心肌变性；猪贫血，皮肤粗糙，生长停滞，运动失调，阵发性抽搐或痉挛；鸡发生眼睑水肿，使眼闭合，羽毛粗糙、脱落，也表现异常兴奋、惊跑，种蛋孵化率下降。

生物素缺乏症：畜禽生长不良，皮炎，被毛脱落；猪后腿痉挛，皮肤干燥，鳞片和以棕色渗出物为特征的皮炎；鸡喙及眼周围发生皮炎，生长缓慢，种蛋孵化率降低。

叶酸缺乏症：畜禽营养性贫血，生长缓慢甚至停滞，慢性下痢，被毛粗乱，繁殖机能和免疫机能下降。

维生素 B_{12} 缺乏症：畜禽最明显的症状是生长受阻，表现为步态不协调或不稳定，甚至产生恶性贫血及代谢障碍。母畜受胎率、繁殖率和产后泌乳量下降；种蛋孵化率下降，雏鸡同时缺乏维生素 B_{12}、胆碱或甲硫氨酸，可出现滑腱症。

胆碱缺乏症：畜禽生长发育缓慢，贫血，衰竭无力，关节肿胀，运动失调，消化不良，易发生肝脂肪浸润而形成脂肪肝；鸡比较典型的症状是"骨粗短病"和"滑腱症"，母鸡产蛋量减少，甚至停产，孵化率下降；猪后腿叉开站立，行动不协调。

（6）维生素C缺乏症。畜禽毛细血管的细胞间质减少，通透性增强，引起皮下、肌肉、肠道黏膜出血；骨质疏松易折，牙龈出血，牙齿松脱，创口溃疡不易愈合，患"坏血症"；家畜食欲下降，生长阻滞，体重减轻，活动力丧失，皮下及关节弥漫性出血，被毛无光，贫血，抵抗力和抗应激力下降；母鸡产蛋量减少，蛋壳质量降低。

🔍 知识拓展 ▶

饲料中营养物质的基本功能

（1）作为动物体的结构物质。营养物质是动物机体每一个细胞和组织的构成物质，如骨骼、肌肉、皮肤、结缔组织、牙齿、羽毛、角、爪等组织器官。所以，营养物质是动物维持生命和正常生产过程中不可缺少的物质。

（2）作为动物生存和生产的能量来源。在动物生命和生产过程中，维持体温、随意活动和生产产品，所需能量皆来源于营养物质。糖类、脂肪和蛋白质都可以为动物提供能量，但以糖类供能最经济。脂肪除供能外还是动物体贮存能量的最好形式。

（3）作为动物机体正常机能活动的调节物质。营养物质中的维生素、矿物质以及某些氨基酸、脂肪酸等，在动物机体内起着不可缺少的调节作用。如果缺乏，动物机体正常生理活动将出现紊乱，甚至死亡。

（4）转化为肉、蛋、奶、皮、毛等产品。畜产品，如奶产品、肉产品、蛋产品等是动物摄食饲料后，经过消化代谢转化而成的。

职业能力测试

1. 构成蛋白质、脂肪、糖类等有机化合物的 3 种主要化学元素是_____。
 A. C、H、O　　　B. C、H、S　　　C. H、O、P　　　D. C、O、Fe
2. 蛋白质的基本结构单位是_____。
 A. 氨基酸　　　　B. 脂肪酸　　　　C. 葡萄糖　　　　D. 甘油
3. 在玉米—豆粕型日粮中，猪的第一限制性氨基酸是_____。
 A. 赖氨酸　　　　B. 蛋氨酸　　　　C. 苏氨酸　　　　D. 色氨酸
4. 下列营养物质可以作为畜禽主要能量来源的是_____。
 A. 蛋白质　　　　B. 维生素　　　　C. 糖类　　　　D. 矿物质
5. 饲料中缺乏钙、磷或维生素 D，均可引起幼龄畜禽患_____。
 A. 佝偻症　　　　B. 贫血　　　　C. 白肌病　　　　D. 脑软化症
6. 畜禽泪腺上皮组织角质化，发生干眼症，日粮中缺乏的维生素是_____。
 A. 维生素 A　　　B. 维生素 B　　　C. 维生素 D　　　D. 维生素 E
7. 分析蛋白质不足与过量的危害。
8. 综合分析异食癖、仔猪贫血症发病原因，并结合生产实际提出解决办法。

项目二　畜禽饲养标准的应用

任务 1　分析畜禽营养需要

学习任务

合理确定畜禽的营养需要量，既能发挥畜禽生产潜力，又能提高饲料利用效率，降低饲料成本，提高养殖业经济效益。本次任务中，你应该掌握营养需要的相关概念，熟悉影响畜禽维持营养需要的因素和生产需要的特点，能够合理确定畜禽的营养需要量。

必备知识

1. **营养需要的概念**　营养需要是指每天每头（只）畜禽对能量、蛋白质、矿物质、维生素等营养物质的总需要量。畜禽从饲料中摄取的营养物质，一部分用来维持生命活动需要；另一部分用于生产畜禽产品。因此，畜禽营养需要包括维持营养需要和生产营养需要两部分。

17

2. 畜禽维持营养需要及影响因素

（1）维持营养需要的概念。维持营养需要是指成年畜禽不从事任何生产（包括生长、妊娠、泌乳、产蛋等），仅仅用于维持正常体况和体重不变时对能量、蛋白质、矿物质、维生素等各种营养物质的最低需要量。维持需要用于维持体温、各种器官的正常生理功能（基础代谢）和必需的自由活动。维持状态下的畜禽，其体组织仍然处于不断更新的动态平衡中，生产中也很难使畜禽的维持营养需要处于绝对平衡的状态。畜禽摄入的营养物质首先用于维持需要，超过维持需要的那部分营养物质才用于生产。

（2）影响畜禽维持需要的因素。

①年龄和性别。幼龄畜禽代谢旺盛，以单位体重计，基础代谢消耗比成年和老年畜禽多，故幼龄畜禽的维持需要相对高于成年和老年。性别也影响代谢消耗，公畜比母畜代谢消耗高，如公牛高于母牛 10%～20%。

②体重和体型。一般说来体重越大，其维持需要量也越多。但以单位体重而言，体小的维持需要比体大的高。这是因为体重小者，单位体重所具有的体表面积大，散热多，故维持需要量也多。

③种类、品种和生产水平。畜禽种类不同，其维持需要也不相同。按单位体重需要计算，鸡最高，猪较高，马次之，牛和羊最低。生产性能高的畜禽代谢强度高，其维持需要高。据测定，高产奶牛比低产奶牛的代谢强度高 10%～32%，乳用家畜泌乳期代谢强度比干奶期高 30%～60%，乳用牛比肉用牛的基础代谢高 15%。

④环境温度。环境温度过低或过高时，畜禽为了维持恒定的体温，通过加速体内营养物质氧化产热或通过加快呼吸和血液循环散热，增加了畜禽的维持需要量。实际饲养中，应注意调节舍温，以减少畜禽的维持需要量。

⑤活动量。自由活动量越大，用于维持的能量就越多。适当限制育肥畜禽活动，可减少畜禽的维持需要。

⑥被毛厚薄。畜禽的被毛状态对维持能量需要的影响颇为明显。如绵羊在剪毛前，其临界温度为 0℃左右，而剪毛后即迅速升高，可达 30℃左右。故要避免在寒冷季节剪毛。

⑦饲养管理制度。单养畜禽受低温影响较大，畜禽在寒冷季节，加大饲养密度可互相挤聚以保持体温，减少体表热能散发，从而节省能量消耗。生产中，冬季育肥猪大圈群饲对保温有益。厚而干燥的垫草和保温性能良好的地面也可以减少能量消耗。

3. 畜禽生产营养需要及其特点

（1）生产营养需要的概念。生产营养需要是指畜禽在生长或生产产品时对能量、蛋白质、矿物质、维生素等各种营养物质的需要，包括生长、繁殖、泌乳、役用、产蛋、产毛的营养需要。

（2）畜禽生产营养需要特点。

①生长畜禽营养需要特点。随年龄的增长，生长畜禽单位增重所需的能量逐渐增多，所需的蛋白质逐渐减少，但应考虑蛋白质的品质。生长畜禽对钙、磷的需要随年龄增长而逐渐减少。生长畜禽必须充分供应各种维生素，但反刍家畜消化道微生物可合成 B 族维生素。种用畜禽在生长后期应限制饲养，防止过肥。

②畜禽繁殖的营养需要特点。

种公畜的营养需要特点：种公畜应具有健壮的体格、旺盛的性欲和良好的精液品质。能量供应不足或过多、蛋白质的数量和质量、各种矿物质及维生素供给合理与否均与种公畜的种用性能密切相关。种公畜日粮营养应全面、平衡，营养水平合理。根据种公畜的体况及配种任务量增减日粮，确保营养物质的合理供给。

繁殖母畜的营养需要特点：繁殖母畜分为配种前和妊娠后两个阶段，由于两个阶段的生理特点不同，营养需要也有很大差别。配种前母畜的饲养目标是体质健壮，发情正常及受胎率高。营养水平过高或过低均可影响母畜的体况、发情和受胎，甚至导致不孕。配种前母畜日粮营养应全面、平衡，但营养水平不必过高。母畜，随妊娠期的进展体重增加，代谢增强。胎儿，妊娠前期增重较慢，妊娠后期增重越来越快，胎重的 2/3 是在妊娠最后 1/4 时期内增长的。妊娠母畜前期所需营养较少，随妊娠的进展，妊娠母畜对各种营养物质的需要量逐渐增多。妊娠母畜日粮营养水平适宜且营养全面、平衡，才能保证母畜正常的繁殖机能。因此，应合理控制饲料喂量，保持妊娠母畜适宜的体况。

③泌乳家畜的营养需要特点。泌乳家畜日粮营养水平适当高于实际泌乳需要，营养全面，营养平衡；并随泌乳量的提高而不断增加，可充分发挥母畜的泌乳潜力。配制日粮时，泌乳母牛的营养需要依据母牛的平均体重、平均产奶量及平均乳脂率等确定。生产中，饲养泌乳母牛时，粗饲料自由采食，精饲料的喂量随泌乳量的增减而增减；饲养泌乳母猪时，全价饲料的喂量依据母猪体重及产仔数进行换算。

④育肥畜禽营养需要特点。畜禽生长育肥期体蛋白与体脂肪沉积随年龄和育肥方式而发生变化，但总趋势是随年龄的增长，蛋白质、水分和矿物质所占比例逐渐减少，而脂肪的比例相应增加，在育肥后期，单位增重中脂肪可占 70%～90%。因此，幼龄育肥的畜禽与生长畜禽对营养物质的需要基本相似。

⑤产蛋家禽的营养需要特点。产蛋家禽的营养需要量取决于体重、蛋重、蛋的成分、产蛋率及饲料转化率。产蛋家禽饲料中能量浓度应合理，能量与蛋白比例适当，还应注意蛋白质品质，确保常量元素钙、磷、钠、氯及微量元素锰、碘、铁、铜、锌、硒等合理供给；适当提高各种维生素的供给量，保证家禽自由饮水及水的质量。

⑥产毛畜禽的营养需要特点。毛的发育和生长与畜禽胚胎发育、生长育肥、繁殖和泌乳同步进行。在羊的胚胎期及羔羊期，日粮营养水平能够制约其终身的产毛力。适当提高产毛畜禽日粮中能量和蛋白质水平，可促进生长期产毛畜禽皮肤和毛囊的发育，提高生长畜禽、成年畜禽的产毛量及毛的品质。

任务 2　畜禽饲养标准的应用

💻 学习任务 ▶

饲养标准是畜禽营养需要研究应用于畜禽饲养实践的权威表述，具有很强的科学性和广泛的指导性。本次任务中，你应该熟悉饲养标准的概念，能正确使用畜禽饲养标准。

◎ 必备知识 ▶

1. 饲养标准的概念　饲养标准是根据畜禽的种类、性别、年龄、体重、生理状态、生产目的与生产水平等，科学地规定每头（只）畜禽每天应供给的能量和各种营养物质的数量。目前，饲料生产企业或养殖场（户）主要依据我国的饲养标准确定畜禽的营养需要量，有些参考 ARC（英国农业科学研究委员会）制定的标准或 NRC（美国国家科学委员会）制定的标准。

饲养标准的表达方式主要有两种：一是按每头（只）畜禽每天需要量表示。这种表达方式对畜禽生产者估计饲料供给、对畜禽限饲以及合理确定畜禽日粮中营养物质浓度很实用；二是按单位饲料营养物质浓度表示。这种表达方式对于群体饲养、配合饲料生产和配方设计很实用，一般猪禽饲料的配方设计与饲料的生产均用这种方法。

2. 饲养标准的合理利用 饲养标准所规定的畜禽的营养需要量是经过长期饲养实践经验积累和科学试验研究的结果，对合理确定畜禽的营养需要量，科学配制畜禽日粮具有普遍的指导作用。但饲养标准反映的是群体的平均供给量和需要量，其使用性有一定限制。如不同品种其生产性能不同，营养需要量也不同，而饲养标准反映的是不同品种营养需要的平均值。

另外，饲养标准的制定不可能对影响畜禽营养需要的众多因素加以考虑。因此，我们确定畜禽营养需要时，必须以饲养标准为指导，依据配料对象的实际生产水平和饲养条件对饲养标准中的营养定额进行适当的调整和修正。

不同品种的鸡对营养物质需要量不同，且要求严格，配制鸡日粮时，最好以专业标准（育种公司提供）为依据。配制牛日粮时，可以以我国肉牛及奶牛饲养标准为依据。配制猪日粮时，可以以我国肉脂型和瘦肉型猪饲养标准为依据。从国外引进的优良品种畜禽，配料时可参考 NRC、ARC 标准。

📖 小贴士

在饲养标准中，能量的单位是千焦（kJ）、兆焦（MJ）；蛋白质的单位是克（g）或百分含量（%）；氨基酸的单位是百分含量（%）；维生素 A、维生素 D、维生素 E 使用国际单位（IU），其他维生素的单位是毫克（mg）或微克（μg）；常量元素的单位是克（g）或百分含量（%），微量元素的单位是毫克（mg）或微克（μg）。

⚙️ 职业能力测试

1. 性别影响畜禽的代谢消耗，一般情况下公牛比母牛代谢消耗高_____。
   A. 1%～2%   B. 10%～20%
   C. 30%～50%   D. 100%～120%

2. 按单位体重计算，维持需要最高的畜禽是_____。
   A. 鸡   B. 猪
   C. 羊   D. 牛

3. 饲养标准中的能量指标，猪、羊一般用_____表示。
   A. 代谢能   B. 总能
   C. 净能   D. 消化能

项目三　饲料利用与加工

任务 1　饲料原料分类及利用

🖥 学习任务 ▶

饲料是畜禽所需营养物质的来源，是养殖生产的物质基础，为了科学合理地利用各种饲料资源，满足畜禽对各种营养的需要。本次任务中，你应该熟悉饲料的概念及其分类，掌握常用饲料的营养价值，能合理利用各种饲料原料。

⊘ 必备知识 ▶

饲料的分类

全世界可用作饲料的原料多种多样，包括人类食品生产的副产品共有2 000种以上。对饲料进行系统地、准确地分类和命名是饲料生产商品化后的必然要求。

1. 国际饲料分类法　国际饲料分类法以各种饲料干物质中主要营养特性为依据，将饲料分为八大类。

(1) 粗饲料。指饲料干物质中粗纤维含量大于或等于18%，以风干物为饲喂形式的饲料。植物地上部分经收割、干燥制成的干草或随后加工而成的干草粉；脱谷后的农副产品，如秸秆、秕壳、藤蔓、荚皮、秸秧等；农产品加工副产物糟渣类，加工提取原料中淀粉或蛋白质等物质后的饲料等，均属粗饲料。

(2) 青绿饲料。指天然水分含量在45%以上的新鲜青绿的植物性饲料。如以放牧形式饲喂的人工栽培牧草、天然草地牧草、鲜树叶、水生植物及菜叶等，属于青绿饲料。

(3) 青贮饲料。指青饲原料在厌氧条件下，经过乳酸菌发酵调制和保存的一种青绿多汁饲料，如玉米、甘薯藤等青贮饲料。

(4) 能量饲料。饲料干物质中粗纤维含量低于18%，粗蛋白质含量在20%以下，每千克含消化能在10.46MJ以上的饲料称为能量饲料，如玉米、小麦等谷实类饲料。

(5) 蛋白质饲料。饲料干物质中粗纤维含量小于18%，粗蛋白质含量大于或等于20%的饲料，称为蛋白质饲料。如大豆饼粕、花生饼粕、鱼粉等。

(6) 矿物质饲料。指可供饲用的天然矿物质及化工合成无机盐类，如食盐、石粉等。贝壳粉和骨粉来源于动物，但主要用来提供矿物质营养素，故也划入此类。

(7) 维生素饲料。指由工业合成或提纯的维生素制剂，但不包括富含维生素的天然青绿饲料。维生素 A、B 族维生素等均属此类。

(8) 饲料添加剂。指在配合饲料中加入的各种少量或微量成分。如氨基酸、抗氧化剂、防霉剂、着色剂等。

国际饲料分类法主要依据饲料的营养特性来分类，符合人们的习惯；同时又有量的规定，如对水分、粗纤维、粗蛋白质等含量的限制，因而更能反映各类饲料的营养价值及在畜禽饲养中的地位。

2. 中国饲料分类法　中国饲料分类法在国际饲料分类法的基础上，结合中国传统饲料分类习惯将饲料划分为 17 个亚类，两者结合，对每类饲料冠以相应的中国饲料编码，编码分为 3 节，共 7 位数，其首位为八大类分类编号。第 2、3 位为亚类编号，第 4～7 位为具体饲料顺序号。例如，吉双 4 号玉米的分类编码是 4-07-6302，表明是第 4 大类能量饲料，07 则是表示属谷实类，6302 则是吉双 4 号玉米籽实饲料属性相同的科研成果平均值的个体编码。我国现行饲料分类见表 1-4。

表 1-4　中国现行饲料分类及第 2、3 位编码

第 2、3 位码	饲料种类名称	前三位分类码的可能形式
01	青绿植物	2-01
02	树叶	1-02, 2-02
03	青贮饲料	3-03
04	块根、块茎、瓜果	2-04, 4-04
05	干草	1-05
06	农副产品	1-06
07	谷实	4-07
08	糠麸	4-08, 1-08
09	豆类	5-09, 4-09
10	饼粕	5-10, 4-10
11	糟渣	1-11, 4-11, 5-11
12	草籽树实	1-12
13	动物性饲料	5-13
14	矿物质饲料	6-14
15	维生素饲料	7-15
16	饲料添加剂	8-16
17	油脂类饲料及其他	8-17

3. 按饲料的来源分类　按饲料的来源分类可将饲料分为植物性饲料（如玉米、牧草等），动物性饲料（如鱼粉、骨粉等），矿物质饲料（如石粉、磷酸氢钙）和特种饲料（如尿素）等四大类。

📖 小贴士

　　能为畜禽提供所需养分、保证畜禽健康、促进畜禽生长和生产，在合理使用时不发生有害作用的可食物质，称为饲料。某些能强化饲养效果的非营养性添加剂也划归饲料范围之内。

实践案例

　　2004 年 9 月 23 日，甘肃省武威市某奶牛场饲养员将牛场青年牛群赶到一块收割后约 15d 的高粱茬地放牧，由于茬地上杂草多已干枯老化、粗硬，适口性差，牛不爱吃，而高粱茬上新长出的二茬苗鲜嫩，青绿适口性强，牛大量采食。约 3h 后，有 3 头牛突然发病，呼吸困难，流涎鼓眼，肌肉震颤，其中 1 头倒地抽搐，很快死亡。据此案例分析各种饲料的利用技术。

实施过程

1. 粗饲料的利用 粗饲料主要包括青干草和农副产品类饲料。

青干草是以细茎的牧草、野草或其他植物为原料，在结籽前割下全部地上部分，经自然晾晒干或机械烘干，可长期贮存的成品。农副产品类包括秸秆和秕壳两种。秸秆是各种作物收获籽实后的茎叶部分，秕壳饲料是作物脱粒碾扬后的副产品。

奶牛日粮中必须有一定数量的粗饲料，将干草与多汁饲料混合喂奶牛，可增进干物质及粗纤维采食量，保证产奶量和乳脂含量。粗饲料采食量最好不低于日粮干物质总量的50%。有条件的情况下，将青干草制成颗粒饲用，可明显提高利用率。粗蛋白质含量低的青干草可配合尿素使用，有利于补充牛羊粗蛋白质摄入的不足。

在猪日粮中添加适宜的粗饲料，可降低饲养成本、提高生猪生产性能，否则集约化养殖易导致生猪出现消化功能障碍、便秘等"富贵病"。幼嫩的青干草，粉碎后制成草粉可作为鸡、猪、鱼配合饲料的原料。

2. 青绿饲料的利用 青绿饲料主要包括天然草地牧草、人工栽培牧草、叶菜类、非淀粉质块根块茎瓜果类和水生植物等。

（1）天然牧地的牧草主要包括禾本科、豆科、菊科、莎草科四大类，粗蛋白质含量以豆科牧草较高。

（2）人工栽培牧草主要有紫花苜蓿、紫云英、青刈玉米和矮象草等。紫花苜蓿主要分布于北方各省区，是各类家畜上等饲料，不论青饲放牧还是调制成干草，适口性均好，营养丰富。幼嫩苜蓿是反刍家畜和草食家畜的最好的蛋白质饲料，但放牧时要防止牛羊的膨胀病。

青刈玉米富含糖类，有较多的易溶糖类，稍有甜味，家畜喜欢采食，如果与豆科青草混合饲喂，效果更佳。青刈玉米可青饲，也可制成优质的青贮饲料。

矮象草是热带和亚热带地区的一种高产的多年生牧草，产量高、分蘖多、再生能力强，适期刈割，柔软多汁，适口性好，利用率高，牛尤喜食。幼嫩期也是养猪、养鱼的好饲料。除四季供给家畜青绿饲料外，也可调制成干草或青贮。

（3）叶菜类主要有甘薯秧蔓、甘蔗叶、白菜等。适时采收，质地柔嫩，畜禽喜食，嫩叶菜的干物质含量不足10%，水分含量均较高，单位重量所提供的能量和营养物质有限。

（4）非淀粉质块根块茎饲料主要是胡萝卜，产量高，易栽培，无氮浸出物含量多，并含有蔗糖和果糖，具有甜味，胡萝卜素含量高，适口性好，是各种畜禽冬春季的重要饲料。

（5）水生植物主要有水葫芦、水花生等，其生长快、产量高、不占耕地、利用时间长等优点，且质地柔软，幼嫩多汁，但干物质少。水生植物主要用来喂猪，生喂或熟喂均可，但生喂易感染寄生虫病，饲用时必须注意合理搭配与消毒，并定期给猪驱虫。

青绿饲料是反刍家畜和草食家畜的主要能量来源。高产优质的青绿饲料能弥补畜禽配合饲料中维生素易氧化、易流失、不稳定的缺点，特别为种用家畜供给繁殖所需的维生素 A、维生素 D、维生素 E 等。青绿饲料因富含矿物质，并极易被畜禽利用，对母畜、仔畜特别有利。同时，可以解决夏季畜禽采食量减少而引起的营养缺乏问题。

青绿饲料利用时应注意：防止有害物质中毒，收割宜嫩不宜老，饲喂应新鲜清洁，最好加工后饲喂。

3. 能量饲料的利用

（1）谷实类饲料。谷实类饲料是禾本科作物籽实的统称，常见有玉米、小麦、稻谷等。

①玉米。玉米是使用最普遍、用量大的一种饲料原料，故有"饲料之王"的美称。玉米的有效能值是谷实饲料中最高的。玉米的粗纤维很少，仅 2% 左右，而无氮浸出物高达72%，而且无氮浸出物主要是易消化的淀粉；粗脂肪含量一般为 3%～4.5%，以不饱和脂肪酸为主；蛋白质含量低，一般为 7%～9%，品质较差，缺乏赖氨酸、蛋氨酸和色氨酸等必需氨基酸；钙少磷多，其中磷多以植酸磷形式存在，单胃家畜利用率很低；黄玉米中含有较高的胡萝卜素和叶黄素。玉米极易感染黄曲霉，注意整粒脱水贮存。

在配制玉米为主体的全价配合饲料时，常与大豆饼粕、鱼粉等蛋白质饲料和添加剂预混料搭配；玉米适口性好，无使用限制；黄玉米的叶黄素和玉米黄质对蛋黄颜色、脚色和肤色等有良好的着色效果；肉猪、肉鸡应避免过量使用，否则肉猪、肉鸡体内过量蓄积脂肪会使屠体品质下降；可大量用于牛、羊、兔的精料补充料中，但最好与其他体积大的糠麸类并用，以防积食引起膨胀。

②小麦。小麦是全世界主要粮食作物之一，但有少量小麦用作饲料。小麦有效能值较高，无氮浸出物含量高，占75%以上；粗纤维含量低；粗脂肪含量低；粗蛋白质含量较高，约13%，但品质差，缺乏赖氨酸等必需氨基酸；矿物质含量低，钙少磷多，磷大部分是植酸磷；B 族维生素和维生素 E 含量较多；含有较多不能被畜禽消化、黏性较大的阿拉伯木聚糖。

小麦作为猪鸡的能量饲料时，与玉米以 1∶2 比例混合为宜；同时，在饲料添加阿拉伯木聚糖酶，可提高小麦的有效能值。肉猪肉鸡饲料使用小麦可改善肉质，提高胴体脂肪品质。饲喂反刍家畜以粗粉碎为宜，压片和糊化处理可提高利用率。

③其他谷实类。高粱、稻谷、大麦和燕麦等都可用作能量饲料。使用高粱时应注意其单宁的含量，单宁是抗营养因子，有苦涩味，影响适口性和营养物质消化率。稻谷因有外壳，粗纤维含量较高，应控制其在日粮中的用量，但糙米或碎米饲喂效果与玉米相当。大麦粗纤维较高，不宜饲喂仔猪，但作为育肥猪的能量饲料，饲养效果好，胴体品质好。带皮燕麦纤维素高，有效能值低，育肥猪、雏鸡、肉鸡及产蛋鸡宜少用或不用。

（2）糠麸类饲料。谷实加工后形成的副产物统称为糠麸类，制米的副产物称作糠，制粉的副产物则为麸。糠麸类是畜禽的重要能量饲料原料，主要有米糠、小麦麸等，主要是由籽实的种皮、糊粉层与胚组成。

①小麦麸。小麦麸是小麦的加工副产品，来源广，数量大，常用于畜、禽、鱼配合饲料。无氮浸出物含量较少，有效能值低；蛋白质含量为 12%～17%，品质好于玉米；粗纤维高，质地疏松，容重小；矿物质含量丰富，钙少磷多，钙磷比例极不平衡，磷多为植酸磷；粗脂肪约 4%，富含 B 族维生素和维生素 E。

小麦麸是猪、鸡的优质饲料原料。生长育肥猪日粮用量控制在15%～25%，育肥后期用量不宜过多，一般不用作仔猪的饲料；小麦麸含有轻泻性的盐类，有助于肠胃蠕动和通便润肠，是妊娠期和哺乳期母猪的良好饲料。小麦麸在鸡饲料中一般不超过10%，但为了控制生长蛋鸡及后备种鸡的体重，用量可增加到15%～25%；小麦麸容积大，纤维含量高，适口性好，是奶牛、肉牛及羊的优良饲料原料。

②米糠。米糠是稻谷脱壳后精磨制米的副产物，也称细米糠（油糠）。粗蛋白质含量约

13%，品质比玉米好；粗脂肪含量可高达 15%，多属不饱和脂肪酸，长期贮存易引起脂肪变质；有效能值为糠麸类饲料之首；富含维生素 E 和 B 族维生素；粗灰分含量高，但钙磷比例极不平衡；含有胰蛋白酶抑制因子，采食过多易造成蛋白质消化不良。

米糠适于饲喂各种家畜，在饲料中配比过高会引起腹泻及体脂肪发软。猪饲料中应控制在 20% 以下，仔猪饲料不宜使用，以免引起腹泻；鸡饲料中应控制在 5% 以下；奶牛和肉牛饲料中可用到 20% 左右。

（3）淀粉质块根、块茎饲料。常见的有甘薯、马铃薯、木薯等，其饲料干物质中主要是无氮浸出物，而粗纤维、粗蛋白质、粗脂肪、粗灰分等较少。甘薯蛋白质含量较低，且含有胰蛋白酶抑制因子，但加热可使其失活。甘薯类宜喂猪，熟喂时其蛋白质的消化率较高，饲料转化率也高。马铃薯可生喂反刍家畜。马铃薯的幼芽、芽眼及绿色表皮含有龙葵素，大量采食可导致家畜消化道炎症和中毒。木薯含有氢氰酸，需经去毒处理后使用。

（4）其他能量饲料。

①油脂。油脂是高热能饲料，是必需脂肪酸的重要来源之一，能促进色素和脂溶性维生素的吸收，能增强饲料的风味，提高适口性。生产中，仔猪的人工乳和开食料中一般添加 3%～5% 的油脂，肉猪饲料中添加 1%～3% 的油脂，肉鸡前期日粮中可添加 2%～4% 的猪油等廉价油脂，而在后期日粮中添加必需脂肪酸含量高的大豆油、玉米油等，以改善胴体品质。

②糖蜜。又名糖浆，是甘蔗和甜菜制糖的副产品。易消化，有甜味，适口性好。可作为颗粒饲料的黏合剂，提高颗粒饲料的质量。猪、鸡饲料中适宜添加量为 1%～3%，肉牛为 4%，犊牛为 8%。

4. 蛋白质饲料的利用

（1）植物性蛋白质饲料。

①豆类籽实。豆类籽实指大豆、豌豆和蚕豆等，多为油料作物，一般较少直接用作饲料。全脂大豆用于仔猪，可满足其能量、蛋白质及必需脂肪酸的需要。

②饼粕类饲料。大豆饼粕是目前使用最广泛、用量最大的植物性蛋白质饲料。粗蛋白质含量高，一般在 40%～50%，必需氨基酸含量高，组成合理；粗纤维含量不高；胡萝卜素、维生素 B_1 和核黄素含量也少，烟酸和泛酸含量稍多，胆碱含量很丰富；钙少磷多，磷多属不能利用的植酸磷，硒含量低，尤其在东北缺硒地区；大豆中含有抗营养物质，主要是胰蛋白酶抑制因子。大豆饼粕适用于任何阶段的鸡，对雏鸡的饲喂效果更为明显；对肉猪、种猪的适口性很好，且因已脱去油脂，多用也不会造成软脂现象，但在人工代乳料和仔猪补料中，用量以 10%～15% 为宜，经膨化或发酵的脱皮大豆粕饲喂效果较好。牛可有效地利用未经加热处理的大豆粕，含油脂较多的豆饼对奶牛有催奶效果，但在牛人工代乳料和开食料中应加以限制。

菜籽饼粕粗蛋白质含量为 36%～38%，蛋氨酸、赖氨酸含量较高，精氨酸含量低。棉仁饼粕中精氨酸含量高，而赖氨酸不足，因此菜籽饼粕与棉仁饼粕搭配，可以改善赖氨酸与精氨酸的比例；菜籽饼粕粗纤维含量 10%～12%，故可利用能量较低；烟酸和胆碱的含量高，其他维生素含量较低；钙磷含量都高；含有较多的有毒有害物质，限制了其在畜禽日粮中的使用。品质优良的菜籽饼粕，肉鸡后期用量以不超过 10% 为宜，蛋鸡、种鸡不超过 8%，雏禽应避免使用菜籽饼粕；肉猪用量应限制在 5% 以下，母猪应限制在 3% 以下。脱毒后或"双低""三低"品种的菜籽饼粕，肉猪用量可达 10%，种猪可用至 12%。

花生仁粕蛋白质含量可达 47%，适口性极佳。赖氨酸和蛋氨酸等含量很低，饲喂畜禽时，可与大豆饼粕、菜籽饼粕、鱼粉或血粉等配伍使用。花生饼粕很易感染黄曲霉，产生黄曲霉毒素，应特别注意检测其黄曲霉毒素含量，我国饲料卫生标准中规定其黄曲霉毒素 B_1 的含量不得高于 0.05mg/kg。

③工业副产品类。主要包括糟渣类和玉米蛋白粉等饲料，糟渣类常见的有酒糟、醋糟和酱油糟以及粉渣、豆腐渣等。由于经过发酵或提取，糟类蛋白质含量相对增高，干物质中粗蛋白质含量在 20% 以上，但粗纤维增加，适口性变差，使用时必须注意。玉米蛋白粉含蛋白 25%～60%，多呈橘黄色，是有效的着色剂，是养鸡业的优质饲料。

(2) 动物性蛋白质饲料。

①鱼粉。鱼粉是鱼类加工食品剩余的下脚料或全鱼加工的产品。粗蛋白质含量高，进口鱼粉在 60% 以上，国产鱼粉一般为 45%～55%。蛋白质品质好，富含各种必需氨基酸，但精氨酸含量相对较低。鱼粉中富含 B 族维生素、维生素 A、维生素 D 和维生素 E 等。钙、磷含量很高，且比例适宜。含有促生长的未知因子，可刺激畜禽生长发育。雏鸡和肉用仔鸡饲料中鱼粉用量为 3%～5%，蛋鸡为 3%，用量过多，不但成本增加，而且会引起鸡蛋、鸡肉的异味。断奶前后仔猪饲料中应使用 3%～5% 的优质鱼粉，肉猪饲料中一般控制在 3% 以下，过高会增加成本，还会使体脂变软、肉带鱼腥味。反刍家畜饲料很少使用鱼粉。

②肉骨粉。肉骨粉粗蛋白质含量一般为 35%～40%，进口肉骨粉可达 50% 以上，钙、磷和维生素 B_{12} 丰富。适口性略差，优质肉骨粉可替代鱼粉，但应适量添加调味剂。

(3) 单细胞蛋白质饲料。由单细胞生物组成的蛋白质含量较高的饲料，称为单细胞蛋白质饲料。目前主要是饲料酵母和石油酵母。饲料酵母粗蛋白质含量较高，必需氨基酸含量较高，B 族维生素含量丰富，钙少磷多。因其适口性差，价格较高，在蛋鸡和肉鸡日粮中不宜超过 5%，雏鸡日粮中添加 2%～3% 的酵母，有促生长作用；仔猪饲料中可添加 3%～5%，肉猪饲料中添加 3%。

5. 矿物质饲料的利用

(1) 含钠与氯的饲料。主要有食盐、碳酸氢钠（小苏打）、无水硫酸钠（元明粉或芒硝）。食盐在风干日粮中的用量，牛、羊、马等草食家畜为 1%，猪 0.25%～0.50%、肉鸡、肉鸭 0.25%、蛋鸡 0.3%～0.5%。

(2) 含钙及含钙与磷的饲料。主要有石灰石粉（$CaCO_3$ 或石粉）、贝壳粉、石膏、蛋壳粉、骨粉、磷酸氢钙等。石粉为天然的碳酸钙，一般含钙 35% 以上，是补充钙最廉价、最方便的矿物质。石粉在配合饲料中的用量：仔猪 1%～1.5%，育肥猪 2%，种猪 2%～3%，雏鸡 1%～2%，产蛋鸡和种鸡 5%～7.5%，肉鸡 2%～3%。磷酸氢钙（$CaHPO_4 \cdot 2H_2O$），为白色或灰白色的粉末或微粒状产品，一般含磷 18%，含钙 23.2%，畜禽对其钙和磷的吸收利用率较高。

(3) 其他矿物质饲料。主要有沸石、麦饭石、膨润土等。沸石主要成分为氧化硅（SiO_2），其结构独特，有许多大小一致的空腔和孔道，使其具有特殊功能，如吸附性、离子交换性、筛分性及催化作用等，故在饲料中添加沸石粉可改善畜禽的生产性能，提高饲料转化率，同时能减少肠道疾病的发生，也可改变粪便的成分，有利于改善舍内的环境。另外，沸石还可用作畜舍的除臭剂，猪、鸡饲料中可添加5%，牛饲料中可添加8%。

  6. 饲料添加剂的利用

  （1）饲料添加剂的分类。目前，国内大多采用的分类方法是按其用途，将饲料添加剂分为营养性添加剂和非营养性添加剂。饲料添加剂分类见图1-4。

饲料添加剂
- 营养性添加剂：氨基酸、维生素、微量元素、非蛋白氮
- 非营养性添加剂
  - 生长促进剂：抗生素、合成抗菌药、激素、酶制剂、运动抑制剂、中草药饲料添加剂、铜制剂、砷制剂、益生素（微生态制剂）
  - 驱虫保健剂：驱球虫剂、驱蠕虫剂
  - 饲料保藏剂：防霉防腐剂、抗氧化剂、青贮饲料添加剂
  - 品质改良剂：食欲增进剂（调味剂、香味剂、诱食剂）抗结块剂（流散剂）、黏结剂、着色剂（增色剂）
  - 其他添加剂：甜菜碱、缓冲剂、吸水剂、乳化剂、除臭剂、未知生长因子添加剂、疏水剂、防尘剂、抗静电剂

图1-4　饲料添加剂分类

  （2）营养性添加剂利用技术。

  ①常用的氨基酸主要有赖氨酸、蛋氨酸、色氨酸和苏氨酸等。其中，赖氨酸和蛋氨酸使用最普遍。生产中赖氨酸添加剂为L-赖氨酸盐酸盐，为白色或淡褐色粉末，无味或稍有特殊气味，易溶于水。在少用或不用鱼粉的日粮，应注意添加赖氨酸添加剂；国内使用的蛋氨酸添加剂大部分为粉状DL-蛋氨酸或L-蛋氨酸。在以全植物性饲料原料配制的畜禽日粮中，尤其是禽类日粮中，需要添加蛋氨酸或其蛋氨酸类似物，一般添加量为0.1%～0.2%。

  ②常用的微量元素添加剂有硫酸亚铁、硫酸锌、硫酸铜、硫酸锰、碘化钾、亚硒酸钠和氯化钴等。其用量虽少，却是饲料配合过程中必须添加的成分。常用的维生素添加剂有：维生素A、维生素D_3、维生素E、维生素K、维生素B_1、维生素B_2、维生素B_6、维生素B_{12}、泛酸钙、烟酸、叶酸、生物素和胆碱等。目前，市售维生素制剂有两大类：复合多种维生素与单项维生素，在饲料加工过程中普遍使用前者。

  （3）非营养性添加剂利用技术。

  ①抗生素。抗生素的种类较多，随着在生产中不安全或效果不好的抗生素品种相继淘汰，各国被批准使用的品种逐渐减少。目前，我国暂时还允许作为饲料添加剂的抗生素有：杆菌肽锌、硫酸黏杆菌素、维吉尼亚霉素、恩拉霉素、金霉素、北里霉素、泰乐菌素、土霉素、盐霉素和拉沙里菌素钠等30种。

  ②益生素。也称生菌剂、活菌剂、微生态制剂，是将肠道菌群进行分离和培养所制成的活的微生物及其发酵产物，作为添加剂使用可抑制肠道有害菌繁殖，起到防病保健和促进生长的作用。这类产品采用的主要菌种有乳酸杆菌属、链球菌属和双歧杆菌属等。目前，益生素已开始用于生产，但它还不能完全取代抗生素，其生产、贮存和使用等环节有待于进一步完善。

  ③酶制剂。酶制剂的主要作用有破坏植物细胞壁、提高淀粉和蛋白质等营养物质的可利用性、降低消化道食糜黏度、消除抗营养因子、补充内源酶不足、激活内源酶分泌等作用。

国内外的饲用酶产品主要是由几种单一酶制剂混合而成的复合酶。无任何毒副作用，是使用最安全的一种添加剂，故被称为"绿色添加剂"，但贮存和使用时要注意影响酶活力的各种因素。

④中草药饲料添加剂。在饲料中添加中草药，除可以补充营养外，还有促进生长、增强畜禽体质、提高抗病力的作用。与抗生素或化学合成药相比，其具有毒性低、无残留、副作用小、不影响人类医学用药的优越性。同时，中草药资源丰富、来源广、价格低廉、作用广泛，是值得开发的饲料添加剂。常在饲料中添加的中草药有松针粉、黄芪、党参、杜仲、蒲公英、甘草、山楂、麦芽等。

⑤低聚糖添加剂。低聚糖又称寡聚糖、寡糖，是由 2～8 个单糖通过糖苷键连接形成直链或支链的一类糖，主要有甘露寡糖（MOS）、果寡糖（FOS）等，是畜禽肠道微生态调节剂和畜禽免疫功能增强剂，具有选择性促进肠道中有益菌的增值、阻止有害菌定植并促其随粪排出、促进肠道发育和刺激免疫反应的作用。

⑥生物活性肽添加剂。生物活性肽添加剂是指一类相对分子质量小于 6 000、在构象上较松散、具有多种生物学功能的生物活性肽，它本身就是畜禽体天然存在的生理活性调节物，由氨基酸组成，是重要的营养物质。生物活性肽应用于饲料行业尚处于起步阶段，均为一些含生物活性肽的初级产品，但已显示出良好的效果。

⑦酸化剂添加剂。酸化剂是能使饲料酸化的物质，可以刺激口腔的味蕾细胞，使唾液分泌增多，促进食欲；也可增加胃内的酸度，提高胃蛋白酶的活性，减慢胃排空的速度，并进一步提高胰蛋白酶的分泌量和活性；促进消化道内有益菌的增生，抑制有害菌的生长，同时可以杀灭或抑制饲料本身存在的微生物。酸化剂分单一酸化剂和复合酸化剂两类，在单一酸化剂中由于有机酸具有良好的风味，并且有些可直接进入三羧酸循环，因此在生产实际中用的较多。目前，使用效果较好的有柠檬酸、延胡索酸、乳酸、正磷酸等。酸化剂是一种高效、无残留，不产生抗药性的安全饲料添加剂，但使用效果不稳定，是今后的一个研究重点。

生产中根据需要还可以在日粮添加驱虫保健剂、饲料加工保存添加剂、饲料品质改良添加剂等。

🔍 知识拓展 ▶

各类饲料的营养特点

（1）粗饲料的营养特点。粗饲料主要包括干草、农副产品类（秕壳、荚壳、藤蔓）、树叶类、糟渣类等。其主要特点是粗纤维含量高、体积大；无氮浸出物低，且不易消化；粗蛋白质含量差异大；钾多磷少，豆科含钙多；晒制的干草维生素 D 含量丰富。

（2）青绿饲料的营养特点。青绿饲料主要包括天然牧草、人工栽培牧草、叶菜类、非淀粉质茎根瓜果类和水生植物等。其主要特点是：水分含量高；蛋白质含量较高；粗纤维含量较低；钙、磷含量丰富，比例适当；维生素含量丰富，特别是胡萝卜素含量较高，但维生素 B_6 很少，缺乏维生素 D。

饲喂时应防止亚硝酸盐中毒、氢氰酸和氰化物中毒、农药中毒、某些有毒植物中毒。

（3）青贮饲料的营养特点。保持青绿植物的营养成分，适口性好，消化率高；延长青饲季节；开发饲料资源；可以杀灭青饲料中的寄生虫及有害菌，保存时间长。

（4）能量饲料的营养特点。能量饲料包括谷物籽实类（玉米、小麦等）、糠麸类、块根块茎瓜果类和其他加工副产品（如油脂、糖蜜、乳清粉等）。谷实类饲料是禾本科植物籽实的统称，其营养特点是：无氮浸出物含量特别高，一般都在干物质的70%以上，主要是淀粉；粗纤维含量低，一般在6%以下；粗蛋白质含量低，为8%～13%，且品质不佳，缺乏赖氨酸和蛋氨酸等；含有一定脂肪，一般占2%～5%，亚油酸和亚麻酸的比例较高；矿物质含量普遍较低，钙磷比例不平衡。B族维生素较丰富，但缺乏维生素 B_2。

该类饲料适口性好，易于消化，消化能含量高，但由于蛋白质含量低，品质差，矿物质含量不平衡，因此在饲喂该类饲料时应与优质的蛋白质饲料配合利用；同时注意钙、磷的配比。对于育肥畜禽，由于能量饲料中脂肪的不饱和度较高，饲喂过多时，易产生软脂胴体。

（5）蛋白质饲料的营养特点。蛋白质饲料可分为植物性蛋白质饲料（豆类籽实、饼粕类）、动物性蛋白质饲料（鱼类、畜禽肉类和屠宰后的副产品及乳品加工副产品）、单细胞蛋白质饲料（酵母、细菌、真菌）和非蛋白氮饲料。

植物性蛋白质饲料的营养特点：粗蛋白质含量高，一般占干物质的20%以上，而且品质较好，其中赖氨酸、蛋氨酸等必需氨基酸的含量高；脂肪含量比较低，除大豆、花生外，一般只含2%左右；矿物质中钙、磷含量比谷实类稍多，但钙少磷多，钙磷比例不当；无氮浸出物含量比谷实类少，为30%～65%，粗纤维含量较少，容易消化；胡萝卜素缺乏。

动物性蛋白质饲料的营养特点是：蛋白质含量高，氨基酸组成比较平衡，并含有促进畜禽生长的动物性蛋白因子，糖类含量低，不含粗纤维，粗灰分含量高，钙、磷含量丰富，比例适宜，维生素含量丰富，脂肪含量较高，不宜长时间贮藏。

（6）矿物质饲料的营养特点。矿物质饲料主要用于补充畜禽矿物质元素需要，主要包括钙源饲料、磷钙源饲料、电解质补充饲料及镁与硫源饲料。

（7）饲料添加剂的营养特点。主要用于平衡畜禽日粮的营养；调节代谢、促进生长、驱虫、防病保健和改善产品质量，有的对饲料中养分起保护作用；在配合饲料中所占比例很少，但作用很大；化学稳定性差，相互之间容易发生化学变化，有些添加剂相互之间发生接触，即可产生化学反应，使添加剂本身发生变化，失去效能。

任务 2　饲料原料加工调制

💻 学习任务 ▶

饲料原料经过合理的加工以后，可以改善饲料的适口性，提高饲料的消化率，有的加工方法还可以提高饲料的营养价值。本次任务中，你应该了解饲料青贮与氨化的原理，熟悉青贮饲料与氨化饲料的使用方法，会调制青干草、氨化秸秆和青贮饲料。

必备知识

1. 影响青干草营养价值的因素 青干草的营养价值取决于原料植物的种类、收割期和干制方法。

（1）原料植物的种类。一般豆科植物制作的青干草蛋白质含量高于禾本科植物调制的青干草，能量方面没有太大差异。

（2）收割期。植物收割期越晚产量越高，但粗纤维含量也越高，消化率和净能值就越低。

（3）干制方法。由于干制和贮存过程中植物本身的化学变化会造成营养物质损失，因此不同的干制方法有不同的影响。干制速度越快，营养物质损失越少，干草的翻晒、搬运、堆垛过程中细枝、嫩叶破碎、脱落，也会使干草的营养价值降低。

2. 青贮饲料的优越性 能够有效地保存青绿植物的营养成分，青绿饲料在晒干后营养价值一般降低30%～50%，而调制青贮饲料后，营养价值只降低3%～10%，尤其有效地保存了青绿饲料中的蛋白质和胡萝卜素；可以延长青饲季节，四季均衡供应；开发饲料资源，一些家畜不喜欢采食或不能采食的野草、野菜、树叶等无毒青绿植物，经青贮发酵后，提高了适口性，变为家畜喜食的饲料；青贮可以杀灭饲料中的寄生虫及有害菌，长期保存，不易变质。

3. 青贮原理及发酵条件

（1）青贮原理。青贮饲料在厌氧条件下，利用乳酸菌发酵产生乳酸，当pH下降到3.8～4.2时，包括乳酸菌在内的所有微生物都停止活动，处于被抑制的稳定状态，从而达到保存青绿饲料营养价值的目的。整个发酵过程分3个阶段。

①植物细胞有氧呼吸阶段。植物细胞保持生活状态，进行呼吸，温度上升，在镇压良好而水分适当时，青贮容器内的温度维持在20～30℃。如青贮料不加镇压，且水分过少，温度高达50℃时，青贮饲料品质变劣。好气性细菌及霉菌等作用而产生醋酸，此阶段甚短，此阶段越短对青贮料越有利。

②乳酸菌厌氧发酵阶段。由于青贮料在重压下更紧实，并逐渐排出空气，氧气被二氧化碳所代替，好气性细菌停止活动，此时在厌气性乳酸菌作用下进行糖酵解产生乳酸，发酵过程开始。

③青贮饲料稳定阶段。乳酸菌迅速繁殖，形成大量乳酸，酸度增大，pH小于4.2，腐败菌、丁酸菌等死亡，乳酸菌的繁殖也被自身产生的酸所抑制。如果产生足够的乳酸，即转入稳定状态，青贮料可长期保存而不腐败。

（2）青贮发酵的条件。

①青贮原料应含有适当的水分。适宜的水分是保证青贮过程中乳酸菌正常活动的重要条件之一。一般青贮的原料含水量应在65%～75%，适于乳酸菌的繁殖，水分过多或过少都会影响发酵过程和青贮饲料品质。

判断青贮原料水分含量的简单方法常用扭折法和揣握法。扭折法是指将青贮原料在切碎前用手扭折茎秆不折断，且其柔软的叶子也无干燥迹象，表明原料的含水量适当。揣握法是指抓一把切碎的饲料用力揣握30s，然后将手慢慢放开，观察汁液和团块变化情况。如果手指间有汁液流出，则表明原料水分含量高于75%；如果团块不散开，且手掌有水迹，则表明原料水分在69%～75%；如果团块慢慢散开，手掌潮湿，则表明水分含量在60%～68%，是制作青贮饲料的最佳含水量；如果原料不成团块，而是像海绵一样突然散开，则表明其水分含量低于 60％。

②青贮原料应含有适宜的糖分。适宜的含糖量是乳酸菌发酵的营养物质基础，青绿饲料的含糖量过低时，有利于梭状芽孢杆菌的生长繁殖，使蛋白质发生腐败变质。玉米、高粱、禾本科牧草、甘薯藤等饲料含有丰富的糖分，易于青贮；苜蓿、三叶草等豆科牧草含糖量较低，不宜单独青贮。

③创造厌氧条件。为了给乳酸菌创造良好的厌氧生长繁殖条件，应特别注意装填原料时的镇压及封窖时的覆盖压实工作，密封越严越好，并尽量缩短装窖时间。近年来出现牧草包裹青贮技术，由于采用了机械辅助及专用拉伸膜袋，使被贮饲料密度高，压实密封性好，可以制作出高品质的青贮制品。

📖 小贴士 ▶

青贮饲料是指以天然新鲜青绿植物性饲料为原料，在密闭、无氧条件下，饲料中的糖分经过以乳酸菌为主的微生物发酵后调制成的青绿多汁饲料。

🔍 实践案例（一） ▶

2012 年，安徽省某奶牛场购进一批青干草，由于含水量偏高，草垛内部逐渐呈现褐色，有轻度霉味，饲养员没有在意，仍然继续饲喂。1 个月后，发现奶牛产奶量明显下降，牛奶较稀薄，部分奶牛出现四肢和蹄部轻度水肿，病牛步态僵硬，蹄部皮肤有横行裂隙，触摸有疼痛感。据此案例分析如何调制和贮存青干草。

📕 实施过程（一） ▶

1. 适时刈割牧草 为获得品质优良的青干草，必须在牧草的营养物质含量最高时进行刈割。一般多年生禾本科牧草的适宜刈割期应在抽穗—开花初期，一年生禾本科牧草及青刈谷类作物，如无芒雀麦在孕穗—抽穗期刈割；而豆科牧草，如苜蓿的适宜刈割期为现蕾—始花期（豆科牧草加工草粉宜在现蕾初期）。

2. 选择适当的干燥方法

（1）自然干燥。一般采用两个阶段，第一阶段采用"薄层平铺暴晒法"，青草刈割后即可在原地或另选一地势较高处将青草摊开暴晒 4～5h，中途注意翻草若干次，使草中水分迅速蒸发，降至 40％左右，植物细胞死亡，停止呼吸，减少损失。第二阶段采用"小堆或小垄晒制法"，把青草集成约 1m^3 的小堆，每天翻动 1 次，使其逐渐风干。

此法既可晒干原料，又可减少日晒，避免紫外线破坏维生素及胡萝卜素等。待水分降至 14％～17％，即可堆垛保存。自然干燥制成的干草营养物质损失较多，但增加了维生素 D_2。

（2）人工干燥。人工干燥是用各种干燥机具，在较短的时间内使原料迅速干燥，由于时间短，故可减少营养物质的损失。人工干燥制成的干草不含维生素 D_2。

①常温鼓风干燥法。可在室外露天堆贮场或干草棚中进行，堆贮场、干草棚都安装常温鼓风机。散干草或干草捆经堆垛后，通过草堆中设置的栅栏通风道，用鼓风机强制吹入空气，以达到干燥的目的。在干草棚中干燥时分层进行，第 1 层草先堆 1.5～2m 高，经过 3～

4d 干燥后，再堆上高 1.5～2m 的第 2 层草，如果条件允许，可继续堆第 3 层草，但总高度不超过 5m。为防止草堆的温度超过 40～42℃，每隔 6～8h 鼓风降温 1h。

此法适于在干草收获时期，相对湿度低于 75% 和温度高于 15℃ 的地方使用。

②高温干燥法。将切碎的牧草置于牧草烘干机中，通过高温空气，使牧草的含水量由 80% 左右迅速下降到 15% 以下。

此法的干燥过程一般分为 4 个阶段，即预热段、等速干燥段、降速干燥段和冷却段。高温干燥过程中，重要的是调控烘干设备使其进入最佳工作状态。烘干机的工作状态取决于原料种类、水分含量、进料速度、滚筒转速、燃料和空气的消耗量等。为获取优质干草，干燥机出口温度不宜超过 65℃，干草含水量不低于 9%。

3. 合理贮藏青干草

(1) 散干草的贮藏。

①露天堆垛。是最经济、较省事的贮存方法。选择离畜舍较近、平坦、干燥、易排水、不易积水的地方，做成高出地面的平台，台上铺厚 30cm 左右的树枝、石块或作物秸秆，作为防潮地垫，四周挖好排水沟，将青干草堆成圆形或长方形草堆。长方形草堆，一般高 6～10m，宽 4～5m；圆形草堆，底部直径 3～4m，高 5～6m。堆垛时，第 1 层先从外往里堆，使里边的一排压住外面的稍部。如此逐排内堆，成为外部稍低，中间隆起的弧形。每层30～60cm 厚，直至堆成封顶。封顶用绳索纵横交错系紧。堆垛时应尽量压紧，加大密度，缩小与外界环境的接触面，垛顶用薄膜封顶，防止日晒漏雨，以减少损失。为了防止自燃，上垛的干草含水量一定要在 15% 以下。堆大垛时，为了避免垛中产生的热量难以散发，应在堆垛时每隔 50～60cm 垫放一层硬秸秆或树枝，以便于散热。

②草棚堆藏。气候湿润或条件较好的牧场应建造简易的干草棚或青干草专用贮存仓库，避免日晒、雨淋。堆草方法与露天堆垛基本相同，要注意干草与地面、棚顶保持一定距离，便于通风散热。也可利用空房或屋前屋后能遮雨的地方贮藏。

(2) 压捆青干草的贮存。生产中常把青干草压缩成长方形或圆形的草捆，然后一层一层叠放贮藏。草捆垛的大小可根据贮存场地确定，一般长 20m，宽 5m，高 18～20 层干草捆，每层应有 0.3m³ 的通风道，其数目根据青干草含水量与草捆垛的大小而定。

压捆青干草体积小，便于贮运，使损失减至最低限度并保持干草的优良品质。

4. 正确鉴定青干草品质

(1) 根据饲草品种的组成评定。青干草中豆科牧草的比例超过 5% 为优等；禾本科及杂草占 80% 以上为中等；有毒杂草含量在 10% 以上为劣等。

(2) 根据叶片保有量评定。青干草的叶片保有量在 75% 以上为优等；在 50%～75% 为中等；低于 25% 的为劣等。

(3) 综合感官评定。青干草感官评定标准见表 1-5。

表 1-5　青干草感官评定标准

等级	颜色	气味	质　地
优等	色泽青绿	香味浓郁，没有霉变和雨淋	将干草束用手握紧或搓揉时无干裂声，干草拧成草辫松开时干草束散开缓慢，且不完全散开，弯曲茎上部不易折断

等级	颜色	气味	质　地
中等	色泽灰绿	香味较淡，没有霉变	紧握干草束时发出破裂声，松手后迅速散开，茎易折断
低劣	色泽黄褐	无香味，有轻度霉变	当紧握干草束后松开，干草不散开

🔍 实践案例(二) ▶

　　2010 年 11 月，山东省某养羊户将自家麦秸氨化 1 个月后即开垛喂羊，第 2 天发现羊群精神不振、食欲减退、反刍减少，3 只羊出现呻吟不安、口内涎分泌增多、全身肌肉震颤、动作失调，并伴有前肢麻痹、瘤胃臌气等症状。据此案例分析氨化秸秆的调制和使用方法。

📋 实施过程(二) ▶

1. 调制氨化秸秆

　　(1) 窖（池）氨化法氨化秸秆。窖（池）氨化法是我国目前推广应用最为普遍的一种秸秆氨化方法。该方法节省塑料膜的用量，降低成本；便于管理和确定氮源（如尿素）的用量，可以一池多用，既可用来氨化秸秆，又可用来青贮。

　　先将秸秆切至 2cm 左右。粗硬的秸秆（如玉米秸）可切短些，较柔软的秸秆可稍长些。每 100kg 秸秆（干物质）用 3～5kg 尿素、40～60L 水，把尿素溶于水中搅拌，待完全溶化后分数次均匀地洒在秸秆上，入窖前后喷洒均可。如果在入窖前将秸秆摊开喷洒则更加均匀。边装窖边踩实，待装满踩实后用塑料薄膜覆盖密封，再用细土等压好即可。

　　尿素氨化所需时间大体与液氨氨化相同或稍长。用尿素作氮源，要考虑尿素分解为氨的速度。它与环境温度、秸秆内脲酶多少有关。温度越高，尿素分解为氨的速度越快。尿素宜在温暖的地区或季节采用。

　　(2) 堆垛氨化法。

　　①清场和堆垛。整理场地，用铲挖成锅底形坑，便于积蓄氨水，防止外流。铺上厚度为 0.2mm 以上的塑料薄膜，将秸秆放于其上。积垛时，在塑料薄膜的四周要留出 80cm 的边，作折叠压封用。若用氨水处理的秸秆，可一次堆垛到顶。方形的垛，顶部呈馒头状；长方形的垛，顶部呈脊形。若用无水氨处理的秸秆，要随堆垛填夹塑料注氨管。

　　②注入氨或喷洒尿素溶液。氨水的注入量与浓度有关，不同浓度的氨水其用量也不相同（表 1-6）。

表 1-6　不同浓度氨水的注氨量（%）

名称	氨浓度	注氨量（占麦秸重）	相当于氨	含氨量	相当粗蛋白质
无氨水	100	3	3	2.47	15.44
1.5%氨水	1.5	100	2.5	1.24	7.72
19%氨水 *	19	12	2.28	1.88	11.73
20%氨水 *	20	10	2	1.65	10.29
20%氨水 *	20	12	2.4	1.98	12.35

注：有 * 者为经常使用浓度。

模块一　畜禽营养需要与饲料加工

③密闭氨化。注入氨或喷洒尿素溶液后，可将塑料薄膜顺风打开盖在秸秆垛上，尽量排出里面的空气，四周可用湿土抹严，以防漏气或风吹雨淋，最后要用绳子捆好，压上重物。

④氨化时间。氨水与秸秆中有机物质发生化学反应的速度与温度有很大关系，温度高，反应速度加快；温度低，速度则慢。氨化的时间如表1-7。

表1-7　不同温度条件下氨化所需的时间

外界温度（℃）	30 以上	20～30	10～20	0～10
需要天数（d）	5～7	7～14	14～28	28～56

⑤放氨。氨化好的秸秆，开垛后有强烈的刺激性气味，牲畜不能吃，掀开遮盖物，待呈糊香味时，方可让家畜食用。

2. 正确鉴定氨化秸秆的质量　用手抓一把有代表性的氨化饲料样品，紧握于手中，放开后观察秸秆颜色、结构，闻闻氨味，评定其质地优劣。根据秸秆的颜色、气味、质地、温度等几个方面综合判断。优质的氨化秸秆，打开时有强烈的氨味，放氨后呈糊香或微酸香味，颜色变成棕色、深黄或浅褐色，质地变软，温度不高。劣质的氨化秸秆发红、发黑、发黏、有霉云和腐烂味等，不能饲喂家畜。

3. 合理使用氨化秸秆

（1）为了使家畜习惯采食氨化饲料，开始少给勤添，逐渐提高饲喂量，一般经过1周可以适应。对于产奶牛，开始阶段可以将氨化秸秆与其他粗饲料掺和饲喂，适应后可大量喂给。

（2）饲喂前，必须将余氨放净。否则，容易引起家畜氨中毒。放氨的方法是选择晴朗无雨的天气，打开氨化窖或氨化垛，摊放1～2d即可。

（3）饲喂前，应剔除霉变秸秆，否则会引起家畜中毒。

实践案例(三) ▶

研究证实，玉米全株适时收获所得干物质、粗蛋白质、可消化粗蛋白质和代谢能分别比仅收获籽粒多183％、195％、189％和109％，比籽粒和秸秆分开收获后两者所含干物质、粗蛋白质、可消化粗蛋白质和代谢能之和分别多21％、42％、96％和7％。与籽粒和秸秆分开收获相比，青贮玉米全株收获不仅能获得更多的养分，而且可显著降低收获成本。据此案例分析青贮玉米的调制和使用方法。

实施过程(三) ▶

1. 合理选择青贮原料

（1）玉米。玉米产量高，干物质含量及可消化的有机物质含量均较高，富可溶性糖类，很容易被乳酸菌发酵而成乳酸。带穗玉米全株青贮，以蜡熟期收获为宜。此时玉米籽实将近成熟，大部分茎叶呈绿色，水分为65％～75％，符合青贮条件，含糖量较高，青贮后可获得品质优良的青贮饲料。

（2）象草。象草具有产量高、管理粗放、利用时间长等特点，为南方青绿饲料的来源。象草生长旺季，每隔 20～30d 即可刈割一次。富含可溶性糖类物质，易于青贮。除单独青贮外，还常与豆科牧草混合青贮。

（3）其他禾本科牧草。包括高粱、黑麦草、苏丹草、皇竹草等。它们实际含糖量一般高于最低需要含糖量，是容易青贮的饲料，可以单独作为青贮原料。

（4）豆科牧草。包括紫花苜蓿草、红三叶、白三叶、红豆草、紫云英、蚕豆和箭舌豌豆等。其含糖量较低，不易青贮。故不能单独青贮，必须与禾本科植物混合青贮，才能获得品质优良的青贮饲料。

（5）饲用植物及各种副产品。饲用植物，如胡萝卜缨、萝卜缨、白菜帮、甘蓝叶、菜花叶、红薯藤、南瓜蔓、马铃薯秧、花生秧等，因其含水量较高，故青贮前需要晾晒或与糠麸、干草粉混贮。工业加工的副产品，如甜菜渣、马铃薯渣、玉米渣、木薯渣、酒糟及啤酒糟等，也可作为青贮的原料。

2. 适时调制青贮饲料

（1）选择。选择好青贮原料及适宜收割期。青贮原料有农作物及其副产物、野生及栽培植物饲料、工业加工副产物等。一般常用的玉米青贮料在籽实腊熟时收割，禾本科牧草在抽穗期收割，豆科牧草在开花初期收割为好。利用农作物茎叶作为青贮原料，应尽量争取提前收割，但也要考虑作物的收成情况。常见的青贮原料有青刈玉米、青刈高粱、禾本科青草等。

（2）切短。切短便于青贮时压实，提高青贮窖的利用率，排出原料间隙中的空气，有利于乳酸菌生长发育，是提高青贮饲料品质的一个重要环节。一般将原料切成 1～2cm 长度较为适宜。原料的含水量越低，切得越短；反之，则可切长一些。

（3）装填。青贮原料应随切碎，随装填。在将青贮原料装填之前，要将已经用过的青贮设施清理干净。一般要求，一个青贮设施要在 1～2d 装满，装填时间越短越好。要求边装填边压实，每装填 20～30cm 厚踩实一遍，应将原料装至高出窖沿 30～60cm，然后再封窖，这样原料塌陷后，能保持与窖口平齐。装入青贮壕时，可酌情分段，顺序装填。装填前，可在青贮窖或青贮壕底，铺一层 10～15cm 厚的切短秸秆或软草，以便吸收青贮汁液。窖壁四周铺一层塑料薄膜，以加强密封性，避免漏气和渗水。

（4）压实。装填原料时，要层层压实，如为青贮壕，则可用履带式拖拉机压实，尤其要注意壕的四周和边缘。在拖拉机漏压或压不到的地方，一定要上人踩实。青贮原料压得越实，越容易造成厌氧环境，越有利于乳酸菌活动或繁殖。

（5）密封。青贮料装满后，须及时密封和覆盖，以隔绝空气继续与原料的接触，防止雨水进入。拖延封窖，会使青贮窖原料温度上升，营养损失增加，降低青贮饲料的品质。一般在窖面上覆上塑料薄膜后，再覆上 30～50cm 的土，踩踏成馒头形或屋脊形。

（6）管护。密封后，要注意后期的管护，经常检查。发现裂缝、漏气处要及时覆土压实，杜绝透气并防止雨水渗入。在我国南方多雨地区，应在青贮窖或壕上搭棚。注意鼠害，发现覆盖物破损后及时修补。

3. 正确鉴定青贮饲料的质量 用手抓一把有代表性的青贮饲料样品，紧握于手中，再放开观察颜色、结构，闻闻酸味，评定其质地优劣。根据青贮饲料的颜色、气味、质地和结构等指标按表 1-8 的标准评定其品质等级。

表 1-8　青贮饲料感官鉴定标准

等级	气味	酸味	颜色	质地
优良	芳香酸味，给人以舒适感	较浓	接近原料颜色，一般呈绿色或黄绿色	柔软湿润，保持茎、叶、花原状，叶脉及绒毛清晰可见，松散
中等	芳香味弱，稍有酒精或酪酸味	中等	黄褐色或暗绿色	基本保持茎、叶、花原状，柔软，水分稍多或稍干
低劣	有刺鼻腐臭味	淡	褐色或黑色	茎叶结构保持极差，黏滑或干燥，粗硬，腐烂

4. 合理使用青贮饲料　青贮饲料一般在调制后30d左右即可开窖饲用。一旦开窖，最好天天取用，要防雨淋或冻结。取用时应逐层、逐段，从上往下分层取用，每天按畜禽实际采食量取出，切勿全面打开或掏洞取用，尽量减少与空气的接触，以防霉烂变质。已发霉的青贮饲料不能饲用。结冰的青贮饲料应慎喂，以免引起消化不良，母畜流产。青贮饲料适口性好，但汁多轻泻，不宜单独饲喂，应与干草、秸秆和精料搭配使用。开始饲喂青贮饲料时，要有一个适应过程，喂量应由少到多逐渐增加。对奶牛最好挤奶后投喂，以免影响牛奶气味。饲喂妊娠家畜时应小心，用量不宜过大，以免引起流产，尤其产前产后 20～30d 不宜喂用。

不同家畜每天每头青贮饲料喂量大致如下：产奶成年母牛 25kg，断奶犊牛 5～10kg，种公牛 15kg，成年绵羊 5kg，成年马 10kg，成年妊娠母猪 3kg。

🔍 知识拓展 ▶

常用的青贮设备

（1）青贮塔。用砖和水泥建成的圆形塔，具有 1.2～1.4m 的窗口，以便装取饲料。底部有排液结构或装置。青贮塔耐压性好，便于压实饲料，具有耐用、贮量大、损耗小、便于填装与取料等特点。但青贮塔的制作成本较高。青贮塔有地上式和半地上式两种。

（2）青贮窖。青贮窖底部在地面以上或稍低于地面，整个窖壁和窖底都用石块或砖砌成，内壁用水泥抹面，使之平直光滑。窖壁一般高 2.5～3m，窖长 10～50m。窖底部不能渗水，除有一定坡度外，窖的四周应有较好的排水道，特别要防止地面水从一端的入口处灌入。同时，窖的高度要合适，不能过高，过高则装料和踩实困难，而且容易使铡草机直接吹入窖内的饲草从顶部飘散造成浪费。

（3）青贮壕。水泥坑道式结构，适于短期内大量保存青贮饲料。大型青贮壕长 30～60m、宽 5m 左右、高 5m 左右。在青贮壕的两侧有斜坡，便于运输车辆调动工作。底部为混凝土结构，两侧墙与底部接合处修一水沟，以便排出青贮料渗出液。青贮壕的底面应向一侧倾斜，以利于排水。青贮壕最好用砖石砌成永久性的，以保证密封和提高青贮效果。青贮壕的优点是便于人工或机械装填、压紧和取料。

（4）青贮袋。利用塑料袋形成密闭环境，进行饲料青贮。袋贮的优点是方法简单，贮存地点灵活，饲喂方便，袋的大小可根据需要调节。小型塑料袋青贮装袋依靠工人，压紧也需要踩实，效率很低，这种方法适合于农村家庭小规模青贮调制。20 世纪 70 年代末，国外兴起了一种大塑料袋青贮法，每袋可贮存数十吨至上百吨青贮饲料，可使用专用的大型袋装机，高效地进行装料、压实和取料作业，劳动强度大为降低。目前，拉膜裹包青贮技术属先进的青贮技术，在我国正逐渐兴起。

职业能力测试

1. 按国际分类法，下列饲料中，属于粗饲料的是_____，属于能量饲料的是_____，属于青贮饲料的是_____；按饲料来源分类法，属于植物性饲料的是_____，属于动物性饲料的是_____，属于矿物质饲料的是_____。

   A. 青干草　　　　　　B. 豆粕　　　　　　C. 菜籽粕　　　　　　D. 玉米

   E. 小麦　　　　　　　F. 麦麸　　　　　　G. 鱼粉　　　　　　　H. 食盐

   I. 稻草　　　　　　　J. 石粉　　　　　　K. 玉米青贮　　　　　L. 肉骨粉

2. 黄玉米籽实中，能使蛋黄、奶油、鸡皮肤呈现黄色的物质是_____。

   A. 维生素 A　　　　　　　　　　　　　B. 叶黄素和胡萝卜素

   C. 维生素 D　　　　　　　　　　　　　D. 维生素 E

3. 氨化秸秆放氨后呈糊香，颜色变成棕色、深黄或浅褐色质地较软的氨化饲料，为_____。

   A. 低劣　　　　　　B. 中等　　　　　　C. 优质　　　　　　D. 一般

4. 麦秸氨化时，每 100kg 秸秆的尿素用量为_____。

   A. 3～5kg　　　　　　　　　　　　　B. 10～20kg

   C. 1～2kg　　　　　　　　　　　　　D. 9～10kg

5. 手抓青贮饲料感觉质地柔软并稍湿润，观察其颜色为黄绿色或绿色，嗅闻酸味浓、具有浓郁芳香味，其等级为_____。

   A. 优等　　　　　　B. 中等　　　　　　C. 劣等　　　　　　D. 一般

6. 结合你所学过的知识，谈谈猪在催肥阶段为何不能饲喂过多的玉米和米糠？

7. 简述利用堆垛法制作氨化饲料的主要步骤及技术要点。

8. 简述常规青贮的主要步骤及技术要点。

项目四　饲料配方设计与配合饲料生产

任务 1　配合饲料配方设计

学习任务

　　单一饲料原料营养不平衡，不能满足畜禽的营养需要，为了合理利用各种饲料原料，提高饲料养分消化率，应将各种饲料进行科学合理搭配。本次任务中，你应该了解日粮、饲料的概念和日粮配合的原则，会利用试差法配制畜禽日粮。

必备知识

1. 日粮配合的原则

　　（1）依据饲养标准确定畜禽的营养指标。饲养标准是科学饲养畜禽的依据，科学性原则是日粮配合的基本原则。依据饲养标准确定畜禽对营养物质的需要量，并在饲养实践中酌情调整。同时，要根据畜禽生产性能、饲养技术水平与饲养设备、饲养环境条件、市场行情等及时调整饲料的营养水平，特别要考虑外界环境与加工条件等对饲料原料中活性成分的影响。

(2) 注意各种养分之间的平衡。在配合日粮时，必须先满足能量和蛋白质的要求，再考虑维生素、矿物质的需要，若能量和蛋白质满足畜禽需要，其他营养指标稍加调整即可满足。另外，还要注意标准要求的能量和蛋白质含量的比例（能量蛋白比），设计配方时应重点考虑能量与蛋白质的平衡，其次考虑能量与氨基酸、矿物质元素、维生素等营养物质之间的相互平衡。

(3) 考虑畜禽的消化生理特点。畜禽的消化生理特点不同，配合日粮时要区别对待。牛、羊应多饲喂粗饲料，猪、禽宜少喂粗饲料。猪饲料中粗纤维应控制在 5%～8%，不超过 10%，鸡饲料中粗纤维应控制在 3%～5%。

各种畜禽采食量不同，日粮体积须与畜禽消化器官相适应，既让畜禽吃得下，又能吃得饱，还能满足营养需要。日粮体积一般以饲料干物质含量衡量，各种畜禽每天每 100kg 体重需要日粮干物质的量为：猪 2.5～4.5kg，奶牛 2.5～3.5kg，役牛 2～3kg，役马 1.8～2.8kg，羊 2.5～3.25kg。

(4) 注意饲料多样化、适口性与安全性。选择饲料原料时，应依据当地饲料资源情况，科学地选择多种原料进行搭配。多种饲料配合，可发挥其互补作用，使营养全面。原料营养成分值尽量有代表性，要注意原料的规格、等级和品质特性。对重要原料的重要指标最好进行实际测定，以提供准确的参考依据。

科学选择原料必须以畜禽及原料的营养特点和利用特点为依据。配制猪、禽日粮及犊牛代乳料时，应考虑所选蛋白质饲料的营养特点及利用特点，确保所配饲料的蛋白质品质。如豆粕蛋白中赖氨酸含量高，赖氨酸与精氨配比例适当，蛋氨酸含量相对较低；菜籽饼蛋白中赖氨酸、蛋氨酸含量相对较高，精氨酸含量低。二者搭配蛋白质互补性好且配料成本低。

各种畜禽的嗜好不同，配合日粮时，应注意其适口性，否则影响采食量。

配合饲料对畜禽自身必须是安全的，发霉、酸败、污染和未经处理含有对畜禽有害的饲料不能使用。畜禽采食配合饲料生产的畜禽产品，对人类必须是既富营养又健康安全。设计配方时，某些饲料添加剂（如抗生素等）的使用量和使用期限应符合安全法规。

(5) 经济实用。饲料配方的设计要因地制宜，充分利用当地饲料资源，不要盲目追求高营养指标。配方设计在确保科学的前提下，尽量降低成本。

2. 日粮配合的方法

(1) 代数法。用二元一次方程来计算饲料配方。此法特点是方法简单，适用于饲料原料种类少的情况，而饲料种类多时，计算较为复杂。

(2) 对角线法。又称交叉法，此法适用于饲料种类及营养指标少的情况。如将两种养分浓度不同的饲料混合，欲得到含有所需养分浓度的配合饲料时，用此法最为便捷。

(3) 试差法。试差法又称凑数法，生产中应用最为广泛。此种方法是根据经验先初拟一个日粮配方，然后计算该配方的营养成分含量，再与饲养标准比较，如某种营养成分含量过多或不足，再适当调整配方中饲料原料的比例，反复调整，直到所有营养成分含量都满足要求为止。此法简单，可用于各种日粮设计，应用面广，但必须有一定的经验。猪、禽日粮粗蛋白质水平与各种原料的大致比例关系见表1-9。

表 1-9　日粮粗蛋白质水平与各种原料的大致比例关系（%）

	日粮粗蛋白质含量	能量饲料比例	蛋白质饲料比例	矿物质及添加剂比例
猪及非产蛋家禽	14	83 左右	14 左右	3 左右
	15	78 左右	19 左右	3 左右
	17	72 左右	25 左右	3 左右
	18	68 左右	29 左右	3 左右
	19	65 左右	32 左右	3 左右
	21	61 左右	36 左右	3 左右
产蛋家禽	16	60 左右	30 左右	10 左右

注：此表仅供参考。确定各种蛋白质饲料原料配比时，先确定用量有限制的蛋白质饲料原料的配比。

（4）计算机辅助设计。随着计算机的普及应用，有关饲料配方设计的线性规划与目标规划法软件已经广泛运用于生产中。通过计算机操作和运行，能够在满足多项营养需要指标的同时，给出最低成本配方。

小贴士

日粮是指一昼夜内一畜禽所采食的饲料量。它按畜禽的饲养标准合理地确定畜禽的营养需要，选用适当的饲料配合而成。

日粮中各种营养物质的种类、数量及其相互比例能满足畜禽的营养需要时，称之为平衡日粮或全价日粮。

通常绝大多数的畜禽是群饲，单独饲喂的情况较少。因此，生产中通常是为同一生产目的的大群畜禽配制饲料。在养殖业中为了区别日粮，将这种按日粮中饲料比例配制成的大量的混合饲料称为饲料。

实践案例(一)

2010 年秋季，山东省某养猪户自家农田收获玉米 5 000kg，他到科研部门测得玉米粗蛋白质含量为 8.5%，于是购进粗蛋白质含量为 30% 的猪用浓缩饲料，为自家的体重 20～35kg 的生长育肥猪配制粗蛋白质为 16% 的饲料。据此案例利用对角线法设计全价饲料配方。

实施过程(一)

1. 计算两种原料在饲料中应占的比例　先画一方形图，在图中央写上所要配合的配合料中粗蛋白质含量（16%），方形图的左上、左下角分别写上玉米和浓缩饲料蛋白质含量。如图 1-5 对角线所示，并标箭头，顺箭头以大数减小数得出的差，分别写在方形图的右下、右上角。再把得出的差分别除以两差之和，即得出玉米和浓缩饲料的百分比。

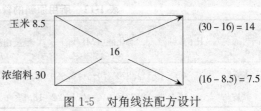

图 1-5　对角线法配方设计

玉米应占比例：14÷（14＋7.5）×100%≈65.1%。

浓缩料应占比例：7.5÷（14＋7.5）×100%≈34.9%。

2. 计算两种原料在配合料中所需重量

玉米：1 000kg×65.1%＝651kg。

浓缩饲料：1 000kg×34.9%＝349kg。

配制含粗蛋白质为16%的饲料1 000kg，需用玉米651kg和浓缩饲料349kg。

实践案例(二)

江苏省某猪场一直使用全价饲料饲喂生长育肥猪，2013年4月，生猪价格跌至每千克12.5元，为降低养猪成本，该猪场购进玉米、麦麸、豆粕、菜籽粕、鱼粉、石粉、磷酸氢钙、1%预混料等原料，自己配制全价饲料。据此案例设计体重35～60kg生长育肥猪的日粮配方。

实施过程(二)

1. 查出体重35～60kg生长育肥猪的营养需要 查阅《瘦肉型猪饲养标准》（NY/T 65—2004），确定体重35～60kg生长育肥猪的营养需要（表1-10）。

表1-10　体重35～60kg生长育肥猪每千克饲料养分含量

消化能（MJ）	粗蛋白质（%）	钙（%）	有效磷（%）	赖氨酸（%）	蛋氨酸＋胱氨酸（%）
13.39	16.4	0.55	0.20	0.82	0.48

2. 查出所用饲料原料的主要营养成分含量 查阅2013年第24版中国饲料成分及营养价值表，列出所用原料的营养成分含量（表1-11）。

表1-11　所用原料的营养成分含量

饲料原料	消化能（MJ/kg）	粗蛋白质（%）	钙（%）	有效磷（%）	赖氨酸（%）	蛋氨酸＋胱氨酸（%）
玉米	14.27	8.7	0.02	0.12	0.24	0.38
麸皮	9.37	15.7	0.11	0.24	0.58	0.39
豆粕	14.26	44.2	0.33	0.21	2.68	1.24
菜籽粕	12.05	38.6	0.65	0.35	1.3	1.5
鱼粉	12.55	60.2	4.04	2.9	4.72	2.16

3. 初拟日粮配方并与营养需要比较 先确定能量饲料和蛋白质饲料的比例为97%，余下的3%为矿物质及复合预混料的用量。根据经验或参考表1-9，各种饲料原料配比初步拟订为表1-12所示。根据配比计算出所配料中能量及蛋白质的含量。

表1-12　所用原料的营养成分含量及初拟配比

饲料原料	比例（%）	消化能（MJ/kg）	粗蛋白质（%）	钙（%）	有效磷（%）	赖氨酸（%）	蛋氨酸＋胱氨酸（%）
玉米	70	14.27×70%＝9.989	8.7×70%＝6.09	0.02	0.12	0.24	0.38
麸皮	6	9.37×6%＝0.562 2	15.7×6%＝0.942	0.11	0.24	0.58	0.39

饲料原料	比例（%）	消化能（MJ/kg）	粗蛋白质（%）	钙（%）	有效磷（%）	赖氨酸（%）	蛋氨酸＋胱氨酸（%）
豆粕	14	14.26×14%＝1.996	44.2×14%＝6.188	0.33	0.21	2.68	1.24
菜籽粕	5	12.05×5%＝0.602 5	38.6×5%＝1.93	0.65	0.35	1.3	1.5
鱼粉	2	12.55×2%＝0.251	60.2×2%＝1.204	4.04	2.9	4.72	2.16
合计	97	13.401 1	16.354				
饲养标准	100	13.39	16.4	0.55	0.20	0.82	0.48
相差	－3	＋0.011 1	－0.046				

4. 调整日粮配方，并整理日粮营养水平　配方中粗蛋白质含量比饲养标准低 0.046%，消化能高 0.011 1MJ/kg，需要增加蛋白质饲料的配比，降低能量饲料的配比。每使用 1% 的豆粕代替同比例的玉米可使能量降低 0.000 1MJ/kg（14.26×1%－14.27×1%），而粗蛋白质含量提高 0.355%（44.2×1%－8.7×1%）。豆粕配比增加 0.2%，玉米配比减少 0.2%，能量及粗蛋白质即可满足需要。调整后的配方见表 1-13。

表 1-13　调整后的配方组成及各种营养成分的含量

饲料原料	比例（%）	消化能（MJ/kg）	粗蛋白质（%）	钙（%）	有效磷（%）	赖氨酸（%）	蛋氨酸＋胱氨酸（%）
玉米	69.8	14.27×69.8%＝9.960	8.7×69.8%＝6.072 6	0.02×69.8%＝0.013 96	0.12×69.8%＝0.083 76	0.24×69.8%＝0.167 52	0.38×69.8%＝0.265 24
麸皮	6	9.37×6%＝0.562 2	15.7×6%＝0.942	0.11×6%＝0.006 6	0.24×6%＝0.014 4	0.58×6%＝0.034 8	0.39×6%＝0.023 4
豆粕	14.2	14.26×14.2%＝2.025	44.2×14.2%＝6.276 4	0.33×14.2%＝0.046 86	0.21×14.2%＝0.029 82	2.68×14.2%＝0.380 56	1.24×14.2%＝0.176 08
菜籽粕	5	12.05×5%＝0.602 5	38.6×5%＝1.93	0.65×5%＝0.032 5	0.35×5%＝0.017 5	1.3×5%＝0.065	1.5×5%＝0.075
鱼粉	2	12.55×2%＝0.251	60.2×2%＝1.204	4.04×2%＝0.080 8	2.9×2%＝0.058	4.72×2%＝0.094 4	2.16×2%＝0.043 2
合计	97	13.400 7	16.425	0.180 72	0.203 48	0.742 28	0.582 92
饲养标准	100	13.39	16.4	0.55	0.20	0.82	0.48
相差	－3	＋0.010 7	＋0.025	－0.369 28	＋0.003 48	－0.077 72	＋0.102 92

由表 1-13 可知，钙、赖氨酸的含量低于标准，可用石粉、合成赖氨酸进行调整。选择含钙为 35.08% 的石粉补充钙，石粉的用量约为 1.05%（0.369 28%÷35.08%）；选择赖氨酸盐酸盐（效价 78%）补充赖氨酸，赖氨酸盐酸盐的用量约为 0.1%（0.077 72%÷78%）。另外，补充食盐 0.25%，添加剂预混料 1%。因配方中总配比为 99.4%，将麸皮配比增加 0.6% 对整个日粮配方的营养水平影响不大，故将麸皮的配比增加 0.6%，使配方中所有饲料原料配比之和达到 100%。

整理列出日粮配方及营养水平，见表 1-14。

表 1-14　体重 35～60kg 生长育肥猪日粮配方及营养水平

日粮配方		营养水平	
饲料原料	比例（%）	营养物质	含量
玉米	69.8	消化能	13.46MJ/kg

（续）

日粮配方		营养水平	
饲料原料	比例（%）	营养物质	含量
麸皮	6.6	粗蛋白质	16.5%
豆粕	14.2	钙	0.55%
菜籽粕	5	有效磷	0.20%
鱼粉	2	赖氨酸	0.82%
石粉	1.05	蛋氨酸＋胱氨酸	0.58%
食盐	0.25		
赖氨酸盐酸盐	0.1		
1%预混料	1		

任务 2　配合饲料生产

学习任务

饲料加工是饲料生产中的主要环节，对饲料营养价值影响很大，合理的加工方法可减少饲料营养成分损失、提高饲用价值。本次任务中，你应熟悉配合饲料的概念和种类，掌握不同饲料加工工艺的优缺点。

必备知识

1. 配合饲料的概念及分类

（1）配合饲料的概念。配合饲料是指根据畜禽饲养标准及饲料原料的营养特点，结合实际生产情况，按照科学的饲料配方生产出来的由多种饲料原料（包括添加剂）组成的均匀混合物。配合饲料的优越性：①科技含量高，能最大限度地发挥畜禽生产潜力，增加畜禽生产效益；②能充分、合理、高效地利用各种饲料资源；③产品质量稳定，饲用安全、高效、方便；④可减少养殖业的劳动支出，实现机械化养殖，促进现代化养殖业的发展。

（2）配合饲料的分类。

①按营养成分分类。据营养成分将配合饲料分为 4 类，见图 1-6。

添加剂预混合饲料：简称预混料，是一种或多种饲料添加剂与适当比例的载体或稀释剂

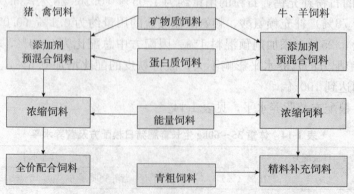

图 1-6　预混料、浓缩料、精料补充料与全价配合饲料的相互关系

配制而成的均匀混合物。预混合饲料不能单独饲喂畜禽，只有通过与其他饲料原料配制成全价配合饲料后才能饲喂畜禽。

浓缩饲料：是添加剂预混合饲料、蛋白质饲料及矿物质饲料，按配方制成的均匀混合物。它与预混合饲料一样不能直接饲喂畜禽，必须与一定比例的能量饲料混合，才可制成全价饲料或精料补充料。一般占全价料的 20%～40%。

全价配合饲料：即通常所说的配合饲料，由浓缩饲料配以能量饲料制成，是一种可以直接饲喂单胃动物的营养平衡饲料。

精料补充饲料：也是由浓缩饲料配以能量饲料制成，与全价配合饲料不同的是，它是用来饲喂反刍家畜的，不过饲喂反刍家畜时要加入大量的青绿饲料、粗饲料，且精料补充料与青粗饲料的比例要适当。它用以补充反刍家畜采食粗饲料、青绿饲料时的营养不足。

②按物理形态分类。根据物理形态，配合饲料可分为粉料、颗粒饲料、碎粒料、块状饲料、压扁饲料、膨化饲料和液态饲料等。

2. 饲料加工工艺

（1）先粉碎后配合工艺。先将不同的原料分别粉碎，贮入配料仓，然后按配方比例计量，进行充分混合，成为粉状全价配合饲料，也可进一步压制成颗粒饲料，其生产工艺流程见图1-7。

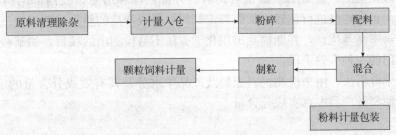

图 1-7　先粉碎后配合工艺生产流程

此工艺的优点：可按需要对不同原料粉碎成不同的粒度；充分发挥粉碎机的生产效率，减少能耗和设备磨损，提高产量，降低成本；配料准确；易保证产品质量。缺点：需要较多的配料仓；生产工艺较复杂；设备投资大。

（2）先配合后粉碎工艺。先将各种需要粉碎的原料，包括谷物籽实类饲料和饼粕类饲料等，按配方要求比例计量，稍加混合后一起粉碎；然后在粉碎后的混合料中按配方比例加入其他不需要粉碎的原料；再经混合机充分混合均匀，成为粉状全价配合饲料。也可以进一步压制成颗粒饲料。这种工艺较适合于原料品种多、投资少的小型饲料厂或颗粒饲料生产车间。其生产工艺流程见图1-8。

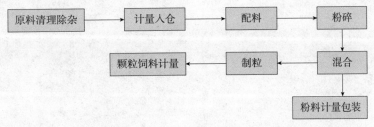

图 1-8　先配合后粉碎工艺生产流程

此工艺的优点：原料仓即是配料仓，节省了贮料仓的数量；工艺连续性好；工艺流程较简单。缺点：粗细粉料不易搭配；易造成某些原料（主要是粉碎的饲料原料）粉碎过度现象；粒度、容重不同的物料，容易发生分级，配料误差大。产品质量不易保证。

知识拓展

配合饲料质量检测方法

（1）感官鉴定。通过感官来鉴别原料和饲料产品的形状、色泽、味道、结块、异物等，以判断原料及产品的质量和加工工艺是否正确。好的原料和产品应该色泽一致，无发霉变质、结块和异味。感官鉴定法使用普遍，特别在原料检测上用得较多，但要求质量检测人员具有一定的素质和经验，否则容易出错。

（2）物理性检测。通过物理方法对饲料的容重、粒度、混合均匀度、颗粒饲料的硬度、粉化率等进行检测。以判定饲料是否掺假，含水量是否正常，产品加工质量是否达到要求。此外，为进一步确定饲料原料或产品中物质组成提供帮助。

（3）化学定性鉴定。利用饲料原料或产品的某些特性，通过化学试剂与其发生特定的反应，来鉴别饲料原料或产品的质量及真伪的方法。

（4）显微镜检测。就是用显微镜对饲料的外部色泽和形态以及内部结构特征进行观察，并通过与正常样品进行比较，从而判定饲料原料或产品的质量是否正常。这种方法具有快速、分辨率高等优点，并能检测出用化学方法不易检测出的项目，如某些掺杂物，是饲料检测部门的一种有效手段。

（5）化学分析法。用来检测饲料原料及产品中水分及其有效成分含量的定量分析法。可测定饲料原料及产品中真实成分含量。

职业能力测试

1. 利用计算器，选用本地区常用的饲料原料，为体重140kg哺乳母猪配制全价日粮。要求配方中消化能、粗蛋白质、蛋白能量比、钙、有效磷、赖氨酸、蛋氨酸＋胱氨酸与饲养标准的差值在±5％以内。根据哺乳母猪全价日粮配方推算出哺乳母猪的浓缩饲料配方。

2. 利用计算器，选用本地区常用的饲料原料，为产蛋率大于85％的母鸡配制全价日粮。要求配方中代谢能、粗蛋白质、蛋白能量比、钙、有效磷、赖氨酸、蛋氨酸＋胱氨酸与饲养标准的差值在±5％以内。根据产蛋母鸡的全价日粮配方推算出产蛋母鸡的浓缩饲料配方。

3. 某养殖场计划兴建一小型饲料加工厂，如果请你负责这项工作，你将选用哪种配合饲料加工工艺？

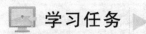

模块二

畜禽遗传繁育

项目一 遗传基本原理

任务 1 认识细胞遗传物质

💻 **学习任务** ▶

自然界各种生物通过不同的繁殖方式延续各自的种族，并保持固有的特征。亲代通过个体性细胞传给后代的是遗传物质，而不是现成的性状。本次任务中，你应掌握动物细胞的构造，了解动物是通过什么方式繁衍后代的。

🔍 **必备知识** ▶

1. 动物细胞的基本结构

（1）细胞的结构与功能。动物细胞由细胞膜、细胞质和细胞核三部分构成。

①细胞膜。即质膜，包在细胞质外面，主要是保护细胞、控制细胞内外物质交流、感受和传递外部刺激。

②细胞质。位于细胞膜以内、细胞核以外。内含糖类、蛋白质等营养物质，为细胞器提供生存场所。

③细胞核。一般位于细胞的中央，是细胞的重要组成部分，是遗传物质 DNA 储存的场所。

（2）染色体的结构与数目。

①染色体的结构。染色体是一个高度折叠的螺旋化结构，其主要成分是 DNA 和蛋白质。

②染色体的数目。不同生物品种的染色体数目是不同的。有些家畜（牛和山羊）虽然数目相同，但由于形态结构不同，所携带的遗传信息也不同。动物体细胞的染色体分为常染色体与性染色体，性染色体只有一对，其余为常染色体。体细胞染色体数通常为二倍体，体细胞染色体为奇数的家畜，大多情况下没有繁殖力（表 2-1）。

表 2-1 常见畜禽体细胞染色体数

动物种类	猪	黄牛	水牛	牦牛	山羊	绵羊	马	驴	鸡	鸭	鹅	火鸡	兔	犬	猫
染色体数（2n）	38	60	48	60	60	54	65	62	78	80	82	82	44	78	38

2. 动物细胞的繁殖方式 动物体内，细胞通过衰老、死亡和新生不断更新，成年家畜除少数细胞外，大多细胞已跟初生时不一样。通过细胞分裂，动物细胞得到增殖，个体得到生长，遗传物质从亲代传给子代。

动物细胞分裂分有丝分裂与减数分裂两种。

（1）有丝分裂。是动物体细胞的分裂方式，有丝分裂得到的子细胞遗传物质跟母细胞完全一样。通过有丝分裂，增加了细胞的数目和体积，并维持个体的正常生长和发育，从而保持物种的连续性和稳定性。

（2）减数分裂。减数分裂是动物性成熟后性细胞所进行的特殊细胞分裂方式，减数分裂后子细胞中染色体数减半。由于减数分裂过程，染色体发生部分交换，故各个子细胞中的遗传物质不完全相同。通过减数分裂，在保持物种性状相对稳定的同时，为动物的变异提供了重要的物质基础。

📖 小贴士 ▶

DNA（脱氧核糖核酸）是各种生物共同的遗传物质，但少数病毒的遗传物质是RNA。生物通过繁殖将分子结构相同的 DNA 传给子代，确保了子代与亲代相似。

DNA 的基本功能：一是自我复制；二是通过转录控制蛋白质的合成，进而控制生物性状的表达。在细胞分裂过程中，染色体的复制实质上就是 DNA 的复制。

任务 2　遗传基本定律的应用

💻 学习任务 ▶

自然界之所以多姿多彩、千奇百怪，除了跟性状遗传有关之外，还跟性状的杂交有关。本次任务中，你应该理解三大遗传定律的原理，掌握遗传定律在生产中的应用，会利用遗传定律分析生活与生产中的遗传现象。

🔍 必备知识 ▶

1. 一对相对性状的杂交试验

（1）一对相对性状杂交试验的结果。从遗传学的角度看，杂交是指不同遗传性状的个体之间的交配，所得后代称杂种。

相对性状是指某一具体性状的不同状态，如豌豆叶色的黄色和绿色，猪的白毛与黑毛等，都构成一对相对性状。

孟德尔从 34 种豌豆品种中选择了 7 对区别明显的相对性状，分别进行一对相对性状的杂交试验。现以黄叶豌豆与绿叶豌豆的杂交试验为例说明如下：

孟德尔用黄叶豌豆作母本，绿叶豌豆作父本杂交，结果 F_1（杂种一代）全部植株为黄叶。又用绿叶豌豆作母本，黄叶豌豆作父本杂交，F_1 仍全部为黄叶，说明正交与反交效果相同。那么，绿叶性状是不是因此而消失了呢？再将黄叶的 F_1 代自花授粉，所得 F_2（杂种二代）中除了黄叶的植株外，还出现了绿叶的植株，黄叶植株与绿叶植株之比约为 3∶1。由此可见，黄叶×绿叶或绿叶×黄叶，尽管 F_1 全为黄叶植株，没有绿叶植株出现，但控制绿叶的遗传物质并未消失，否则绿叶性状就不会在 F_2 中重新表现出来。遗传学把 F_1 表现出来的相对性状称为显性性状，如上例中的黄色性状；F_1 没有表现的性状称隐性性状，如上例中的绿色性状。孟德尔把这种现象称为分离现象（或性状分离）。一对相对性状的杂交试验见图 2-1。

家畜的许多性状也有明显的显隐关系，如猪的白毛对黑毛为显性，牛的无角对有角为显性等。

（2）分离定律在畜禽育种中的应用。

①可根据分离定律的规律研究畜禽相对性状的显隐性关系，从而在育种过程采取适当的杂交措施。

②通过测交的方法可判断个体是纯合体还是杂合体，以用于引种鉴别及在育种中进行应用。

2. 两对相对性状的杂交试验

（1）两对相对性状杂交试验的结果。孟德尔以具有两对相对性状差别的两个纯合亲本进行了杂交，观察其后代的变化。他用一个黄叶、圆形的豌豆纯合亲本和另一个绿叶、皱皮的豌豆纯合亲本杂交，所得 F_1 均为黄叶圆形种子，说明这两个性状均为显性。再让 F_1 自花授粉，所得 F_2 发生性状分离，出现 4 种性状组合类型，即黄色圆粒、黄色皱粒、绿色圆粒、绿色皱粒，比例为 9：3：3：1。孟德尔两对相对性状的杂交试验结果见图 2-2。

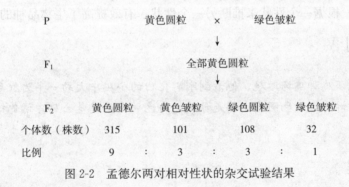

图 2-2　孟德尔两对相对性状的杂交试验结果

其中，黄色圆粒与绿色皱粒是亲本型，黄色皱粒与绿色圆粒是重组型。说明通过杂交和 F_1 自交，F_2 出现新的性状组合。

若把两对性状分别考虑，种子形状：圆粒＝315＋108＝423，皱粒＝101＋32＝133；两者之比约 3：1。子叶颜色：黄色＝315＋101＝416，绿色＝108＋32＝140；两者之比约 3：1。

由此可见，各对性状的分离比接近 3：1，这两对性状虽为同一个体所有，但他们在遗传上是互不干扰，并能分别独立遗传。

（2）自由组合定律在畜禽育种实践中的应用。

①帮助我们预测杂交后代各种类型的比例，为研究选育群体的大小提供依据。

②指导我们通过测交的方法淘汰有遗传缺陷的种畜。

③在畜禽育种中，根据自由组合定律选择具有不同优良性状的品种或品系杂交，实现性状重组，出现符合育种要求的新类型，并加以选育成新品种或新品系。

3. 连锁与交换的遗传现象

（1）全连锁。摩尔根以果蝇为试验材料，果蝇的灰身（B）与长翅（V）为显性，黑身（b）与残翅（v）为隐性。用灰身长翅（BBVV）纯合体果蝇与黑身残翅（bbvv）纯合体果蝇杂交，F_1均为灰身长翅。若用F_1中的雄性果蝇与隐性纯合体雌果蝇测交，其后代只有灰身长翅与黑身残翅两种，并没有出现按分离定律与自由组合定律所预测的灰身残翅与黑身长翅这两种性状，摩尔根认为F_1只产生 BV 与 bv 这两种配子。

假设 B 和 V 这两个基因连锁在同一条染色体上，用符号 BV 表示，b 和 v 连锁在另一条同源染色体上，用 bv 表示。若用灰身长翅纯合体果蝇与黑身残翅纯合体果蝇杂交，F_1为灰身长翅果蝇。用F_1雄果蝇再与隐性亲本雌果蝇测交，按前面假设，雄体产生 BV 和 bv 两种配子，雌体只产生 bv 一种配子，故回交后代只有灰身长翅和黑身残翅两种类型，且比例为1∶1，与试验结果一致。

（2）不完全连锁。鸡的白羽（I）对有色羽（i）为显性，卷羽（F）对常羽（f）为显性。用白色卷羽纯种鸡与有色常羽纯种鸡杂交，再用F_1与有色常羽鸡测交，虽然产生了4种类型的后代，但比例并不是1∶1∶1∶1，而是亲本型（白色卷羽和有色常羽）占81.8%，重组型（白色常羽和有色卷羽）占18.2%。这与自由组合定律和完全连锁现象均不相同，原因是出现了基因的重组和交换。

（3）连锁与交换定律在畜禽育种实践中的应用。连锁交换定律不仅指导我们预测杂交后代中各种类型出现的概率，同时可以解释生物界许多复杂的遗传现象。利用某些连锁基因在性状上的相关性，根据一个性状来推断另一个性状，有效提高了生物品种的选择效果。

实践案例

> 小王到一伊莎鸡种鸡场参观，他看到刚孵化出的小鸡中大约一半为红毛，另一半为白毛。工作人员告诉他，红色羽毛小鸡是母鸡，白色羽毛小鸡是公鸡，请你给小王解释这种现象。

实施过程

1. 了解伴性遗传的遗传规律 性染色体决定动物的性别，而控制某些性状的基因随着性染色体而遗传，其所控制的性状必与性别相关。遗传学把与性别相伴随的遗传方式称为伴性遗传。如芦花鸡的毛色遗传属伴性遗传。

伴性遗传原理在养鸡业中广泛用于培育早期自别雌雄的品系，以便对雏鸡进行早期雌雄鉴别，提高生产效益。如伊莎鸡等有色羽蛋鸡，刚出壳的雏鸡，雌性为红色羽毛，雄性为白色羽毛。

2. 根据遗传规律做出分析 伊莎蛋鸡的毛色遗传是伴性遗传。白色羽毛基因（B）对红色羽毛基因（b）为显性，B 和 b 这对基因位于 Z 染色体上，常用 Z^B 和 Z^b 来表示，在 W 染色体上不携带它的等位基因。伊莎蛋鸡父母代母鸡（Z^BW）是白色羽毛，父母代公鸡（Z^bZ^b）是红色羽毛，因此，在商品代小鸡中，凡是白色羽毛的都是公鸡（Z^BZ^b），凡是红色羽毛的都是母鸡（Z^bW）。伊莎蛋鸡雌雄鉴别原理见图 2-3。

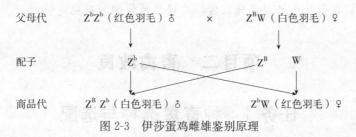

图 2-3　伊莎蛋鸡雌雄鉴别原理

🔍 知识拓展 ▶

变　异

（1）变异的普遍性。变异指同一生物类型（主要是同一物种）之间显著的或不显著的个体差异。变异是生物体共同特征之一，在亲子之间、同胞之间，甚至是双胞胎之间都存在着不同程度的差异，世界上没有两个完全相同的个体。

生物的变异是多样化的，不仅表现在生物的形态结构上，也反映在生物体的新陈代谢、生理生化及特性和本能等方面。例如，母鸡的产蛋量有高有低，猪的生长速度有快有慢等。

（2）变异的类型和原因。

①变异的类型。变异通常分可遗传的变异和不遗传的变异两种。

可遗传的变异：即生物体由于遗传物质发生改变而引起性状的变异，这种变异能真实地遗传下去。例如，果蝇的长翅和残翅、家畜的毛色和抗病力的差异等，都是由于基因的改变而引起的遗传变异。生物的不断进化是由于生物界广泛存在着遗传变异。

不遗传的变异：即表型变异，是由于环境条件的改变引起生物的外表变化。这种变异是获得性变异，是不能直接遗传的。如同一品种的蛋鸡在不同光照条件下其产蛋量是不同的，同一品种奶牛在良好饲养条件下产奶量较高，但饲养不当则产奶量显著下降。

②变异的原因。性状（表型）是遗传和环境相互作用的产物，即基因型＋环境→表现型。因此，生物变异的原因有两方面，一是基因型的变异；二是环境条件变异。任何一方的改变，均会引起表型的变化。

⚙️ 职业能力测试 ▶

1. 动物遗传物质存在于细胞的_____。
   A. 细胞质　　　　B. 细胞核　　　　C. 细胞壁　　　　D. 细胞膜

2. 猪的染色体数目是_____对。
   A. 60　　　　　B. 64　　　　　C. 38　　　　　D. 78

3. 研究多对相对性状遗传规律的遗传定律是_____。
   A. 分离定律　　B. 自由组合定律　C. 连锁交换定律　D. A 与 B

4. 根据分离定律，纯种白猪配纯种黑猪，其后代的性状表现为_____。
   A. 全白　　　　B. 全黑　　　　C. 黑白各半　　　D. 大多为白色

5. 梨木赞牛与本地黄牛配种，生下黄牛犊；长白公猪配大白母猪，生下既生长快且瘦肉率高的后代。家畜为什么可以代代相传，并保持性状的相对稳定呢？

项目二　畜禽改良

任务 1　种畜禽选种与选配

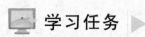 **学习任务**

畜禽生产性能高低直接影响到企业的生产效益，而拥有一个优秀的种群及合理的选配制度则能使畜禽保持较高的生产性能。本次任务中，你应了解选种与选配的概念及作用，掌握种用畜禽的鉴定方法。

必备知识

1. 选种的概念及作用　选种即从畜禽群体中选出符合人们要求的优良个体留种，同时淘汰不良个体。通过选种可增加畜禽群体中某些优良的基因和基因型的比例，减少某些不良基因和基因型的比例，根据育种要求定向改变畜禽群的遗传结构，在创造新类型的同时，生产出更多更好的畜禽产品，从而提高企业的经济效益。

2. 选配的概念及作用　选配是指人为地选择公母畜禽交配，以产生优良的后代。通过选配，一是创造出我们所需的变异，培育新类型；二是固定我们所需的理想性状，并保持稳定遗传；三是有利于把握变异方面，得到我们所需要的性状变异。

小贴士

品种是指人类为了生产、生活上的需要，在一定的社会条件和自然条件下，通过选种选配和培育而成的具有某种经济用途的动物类群。品种应具备 5 个条件：来源相同、性状和适应性相似、遗传性稳定、有一定的结构、足够的数量。

实践案例

2008 年 10 月，湖南省某种猪场从美国引进大约克夏猪 126 头，体形匀称、清秀，头颈轻小，体躯宽深，四肢坚实，生产性能优秀，公猪达 100kg 体重日龄 156d，背膘厚 1.8cm。2003 年，该种猪场测得大约克夏公猪达 100kg 体重日龄 168d，背膘厚 2.2cm，体型也不如 2008 年引进的种猪。根据此案例分析畜禽的选种选配过程。

实施过程

1. 畜禽常用选种方法
（1）畜禽种用价值评定。

①生产力鉴定。生产力是指畜禽给人类提供产品的能力。畜禽生产力分产肉力、产奶力、产毛力、产蛋力和繁殖力等5种。

产肉力主要指标：日增重、饲料转化率、屠宰率、膘厚、肉的品质等。

产奶力主要指标：产奶量、乳脂率等。

产毛力主要指标：剪毛量、净毛率、毛的品质（长度、细度、密度）等。

产蛋力主要指标：产蛋量、蛋重、蛋的品质等。

繁殖力主要指标：受胎率、初生重、产仔数、断奶成活率、断奶窝重等。

②体质外貌鉴定。

畜禽体质：即畜禽的身体素质，是机体机能和结构协调性的表现。体质分结实型、细致紧凑型、细致疏松型、粗糙紧凑型与粗糙疏松型5种。

畜禽外貌：指畜禽的外部形态。外型在反映畜禽外表的同时，还反映畜禽的体质机能。

肉用家畜外貌特征：头轻小而粗短，颈粗短；胸宽深，背腰平直而宽，后躯丰满，四肢短小；体型呈长方形或圆桶形。

蛋用家禽外貌特征：毛紧密，头清秀，冠及肉髯大，胫细，胸深并向前突出，胸骨长而直，背长腹大，耻骨间宽，皮薄软、有弹性，体略小而紧凑，活泼敏捷。

乳用家畜外貌特征：头轻颈细，体格清秀，胸深，肋间宽，腹容量大，后躯及乳房发育良好，四肢细长，全身紧凑，轮廓明显，体型好像一个横放的圆锥体。

毛用家畜外貌特征：头宽，颈肩结合紧凑，胸深肋圆，背腰宽平，四肢长而直，皮薄有弹性，毛被良好。

外貌鉴定方法：分为肉眼鉴定和评分鉴定，鉴定时要求在安定的状态下进行。

肉眼鉴定是通过肉眼观察畜禽的整体及各个部位，偶尔辅以触摸和行动观察，从而辨别其优劣。鉴定时遵循先概观后细察，先远后近，先整体后局部，先静后动的原则。肉眼鉴定主观性较强，要求鉴定者必须具有丰富的经验。

评分鉴定是根据家畜各部位（如头、颈、躯干、乳房及四肢等）在生产上的相对重要性，制订各项的最高分值或系数，并对每个部位规定理想标准。鉴定者可根据评分表逐项评定。

③生长发育鉴定。家畜生长发育鉴定常用方法是测量体重和体尺。

称重：体重以直接称重最为准确，可用磅秤、杆秤或电子秤。

体尺：体尺是畜体不同部位尺度的总称。常用的测量用具有：测杖、卷尺、移动卡尺及圆形测定器等。

体高：鬐甲顶点至地面的垂直距离。

体长：大家畜称为体斜长，是从肩端到臀端的距离。猪的体长则是自两耳连线中点沿背线至尾根处的距离。

胸围：沿肩胛后缘量取的胸部垂直周径。

管围：左前肢胫部上1/3（最细处）的水平周径。

家畜测量体重和体尺至少要在初生、断奶、初配、成年4个阶段各进行一次。体重的称量一般安排在早上饲喂前进行。

④系谱鉴定。系谱是记载祖先编号、名字、生产成绩及鉴定结果的原始记录。系谱分竖式系谱与横式系谱两种，一般记载3～5代祖先的资料。系谱鉴定时采用同代祖先相比较，

重点审查亲代的生产性能，并检查有无遗传缺陷。

（2）畜禽选种方法。选种即在鉴定的基础上，对已经初步筛选的个体进行少数重点性状的选择，并选出符合要求的留作种用。

①表型选择。根据个体性状表型值的高低进行选种。表型选择适用于体长、肉质、蛋重等遗传力高的性状，而产仔数、初生重等低遗传力的性状受环境影响大，不宜采用表型选择。

②家系选择。家系指全同胞或半同胞的亲缘群体。家系选择就是把家系作为一个单位，根据家系的平均表型值高低进行选择。这种选种方法适于猪、禽等多胎动物中低遗传力性状。家系选择分为同胞选择与后裔测定两种。

同胞选择：根据种畜禽的旁系亲属（全同胞或半同胞）的平均表型值高低进行选种。同胞选择常用于一些限性性状的选择。此外，青年种畜选择一些难以进行活体度量（如瘦肉率）和根本不能度量的性状（如胴体品质）时也采用同胞选择。

后裔选择：指根据后代的平均表型值进行选种。后裔选择是选择效果最可靠的一种选种方法，但仅适于已经有后代的成年种畜禽。

2. 畜禽选配方法

（1）品质选配。通常指表型选配，选配时主要考虑交配双方的品质。品质选配又分为同质选配和异质选配两种方法。

①同质选配。指交配双方性状相同、性能表现一致或育种值相似，通过同质选配获得相似的优秀后代，如瘦肉率高的公猪与瘦肉率高的母猪交配。一般为了巩固种畜禽的优秀性状时采用同质选配，但要注意避免近交。

②异质选配。选择具有不同品质的公母畜禽交配，如瘦肉率高的公猪与繁殖力强的母猪交配。生产中为了综合双方优点或用一方优点去改良另一方缺点时采用异质选配，异质选配在畜禽杂交生产中广泛应用。

（2）亲缘选配。亲缘选配即考虑交配双方亲缘关系远近的选配。

①近交。一般指在5代以内有共同祖先的公母畜进行交配。共同祖先越多、共同祖先出现的代数越近，近交系数就越大。生产中除了育种过程需要之外，尽量多用远交而不用近交。

②近交衰退及防止措施。

近交衰退的原因：近交衰退指近交后代的繁殖性能、生理活动及与适应性有关的各种性状均出现不同程度的下降。表现在母猪产仔数、初生重等繁殖力减退，死胎和畸形胎儿增多，生长速度慢、抗病力下降等。近交衰退的原因是基因纯合，致使基因非加性效应减小，隐性有害基因纯合产生有害性状。

防止近交衰退的措施：一是严格淘汰生产力下降及出现遗传缺陷的种畜禽；二是定期引进新的种畜禽更新血缘；三是加强饲养管理，以减轻衰退程度；四是多留种公畜，控制近交系数的增加速度。

任务2　杂种优势的应用

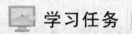 **学习任务**

纯种畜禽要求的饲养管理更高，且生产性能也往往没有杂种畜禽好，因此，商品畜禽一

般为杂交后代。本次任务中，你应了解杂交及杂种优势的概念，掌握杂种优势的度量方法，会利用杂种优势提高生产效益。

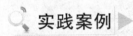 必备知识 ▶

1. 杂交及杂种优势　在畜牧业生产中，杂交指不同品种（或品系）的公母畜禽之间的交配，杂交所得后代称杂种。杂交的用途：一是有利于综合双亲性状，育成新品种；二是改良畜禽的生产方向；三是产生杂种优势，提高畜禽生产力。

杂种优势指杂种后代（F_1）在生活力、生长速度和生产性能等方面优于亲本纯繁群体。如某地方猪育肥期平均日增重为540g，杜洛克猪育肥期平均日增重为660g，杜本杂种猪的平均日增重为650g，可见，杂交后平均日增重比两个亲本的平均值高，说明杂交有杂种优势。

2. 杂种优势的度量　杂种优势的大小一般以杂种优势值来表示，杂种优势值计算公式：

$$H = \overline{F}_1（子代均值） - \overline{P}（亲本均值）$$

式中：H 为杂种优势值；$\overline{F}_1$ 为杂种一代表型平均值；$\overline{P}$ 为两亲本群体纯繁时的表型平均值。

为了便于比较，消除因不同单位造成的影响，杂种优势值常用杂种优势率表示，其计算公式：

$$H = \frac{\overline{F}_1 - \overline{P}}{\overline{P}} \times 100\%$$

实践案例 ▶

广西某个体养猪场饲养土杂猪，育肥猪生长速度慢，平均日增重仅为600g左右，饲养期长，而且猪的腹部大，臀部尖，背膘厚，脂肪较多，因此，出售价格较低，每千克育肥猪出售价格比外三元猪低0.8元，经济效益很差。2009年后，经人介绍，逐渐改用大约克夏猪、长白猪和杜洛克猪进行三元杂交，经济效益逐年提高。根据此案例介绍生产中常见的畜禽杂交方式。

实施过程 ▶

1. 二元杂交　通常用两个不同品种的公母畜进行交配，杂种一代全部做商品用。该方法简单易行，但不能充分利用杂种母畜在繁殖性能方面的优势。

2. 三元杂交　由三个不同品种参与杂交。一般先用两个品种杂交得到杂种母畜，所得杂种母畜再与第三品种的公畜杂交，得到的三元杂后代全部做商品用。如现在一些猪场先用大白公猪配长白母猪，得到大长二元杂母猪再跟杜洛克公猪配种，得到杜大长杂种猪全部做商品用，这样能充分利用二元杂母猪的杂种优势。因此，三元杂的杂种优势比二元杂明显，目前养猪生产中普遍使用。

3. 四元杂交　又称双杂交。由4个不同的品种或品系分别两两杂交，得到杂种公母畜再杂交一次，所得四元杂交后代全部做商品用。该方法需要保留4个不同品种，在养猪生产中有一定难度，且因目前所用的皮特兰猪容易产生热应激，故南方地区比较少使用四元杂交。四元杂在养鸡生产中应用较为广泛。

知识拓展

提高杂种优势的措施

（1）杂交亲本的选优与提纯。杂交亲本首先是优秀的，其次是纯度越高越好。因为杂种优势的大小跟亲本间的遗传差异成正相关。

（2）确定最佳杂交组合。不同组合其杂种优势是不一样的，通过杂交试验选出最佳的杂交组合。

（3）建立专门化品系和杂交繁育体系。专门化品系优点专一，杂交时优势更明显。在猪、鸡的配套系杂交中，就广泛利用专门化品系之间开展杂交。

职业能力测试

1. 下列属于家禽生产力指标的是_____。

　　A. 产仔数　　　　B. 产奶量　　　　C. 受胎率　　　　D. 产蛋量

2. 选种时，选择效果最可靠的选种方法是_____。

　　A. 表型选择　　　B. 同胞选择　　　C. 后裔测定　　　D. 系谱鉴定

3. 在规模猪场开展的三元杂交中，通常用作终端父本的公猪是_____。

　　A. 长白猪　　　　B. 大白猪　　　　C. 皮特兰猪　　　D. 杜洛克猪

4. 不能充分利用杂种母畜繁殖性能方面杂种优势的杂交方法是_____。

　　A. 二元杂交　　　B. 三元杂交　　　C. 双杂交　　　　D. 配套系杂交

5. 畜禽生产中如何防止近交衰退？

6. 杜洛克猪育肥期平均日增重为667g，太湖猪育肥期平均日增重为453g，杜洛克公猪与太湖母猪杂交后代育肥期平均日增重为623.1g，试计算其杂种优势率。

项目三　畜禽生殖生理

任务 1　畜禽生殖器官识别

学习任务

畜禽生殖器官是畜禽生殖系统的重要组成部分，生殖器官的机能会直接影响到畜禽的繁殖力。本次任务中，你应该了解畜禽生殖器官的构造及特点，掌握生殖器官的生殖功能，能识别畜禽生殖器官。

必备知识

1. 公畜各生殖器官的形态位置、组织结构与功能　公畜生殖系统主要由睾丸、附睾、输精管、尿生殖道、副性腺、阴茎、包皮、阴囊组成。公牛、公马、公猪、公羊生殖器官示意图见图2-4。

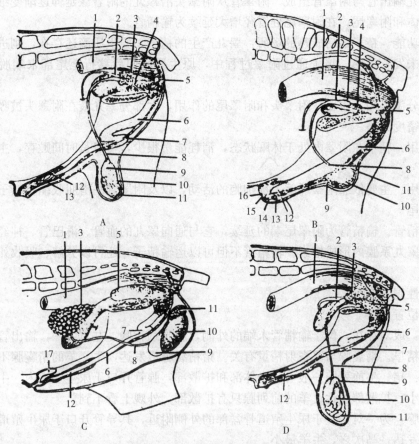

图 2-4 公牛、公马、公猪、公羊生殖器官示意图

A. 公牛生殖器官 B. 公马生殖器官 C. 公猪生殖器官 D. 公羊生殖器官

1. 直肠 2. 输精管壶腹 3. 精囊腺 4. 前列腺 5. 尿道球腺 6. 阴茎 7. S 状弯曲
8. 输精管 9. 附睾头 10. 睾丸 11. 附睾尾 12. 阴茎游离端 13. 内包皮鞘
14. 外包皮鞘 15. 龟头 16. 尿道突起 17. 包皮憩室

（引自张忠诚，《家畜繁殖学》，第 4 版，2004）

（1）睾丸。

①形态位置。雄性家畜正常的睾丸均为长卵圆形、左右各一，位于阴囊的两个腔内。不同种家畜的睾丸大小差异较大，猪、山羊、绵羊相对较大。而牛、马的左侧睾丸稍大于右侧。牛、羊睾丸的长轴与地面垂直，附睾位于睾丸后外缘，头朝上，尾朝下；马、驴睾丸长轴与地面平行，附睾位于背外缘，头朝前，尾朝后；猪睾丸长轴前低后高倾斜，附睾位于背外缘，头朝前下方，尾朝后上方。

②生理功能。

生精机能：精子由睾丸的曲精细管产生，由睾丸液输送并贮存在附睾。

分泌雄激素：由睾丸间质细胞分泌雄激素，主要是睾丸酮。雄激素能激发公畜的性欲和性行为，刺激第二性征，促进阴茎和副性腺的发育，维持精子的发生和附睾中精子的存活。

（2）附睾。

①形态位置。附睾附着于睾丸的附着缘，分为附睾头、附睾体和附睾尾 3 个部分。附睾

55

头主要由睾丸输出管与附睾管组成。附睾管从附睾头沿睾丸的附着缘延伸逐渐变细，延续为细长的附睾体和附睾尾，在附睾尾处管径增大延续为输精管。

②生理功能。精子最后成熟的场所：睾丸产生的精子，原生质滴还存在，刚进入附睾头时，精子尚未发育成熟。精子通过附睾过程中，原生质滴向后移行至尾部末端脱落，最后成熟。

吸收和分泌作用：主要是附睾头和附睾尾的作用，大部分睾丸液在附睾头被吸收，使附睾尾的精子密度升高。

贮存作用：精子在附睾内处于休眠状态，消耗能量很少，可以长时间贮存，主要贮存在附睾尾。

运输作用：主要依靠附睾纤毛上皮细胞的活动，以及附睾管平滑肌收缩将精子由附睾头运送至附睾尾。

（3）输精管。输精管为附睾尾端的延续，它与通向睾丸的血管、淋巴管、神经和提睾内肌等同包于睾丸系膜内形成精索。输精管不但可以运输精子，还可以分解、吸收死亡和老化的精子。

（4）副性腺。

①形态位置。

精囊腺：成对存在，位于输精管末端的外侧，膀胱颈背侧，左右各一，输出管与输精管共同开口于精阜。精囊腺与家畜射精量有关。猪精囊腺最发达，牛、羊的精囊腺不发达。

前列腺：猪、牛前列腺一般可分为体部和扩散部，腺管开口于尿生殖道内。牛、猪的前列腺体部较小，扩散部发达；羊的前列腺只有扩散部，外观上看不到。

尿道球腺：为一对，位于尿生殖道骨盆部的外侧附近，其导管开口于尿生殖道内。猪的尿道球腺最发达，马次之，牛羊最小。

②生理功能。

冲洗尿生殖道：公畜阴茎勃起时排出的少量尿道球腺分泌物，可冲洗尿生殖道中残留的尿液，避免通过尿生殖道的精子受到危害。

加大精液量：附睾排出的精子，其周围只有少量液体，待与副性腺分泌物混合后，精子即被稀释，加大了精液量。

供给精子营养物质及活化精子：精囊腺分泌液含有果糖等营养物质，是精子的主要能量来源；副性腺的分泌物偏碱性，有利于精子运动。

防止精液倒流：交配后副性腺分泌物形成阴道栓，防止精液倒流。

缓冲不良环境对精子的危害：副性腺分泌物中含有柠檬酸盐和磷酸盐等，具有缓冲作用，给精子以良好的环境，延长精子存活时间。

帮助运送精液至体外：副性腺的液流推动及副性腺平滑肌的收缩，帮助转送精子排出体外。

（5）尿生殖道。尿生殖道为尿液和精液的共同通道，可分为骨盆部和阴茎部。

（6）阴茎。阴茎是公畜的交配器官，并兼有排尿功能。可分为阴茎根、阴茎体和阴茎头（即龟头）三部分。

（7）包皮。包皮是由游离皮肤凹陷而发育形成的阴茎套，有容纳和保护阴茎头的作用。

（8）阴囊。阴囊为带状皮肤囊。猪的阴囊位于肛门的下方会阴区；马的阴囊位于两股之间，耻骨前缘下方腹股沟区；牛、羊的阴囊位置较马稍靠前，位于前腹股沟区。阴囊通过热胀冷缩维持睾丸温度低于体温，以利维持睾丸的生精机能。

2. 母畜生殖器官的组成及功能 母畜生殖系统由生殖腺（卵巢）、输卵管、子宫、阴道、尿生殖前庭、阴唇和阴蒂组成。卵巢、输卵管、子宫和阴道为内生殖器官，尿生殖前庭、阴唇和阴蒂为外生殖器官。母畜的生殖器官见图2-5。

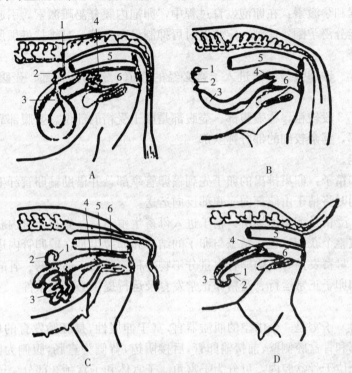

图 2-5 母畜的生殖器官
A. 母牛 B. 母马 C. 母猪 D. 母羊
1. 卵巢 2. 输卵管 3. 子宫角 4. 子宫颈 5. 直肠 6. 阴道
（引自中国农业大学，《家畜繁殖学》，第3版，2000）

（1）卵巢。

①形态位置。母畜卵巢是成对的，是重要的生殖腺体，其形状和大小因畜种、品种及年龄和生理时期而异。

牛的卵巢为稍扁的椭圆形，一般位于子宫角尖端外侧。未产及胎次少的母牛，其卵巢在耻骨前缘之后；而经产多次的母牛，卵巢随子宫角前移至耻骨前缘的前下方。

水牛的卵巢呈卵圆形，位于子宫角前下方，以卵巢系膜悬吊于盆腔内口侧壁。

羊的卵巢比牛的圆而小，一般位于子宫角尖端外侧。

初生仔猪的卵巢类似肾，表面光滑，一般是左侧稍大，位于荐骨结节两旁稍后方；接近初情期时，卵巢稍增大，位于髋结节前缘横断面处的腰下部，其表面突出许多小卵泡和黄体而呈桑葚形；性成熟后卵巢增大，表面有许多大小不等的卵泡、红体或黄体突出，凸凹不平，似一串葡萄。

马的卵巢呈蚕豆形，表面光滑，游离缘有一凹陷，称排卵窝，卵细胞由此排出。左卵巢位于第 4～5 腰椎左侧横突末端下方，右卵巢一般是在第 3～4 腰椎横突之下，靠近腹腔顶，位置较高而且偏前。

②生理功能。

卵泡发育和排卵：卵巢皮质中有许多原始卵泡，其经过次级卵泡、生长卵泡和成熟卵泡这几个阶段的发育后排出卵子。排卵后，在原卵泡处形成黄体。

分泌雌激素和孕激素：在卵泡发育过程中，卵泡内膜分泌雌激素，引起母畜发情。排卵后形成的黄体能分泌孕酮，达到一定浓度时可抑制母畜发情，是维持妊娠所必需的激素。

（2）输卵管。

①形态位置。输卵管是卵子进入子宫必经的通道，分为漏斗部、壶腹部和峡部 3 个部分。

输卵管前 1/3 段较粗，称壶腹部。壶腹部是卵子受精的部位。壶腹部靠近卵巢端扩大成漏斗状，称伞部，其余较细的部分称峡部。

②生理功能。

运送卵子和精子：卵巢排出的卵子先到输卵管伞部，并借助输卵管纤毛的活动将卵子运送到壶腹部，同时将精子由峡部向壶腹部反向运送。

精子获能、受精及卵裂的场所：精子进入母畜生殖道后，先在子宫内获能，然后在输卵管内进一步完成整个获能过程。精子与卵子的结合和卵裂也是在输卵管内进行的。

分泌机能：母畜发情时，输卵管大量分泌物各种氨基酸、葡萄糖、乳酸、黏蛋白和黏多糖等，为精子和卵子正常运行、受精卵正常发育及运行提供必要的条件。

（3）子宫。

①形态位置。子宫是一个中空的肌质器官，富于伸展性，是胚胎发育的场所。借子宫阔韧带附着于腰下部和骨盆腔侧壁，前接输卵管，后接阴道，背侧为直肠，腹侧为膀胱，大部分位于腹腔内，小部分位于骨盆腔内。可分为子宫角、子宫体和子宫颈 3 部分。子宫又分对分子宫与双角子宫两种。牛、羊有子宫纵隔，称对分子宫；马没有，猪的不明显，属于双角子宫。

子宫角：牛的子宫角长 30～40cm，青年及经产胎次较少的母牛，子宫角弯曲如绵羊角，位于骨盆腔内；经产胎次多的牛，子宫并不能完全恢复成原来的形状和大小，子宫角常垂入腹腔。猪的子宫角长 1～1.5m，弯曲很多，很似小肠，但管壁较厚；两角基部之间的纵隔不很明显。马的子宫角为扁圆桶状，长 15～25cm，两角和子宫体相连，形成"Y"形，相连处称为分叉部。

子宫体：很短，呈短的直筒状。

子宫颈：为子宫体向后延续的部分，全位于骨盆腔内。牛的子宫颈长 5～10cm，壁厚而硬，不发情时子宫颈口封闭很紧，发情时也只是稍微开张。羊的子宫颈外口的位置多偏于右侧。猪的子宫颈较长，成年猪可达 10～18cm，发情时子宫颈开放，给猪输精时，很容易穿过子宫颈将输精器插入子宫体内；马的子宫颈阴道部长 5～7cm，不发情时，子宫颈口封闭，但收缩不紧，可容一指伸入，发情时开放较大，可容四指伸入。

②生理功能。

推动精子进入生殖道及胎儿排出：母畜配种时通过子宫壁肌肉收缩使精子尽快到达输卵管受精部位；母畜分娩时，通过子宫阵缩帮助胎儿排出。

胎儿发育的场所：子宫内膜分泌物和渗出物，既供给精子能量，又为早期胚胎提供营养；怀孕时，子宫是胎儿与母体之间交换营养、排泄代谢产物的器官。

调控母畜发情周期：在发情季节，发情未孕的母畜，一侧子宫角内膜分泌前列腺素溶解同侧卵巢的周期黄体，垂体又分泌大量促卵泡素，引起卵泡生长发育，导致发情。妊娠母畜不释放前列腺素，黄体继续存在，维持妊娠。

防御功能：子宫颈是子宫的门户。平时子宫颈关闭，以防异物侵入子宫腔；发情时稍开张，以利于精子进入，同时子宫颈分泌大量黏液，有助于交配；妊娠时，子宫颈分泌黏液堵塞子宫颈管，防止感染物入侵；临产前，颈管扩张，有助于胎儿排出。

子宫颈是精子的选择性贮库：母畜发情配种后，子宫颈黏膜隐窝内可贮存大量精子，同时滤除缺损和不活动的精子，是防止过多精子进入受精部位的第一道栅栏。

（4）阴道。阴道既是母畜交配器官，又是产道。位于骨盆腔内，在直肠和膀胱之间。后端与尿生殖前庭相接。

（5）外生殖器官。外生殖器官包括尿生殖前庭、阴唇和阴蒂。

尿生殖前庭：为阴道至阴门之间的短管。

阴唇：为母畜生殖器官的最末端，由左、右两片构成阴门。

阴蒂：由两个勃起组织构成，相当于公畜的阴茎。

🔍 知识拓展 ▶

家禽生殖系统

1. 公禽生殖系统的特点　公禽的生殖系统由一对睾丸、附睾、输精管和交配器官组成。

（1）睾丸。公禽的睾丸终生存在于腹腔内，呈椭圆形，左右对称，幼禽的睾丸很小，性成熟后具有明显的季节性变化，在配种季节睾丸体积最大。

（2）附睾。禽类的附睾较小或不明显，在繁殖季节稍发达。

（3）输精管。禽类没有副性腺，输精管前接附睾管，终端部突入泄殖腔内，成为勃起性乳头状射精管。

（4）阴茎。公鸡没有阴茎，但有一个勃起的交媾器。公鸭和公鹅阴茎比较发达。

2. 母禽生殖系统　母禽为了适应飞翔、卵生、胚胎体外发育的需要，右侧卵巢和输卵管在孵化的第7～9天即停止发育，出壳后仅保留痕迹，只有左侧卵巢和输卵管具有繁殖机能。母禽的生殖器官包括卵巢和输卵管两大部分。

（1）卵巢。位于左肾前下方，幼禽卵巢小，呈扁椭圆形，性成熟后卵巢增大，似一串葡萄。

（2）输卵管。输卵管是保证卵子受精和形成蛋的重要器官，其前端开口于卵巢的下方，后端开口于泄殖腔。输卵管依其形态和功能不同可顺次分为5个部分，即喇叭部、膨大部、峡部、子宫部和阴道部。

喇叭部：又称漏斗部，形似喇叭，为输卵管的起始部。卵巢排出的卵被喇叭部接纳，如与公禽交配后，精卵在此结合而受精。

蛋白分泌部：为最长、弯曲最多的部分，长30～50cm。密生管状腺和单细胞腺，可分泌蛋白，卵子在此处停留2～3h。

峡部：为输卵管较窄较短的一段，主要作用是分泌部分蛋白和形成蛋壳膜，卵子在此停留1～2h。

子宫部：形如袋状，管壁厚，肌肉发达，能分泌钙质、角质和色素，形成蛋壳。卵子在此处停留约20h。

阴道部：为输卵管末端，开口于泄殖腔左侧，是雌禽的交配器官。

任务2 生殖激素的应用

💻 **学习任务** ▶

生殖激素贯穿于畜禽整个生殖活动中，控制着畜禽的繁殖机能。本次任务中，你应该了解生殖激素的概念、分类及作用特点，掌握常见生殖激素的使用方法，能利用生殖激素提高畜禽繁殖机能。

◎ **必备知识** ▶

1. 生殖激素的作用特点

（1）生殖激素的作用具有一定的选择性。每一种生殖激素都有其特定的靶组织或靶器官。如雌激素可作用于乳腺管道，而孕激素则作用于乳腺泡；睾丸酮可作用于鸡冠的生长，促乳素作用于鸽子的嗉囊等。

（2）生殖激素在血液中活性丧失很快。虽然活性丧失快，但其作用却是累积的。一般生殖激素要等使用后数小时或若干天内才发挥作用。

（3）微量的生殖激素即能引起很大的生理变化。生殖激素用量单位常用微微克或毫微克，如母牛在怀孕时与产后血液中孕酮含量仅相差5～6mμg。

（4）生殖激素间具有协同或颉颃作用。协同作用指某种激素在另一种或多种激素参与时，其生物活性显著提高。颉颃作用则指一种激素会抑制或减弱另一种激素的生物学活性。如促卵泡素和促黄体素协同作用可促进卵巢排卵；雌激素与孕酮是相互颉颃的，当雌激素浓度较高时，母畜发情；当孕酮浓度较高时，又会抑制母畜发情，有助于怀孕。

（5）生殖激素的生物效应与家畜所处生理时期及激素的用量和方法有关。同种激素在不同生理时期、不同用量和不同使用方法时，所起的作用不同。如发情母畜注射孕激素会抑制发情，妊娠母畜注射适量孕激素有助于妊娠，但若大剂量使用后突然停用，则会导致母畜流产。

2. 熟悉常用生殖激素的功能和应用

（1）脑部激素。

①促性腺激素释放激素（GnRH）。

来源：主要由下丘脑分泌。人工合成品如国产的促排Ⅲ号和国外的"巴塞林"等。

生理作用：促进公畜精子发生和增强性欲，同时可诱导母畜发情和排卵，提高母畜配种受胎率。

应用：诱导母畜发情排卵。母猪配种前注射可增加排卵数和窝产仔数；提高受胎率；治疗母畜不孕症。对于胎衣不下的母牛，在产后10～18d注射GnRH可提高受胎率；用于鱼类的催情和促排卵。

②催产素（OXT）。

来源：主要来自下丘脑。在卵巢、子宫等部位也可产生少量局部催产素。

生理作用：刺激子宫平滑肌收缩，促进分娩；促进泌乳母畜形成排乳反射；促进黄体溶解，由卵巢局部产生的催产素与子宫的前列腺素协同作用。

应用：常用于助产、治疗母畜胎衣不下、产后子宫出血、子宫积脓等。但在母畜子宫颈口未开放前不宜使用催产素。

③松果体激素。主要成分是褪黑素。

来源：由松果体（松果腺）分泌。光照不足的环境下有助于褪黑素的分泌。

生理作用：引起性腺萎缩，对禽类影响较大，故产蛋鸡在冬季增加光照可提高产蛋量；可降低血液中 FSH 及 LH 的水平，促进生长；可使鱼类和蛙等动物皮肤颜色变浅。

④垂体促性腺激素。

a. 促卵泡素（FSH）。

来源：由腺垂体所分泌。

生理作用：促进雄性动物精子的形成；刺激雌性动物卵泡生长和发育，并与促黄体素协同刺激卵泡成熟与排卵。

应用：常用于母畜的超数排卵，此外诱导排卵和治疗卵巢疾病时也有应用。

b. 促黄体素（LH）。

来源：由腺垂体所分泌。

生理作用：促进雄性动物精子的成熟；促进雌性动物卵泡成熟和排卵，促进排卵后黄体的形成。

应用：常用于诱导排卵、治疗黄体发育不全和卵巢囊肿等。

c. 促乳素（PRL、LTH）。

来源：由腺垂体所分泌。

生理作用：促进乳腺发育和泌乳；抑制性腺机能等。

（2）性腺激素。

①雄激素。

来源：主要来自睾丸，产生的雄激素以睾酮为主；肾上腺和卵巢产生的雄激素主要成分是雄烯二酮。

生理作用：促进幼年雄性动物生殖器官和副性腺的发育，促进第二性征的发育；促进成年动物精子的生成；维持雄性性欲；延长附睾中精子的寿命。

应用：常用于治疗雄性动物性欲低下或性机能减退。

②雌激素。

来源：主要来自卵巢，胎盘、肾上腺及睾丸也可产生。

生理作用：促进乳腺导管系统发育；促进母畜发情和生殖道生理变化；促进母畜第二性征的发育；少量雌激素可促进公畜性行为，但大量雌激素则会导致公畜睾丸萎缩、副性腺退化，造成不育；强化骨的形成，抑制长骨增长。

应用：可用于母畜诱导发情，人工诱导泌乳，治疗母畜子宫疾病，人工流产等。

③孕激素。

来源：主要来自卵巢黄体，肾上腺、卵泡颗粒细胞、胎盘等也可分泌。

生理作用：促进子宫内膜增生和腺体分泌功能，有利于胚胎早期发育；抑制孕畜子宫平滑肌收缩，促进胎盘发育，维持妊娠；与促乳素协同促进乳腺泡发育；大量孕酮抑制发情，但少量孕酮与雌激素协同则可促进发情。

应用：主要用于治疗母畜不发情或卵巢囊肿，也可作为同期发情的药物。

④松弛素（RLX）。

来源：主要来自黄体，卵泡内膜、子宫内膜、胎盘、乳腺、前列腺等也可产生。

生理作用：促进骨盆韧带及耻骨联合松弛，使子宫颈口开张，有利于分娩。

（3）胎盘激素。

①孕马血清促性腺激素（PMSG）。

来源：主要来自马属动物的胎盘。

生理作用：具有促卵泡素的活性，促进卵泡发育和成熟。

应用：比促卵泡素更廉价，广泛应用于动物催情、超数排卵等。

②人绒毛膜促性腺激素（HCG）。

来源：主要来自人类和灵长类动物怀孕早期的胎盘中。

生理作用：与促黄体素活性相似，常用于代替促黄体素。

应用：常用于促进排卵和黄体机能，也可用于治疗卵巢囊肿和排卵障碍等。

（4）前列腺素。

来源：来自子宫内膜、胎盘、卵巢、下丘脑、肾、消化道等。生产中主要合成品是氯前列烯醇。

生理作用：促进黄体溶解与退化；促进排卵；促进子宫和输卵管平滑肌收缩。

应用：诱发流产和分娩；用于诱导发情和同期发情；治疗母畜生殖机能紊乱；促进排卵。

（5）外激素。外激素是同种动物个体之间，用于传递有关动物种类、性别、群体中地位、行动方向、发情等信息的化学物质。通过空气或水进行传播，靠动物嗅觉来识别。

外激素可诱导动物识别、聚集、攻击、性活动等多种行为。其中，诱导动物性活动的外激素称性外激素。

🔍 实践案例 ▶

内蒙古锡林郭勒盟为加快草原生态建设和畜牧业产业化进程，于2002年6月从澳大利亚引进头胎妊娠奶牛600头，当时分放到各养殖小区饲养户，采用分散饲养，集中挤奶的管理方式。2002年8月至10月共有204头母牛产犊，产犊3个月后一直不发情的占70%以上。到2003年1月上旬仍有69头母牛没有发情。直肠检查发现卵巢静止38头，占55.1%；持久黄体18头，占26.1%；卵巢囊肿4头，占5.8%；卵巢萎缩9头，占13%。对此案例提出补救措施。

📋 实施过程 ▶

利用生殖激素促进奶牛发情

根据生殖激素的功能及其应用，对案例中卵巢静止或萎缩的奶牛肌内注射促性腺激素释放激素进行治疗;卵泡囊肿的奶牛肌内注射促卵泡素和促黄体素进行治疗,或肌内注射促性腺激素释放激素进行治疗;持久黄体的奶牛肌内注射氯前列烯醇或促黄体素释放激素进行治疗。

任务3　分析畜禽生殖生理

💻 学习任务 ▶

　　家畜出生后其生殖机能要经历一个由发生、发展直至衰退停止的过程。本次任务中,你应该熟悉家畜的性机能发育过程,掌握家畜的排卵规律,能合理安排家畜的初配年龄。

◎ 必备知识 ▶

家畜的异常发情

　　(1) 安静发情。又称暗发情。指母畜卵巢有卵泡发育和排卵,但没有发情的外部表现。暗发情的主要原因是卵泡分泌的雌激素不足。

　　(2) 假发情。指母畜出现发情的外部表现,但卵巢上没有卵泡发育成熟和排卵。常见于孕后发情。

　　(3) 断续发情。母畜发情时断时续,过程较长。常见于早春及营养不良的母马。主要原因是卵泡交替发育。

　　(4) 短促发情。指母畜发情时间特别短,常见于奶牛。原因是促黄体素分泌过多或卵泡中途停止发育。

　　(5) 慕雄狂。母畜发情行为持续而强烈,常见于牛和马。原因可能是母畜卵泡囊肿导致雌激素水平过高。

📖 小贴士 ▶

　　发情是指母畜发育到一定阶段时所发生的周期性的性活动现象。母畜发情时,常见卵巢开始有卵泡发育和排卵;生殖道出现充血、肿胀,食欲下降;精神亢奋,爬跨其他家畜等现象。

🔍 实践案例 ▶

　　2011年,湖北省王某投资建设一养猪场,购进3～4月龄长白母猪300头,2个月后,母猪陆续发情,配种员便对发情母猪实施配种,这批母猪的产仔数多为6～7头,明显少于正常产仔数,且仔猪初生重也不大,多数为1.0～1.2kg。分析其原因并提出改进措施。

📔 实施过程 ▶

　　1. 了解家畜的性机能发育过程　母畜性机能发育是一个从发生至衰老的过程。性机能发育随着不同畜种、品种、饲养管理水平及环境条件等因素的不同而各有差异。

　　(1) 初情期。指母畜第1次发情、排卵的时间。

　　(2) 性成熟期。指母畜生殖器官已发育成熟、具备正常的繁殖力的时间。但由于身体发育尚未完成，此时也不宜配种。

（3）体成熟。又称初配年龄。指家畜已达到成年体重、具备正常繁殖功能的时期。初配体重一般不低于成年群体平均体重的70%。

（4）母畜利用年限。母畜利用年限因品种、饲养管理、环境条件、健康状况及种群要求而不同。

各种家畜的生理发育期见表2-2。

表 2-2 各种家畜的生理发育期

(引自张忠诚，《家畜繁殖学》，第4版，2004)

家畜种类	初情期（月）	性成熟期（月）	适配年龄	繁殖年限（年）
黄牛	8～12	10～14	1.5～2.0年	13～15
奶牛	6～12	12～14	1.3～1.5年	13～15
水牛	10～15	15～20	2.5～3.0年	13～15
驼	24～36	48～60	4.5～5.5年	18～20
马	12	15～18	2.5～3.0年	18～20
驴	8～12	18～30	2.4～3.0年	12～16
猪	3～6	5～8	8～12个月	6～8
绵羊	4～5	6～10	12～18个月	8～11
山羊	4～6	6～10	12～18个月	7～8
家兔	4	5～6	6～7个月	3～4

2. 熟悉母畜的性周期

（1）性周期。又称发情周期。指母畜从上一次发情开始到下一次发情开始所间隔的时间。猪、牛、马和山羊性周期平均21d、绵羊平均17d。发情周期分为发情前期、发情期、发情后期和间情期4个阶段。母畜发情周期的实质就是卵泡期和黄体期的交替出现。

（2）发情持续期。即发情期，指母畜从发情开始到结束所持续的时间。母畜发情期受畜种、年龄、环境、饲养管理条件、胎次和个体等因素的影响。常见母畜发情期：猪1～1.5d、黄牛2～3d、水牛1～2d、山羊1～2d、绵羊1～1.5d。

3. 掌握家畜的排卵机理 排卵是指卵巢上发育成熟的卵泡破裂，并将卵母细胞排出的过程。

（1）排卵类型。

自发性排卵：指卵泡发育成熟后，不需要刺激即可自行排卵。猪、马、牛、羊、驴、犬等属于此类型。

诱发性排卵：在卵泡发育成熟后，只有交配或子宫颈刺激后才开始排卵。兔、骆驼、貂、猫等属于此类型。

（2）排卵机理。卵泡发育成熟后，借助物理作用和化学作用使卵泡膜破裂排出卵母细胞。排卵后在卵泡腔形成黄体，妊娠后变成妊娠黄体，分泌孕酮维持母畜正常妊娠；没有妊娠的母畜，黄体经一段时间后变成白体消失，母畜又出现下一次发情。

🔍 案例分析 ▶

分析案例产生的原因，提出改进措施 母猪第1次发情时，刚刚达初情期，虽然卵巢已有卵子排出，具有了繁殖后代的能力，但母猪的整个生殖系统尚未发育成熟，身体发育也尚未完成，母猪的体重较小，排卵数也少，此时配种不仅产仔数少，仔猪初生重小，而且还会影响以后的繁殖性能，因此不宜配种。建议该猪场将后备母猪的配种时间推迟，在母猪 8 月龄前后，第 3 次发情时配种，也就是等母猪达体成熟后再配种更合适。

🔍 知识拓展 ▶

生殖激素对家畜性活动的调节

各种生殖激素通过相互协同或相互颉颃调节母畜的性活动。生殖激素调节母畜性活动示意图见图 2-6。

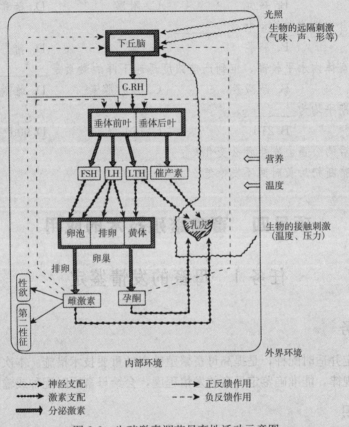

图 2-6 生殖激素调节母畜性活动示意图

性成熟后母畜的性活动规律如下：在外因刺激下，下丘脑分泌 GnRH 逐渐增多，从而刺激垂体分泌 FSH，在 LH、LTH 的协同作用下，促进卵泡发育，并分泌雌激素，当雌激素达到一定浓度时，母畜开始发情。随着雌激素增多，下丘脑继续分泌 LH、LTH，在 FSH 的协同下促进卵泡破裂而排卵。LTH 与 LH 协同促使黄体生成并分泌孕激素，当孕激素上升到一定水平时，可维持已孕母畜正常妊娠；未受胎的母畜，则使下丘脑分泌的 GnRH 逐渐下降，FSH、LH 与 LTH 也同时下降，促使子宫内膜分泌前列腺素增加，最终将卵巢黄体溶解，从而降低孕激素水平，当孕激素下降到一定程度时，下丘脑又开始分泌 GnRH，母畜进入下一个发情周期。如果是妊娠母畜，在产后一段时间，子宫内膜分泌前列腺素增多，将妊娠黄体溶解，孕激素水平下降，并把信息反馈到下丘脑，下丘脑又开始分泌 GnRH，母畜进入下一个发情周期。

职业能力测试

1. 与家畜射精量有关的副性腺是_____。
   A. 前列腺　　　　B. 尿道球腺　　　　C. 甲状腺　　　　D. 精囊腺
2. 产生精子的地方是_____。
   A. 睾丸　　　　　B. 附睾　　　　　　C. 卵巢　　　　　D. 精囊腺
3. 精子最后成熟的地方是_____。
   A. 阴道　　　　　B. 睾丸　　　　　　C. 附睾　　　　　D. 精囊腺
4. 以下属于自发性排卵的动物是_____。
   A. 兔　　　　　　B. 骆驼　　　　　　C. 猫　　　　　　D. 猪
5. 在妊娠母畜体内水平较高，但到产前浓度迅速下降的激素是_____。
   A. 雄激素　　　　B. 孕激素　　　　　C. 前列腺素　　　D. 雌激素
6. 猪的性周期平均为_____。
   A. 60d　　　　　B. 21d　　　　　　C. 45d　　　　　　D. 90d
7. 摘除睾丸后的公畜会发生什么变化？
8. 母猪在仔猪断奶后长时间不发情怎么办？

项目四　畜禽繁殖技术的应用

任务1　母畜的发情鉴定

学习任务

准确发情鉴定并适时配种，是提高母畜繁殖效率的重要技术措施。本次任务中，你应该掌握母畜的发情规律，能准确鉴定母畜的发情程度，会给母畜适时配种或输精。

必备知识

1. 母畜发情时生理及行为变化

(1) 卵巢变化。正常发情母畜卵巢上都会有卵泡发育，并最终成熟排卵。

(2) 生殖道变化。母畜发情时大多外阴肿胀，阴道黏膜充血，黏液分泌增多，黏液开始稀薄，到发情后期变黏稠。

(3) 行为变化。大多发情母畜会出现食欲下降，甚至拒食，下降程度因个体而异。发情初期兴奋不安，主动爬跨其他家畜；发情后期比较安定，接受其他家畜爬跨。

2. 常见母畜的主要发情特点

(1) 牛。开始发情的母牛常有公牛跟随，但不接受公牛爬跨，常兴奋不安，鸣叫；阴道与子宫颈轻度充血、肿胀，并流少量黏液。发情盛期的母牛，有很多公牛爬跨，母牛安定并接受爬跨；此时黏液牵缕性强，呈粗玻棒状，子宫颈口张开，呈鲜红色。

水牛发情不如黄牛明显。开始发情时，兴奋不安，有时鸣叫，尾巴常摆动，食欲减退；

阴部微充血肿胀、呈鲜红色；子宫颈口微开，黏液少而稀薄；不接受公牛爬跨。到了发情盛期，外阴与子宫颈充血肿胀明显，子宫颈口张开，黏液多且稠，呈玻棒状；公牛爬跨时愿意接受，且低头竖耳，后肢张开。

（2）猪。母猪开始发情时，兴奋不安，有时鸣叫，阴部微充血肿胀，食欲减退，主动爬跨其他猪，但不接受爬跨；到了发情盛期，阴门充血肿胀，阴道湿润，愿意接受其他猪爬跨，按压背腰不动（即静立反射）。

（3）羊。羊发情征状不太明显。外阴部没有明显的肿胀或充血现象，喜欢接近公羊，并摇尾示意，当公羊踢腹或爬跨时则不动；发情母羊很少爬跨其他羊。

（4）马。发情时卵泡发育大，且比较有规律。发情前期，阴唇皱襞变松、阴门充血下垂，发情期间阴唇肿胀；发情母马主动接近公马，并有尿频、举尾和后肢张开等现象，发情盛期，很难把母马从公马处拉开。

实践案例

2011年，广东省某奶牛场新购进奶牛300头，招进饲养员5人，由于饲养员技术不熟练，发情鉴定不准确，配种时机把握不当，母牛配种受胎率仅为58%，直接影响了牛场的经济效益。根据此案例说明如何做好家畜的发情鉴定工作。

实施过程

掌握母畜常用发情鉴定方法

1. 外部观察法 根据母畜的外生殖器官变化、精神状态、食欲和行为变化等进行综合鉴定。如母牛发情时，敏感、不安，食量减少，常常鸣叫，主动追寻公牛；发情初期爬跨其他母牛，发情后期较多接受其他牛爬跨；发情母牛的外阴部明显充血变大，皱纹消失，阴道黏膜潮红有光泽；发情初期有大量稀薄透明分泌物从外阴部排出，黏性大而能拉成长丝，发情后期，分泌物量少且黏性小，不能成丝；青年母牛的黏液可能有带血现象。

2. 试情法 将试情公畜赶到母畜栏内，观察母畜的变化。绵羊和猪使用较多。绵羊试情时，试情公羊应结扎输精管或腹下用兜布包住，每天两次放入母羊群中，愿意接受公羊爬跨是发情羊。

规模猪场为了准确判断母猪发情情况，常用年龄稍大的、口中唾液较多的公猪做试情公猪。配种员每天上下午分别赶试情公猪到空怀母猪栏一次，然后根据母猪的表现判断是否发情。公猪试情时，刚开始发情的母猪很兴奋，而发情盛期母猪表现则很安定，且阴部有黏液流出。

3. 阴道检查法 适用于牛、马等大家畜。最好用开膣器打开母畜阴道，借助光源找到子宫颈口，观察子宫颈口的开张情况、阴道黏膜颜色及黏液分泌情况，并做出鉴定。

发情母畜的子宫颈口往往是张开的，颜色变红；阴道黏膜充血，黏液分泌增多。

4. 直肠检查法 牛、马等大家畜常用。将手伸入直肠，隔着直肠触摸卵巢和卵泡，并根据卵泡的发育情况判断母畜的发情情况。如母牛发情后，能触到一侧卵巢上有一黄豆大的卵泡，这个卵泡由小到大，由硬到软，由无波动到有波动。

母牛发情时外部表现比较明显且有规律性，但发情持续期较短。因此，母牛的发情鉴定采用外部观察法、阴道检查法、直肠检查法相结合的方法更为准确。

任务 2　畜禽的人工授精

🖥 学习任务 ▶

采用人工授精技术可大大提高优秀公畜禽的利用率，并减少母畜禽生殖道疾病，有效提高畜牧业生产效益。本次任务中，你应该了解人工授精仪器与设备，熟悉精液理化特性，能进行畜禽的人工授精操作。

◎ 必备知识 ▶

1. 采精器械

（1）台畜。采精时用活畜（发情母畜等）或假台畜做支架以供公畜爬跨。猪多用假台畜，大家畜有时用真台畜。假台畜是指用有关材料仿照母畜的体型制作的采精台架。采精用假台畜见图 2-7。

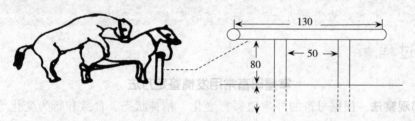

马采精横木架及母马的保定（单位：cm）

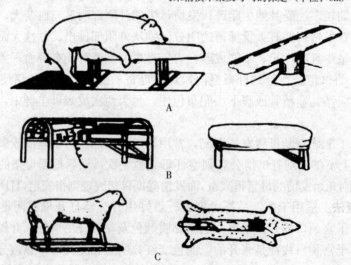

图 2-7　采精用假台畜

A. 左为公猪爬跨假台猪，右为两端式假台猪

B. 左为假台马的结构（已装上假阴道），右为假台马外形（牛也可参照此图）

C. 左为假台羊外形，右为假阴道安装位置

（引自李青旺，《畜禽繁殖与改良》，2002）

真台畜是选择身体健康、体壮、大小适中及性情温驯的发情母畜做台畜。采精时要求对其外阴及其周围的部位进行清洗、消毒。大家畜还应进行适当的保定。

（2）假阴道。假阴道是模仿母畜阴道的生理条件而设计的，各种家畜假阴道的构造基本相同，只是外形与大小各有差异。

①假阴道结构。假阴道一般由外壳、内胎、集精杯（瓶、管）、活塞和固定胶圈等部件构成。各种家畜的假阴道见图2-8。

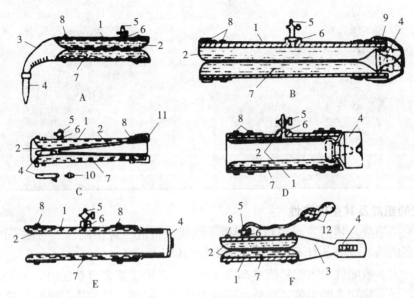

图 2-8　各种家畜的假阴道

A. 欧美式牛用假阴道　B. 前苏联式牛用假阴道　C. 西川式牛用假阴道

D. 羊用假阴道　E. 马用假阴道　F. 猪用假阴道

1. 外壳　2. 内胎　3. 橡胶漏斗　4. 集精管（杯）　5. 气嘴　6. 水孔　7. 温水

8. 固定胶圈　9. 集精杯　10. 瓶口小管　11. 假阴道入口泡沫垫　12. 双链球

（引自李青旺，《畜禽繁殖与改良》，2002）

②假阴道使用需注意的问题。完好的假阴道要求有适宜的温度（38～40℃）、适当压力和适宜的润滑度。把50～55℃温水注入假阴道内腔后用水温计测量其温度，注水量占内腔容积的1/2～2/3，并充气调节压力；使用前30min，先用75％酒精消毒内壁，待酒精挥发后用稀释液冲洗，然后用石蜡油或凡士林润滑内胎。

2. 采精频率　公畜采精频率控制得当，不但可以最大限度发挥公畜的利用率，保证精液品质，而且可以延长公畜的利用年限。

公畜采精频率应根据其正常生理状况下可产生的精子数量和附睾内精子的贮存量、每次射精量、精液品质及公畜饲养管理状况和性活动等因素决定。对于饲养管理得当的壮年公畜，可适当增加采精频率。

牛：一般2～3次/周。水牛可隔日采精。

羊：一般2～3次/d，每次之间至少间隔12min。

猪：一般隔日采精。如需每天采1次，1周内连采几天后应休息1～2d。

马：一般隔日采精。如需每天采1次，1周内连采几天后应休息1～2d。

成年公畜的采精频率见表 2-3。

表 2-3　正常成年公畜的采精频率及其精液特性

(引自张忠诚，《家畜繁殖学》，第 4 版，2004)

项目	每周采精适宜次数（次）	每次射精量（mL）	每次射出精子总数（亿个）	精子活率（%）	正常精子率（%）
奶牛	2～6	5～10	50～150	50～75	70～95
肉牛	2～6	4～8	50～150	40～75	65～90
水牛	2～6	3～6	36～89	60～80	80～95
马	2～6	30～100	50～150	40～75	60～90
驴	2～6	20～80	30～100	80	90
猪	2～5	150～300	300～600	50～80	70～90
绵羊	7～25	0.8～1.5	16～365	60～80	80～95
山羊	7～20	0.5～1.5	15～60	60～80	80～95
兔	2～4	0.5～2.0	3.0～7.0	40～80	

3. 精液的组成及其生理特性

（1）精液的组成。精液主要由精清和精子组成。精清主要由副性腺与附睾的分泌物构成。不同家畜的精清成分各有不同，但大体上分为以下六类。

①糖类。大多数哺乳动物的精清中都含有糖类。果糖主要来自精囊腺，牛和绵羊的精清中含量较高，马、猪和犬的很低。此外，还有山梨醇、肌醇、乳酸等。肌醇含量虽很高，但不能被精子利用。

②蛋白质和氨基酸。可供给精子营养。精清中蛋白质含量很低。

③酶类。主要来自副性腺。酶主要参与精子蛋白质、脂类和糖类的代谢。

④脂类。主要是磷脂，主要来自前列腺。可延长精子寿命，保护精子免受低温打击。猪、牛、犬和马精清中的磷脂以甘油磷酰胆碱（GPC）形式存在，进入母畜生殖道后，GPC 分解成磷酸甘油，为精子提供能量。

⑤维生素和其他有机成分。如维生素 B_1、维生素 B_2、维生素 C、泛酸、烟酸和柠檬酸等。柠檬酸有助于维持精液正常 pH，刺激生殖道平滑肌收缩；其他物质可提高精子的活力和密度。

⑥无机离子。阳离子主要是 Na^+ 和 K^+，阴离子主要是 Cl^-、PO_4^{3-}、HCO_3^-。

（2）精清的生理作用。稀释精液；调整精液 pH，促进精子运动；为精子提供营养物质；保护精子；清洗尿道，形成阴道栓。

（3）精子的生理特性。

①精子代谢。代谢方式分无氧呼吸（果糖酵解）和有氧呼吸两种。糖酵解时消耗能量较少，在有氧呼吸时需消耗大量能量。温度会影响精子的代谢，在低温环境下，精子代谢缓慢，适宜温度时精子需要消耗较多能量及营养物质。

②精子的运动。精子运动的动力来自精子的尾部，其运动方式分如下 3 种。

直线运动：运动幅度较大，运动的轨迹大体趋于直线。这种精子的活力最佳。

转圈运动：运动轨迹为从一点出发向左或向右的圆圈。这种精子的活力相对较差。

原地摆动：精子只在原地摆动尾部。这种精子已趋于死亡。

4. 精液稀释液

（1）稀释液成分及作用。

①营养物质。用于提供营养补充精子生存和运动所需要的能量。常用营养物质有葡萄糖、蔗糖及卵黄和奶类等。

②保护性物质。包括抗生素、抗冻剂及维持精液 pH 的缓冲剂等。

缓冲物质：保持精液适当的 pH，有利于精子存活。常用柠檬酸钠、酒石酸钾钠、磷酸二氢钠等。

抗冻物质：精液降温处理过程需加入卵黄、奶类等防精子发生冷休克，在超低温下保存时需加入甘油、二甲基亚砜（DMSO）等防止精子形成冰晶致死。

抗菌物质：在精液中加入适量的抗生素能抑制微生物繁殖。常用抗生素有青霉素、链霉素等。

③其他添加剂。

酶类：如分解过氧化氢防止其危害精子的过氧化氢酶，促进精子获能的 β-淀粉酶。

激素类：添加催产素、前列腺素等可促进母畜生殖道蠕动，提高受精率。

维生素类：如维生素 B_1、维生素 B_2、维生素 B_{12}、维生素 C 等，可提高精子活率。

（2）稀释液种类。根据稀释液用途和性质，稀释液通常分为以下几种：

①现用型稀释液。可用简单的奶类或糖类配制的稀释液，生理盐水也行。仅适于精液稀释后不进行保存而马上输精的稀释方法。

②常温保存稀释液。pH 弱酸性，适于精液在常温下短期保存。

③低温保存稀释液。适于精液低温保存，需加入卵黄或奶类预防精子冷休克。

④冷冻保存稀释液。适于精液超低温保存，除了要加入卵黄或奶类等低温保护剂外，还要加入甘油或二甲基亚砜（DMSO）等抗冻剂。

（3）稀释液配制。稀释液要求与精液等渗，并且最好现用现配。稀释液配制时须注意如下事项：

①稀释用水最好是新鲜、无菌的蒸馏水。若需短期保存的稀释液需灭菌后密封保存在 0～5℃的冰箱中。

②药品最好是分析纯，且准确称量。药品应充分溶于水后再过滤消毒。

③所用器具应严格清洗、消毒。

④卵黄及抗生素应等稀释液冷却后在精液稀释前加入。

实践案例 ▶

　　广西一万头猪场存栏母猪 600 头，饲养公猪 30 头，一直采用本交的配种方法，母猪受胎率不高，仅 70% 左右，且母猪子宫炎、阴道炎等生殖道疾病较多。2010 年，猪场改用人工授精，淘汰掉 22 头公猪，结果，不但节省了饲养成本，减少了母猪生殖道疾病，而且仔猪和生长育肥猪的生产性能也有了很大提高。据此案例分析畜禽人工授精技术。

实施过程

1. 做好精液采集工作

（1）做好采精前准备。

①场地的要求及准备。采精应有专门的场地，以便公畜建立稳固的条件反射。采精场所要紧靠精液处理室，需宽敞明亮、平坦、清洁、安静，有较好的环境调控设施。采精场内设有供公畜爬跨的假台畜和保定台畜用的采精架。

②台畜准备。猪一般使用假台畜，其他家畜用真台畜。

③公畜的采精调教。有3种方法：在假台畜的后躯涂抹发情母畜阴道分泌物或外刺激素，以引起公畜的性兴奋，并诱导其爬跨假台畜，多数公畜经几次调教即可成功；在假台畜的旁边拴系一发情母畜，让待调教公畜爬跨发情母畜，然后拉下，反复几次，当公畜的性兴奋达到高峰时将其牵向假台畜，成功率较高；可让待调教公畜目睹已调教好的公畜利用假台畜采精或在场内播放有关录像，进而诱导公畜爬跨假台畜。

④采精器械准备。一次性乳胶手套、采精杯、假阴道等。

⑤公畜及采精员的准备。把包皮口周围长毛剪掉，并消毒、清洗包皮周围；采精员剪短磨光指甲、洗手后戴上一次性手套，穿上工作服。

（2）选择适当的采精方法。

①假阴道法。采精时，采精员多站在台畜的右后方。当公畜爬跨台畜的瞬间，迅速将假阴道靠在台畜尻部，使假阴道的长轴与公畜阴茎伸入方向一致，用左手托起阴茎中后部，使其自然进入假阴道。操作时要注意动作的协调性。当公畜射精完毕从台畜上跳下时，持假阴道跟进，收集最后一滴精液。当公畜阴茎自然脱离假阴道后，取下集精杯（管），把精液送到处理室。

牛、羊对假阴道的温度较敏感，要特别注意温度的调节。将阴茎导入假阴道时，切勿用手抓握，否则会造成阴茎回缩。牛、羊采精时间较短，只有几秒钟，当公畜用力向前一冲即表示射精，因此，要求采精者动作迅速。

公马（驴）对假阴道的压力比温度更敏感，且阴茎在假阴道内抽动的时间较长，一般1～3min，假阴道又较重。故要固定好假阴道，并使假阴道的入口端向公畜阴茎方向倾斜以增加压力。当公马（驴）头部下垂、啃咬台马鬐甲、臀部的肌肉和肛门出现有节律颤抖时即表示已射精，此时需使假阴道向集精杯方向倾斜，以免精液倒流。

压力对公猪更重要，采精时要特别注意压力的调节。公猪的射精时间长达几分钟，中间会出现停歇，此时要用双连球恢复假阴道内胎壁有节奏的弹性调节，增加射精量。

②手握法。手握法是目前采取公猪精液普遍采用的一种方法，具有操作简单、能采集猪的浓份精液等优点。采精时术者戴上乳胶手套后，蹲在台畜右后方，待公猪爬跨伸出阴茎时，左手掌心向下，轻握阴茎的螺旋部，让龟头露出手掌外，并以拇指压其顶端，其余手指有节奏地轻握。当公猪阴茎充分勃起时，顺势将阴茎拉出，使其射精。前面射出的部分易被尿液污染，一般不要，最后射出的胶状物不利于精液稀释，也不要。采精时要注意手握的力度松紧得当，并用一手指锁住阴茎的螺旋部以防阴茎滑脱。

2. 认真检查精液品质 检查的目的在于鉴定其品质的好坏，同时为精液稀释、保存和运输等提供依据。此外，还可了解公畜的饲养水平与生殖机能等。精液采集后要马上送精液处理室并最好在 37℃ 左右的温度下进行检查。

（1）精液一般性状检查。包括精液量、色泽、气味、pH 等。

①色泽。精液的正常颜色：猪、马、驴呈淡乳白色或灰白色；牛、羊呈乳白色或乳黄色；水牛呈乳白色或灰白色。色泽越浓，说明精子密度越大。颜色异常的精液不能要，可能是公畜生殖器官有问题。

②气味。一般为微腥臭味。气味异常的精液，色泽往往会改变。

③pH。采用 pH 计测定。猪、马呈弱碱性，牛、羊呈弱酸性。公畜患睾丸炎或睾丸萎缩时，精液偏碱性。

④精液量。公畜的射精量一般保持在一定的范围内。精液过多可能是混入副性腺分泌物或其他异物；过少则可能是采精操作不当、过频采精或公畜生殖机能衰退等。

（2）精子活力检查。精子活力是指精液中直线前进的精子数占总精子数的百分比，活力是精液品质检查的重要指标，在采精后、稀释前后、保存后和输精前都要进行检查。使用常规的生物显微镜即可检查。

①检查方法。取一滴精液于载玻片上，盖上盖玻片，置于 37℃ 显微镜恒温载物台或把显微镜置于保温箱内，在 100～400 倍的显微镜下进行观察。

②检查温度。检查时室温最好在 18～25℃，若无显微镜恒温载物台，检查箱的温度宜在 37～39℃。

③记分方法。由于凭肉眼观察，主观性强，要求检查时尽量多看几个视野，然后取其平均值。活力记分方法分 10 级记分制和 5 级记分制两种。精子活力的记分方法见表 2-4。

猪、马、驴一般用十级记分制。牛、羊、兔的原精液因精子密度大一般用 5 级记分制，为了方便观察，可用稀释液或生理盐水等稀释后再检查，稀释后也可用 10 级记制记分。

表 2-4　精子活力的记分方法

直线运动精子比例	100%	90%	80%	70%	60%	50%	40%	30%	20%	10%
10 级记分	1.0	0.9	0.8	0.7	0.6	0.5	0.4	0.3	0.2	0.1
5 级记分	5			4		3		2		1

一般新鲜精液的精子活率为 0.7～0.8，新鲜精液输精前活率不低于 0.6，精液冷冻前活率不低于 0.7，解冻后应在 0.3 以上。

（3）精子密度检查。精子的密度又称精子浓度，一般指每毫升精液中所含精子的数目。常用检查方法有以下几种。

①目测法。在检查原精液精子活力的同时，根据视野中精子的密集程度，把精子的密度大至分为"密""中""稀" 3 个等级。用目测法评定精子的密度，见图 2-9。这种方法只能大致估计精子的密度，主观性强，误差较大。

"密"：视野内布满精子，精子之间的空隙小，看不清单个精子运动。精子密度 10 亿个/mL 以上。

"中"：精子与精子之间的距离约为一个精子的长度，可见到单个精子运动。精子密度 3 亿～8 亿个/mL。

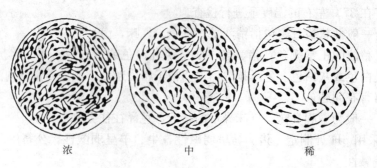

图 2-9　用目测法评定精子的密度

"稀"：精子之间的距离超过一个精子的长度。精子密度 2 亿个/mL 以下。

如视野中不存在精子，则不进行等级评定，但可用"无"表示。各种家畜各种密度下的精子数见表 2-5。

表 2-5　常见家畜精液中不同密度时的精子数

（引自张忠诚，《家畜繁殖学》，第 4 版，2004）

畜别	密（亿个/mL）	中（亿个/mL）	稀（亿个/mL）
牛	10～20	8～10	≤8
马	≥2	1～2	≤1
羊	≥25	20～25	≤20
猪	≥2	1～2	≤1

②计数法。用血细胞计数器进行检查。牛、羊等密度高的精液用红细胞吸管稀释，猪、马等精子密度低的精液则宜用白细胞吸管稀释。此法手动检查要求较高，现多用自动计数仪对原精液进行检查计数。

③光电比色法。此法能快速、准确地对精液进行检查，且操作简便易学，但要求购置光电比色仪，并由专业人员制作"精液密度标准管"及"精子密度对照表"，该法一般只适合于科研院校或规模养殖场。检查时，将精液稀释 80～100 倍，用光电比色计测定其透光值，查表即可得知精子密度。

（4）精子畸形率检查。畸形率是指形态不正常的畸形精子占总精子数的百分比。一般是观察 500 个精子中畸形精子数，用下列公式进行计算：

$$畸形率 = \frac{畸形精子数}{500} \times 100\%$$

精子畸形一般分头部畸形、中段畸形、颈部畸形和主段畸形 4 种。常见的是尾部畸形：如缺尾精子、短尾精子、长尾精子、折尾精子、双尾精子等。此外，头部畸形也有：如巨头精子、小头精子、缺头精子、双头精子等。畸形精子见图 2-10。

常用抹片法检查。取原精液一小滴，均匀地涂于载玻片上，待 3～4min 自然干燥后，用 95%酒精固定精子 2～3min，再用美蓝染液染色约 3min，然后用水轻轻冲洗，自然干燥后，置于高倍镜下检查。

各种家畜的精子畸形率不能超过以下标准：黄牛 18%，水牛 15%，羊 14%，猪 18%，

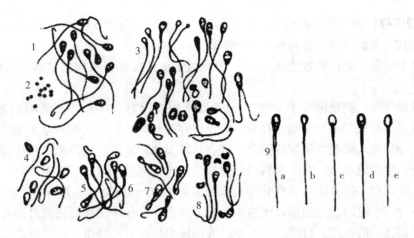

图 2-10 畸形精子

1. 正常精子　2. 游离精子　3. 各种畸形精子　4. 头部脱落　5. 附有近端原生质滴
6. 附有远端原生质滴　7. 尾部扭曲　8. 顶体脱落
9. 各种家畜的正常精子：a. 猪　b. 绵羊　c. 水牛　d. 黄牛　e. 马

(引自北京农业学校，《家畜繁殖》，第2版，1999)

马12%。

3. 及时稀释精液　稀释就是向精液中加入适于精子生存、保持受精能力的稀释液。通过稀释可扩大精液容量，延长精子在体外存活时间，并有利于精液的保存与运输。

（1）选择合适的稀释液。猪、马精液通常采用常温保存，应选择适于常温保存的稀释液。牛、羊精液目前多采用冷冻保存，应选择适于冷冻保存的稀释液。

（2）采用合适的稀释方法和稀释倍数。

①稀释方法。把配制好的稀释液与精液一起置于30℃的环境下恒温处理，待两者温度一致时，再把稀释液沿玻棒缓慢倒入精液中，并轻轻摇动，使之混合均匀。若稀释后活率跟稀释前差不多，即可分装与保存。

②稀释倍数。稀释倍数跟精子的活率与密度相关，不同家畜精液及不同稀释液的稀释倍数各不一样。一般奶类稀释液可作高倍稀释，但糖类稀释液则不宜作高倍稀释。常见家畜精液的稀释倍数和输精剂量见表2-6。

表 2-6　家畜精液常用稀释倍数和输精剂量

(引自张忠诚，《家畜繁殖学》，第4版，2004)

家畜种类	稀释倍数	输精量（mL）	有效精子数（每个输精剂量，亿个）
奶牛、肉牛	5～40	0.2～1	0.1～0.5
水牛	5～20	0.2～1	0.1～0.5
马	2～3	15～30	2.5～5
驴	2～3	15～20	2～5
绵羊	2～4	0.05～0.2	0.3～0.5
山羊	2～4	0.5	0.3～0.5
猪	2～4	20～50	20～50
兔	3～5	0.2～0.5	0.15～0.3

4. 合理保存精液 精液稀释后，如果不能马上输精，可以先保存起来，到用再拿出来。精液保存方式分常温保存、低温保存和冷冻保存3种。

（1）常温保存。把精液置于15～25℃的室温下短期保存，目前猪精液多采用17℃的恒温保存。

（2）低温保存。把精液置于0～5℃的低温下短期保存。各种公畜的精液都可用此法，但猪精液低温保存效果不如常温保存好。低温保存稀释液必须加入卵黄或奶类等抗冷剂，防止精子发生冷休克。降温可采取逐渐降温或直接降温法。如果直接降温，精液瓶应包上几层纱布或棉花，毛巾也可以，装入塑料袋后直接放入冰箱低温层（0～5℃）。

（3）冷冻保存。指精液经特殊处理后置于液氮中（-196℃）长期保存。冷冻保存大大延长了精液的保存时间、充分提高优良种公畜的利用率、便于国际与国内开展种质交流，并有利于繁殖新技术的推广。目前，牛、羊精液的冷冻保存方法已得到广泛推广。

5. 适时准确输精 输精就是把经检查合格的精液输到发情母畜生殖道内使之受孕。

（1）输精前的准备。

①母畜的准备。做好发情鉴定工作，确认已到配种时间的，将其外阴清洗消毒。如果是大家畜，应赶到保定栏内进行保定。

②器械的准备。母猪一般用一次性输精器，胶头用专用润滑剂或精液润滑。大家畜用的输精枪应套上一次性的输精套管。

③精液的准备。低温和冷冻保存的精液应进行升温或解冻。输精前的精子活率：液态保存的精液不低于0.6，冷冻保存的精液不低于0.3。用于输精的精液必须符合各种家畜所要求的输精量及有效精子数。

④输精人员的准备。穿上工作服，洗净手。如果给大家畜输精，还应剪短磨平指甲，手臂清洗消毒，戴上长臂手套，涂上润滑剂。

（2）输精。

①猪的输精时间及次数。母猪输精时间可用外部观察法或结合公猪试情判断，遵循"老配早、少配晚、不老不少配中间"的原则。如果没有公猪试情，经产母猪出现静立反射时即可输精，即上午发情，上午输精1次，下午再输精1次；公猪试情时，如果上午出现静立反射，下午及第2天上午各输精1次。

②牛的输精时间及次数。母牛一般在发情安定期后6～12h输精最佳。黄牛：母牛早上接受爬跨，下午输精，第2天早晨可再输精1次；下午或晚上接受爬跨，则第2天早晨输精，下午或晚上可再输精1次。水牛：母牛早上接受爬跨，第2天下午和第3天早晨各输精1次；下午或晚上接受爬跨，则第2天早晨和下午各输精1次。母牛大多在夜间排卵，故输精时间尽量在15：00～21：00进行。

③羊的输精时间及次数。羊多用试情法判断输精时间。一般早上发情，下午输精，隔8～12h再输精1次；下午发情，第2天早晨输精，隔8～12h再输精1次。各种家畜的输精要求见表2-7。

（3）输精方法。

①猪的输精方法。猪常用一次性输精器输精。输精器胶头用润滑剂或精液润滑后，先斜向上插入阴道3～5cm后再水平插入，边逆时针旋转边插入，直至输精器不能插入为止，再把输精器往外拉一点，即可接上精液瓶输精。输精时精液瓶应高过母猪阴部，如果有精液倒

流，应把输精器拉出重新插入。

表 2-7　各种家畜的输精要求

（引自张忠诚，《家畜繁殖学》，第 4 版，2004）

项目	牛、水牛		马、驴		猪		绵羊、山羊		兔	
	液态	冷冻	液态	冷冻	液态	冷冻	液态	冷冻	液态	冷冻
输精量（mL）	1～2	0.2～1.0	15～30	30～40	30～40	20～30	0.05～0.1	0.1～0.2	0.2～0.5	0.2～0.5
有效精子（亿个）	0.3～0.5	0.1～0.2	2.5～5.0	1.5～3.0	20～50	10～20	0.5～0.7	0.3～0.5	0.15～0.2	0.15～0.3
适宜输精时间	发情后 10～20h，或排卵前 10～20h		卵泡发育的 4～5 期，或发情后的第 2 天开始隔日 1 次，至发情结束		发情后 10～30h 或出现"静立反射"时输配		发情后 10～36h		诱发排卵后 2～6h	
输精次数（次）	1～2		1～3		1～2		1～2		1～2	
输精部位	子宫颈深部或子宫体		子宫内		子宫内		子宫颈		子宫颈内	
输精间隔时间(h)	8～10		24～48		12～18		8～10		8～10	

注：驴的输精要求可参照马，其输入量和有效精子数取马的最低值。

②牛的输精方法。常用直肠把握子宫颈输精法。把细管冻精解冻后，一只手戴上长臂手套涂上滑润剂，掏粪后伸入直肠内固定子宫颈，另一只手持装上冻精套上枪套的输精枪，先斜向上插入阴道 5～10cm 后再水平插入到子宫颈口，两手配合让输精枪插过子宫颈后再慢慢注入精液。

③羊的输精。绵羊和山羊都采用开腔器输精法。操作时一手持开腔器，打开母羊阴道，借助光源找到子宫颈口，另一只手握吸有精液的输精器，伸入子宫颈 0.5～1cm，慢慢注入精液。

④母马（驴）的输精。常用胶管导入法。一只手清洗消毒后握住胶管的尖端缓缓插入母马阴道内，找到子宫颈口后，用中指和食指扩开子宫颈，把胶管导入子宫内 10～15cm，另一手提起注射器并推压活塞慢慢注入精液。

为了防止或减少精液倒流，加速精子向受精部位前进，输精完毕后，一般在母畜的腰荐结合处或臀部用手拍 1～2 下，刺激母畜生殖道的收缩。

知识拓展

家禽人工授精技术

（1）采精。

①鸡的采精。助手将公鸡挟于左腋下（或直接固定在笼门），鸡头向后，保持身体水平，泄殖腔朝向采精员，两手各握住鸡的一条腿，使其自然分开，拇指扣住翅膀，使其呈自然交配姿势。采精员用右手中指与无名指夹着集精杯，杯口朝外。左手四指合拢与拇指分开，掌心向下，紧贴公鸡腰部两侧向后轻轻滑动，按摩至尾脂区，反复数次。同时，右手的大拇指与食指在腹部做轻快抖动的触摸动作。当公鸡尾部上翘，泄殖腔外翻露出交配器时，左手拇指与食指立即跨捏于泄殖腔两侧，轻轻挤压，公鸡立即射精，右手迅速用集精杯口贴于泄殖腔下缘接取精液。如果精液较少，可重复上述动作采精，但要防止过多透明液甚至粪便排入集精杯内。1 只公鸡每次采精量一般为 0.4～1mL，要求采精后 30min 内输精完毕。如果是低温天气，收集到的精液应立刻置于 25～30℃的保温瓶内。

②鸭、鹅的采精。采精时,采精员坐在矮凳上,将公禽放于膝上,尾部向外,头部夹于左臂下。助手在采精员右侧保定公禽双脚。采精员左手掌心向下紧贴公禽背腰部,自背部向尾部按摩,同时用右手手指固定在泄殖腔上环按摩揉捏,一般8～10s即可。在阴茎充分勃起的瞬间,正在按摩的左手拇指和食指自背部下移,轻轻挤压泄殖腔上1/3部,使精沟完全闭合,精液便会沿着输精沟自阴茎顶端射出。右手持集精杯顺势接取精液,并以左手反复挤压直至精液完全排出。

(2)精液检查与稀释。

①精液的常规检查。

外观检查:精液正常颜色为乳白色,透明度差。

精液量检查:鸡每次可以采得0.3～0.5mL,鸭每次射精量为0.6～1.2mL,鹅每次射精量为0.5～1.3mL。

精子活力:精子活率检查应在采精后20～30min完成,活力应大于0.7。

②精液的稀释。采精后用准备好的稀释液尽快稀释。将精液和稀释液分别装于试管中,置于35～37℃保温瓶或恒温箱中,使精液和稀释液保持等温。稀释时应将稀释液沿装有精液的试管壁缓慢加入,并轻轻搅拌,使两者混合均匀。若高倍稀释应分次进行,以防精子环境突然改变。

(3)输精。

①鸡的输精。母鸡通常采用泄殖腔外翻法进行输精。输精时两人操作,助手一手握住母鸡的双翅根部,将头朝下、泄殖腔朝上,拉至笼边,另一手拇指与食指分别固定泄殖腔上下两侧,轻轻按压,泄殖腔即可外翻,泄殖腔左上部隆起部即为输卵管的阴道口。输精员将吸有精液的胶头滴管插入母鸡阴道1.5～2cm,即可输精。输精器拔出后,助手的右手即放松对母鸡腹部的压力。

每次输精量:原精液输精约0.025mL,稀释精液输精量加倍。对第1次输精的母鸡,输精量加倍或连续输精2次。输精时间最好在15:00～16:00进行,这时母鸡大多已产蛋,受精率高。母鸡一般每隔4～5d输精1次,并从输精之日起第3天开始收集种蛋。规模化养鸡场,可把母鸡分成4组,每天输1组。

②鸭、鹅的输精。鸭、鹅一般采用直接插入阴道法进行输精。输精时,助手用双手分别握住母禽的两腿和两翅,将其固定在输精台上。输精员面向鸭、鹅的尾部,右手持输精器,左手四指并拢将尾羽拨向左侧,大拇指紧靠着泄殖腔下缘轻轻按压,使泄殖腔张开。右手将输精器插入后,再向左下方插进4～6cm,注入精液。

采用原精液输精时,输精量为0.03～0.08mL,采用稀释精液输精时输精量为0.05～0.1mL,首次输精量加倍。输精一般选在上午大部分鸭、鹅产蛋后进行。每隔5～6d输精1次为宜。

任务3　母畜的妊娠诊断

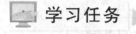 学习任务

妊娠诊断对于减少母畜空怀、提高繁殖效率有着重要的意义。本次任务中,你应该

了解家畜胎盘的结构，熟悉各种家畜的妊娠期及预产期的推算方法，会进行母畜的妊娠诊断。

必备知识 ▶

1. 胚泡附植　附植指早期胚胎从输卵管移行到子宫，并与子宫内膜建立起生理和组织的紧密联系的过程。

(1) 附植时间。不同家畜的附植时间各不相同：牛受精后 45～60d，马 90～105d，猪 20～30d，绵羊 10～20d，兔 1～1.5d。

(2) 附植部位。牛、羊怀单胎时，常在排卵侧的子宫角附植，如果是双胞胎则分布于两侧子宫角中；猪平均分布在两侧的子宫角中；马怀单胎时多在非排卵侧的子宫角基部附植。

2. 胎盘　胎盘分为胎儿胎盘和母体胎盘两种，由尿膜绒毛膜和妊娠子宫黏膜共同构成。

(1) 弥散型胎盘。胎儿胎盘的绒毛大体均匀地散布在绒毛膜表面，疏密略有不同。分娩时出血少，胎衣容易脱落，猪、马和骆驼的胎盘属此类型。

(2) 子叶胎盘。牛、羊胎盘属此类型。胎儿尿膜绒毛膜外的绒毛嵌入母体子叶的腺窝中。母仔胎盘紧密联系，母畜不易流产，但分娩时有出血现象，且易发生胎衣不下。

(3) 带状胎盘。猫、犬胎盘属此类型。胎盘呈长形囊状，绒毛集中在绒毛膜的中央形成带状。分娩时母体胎盘组织易脱落，子宫血管易破裂出血。

(4) 圆盘状胎盘。人及灵长类动物属此类型。绒毛膜上的绒毛集中于一个圆形区域，呈圆盘状。绒毛在发育时侵入到子宫内膜深部，并穿过血管内皮，浸入血液之中。分娩时易造成子宫内膜脱落，出血较多。

3. 各种家畜的妊娠期及预产期的推算方法　妊娠期是指从母畜受精至胎儿产出所经历的时间。母畜妊娠期长短与畜种、品种、年龄、胎儿因素、环境条件等有关。各种母畜的妊娠期见表2-8。

表 2-8　各种母畜的妊娠期（d）

动物种类	平均妊娠期	动物种类	平均妊娠期
牛	280（270～285）	猪	114（102～140）
马	337（317～369）	水牛	313（300～320）
绵羊	150（146～157）	驴	360（340～380）
山羊	152（146～161）	兔	30（27～33）
犬	62（59～65）	鹿	235（220～240）
猫	58（55～60）		

各种家畜预产期常用的推算公式法如下：

牛：配种月份减 3，配种日数加 6。

水牛：配种月份减 2，配种日数加 9。

马：配种月份减 1，配种日数加 1。

羊：配种月份加 5，配种日数减 2。

猪：配种月份加 4，配种日数减 6。

🔍 实践案例 ▶

万头猪场中，按 90% 受胎率、2.2 胎/年计算，500 头母猪每年就有 110 胎次配不上种，每胎次不孕母猪需要增加 2 个月或更长时间的无效饲养期，则猪场每年至少 220 个月的无效饲养期，每天饲养成本按 6 元计算，则浪费 39 600 元。猪场每猪每月产 22 窝，每窝可产 10 头仔猪，每头仔猪按 150 元计算，则少产仔猪损失的经济效益 66 000 元，两项合计损失 105 600 元。如果早期妊娠诊断准确，则可明显减少猪场损失，据此案例拟订一个家畜早期妊娠诊断方案。

📋 实施过程 ▶

1. 外部观察法诊断 指通过观察母畜的外部征状进行妊娠诊断的方法。母畜妊娠后的一般表征是：周期性发情停止，食欲增加，被毛光亮，性情温驯，行动谨慎；怀孕中后期，腹围向一侧（牛、羊向右侧，猪向下腹部，马向左侧）突出；乳房胀大，牛、马、驴会出现腹下水肿现象。牛妊娠 8 个月后，马、驴 6 个月后可看到胎动。

外部观察法适于各种家畜，但不易做早期诊断，且准确率不高，一般作为辅助诊断措施。

2. 阴道检查法诊断 借助于阴道开膣器打开阴道，观察阴道黏膜、黏液及子宫颈的变化来判定母畜是否怀孕。母畜妊娠后，阴道黏膜苍白、干燥、无光泽，插入开膣器时母畜敏感。子宫颈口有栓塞物。当母畜患有持久黄体、子宫颈及阴道炎症时，此法容易出现误诊。另外，该法容易造成阴道或子宫颈口损伤。故此法只作为大家畜的辅助诊断。

3. 直肠检查法诊断 适于大家畜。即用手隔着直肠触摸卵巢、子宫和胎泡的形态、大小和变化，并判断母畜的妊娠情况，是大家畜最准确有效的早期诊断方法。胎泡是胎儿、胎膜和胎水的总称。母畜妊娠各阶段直肠触摸的主要依据：妊娠初期以卵巢上黄体的状态、子宫角形状和质地的变化为主；胎泡形成后，以胎泡的存在和大小为主；胎泡沉入腹腔后，以卵巢位置、子宫颈的紧张度和子宫动脉的妊娠脉搏为主。

（1）牛的直肠检查。

孕后 18~25d：母牛无发情表现，两侧子宫角大小接近，一侧卵巢上有黄体存在，可初步判断母牛已怀孕。

孕后 30d：两侧子宫角不对称，孕角比空角稍大且软，有波动感。

孕后 60d：孕角比空角粗两倍且波动较明显，角间沟稍平坦，仍可触摸到整个子宫。

孕后 90d：孕角似排球大，波动明显；子宫开始沉入腹腔（初产牛会晚些），子宫颈位置发生前移，孕侧子宫动脉变粗，角间沟消失。

孕后 120d：子宫已沉入腹腔，能摸到子宫背侧的子叶，似蚕豆或黄豆大，妊娠脉搏明显。

（2）马和驴的直肠检查。

怀孕 14~16d：少数马子宫角收缩呈圆柱状，角壁肥厚，触摸有硬化感，一侧卵巢有黄体存在。

怀孕 17~25d：子宫角质地坚硬，轻捏尖端不扁，子宫基部有鸽子蛋大小的胎泡，胎泡有波动感。空角弯曲较大。

怀孕 26～35d：孕角变粗缩短下沉，卵巢下降，胎泡如鸡蛋大，柔软有波动感。

怀孕 36～45d：胎泡迅速增大，如拳头大。

怀孕 46～55d：胎泡直径达 10～12cm，孕角开始向腹腔下沉，并有波动感。

怀孕 60～70d：胎泡如排球大，两侧卵巢因下沉而靠近。

怀孕 80～90d：胎泡大如篮球，两侧子宫角被胎泡充满，胎泡下沉，很难摸到子宫全部。到 120d 左右只能摸到胎泡的后部，有时可摸到胎儿。

4. 腹部触诊法诊断　适用于羊、兔。双手以抬抱方式在腹部乳房的前上方前后轻轻滑动，如摸到胎儿硬块或黄豆粒大小的胎盘子叶，可初诊为妊娠。

5. 超声波诊断仪诊断　通过用 A 超或 B 超探查胎水、胎体、胎心搏动或胎盘状态来判断母畜妊娠阶段、胎儿数、胎儿状态及性别等。适用于各种家畜的妊娠诊断。

知识拓展

1. 精卵细胞的结构

（1）精子结构。睾丸产生的精细胞经减数分裂后变成精子，精子分头、颈、尾 3 部分。

头部：家畜精子头部呈扁卵圆形，家禽则呈长圆锥形。精子头部主要由细胞核构成，内含遗传物质 DNA。顶体位于精子的头部，内含透明质酸酶等多种与受精有关的酶，顶体受损的精子失去受精能力。

颈部：是头和尾的连接部。

尾部：为精子最长的部分，是精子的代谢和运动器官。

精子结构模式见图 2-11。

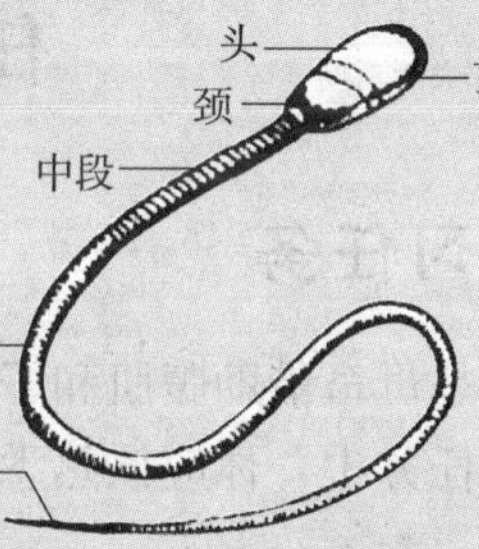

图 2-11　精子结构模式

（引自张忠诚，《家畜繁殖学》，第 4 版，2004）

（2）卵子。卵子呈球形，由放射冠、透明带、卵黄膜及卵黄等组成。

放射冠：卵子外围的颗粒细胞呈放射状，故称放射冠。在卵子发生过程中起到供给营养作用和保护作用，并有助于卵子在输卵管伞中运行。

透明带：位于放射冠与卵黄膜之间的均质半透明质膜。透明带的作用是保护卵子，并在受精过程中发生透明带反应阻止多精子受精。

卵黄膜：透明带内包被卵黄的一层薄膜。卵黄膜可保护卵子，并在受精过程发生卵黄膜封闭作用，防止多精子受精。

卵黄：由糖类、核蛋白和卵核等组成，为卵子和早期胚胎发育提供营养，并含有雌性动物的主要遗传物质。

2. 受精过程　受精就是精子与卵子结合形成受精卵的过程，是动物繁殖的重要过程。通常，受精时精子依次穿过卵子外围的放射冠细胞、透明带和卵黄膜 3 层结构，进入卵子之后，精子形成雄性原核，卵子形成雌性原核，最后雌雄配子结合，完成受精。

（1）精子溶解穿过放射冠。受精前大量精子包围卵子，精子获能后与卵子放射冠细胞接触发生顶体反应，并由顶体释放透明质酸酶，溶解放射冠的胶样物质后接近透明带。到达受精部位的精子浓度直接影响受精效果，浓度过低不足以溶解放射冠细胞中的胶样基质，浓度过大，则会使卵子溶解，从而失去受精能力。

（2）精子穿过透明带。获能后的精子经过顶体反应穿过放射冠后，以刚暴露的顶体内膜附着于透明带表面。精子与透明带的附着，具有非常明显的种间特异性，异种动物的精子是不能附着和穿过透明带的。

（3）精子进入卵黄膜。精子进入透明带后，到达卵周隙一段时间后，被卵黄膜上的微绒毛抓住头部，最终精子质膜与卵黄膜融合将精子包裹，精子即进入卵黄膜。

卵子对精子有非常严格的选择，通常只有一个同种动物的精子进入卵黄膜内与卵子结合受精，同时发生卵黄膜封闭作用。

（4）原核的形成。精子入卵后，卵黄紧缩，致使精子头部浓缩的核发生膨胀，尾部脱落，核仁核膜形成，即雄性原核。与此同时，卵子经第2次减数分裂，抛出第二极体，形成雌性原核。

（5）配子配合。雌雄原核发育后，相遇接触，体积迅速缩小，合并在一起，核仁核膜消失，雌、雄两组染色体合并成一组而完成受精。

任务4　母畜分娩与助产

💻 学习任务 ▷

分娩是母畜借助腹肌和子宫肌的收缩，将成熟胎儿及胎膜（胎衣）从母体排出体外的过程。本次任务中，你应该熟悉各种家畜临产征兆和分娩特点，会给母畜助产。

🔍 必备知识 ▷

1. 母畜的临产征兆

（1）一般临产征兆。

乳房：分娩前，有的母畜乳房底部出现浮肿。产前几天，乳头增大变粗，但营养不良母畜的乳头变化则不明显。

外阴部：产前数天，阴唇逐渐柔软、肿胀、增大。阴道黏膜潮红，黏液由浓厚变为稀薄润滑。产前数天，子宫颈开始松软、肿胀。

骨盆：产前数天，骨盆韧带松弛，臀部肌肉出现明显的塌陷。手握尾根上下活动时，明显感觉到荐骨后端容易上下移动。

行为：大多家畜出现食欲下降，行动小心谨慎，喜欢僻静地方。群牧母畜有离群独行的现象。

（2）各种家畜的临产征兆。

牛：在产前乳房胀大显明，产前数天乳头可挤出少量清亮胶样的液体，至产前两天，乳头中充满初乳。母牛一般从怀孕7个月起体温逐渐升高，可达39℃，但到产前12h左右，体温下降0.4～0.8℃。

猪：产前腹大下垂，卧下时可看到胎动。产前3～5d，有的母猪尾根两侧出现塌陷现象。产前 3d 左右，中部乳头可挤出少量清亮液体，当最后一对乳头可挤出乳汁时，母猪将在 4～6h 产仔。

马：乳头在产前数天胀大，并有漏乳或滴乳现象。产前 12h 左右子宫颈变松软，产前数小时，母马的肘后和腹侧有出汗现象，并伴随不安、在舍内徘徊，时常举尾，有时踢下腹部或不断回顾腹部。

驴：产前 1 个多月乳房迅速胀大。临产前，乳头变成长而粗的圆锥状，充满液体。临产当天或前 1d，约半数驴有漏奶现象。产前数小时，母驴出现不安，转圈，气喘，回头看腹部，出汗和前蹄刨地，食欲减退或绝食。

羊：产前数小时，开始精神不安，用蹄刨地，频频转动或起卧，喜欢接近羔羊。

兔：分娩前数天，外阴部肿胀、充血，黏膜湿润潮红；食欲减退或废绝。产前 2～3d 或数小时开始衔草做窝，常出现咬下胸前、胁下和乳房周围的毛用来做窝。

2. 各种家畜的分娩特点

牛：在努责时开始躺下，在羊膜破裂后开始排出羊水和胎儿。多数母牛在胎衣排出期，尿膜绒毛膜囊开始破裂，流出黄褐色尿水。牛胎衣排出期一般为 2～8h，最多 12h。

猪：采取侧卧式分娩。胎膜不露在阴门外，胎水较少。猪一般努责 1～4 次产出一仔，产两仔之间间隔通常在 5～20min 或更短。母猪产出期为 1～4h，一般产后 10～60min 排出胎衣。

马：在努责不久即躺下，每努责 3～4 次，休息一会儿。分娩时，第 1 次排出的是尿膜绒毛膜囊中黄褐色的稀薄尿水（第一胎水），然后再排出尿膜羊膜囊中的羊水（第二胎水）。马胎儿产出期为 10～30min，若超过 30min，应迅速助产。胎衣排出期 20～60min。

驴：子宫颈管直到胎囊和胎儿的前置部分进入软产道才完全撑开。驴的产出期比较短，胎儿排出较快。如果驴强烈努责时间超过 30min 尿膜绒毛膜仍不破裂，则须马上助产。

羊：分娩情况与牛相似。羊多在 9：00～12：00 和 15：00～18：00 时产羔。常在产后 2～4h 排出胎衣。

实践案例

　　2009 年，内蒙古一养羊场在母羊产羔高峰时，临时招入 2 名接产员，但后来发现这 2 名接产员接产的羊羔死亡率高，母羊子宫炎的发病率也比较高。据此案例分析如何接产和助产。

实施过程

1. 做好产前准备　根据配种记录和分娩征兆在产前 1～2 周将临产母畜转到已经消毒好的产房。准备好必要的用具及药品，如干净毛巾、绷带、肥皂、产科器械、注射器、桶或脸盆、消毒剂、抗生素和催产素等。母畜多在夜间分娩，应做好夜间值班，遵守卫生操作规程。

2. 保证胎儿顺利产出和母畜的安全

（1）清洗并消毒母畜的外阴部及其周围。马、牛须用绷带缠好尾根，拉向一侧系于颈部。在产出期开始时，穿好工作服及胶围裙、胶靴，消毒手臂，准备做必要的检查工作。

（2）做好胎儿及产道的检查。为了防止难产，当胎儿前置部分进入产道时，可将手臂消毒后伸入产道，进行检查，确定胎儿的方向、位置及姿势是否正常。如果胎儿正常，正生时三件（唇、二蹄）俱全，可自然排出。此外，还可检查母畜骨盆有无变形，阴门、阴道及子宫颈的松软程度，以判断有无产道反常而发生难产的可能。

（3）及时撕破羊膜。当胎儿唇部或头部露出阴门外时，如果上面盖有羊膜，可帮助撕破，并把胎儿鼻腔内的黏液擦净，以利于呼吸。但不要过早撕破，以免胎水过早流失。

（4）实施必要的牵拉。阵缩和努责是仔畜顺利产出的必要条件，应注意观察。胎头通过阴门困难时，尤其当母畜反复努责时，可沿骨盆轴方向帮助慢慢拉出，但要防止会阴撕裂。

猪在分娩时，有时胎儿的产出时间拖长。这时如无强烈努责，虽产出较慢，但对胎儿的生命没有影响；如曾强烈努责，但下一个胎儿并不立即产出，则有可能窒息死亡。这时可将手臂及外阴消毒后，把胎儿掏出来；也可注射催产药物，促使胎儿早排出来。

（5）检查胎衣排出情况。检查胎衣是否完整和正常，以便确定是否有部分胎衣不下和子宫内是否有病理变化。

3. 做好对新生仔畜的处理

（1）擦净仔畜口鼻中的羊水。擦净鼻孔内的羊水，并观察呼吸是否正常。

（2）处理好仔畜的脐带。胎儿产出后，脐血管由于前列腺素的作用而迅速封闭。所以，处理脐带的目的并不在于防止出血，而是希望断端及早干燥，避免细菌侵入。结扎和包扎会妨碍断端中液体的渗出及蒸发，而且包扎物浸上污水后反而容易感染断端，不宜采用。只要在脐带上涂以碘酒消毒，每天1次，即能很快干燥。碘酒除有杀菌作用外，对断端也有鞣化作用。

（3）擦干仔畜身体。将小马及仔猪身上的羊水擦干，天冷时尤须注意。牛、羊可由母畜自然舔干，对头胎羊须注意，不要擦羔羊的头颈和背部，否则母羊可能不认羔羊。

（4）扶助仔畜吃初乳。扶助仔畜站立，帮助其吃初乳。

🔍 知识拓展 ▶

1. **胎向**　即胎儿纵轴与母体纵轴的关系。胎向分纵向、竖向和横向3种。其中，纵向（胎儿纵轴与母体纵轴平行）是正常的胎向，竖向（胎儿纵轴上下垂直于母体纵轴）与横向（胎儿纵轴与母体纵轴近于水平交叉）时，容易发生难产。

2. **胎位**　指胎儿背部与母体背部的关系。分为以下3种：

下位：胎儿背部朝向母体下腹部，仰卧在子宫内。

上位：胎儿背部朝向母体背部，伏卧在子宫内。

侧位：胎儿背部朝向母体侧壁，有左侧位与右侧位之分。

3. **胎势**　即胎儿身体各部分之间的关系。在妊娠后期，马的胎儿多是纵头向、下位，牛、羊的胎儿是纵向、侧位，猪的胎儿多为纵向、上位。分娩时，胎向不会发生变化，但胎位和胎势则必须发生变化，使胎儿由侧位或下位转为上位，胎势由屈曲变为伸展，以利于胎儿顺利产出。

职业能力测试

1. 下列发情鉴定方法中，猪不能采用的是_____。
   A. 直肠检查　　　　B. 激素检查　　　　C. 外部观察　　　　D. 公畜试情
2. 发情时，黏液有时会出现带血现象的家畜是_____。
   A. 羊　　　　　　　B. 马　　　　　　　C. 牛　　　　　　　D. 猪
3. 新鲜精液的精子活率通常为_____。
   A. 0.2　　　　　　B. 1.0　　　　　　C. 0.7　　　　　　D. 0.3
4. 为了更好地判断牛的输精时间，母牛发情鉴定最好采用_____。
   A. 外部观察法　　　B. 直肠检查法　　　C. 阴道检查法　　　D. 试情法
5. 活率最高的精子运动形式是_____。
   A. 旋转运动　　　　B. 直线运动　　　　C. 摆尾运动　　　　D. 颤动
6. 猪精液常用的保存方法是_____。
   A. 自然保存　　　　B. 冷冻保存　　　　C. 低温保存　　　　D. 常温保存
7. 马、牛等大家畜常用的妊娠诊断方法是_____。
   A. 阴道检查法　　　B. 直肠检查法　　　C. 外部观察法　　　D. 腹部触诊法
8. 在分娩时，最容易发生胎衣不下的胎盘类型是_____。
   A. 带状胎盘　　　　B. 圆盘状胎盘　　　C. 子叶型胎盘　　　D. 弥散型胎盘
9. 妊娠后期，腹下常会发生水肿的家畜是_____。
   A. 牛　　　　　　　B. 羊　　　　　　　C. 猪　　　　　　　D. 马
10. 2014 年 3 月 12 日配种的母猪，其预产期是_____。
    A. 9 月 8 日　　　B. 7 月 4 日　　　C. 7 月 30 日　　　D. 8 月 10 日
11. 怎样鉴定奶牛是否发情？
12. 简述精液的稀释方法。
13. 怎样进行母猪的早期妊娠诊断？
14. 怎样判断母畜将要分娩？

3 模块三
畜禽场设计及畜禽舍环境调控

项目一　畜禽场规划设计

任务 1　畜禽场设计的评价

学习任务 ▶

畜禽场的选址与布局是否合理，直接影响养殖经济效益。本次任务中，你应该了解畜禽场场址选择和规划布局的原则，熟悉各标准化畜禽舍设计要求，能根据标准化设计要求评价畜禽场。

必备知识 ▶

1. 畜禽场场址选择

（1）选址原则。

①场址选择应符合国家或地方畜禽生产管理部门对区域规划发展的相关规定。

②确保畜禽场场区具有良好的小气候条件，便于畜禽场环境卫生调控。

③场址选择要有利于各项卫生防疫制度的实施。

④场址选择要有利于组织生产，便于机械化操作，提高劳动生产率。

⑤场区面积要保证宽敞够用，且为今后规模扩建留有余地，并减少土地浪费。

（2）自然因素。

①地形。指场地形状、大小以及地物（山岭、河流、道路、草地、树林、沟坎、居民点等）的状况。要求：地形开阔整齐、有足够的面积。不同规模畜禽场占地面积见表 3-1。

表 3-1　不同规模畜禽场占地面积

场别	饲养规模	占地面积（m²/头）	备　注
奶牛场	100～400 头成奶牛	160～180	
肉牛场	年出栏育肥牛 1 万头	16～20	按年出栏量计
种猪场	200～600 头基础母猪	75～100	
商品猪场	600～3 000 头基础母猪	5～6	
绵羊场	200～500 只母羊	10～15	
奶山羊场	200 只母羊	15～20	
种鸡场	1 万～5 万只种鸡	0.6～1.0	
蛋鸡场	10 万～20 万只产蛋鸡	0.5～0.8	
肉鸡场	年出栏肉鸡 100 万只	0.2～0.3	按年出栏量计

②地势。指场地的高低起伏状况。畜禽场的场地应选在地势较高、干燥平坦及排水良好的地方，要避开低洼潮湿的场地，远离沼泽地。地面坡度以 1‰～3‰ 为宜，且地下水位要低，距地表 2m 以上。山区建场应选择在稍平缓坡上，坡面向阳，总坡度不超过 25%，建筑区坡度应在 2.5% 以内。

③水源。畜禽场应有可靠的水源，水源要求：水质良好，能达到人、畜、禽饮用的水质标准；便于防护，保证水源水质处于良好的状态，不受周围环境的污染；水量充足，能满足场内人、畜、禽的饮用和其他生产、生活用水的需要。人的生活用水一般可按每人每天40～60L 计算。

④土壤。土壤的物理、化学、生物学特征，对畜禽场的空气、水质和植被产生直接和间接的影响。适宜建场的土壤类型应是沙壤土，透水透气性强，毛细管作用弱，吸湿性和导热性弱，质地均匀，抗压性强。

⑤气候条件。气候状况不仅影响建筑规划、布局和设计，还会影响畜禽舍朝向、防寒与遮阳设施的设置等。因此，场址选择时，要考虑本地区气候条件：年平均气温、气温年较差、气温日较差、降雨量与积雪深度、最大风力、常年主导风向、日照情况等。

（3）社会因素。

①地理位置。畜禽场场址选择应考虑城镇和乡村居民点的长远发展，不要在城镇建设发展方向上选址。在城镇郊区建场，距离大城市至少 20km，小城镇 10km。与其他畜禽场之间也应有一定的卫生间距，距一般畜禽场应不小于 300m，距大型畜禽场应不小于 1 000m。

②交通运输。选择场址时既要考虑交通方便，又要使畜禽场与交通干线保持适当的距离。要求距离国道、省际公路 500m，距离省道、区际公路 300m，距离一般道路 100m。畜禽场要修建专用道路与主要公路相连。

③供电条件。畜禽生产许多环节，如孵化、育雏、机械通风、人工光照等用电量较大，畜禽场要求有Ⅱ级供电电源。Ⅲ级以下电源供电时，则需自备发电机，以保证场内供电稳定可靠。为了减少供电投资，畜禽场应靠近输电线路，尽量缩短新线的铺设距离。

④土地征用。畜禽场场址选择必须符合本地区农牧业生产发展总体规划、土地利用发展规划和城乡建设发展规划的用地要求。不得占用基本农田，尽量利用荒地和劣地建场。征用土地可按场区总平面设计图计算实际占地面积。以下地区或地段的土地不宜征用：规定的自然保护区、生活饮用水水源保护区、风景旅游区；受洪水或山洪威胁及泥石流、滑坡等自然灾害多发地带；自然环境污染严重的地区。

⑤与周边环境关系。畜禽场的辅助设施，特别是蓄粪池，应尽可能远离周围住宅区，并要采取防范措施，建立良好的邻里关系。最好利用树木等将蓄粪池遮挡起来，建设安全护栏。并为蓄粪池配备永久性的盖罩。畜禽场应仔细核算粪便和污水的排放量，以准确计算蓄粪池的贮存能力，并在粪便最易向环境扩散的季节里，贮存好所产生的所有粪便，防止粪便发生流失和扩散。

2. 畜禽场规划布局

（1）功能区划分。畜禽场通常分为生活管理区、生产区和隔离区 3 个功能区。在进行场区规划时，主要考虑人与畜、禽卫生防疫和工作方便，考虑地势和当地全年主风向，合理安排各功能区位置。畜禽场各功能区依地势、风向配置示意见图 3-1。

（2）各功能区的建筑物。养鸡场各功能区建筑物见表 3-2，养猪场各功能区建筑物见表

全年主风向

生活管理区　　　　　　　　生产区　　　　　隔离区

图 3-1　猪场各功能区依地势、风向配置示意

(引自冯春霞，《家畜环境卫生》，2001)

3-3，养牛场各功能区建筑物见表 3-4。

表 3-2　养鸡场各功能区建筑物

种类	生产建筑设施	辅助生产建筑设施	生活管理建筑设施
种鸡场	育雏舍、育成舍、种鸡舍、孵化厅	消毒门廊、消毒沐浴室、兽医化验室、急宰间和焚烧间、饲料加工间、饲料库、蛋库、汽车库、修理间、变配电室、发电机房、水塔、物料库、污水及粪便处理设施	办公用房、食堂、宿舍、文化娱乐用房、围墙、大门、门卫、厕所、场区其他工程
蛋鸡场	育雏舍、育成舍、蛋鸡舍		
肉鸡场	育雏舍、肉鸡舍		

表 3-3　养猪场各功能区建筑物

生产建筑设施	辅助生产建筑设施	生活与管理建筑
配种舍、妊娠舍、分娩哺乳舍、仔猪培育舍、育肥猪舍、病猪隔离舍、病死猪无害化处理设施、装卸猪台	消毒沐浴室、兽医化验室、急宰间和焚烧间、饲料加工间、饲料库、汽车库、修理间、变配电室、发电机房、水塔、蓄水池和压力罐、水泵房、物料库、污水及粪便处理设施	办公用房、食堂、宿舍、文化娱乐用房、围墙、大门、门卫、厕所、场区其他工程

表 3-4　养牛场各功能区建筑物

种类	生产建筑设施	辅助生产建筑设施	生活与管理建筑
奶牛场	成奶牛舍、青年牛舍、育成牛舍、犊牛舍、产房、挤奶厅	消毒沐浴室、兽医化验室、急宰间和焚烧间、饲料加工间、饲料库、青贮窖、干草房、汽车库、修理间、变配电室、发电机房、水塔、蓄水池和压力罐、水泵房、物料库、污水及粪便处理设施	办公用房、食堂、宿舍、文化娱乐用房、围墙、大门、门卫、厕所、场区其他工程
肉牛场	母牛舍、后备牛舍、育肥牛舍、犊牛舍		

🔍 实践案例 ▶

　　徐涛大学毕业后没有留在城里，而是回到洪蓝镇塘西村帮母亲打理 10hm² 生态养猪场。猪舍全都按生态养殖示范基地标准改造，整个养猪场雨污分流、固液分离、干湿分离，闻不到一点臭味。穿上隔离服，记者随养殖大户们走进徐涛家的养猪场，这里现有存栏母猪 150 头，年出栏生猪 3 800 头，没有一丝猪粪异味。根据此案例分析标准化畜禽场设计要求。

实施过程 ▶

1. 标准化猪场设计要求 猪标准化示范场验收评分标准见表 3-5，摘自农业部《畜禽养殖标准化示范场创建验收评分标准》。

表 3-5 猪标准化示范场验收评分标准

必备条件（任一项不符合不得验收）	土地使用符合相关法律法规与区域内土地使用规划，场址选择不得位于《中华人民共和国畜牧法》（以下简称《畜牧法》）明令禁止的区域			
	具备养殖场备案登记手续，养殖档案完整；种畜禽场具备《种畜禽生产经营许可证》			
	无非法添加物使用记录			
	具县级以上畜牧兽医部门颁发的《动物防疫条件合格证》，两年内无重大疫病发生记录			
	能繁母猪存栏 300 头以上（含 300 头），年出栏肥猪 5 000 头以上			

验收项目	考核内容	考核具体内容及评分标准	满分
选址与布局（15 分）	选址（6 分）	水源、通风良好，供电稳定	2
		防疫条件良好，距主要交通干线和居民区 1km 以上	2
		占地面积符合生猪养殖需要，每头能繁母猪占地 40m² 以上	2
	布局（9 分）	生产区与生活区分开	3
		生产区内母猪区、保育与生长区分开	2
		净道与污道分开	2
		有污水处理区与病死猪无害化处理区	2
设施与设备（37 分）	栏舍（13 分）	每头能繁母猪配套建设 8m²（销售猪苗）、12m²（销售活大猪）的栏舍面积，其中母猪区每头能繁母猪配套建设 5.5m² 栏舍	10
		有后备猪隔离舍	3
	生产设施（16 分）	300 头母猪至少配备 72 个产床	8
		分娩舍、保育舍应采用高床式栏舍设计	3
		种猪舍与保育舍应配备必要的通风换气、温度调节等设备	
		有自动饮水系统	2
	防疫条件（8 分）	养殖场有防疫隔离带，防疫标识明显	2
		场区入口有车辆、人员消毒池，生产区入口有更衣消毒室	4
		对外销售的出猪台与生产区保持严格隔离状态	2

验收项目	考核内容	考核具体内容及评分标准	满分
管理与防疫（28分）	制度建设（9分）	根据 NY/T 1596—2007《畜禽养殖场质量管理体系建设通则》的要求进行制度建设	3
		建立了投入品（含饲料、药物、疫苗）使用管理、卫生防疫等管理制度	2
		制订了不同阶段生猪生产技术操作规程	2
		各项管理制度要求挂墙	2
	人员素质（3分）	配备与规模相适应的技术人员或有明确的技术服务机构	2
		技术负责人具有畜牧兽医专业中专以上学历并从事养猪业三年以上	1
	引种来源（2分）	种猪来源于有《种畜禽生产经营许可证》的种猪场	2
	生产与防疫（5分）	按照 GB/T 17824 2—2008《规模猪场生产技术规程》的要求进行生产管理	3
		有预防鼠害、鸟害及外来疫病侵袭措施	2
	生产水平（9分）	每头母猪年提供上市猪数 18 头以上（含 18 头）	3
		母猪配种受胎率 80% 以上（含 80%）	3
		达 100kg 日龄 170d 以内（含 170d）	3
环保要求（20分）	环保设施（8分）	贮粪场所位置合理，并具有防雨、防渗设施	5
		配备焚烧炉或化尸池等病死猪无害化处理设施	3
	废弃物管理（8分）	根据"资源化、无害化、减量化"与"节能减排"的原则对猪场废弃物进行集中管理	3
		参照 NY/T 1168—2006《畜禽粪便无害化处理技术规范》的要求设计无害化处理工艺	2
		排放水达到 GB18596—2001《畜禽养殖业污染物排放标准》的要求	2
		粪污利用达到 NY/T 1334—2007《畜禽粪便安全使用准则》的要求	1
	无害化处理（2分）	病死猪采取深埋或焚烧的方式进行无害化处理	2
	环境卫生（2分）	场区内垃圾集中堆放，位置合理，无杂物堆放	2
总分			100

2. 标准化蛋（肉）鸡场设计要求　蛋鸡标准化示范场验收评分标准见表 3-6，肉鸡标准化示范场验收评分标准见表 3-7，摘自农业部《畜禽养殖标准化示范场创建验收评分标准》。

表 3-6　蛋鸡标准化示范场验收评分标准

必备条件（任一项不符合不得验收）	场址不得位于《畜牧法》明令禁止的区域
	饲养的蛋鸡有引种证明，并附有引种场的《种畜禽生产经营许可证》，养殖场有《动物防疫条件合格证》
	两年内无重大动物疫病发生，无非法添加物使用记录
	建立养殖档案
	产蛋鸡养殖规模（笼位）在 1 万只以上（含 1 万只）

验收项目	考核内容	考核具体内容及评分标准	满分
选址与布局 （18分）	选址 （4分）	距离主要交通干线和居民区500m以上且与其他家禽养殖场及屠宰场距离1km以上，得1分；符合用地规划得1分	2
	基础设施 （6分）	地势高燥得1分；通风良好得1分	2
		水源稳定，得1分；有贮存、净化设施，得1分	2
		电力供应充足有保障，得2分	2
	场区布局 （8分）	交通便利，有专用车道直通到场得2分	2
		场区有防疫隔离带，得2分	2
		场区内生活区、生产区、办公区、粪污处理区分开得3分，部分分开得1分	3
		全部采用按栋全进全出饲养模式，得3分	3
设施与设备 （30分）	鸡舍 （4分）	鸡舍为全封闭式，分后备鸡舍和产蛋鸡舍得4分，半封闭式得3分，开放式得1分，简易鸡舍不得分	4
	饲养密度 （2分）	笼养产蛋鸡饲养密度≥500cm²/只，得2分；380cm²/只≤产蛋鸡饲养密度<500cm²/只，得1分，低于380cm²/只，不得分	2
	消毒设施 （4分）	场区门口有消毒池，得2分，没有不得分	2
		有专用消毒设备，得2分	2
	养殖设备 （14分）	有专用笼具，得2分	2
		有风机和湿帘通风降温设备，得5分，仅用电扇作为通风降温设备，得2分	5
		有自动饮水系统，得3分	3
		有自动清粪系统，得2分	2
		有自动光照控制系统，得2分	2
	辅助设施 （6分）	有更衣消毒室，得2分	2
		有兽医室，得2分	2
		有专用蛋库，得2分	2
管理及防疫 （26分）	管理制度 （4分）	有生产管理制度、投入品使用管理制度，制度上墙，执行良好，得2分	2
		有防疫消毒制度并上墙，执行良好，得2分	2
	操作规程 （4分）	有科学的饲养管理操作规程，执行良好，得2分	2
		制订了科学合理的免疫程序，执行良好，得2分	2
	档案管理 （16分）	有进鸡时的动物检疫合格证明，并记录品种、来源、数量、日龄等情况，记录完整得3分，不完整适当扣分	3
		有完整生产记录，包括日产蛋、日死淘、日饲料消耗及温湿度等环境条件记录，记录完整得4分，不完整适当扣分	4
		有饲料、兽药使用记录，包括使用对象、使用时间和用量记录，记录完整得3分，不完整适当扣分	3
		有完整的免疫、用药、抗体监测及病死鸡剖检记录，记录完整得3分，不完整适当扣分	3
		有两年内（建场低于两年，则为建场以来）每批鸡的生产管理档案，记录完整得3分，不完整适当扣分	3
	专业技术人员（2分）	有1名或1名以上畜牧兽医专业技术人员，得2分	2

验收项目	考核内容	考核具体内容及评分标准	满分
环保要求 （14分）	粪污处理 （6分）	有固定的鸡粪储存、堆放设施和场所，储存场所有防雨、防止粪液渗漏、溢流措施。满分为2分，有不足之处适当扣分	2
		有鸡粪发酵或其他处理设施，或采用农牧结合良性循环措施。满分为2分，有不足之处适当扣分	2
		对鸡场废弃物处理整体状态的总体评分，满分为2分，有不足之处适当扣分	2
	病死鸡无害化处理 （5分）	所有病死鸡均采取深埋、煮沸或焚烧的方式进行无害化处理，满分3分，有不足之处适当扣分	3
		有病死鸡无害化处理使用记录的，得2分	2
	净道和污道 （3分）	净道、污道严格分开，得3分；有净道、污道，但没有完全分开，适当扣分，不区分净道和污道者不得分	3
生产性能水平 （12分）	产蛋率 （4分）	饲养日产蛋率≥90%维持4周以下，不得分；饲养日产蛋率≥90%维持4~8周，得1分；饲养日产蛋率≥90%维持8~12周，得2分；饲养日产蛋率≥90%维持12~16周，得3分；饲养日产蛋率≥90%维持16周以上，得4分	4
	饲料转化率 （4分）	产蛋期料蛋比≥2.8：1，不得分；2.6：1≤产蛋期料蛋比<2.8：1,得1分；2.4：1≤产蛋期料蛋比<2.6：1，得2分；2.2：1≤产蛋期料蛋比<2.4：1，得3分；产蛋期料蛋比<2.2：1，得4分	4
	死淘率 （4分）	育雏育成期死淘率（鸡龄≤20周）≥10%，不得分；6%≤育雏育成期死淘率<10%，得1分；育雏育成期死淘率<6%，得2分	2
		产蛋期月死淘率（鸡龄≥20周）≥1.5%，不得分；1.2%≤产蛋期月死淘率<1.5%，得1分；产蛋期月死淘率<1.2%，得2分	2
总分			100

表 3-7　肉鸡标准化示范场验收评分标准

必备条件（任一项不符合不得验收）	场址不得位于《畜牧法》明令禁止的区域
	两年内无重大动物疫病发生，且不使用非法添加物
	种禽场有《种畜禽生产经营许可证》
	拥有《动物防疫条件合格证》
	建立完整的养殖档案
	年出栏量不低于10万只，单栋饲养量不低于5 000只

项目	考核内容	考核具体内容及评分标准	满分
选址和布局 （20分）	选址 （5分）	距离主要交通干线、居民区500m以上，距离屠宰场、化工厂和其他养殖场1 000m以上，距离垃圾场等污染源2 000m以上	2
		地势高燥，背风向阳，通风良好	2
		远离噪声	1
	基础条件 （4分）	有稳定水源及电力供应，水质符合标准	2
		交通便利，沿途无污染源	1
		有防疫围墙和出入管理	1

项目	考核内容	考核具体内容及评分标准	满分
选址和布局（20分）	场区布局（4分）	场区的生产区、生活管理区、辅助生产区、废污处理区等功能区分开，且布局合理。粪便污水处理设施和尸体焚烧炉处于生产区、生活管理区的常年主导风向的下风向或侧风向处	4
	净道与污道（3分）	净道、污道严格分开	2
		主要路面硬化	1
	饲养工艺（4分）	采取全进全出饲养工艺，饲养单一类型的禽种，无混养	4
生产设施（30）	鸡舍建筑（5分）	鸡舍建筑牢固，能够保温	2
		结构具备抗自然灾害（雨雪等）能力	2
		鸡舍有防鼠、防鸟等设施设备	1
	饲养密度（2分）	饲养密度合理，符合所养殖品种的要求	2
	消毒设施（8分）	场区门口设有消毒池或类似设施	2
		鸡舍门口设有消毒盆	2
		场区内备有消毒泵	2
		场区内设有更衣消毒室	2
	饲养设备（10分）	安装有鸡舍通风设备	4
		安装有鸡舍水帘降温设备	1
		鸡舍配备光照系统	1
		鸡舍配备自动饮水系统	2
		场区无害化处理使用焚烧炉，使用尸体井扣1分	2
	辅助设施（5分）	有专门的解剖室	3
		药品储备室有常规用药，且药品中不含违禁药品	2
管理及防疫（30分）	制度建设（3分）	有生产管理制度文件	1
		有防疫消毒制度文件	1
		有档案管理制度文件	1
	操作规程（5分）	饲养管理操作技术规程合理	3
		动物免疫程序合理	2
	档案管理（10分）	饲养品种、来源、数量、日龄等情况记录完整	2
		饲料、饲料添加剂来源与使用记录清楚	2
		兽药来源与使用记录清楚	2
		有定期免疫、监测、消毒记录	2
		有发病、诊疗、死亡记录	1
		有病死禽无害化处理记录	1
	生产记录（3分）	有日死淘记录	1
		有日饲料消耗记录	1
		有出栏记录，包括数量和去处	1

项目	考核内容	考核具体内容及评分标准	满分
管理及防疫（30分）	从业人员（4分）	分工明确，无串舍现象	1
		应有与养殖规模相应的畜牧兽医专业技术人员	2
		从业人员无人兽共患传染病	1
	引种来源（5分）	从有《种畜禽生产经营许可证》的合格种鸡场引种	3
		进鸡时有动物检疫合格证明和车辆消毒证明保留完好	1
		引种记录完整	1
环保设施（20分）	环保设施（9分）	储粪场所合理	2
		具备防雨、防渗设施或措施	2
		有粪便无害化处理设施	2
		粪便无害化处理设施与养殖规模相配套	1
		粪污处理工艺合理	2
	粪污处理（4分）	场内粪污集中处理	2
		粪污集中处理后并资源化利用	1
		粪污集中处理后达到排放标准	1
	病死鸡无害化处理（5分）	使用焚烧炉并有记录，采用深埋方式处理并有记录的最高5分	5
	环境卫生（2分）	垃圾集中堆放处理，位置合理	0.5
		无杂物堆放	0.5
		无死禽、鸡毛等污染物	1
总分			100

3. 标准化奶（肉）牛场设计要求 奶牛标准化示范场验收评分标准见表 3-8，肉牛标准化示范场验收评分标准见表 3-9，摘自农业部《畜禽养殖标准化示范场创建验收评分标准》。

表 3-8 奶牛标准化示范场验收评分标准

必备条件（任一项不符合不得验收）	生产经营活动必须遵守《畜牧法》及其他相关法律法规，不得位于法律、法规明确规定的禁养区
	在所在地县级人民政府畜牧兽医主管部门备案，有《动物防疫条件合格证》，并建立养殖档案
	生鲜乳生产、收购、贮存、运输和销售符合《乳品质量安全监督管理条例》《生鲜乳生产收购管理办法》的有关规定。执行《奶牛场卫生规范》（GB16568—2006）
	设有生鲜乳收购站的，有《生鲜乳收购许可证》，生鲜乳运输车有《生鲜乳准运证明》
	奶牛存栏 200 头以上。生鲜乳质量安全状况良好，且不使用非法添加物

验收项目	考核内容	考核具体内容及评分标准	满分
选址与建设 （20分）	选址 （5分）	距村镇工厂500m以上，场址远离主要交通道路200m以上，得1分，距离小于标准不得分；远离屠宰、加工和工矿企业，特别是化工类企业，得1分	2
		地势高燥、背风向阳、通风良好、给排水方便，各得0.5分	2
		远离噪声，得1分	1
	基础设施 （4分）	水质符合《生活饮用水卫生标准》（GB 5749—2006）的规定，得1分；水源稳定，得1分	2
		电力供应方便，得1分	1
		交通便利，有硬化路面直通到场，得1分	1
	场区布局 （6分）	在饲养区人员、车辆入口处有消毒池和防疫设施，得1分	1
		场区与外环境隔离，得1分；场区内生活区、生产区、辅助生产区、病畜隔离区、粪污处理区划分清楚，得2分，部分分开，得1分	3
		犊牛舍、育成牛舍、泌乳牛舍、干奶牛舍、隔离舍分布清楚，得2分	2
	净道和污道 （5分）	净道与污道、雨污严格分开，得5分；有净道、污道，未完全分开，得2分	5
设施与设备 （20分）	牛舍 （8分）	建筑紧凑，节约土地，布局合理，方便生产，得1分	1
		牛只站立位置冬季温度保持在−5℃以上，夏季高温季节保持在30℃以下，得1分	1
		墙壁坚固结实、抗震、防水防火，得1分	1
		屋顶坚固结实、防水防火、保温隔热，抵抗雨雪、强风，便于牛舍通风，得1分	1
		窗户面积与舍内地面面积之比应不大于1：12，得1分	1
		牛舍建筑面积6m²/头以上，得1分	1
		运动场面积每头不低于25m²，得1分；有遮阳棚，得1分	2
	功能区 （6分）	管理生活区包括与经营管理、兽医防疫及育种有关的建筑物，与生产区严格分开，距离50m以上，得1分	1
		生产区设在下风向位置，大门口设门卫传达室、人员消毒室和更衣室以及车辆消毒池，得1分	1
		粪污处理区设在生产区下风向，地势低处，与生产区保持300m卫生间距，得1分	1
		病牛区便于隔离，单独通道，便于消毒，便于污物处理等，得1分	1
		辅助生产区包括草料库、青贮窖、饲料加工车间有防鼠、防火设施，得2分	2
	挤奶厅 （6分）	有与奶牛存栏量相配套的挤奶机械，得1分	1
		在挤奶台旁设有机房、牛奶制冷间、热水供应系统、更衣室、卫生间及办公室等，得1分	1
		挤奶厅布局方便操作和卫生管理，得1分	1
		挤奶位数量充足，每次挤奶不超过3h，有待挤区，宽度大于挤奶厅，得1分	1
		储乳室有储乳罐和冷却设备，挤奶2h内冷却到4℃以下，得1分	1
		输奶管存放良好无存水、收奶区排水良好，地面硬化处理，得1分	1

验收项目	考核内容	考核具体内容及评分标准	满分
管理制度与记录（40分）	饲养与繁殖技术（11分）	系谱记录规范，有统一编号，得1分	1
		参加生产性能测定，有完整记录，进行牛群分群管理，得5分	5
		有年度繁殖计划、技术指标、实施记录与技术统计，得1分	1
		有完整的饲料原料采购计划和饲料供应计划，每阶段的日粮组成、配方及记录，得1分	1
		有充足的饲料供应（种植），得1分	1
		有各种常规性营养成分的检测记录，得1分	1
		有根据不同生长阶段和泌乳阶段制定的，科学合理的饲养规范和饲料加工工艺，实施记录，得1分	1
	疫病控制（15分）	有奶牛结核病、布鲁氏菌的检疫记录和处理记录，得2分	2
		有口蹄疫、炭疽等免疫接种计划，有实施记录得2分	2
		有定期修蹄和肢蹄保健计划得1分	1
		有隔离措施和传染病控制措施得1分	1
		有预防、治疗奶牛常见疾病规程得1分	1
		有传染病发生应急预案，责任人明确得1分	1
		有3年以上的普通药和5年以上的处方药的完整使用记录。记录内容包括兽药名称或治疗名；兽药量或治疗量；购药日期；管理日期；供药商姓名地址；用药奶牛或奶牛群号；治疗奶牛数量；休药期；兽医和药品管理者姓名等。得3分	3
		只使用经正式批准或经兽医特别指导的兽药，按照兽药供应商的用法说明和特别计划，对到期兽药做安全处理的，得1分	1
		抗生素使用符合GB16568—1996《奶牛场卫生及检疫规范》要求，得1分	1
		有抗生素和有毒有害化学品采购使用管理制度和记录，有奶牛使用抗生素隔离及解除制度和记录，得1分	1
		有乳房炎处理计划，包括治疗与干奶处理方案，得1分	1
	挤奶管理（9分）	有挤奶卫生操作制度，得1分	1
		挤奶工/牧场管理人工作服干净、合适，挤奶过程挤奶工手和胳膊保持干净，得1分	1
		挤奶厅干净整洁无积粪，挤奶区、贮奶室墙面与地面做防水防滑处理，得1分	1
		完全使用机器挤奶，输奶管道化，得1分	1
		挤奶前后两次药浴，一头牛用一块毛巾（或一张纸巾）擦干乳房与乳头，得1分	1
		将前三把奶挤到带有网状栅栏的容器中，观察牛奶的颜色和形状，得1分	1
		将生产非正常生鲜乳（包括初乳、含抗生素乳等）奶牛安排最后挤奶，设单独储奶容器，得1分	1
		输奶管、计量罐、奶杯和其他管状物清洁和正常维护，有挤奶器内衬等橡胶件的更新记录，大奶罐保持经常性关闭，得1分	1
		按检修规程检修挤奶机，有检修记录，得1分	1
	从业人员管理（5分）	从业人员有身体健康证明，每年进行身体检查，得4分	4
		从业人员参加技术培训，有相应记录，得1分	1

验收项目	考核内容	考核具体内容及评分标准	满分
环保要求 （10分）	粪污处理 （8分）	奶牛场粪污处理设施齐全，运转正常，能满足粪便无害化处理和资源化利用的要求，达到相关排放标准。满分为5分，不足之处适当扣分	5
		牛场废弃物处理整体状态良好。满分为3分，不足之处适当扣分	3
	病死牛无害化处理 （2分）	病死牛均采取深埋等方式无害化处理得1分	1
		有病死牛无害化处理记录得1分	1
生产水平和 质量安全（10分）	生产水平 （4分）	泌乳牛年均单产大于6 000kg得2分，大于7 000kg得3分，大于8 000kg得4分	4
	生鲜乳质量安全 （6分）	乳蛋白率大于2.95%且乳脂率大于3.2%得1分；乳蛋白率大于3.05%且乳脂率大于3.4%，得2分	2
		体细胞数小于75万个/mL，得1分；小于50万个/mL，得2分	2
		菌落总数小于50万/mL，得1分；小于20万/mL，得2分	2
总分			100

表3-9 肉牛标准化示范场验收评分标准

必备条件 （任一项不符合 不得验收）	场址不得位于《畜牧法》明令禁止的区域，土地使用符合相关法律法规与区域内土地使用规划
	架子牛或育成牛（母牛）跨县引进需要动物检疫证复印件，养殖场有动物防疫条件合格证
	有完整的养殖档案
	两年内无重大动物疫病发生，且不使用非法添加物
	年出栏育肥牛300头肉牛育肥场

验收项目	考核内容	考核具体内容及评分标准	满分
选址与布局 （20分）	选址 （5分）	距离主要交通干线和居民区500m以上，得2分，500m以下不得分	2
		地势高燥得1分，通风良好得1分	2
		远离噪声，得1分	1
	基础设施 （4分）	水源稳定，得1分，有贮存、净化设施，得1分	2
		电力供应充足有保障，得1分	1
		交通便利，有专用车道直通到场，得1分	1
	场区布局 （8分）	场区与外环境隔离，得2分；场区内生活区、生产区、办公区、粪污处理区分开，得2分；部分分开，得1分	4
		有单独母牛舍、犊牛舍、育成舍、育肥牛舍，得2分；有运动场，得2分。否则不给分。或有育肥牛舍得3分；简易牛棚得2分；有运动场得1分	4
	净道和污道 （3分）	净道、污道严格分开，得3分；有净道、污道，但没有完全分开，得2分，完全没有净道、污道，不得分	3

验收项目	考核内容	考核具体内容及评分标准	满分
设施与设备（40分）	牛舍（4分）	牛舍为有窗式、半开放式、开放式得4分，简易牛棚得2分	4
	饲养密度（2分）	牛舍内饲养密度≥3.5m²/头，得2分；<3.5m²/头，得1分	2
	消毒设施（6分）	场门口有消毒池，得2分，场内有消毒室，得1分	3
		场区有内外环境消毒设备，得3分	3
	养殖设备（20分）	牛舍有固定食槽，得2分，运动场设补饲槽得1分	3
		有通风降温设备，得2分	2
		有全混合饲料搅拌机得3分，有精料搅拌或使用专业精料补充料的得2分，有饲料库得1分	4
		有自动饮水器或独立饮水槽，得1分，运动场设饮水槽得1分	2
		有青贮设备得3分，有干草棚得2分	5
		有带棚的贮粪场，得2分	2
		有粪便处理设备，得2分	2
	辅助设施（8分）	有资料档案室，得1分	1
		对于育肥牛场有兽医室，得4分；对于母牛繁育场，有兽医室，得2分，有人工授精室得2分	4
		有装牛台得1分，有地磅得1分	2
		有专用更衣室，得1分	1
管理及防疫（25分）	管理制度（4分）	有生产管理制度并上墙，得2分	2
		有防疫消毒制度并上墙，得2分	2
	操作规程（4分）	有科学的饲养管理操作规程，得3分	3
		有科学合理的免疫程序，得1分	1
	生产记录（13分）	有购牛时的动物检疫合格证明，并记录品种、来源、数量、月龄、出栏月龄、出栏体重等情况，记录完整得3分，不完整适当扣分	3
		有完整生产记录，包括产犊记录、牛群周转、日饲料消耗及温湿度等环境条件记录和生产性能记录，记录完整得4分，不完整适当扣分	4
		有饲料、兽药使用记录，包括使用对象、使用时间和用量记录，记录完整得3分，不完整适当扣分	3
		有完整的免疫、用药及治疗效果等记录，记录完整得3分，不完整适当扣分	3
	档案管理（3分）	有牛群购销、疫病防治、饲料采购、人员雇佣等生产管理档案，记录完整得3分，不完整适当扣分	3
	人员配备（1分）	有1名或1名以上畜牧兽医专业技术人员或与当地高级畜牧兽医人员有合作协议，得1分	1
环保要求（15分）	粪污处理（8分）	有固定的牛粪储存、堆放场所，并有防止粪液渗漏、溢流措施。满分为5分，有不足之处适当扣分	5
		对牛场废弃物有处理设备，如有机肥发酵设备或沼气设备等，并有效运行得满分为3分，有不足之处适当扣分	3
	农牧结合（7分）	粪污作为有机肥利用，粪污农牧结合处理，得4分	4
		有收购农户秸秆、自有粗饲料地或有与当地农户有购销秸秆合同协议，得3分	3
总分			100

任务2 畜禽场的配套设施

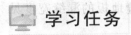 **学习任务**

养殖业的发展离不开设备设施，它对提高畜禽生产性能、经济效益和劳动生产率具有十分重要的意义。本次任务中，你应该熟悉畜禽场常用设备设施的功能及使用方法，能在生产中正确使用这些设备设施。

实践案例

南京某生态养鸡场，有6幢鸡舍，养20万只蛋鸡。从以色列引进全自动化电脑控制设备，鸡舍里的温度、湿度、光照度都由设备自动调节控制，温度高了，"电脑博士"下令开启风机降温，温度低了，"电脑博士"则打开温控灯升温。蛋鸡的饲喂不需要人，也由"电脑博士"负责。鸡每天饲喂几次、喂量多少、饲料营养比例怎么搭配，全由电脑分析数据后自动控制，饲料从仓库通过传送带进入鸡舍，再通过给料管均匀传送到鸡笼。先进的养殖设备使蛋鸡的生产性能得到了充分地发挥。

实施过程

1. 养猪常用设施

（1）猪栏。猪栏是限制猪只活动范围并起防护作用的养猪必备设施，是养猪场的基本生产单元。猪栏一般分为实体猪栏、栅栏猪栏两种。

实体猪栏：一般采用砖砌结构（厚度为120mm、高度为1.0~1.2m）或混凝土预制件组装结构。其优点是可以就地取材、造价低，但占地面积大、通风不良、不便于观察猪的活动。

栅栏猪栏：采用金属材料（钢材或合金）焊接而成，它一般先由外框和隔条组成栅栏，再由几个栅栏和一个栏门组成一个猪栏。其优点是占地面积小（厚度仅为30 mm）、通风好、便于观察，因此，现在应用较广泛。栅栏猪栏的主要设计参数见表3-10。

表 3-10 栅栏猪栏的主要设计参数

猪栏类别	长（m）	宽（m）	高（m）	隔条间距（m）	备注
公猪栏	3.0	2.4	1.2	0.1~0.11	
配种栏	3.0	2.4	1.0	0.1	
妊娠栏	2.0~2.1	0.55~0.6	0.95~1.0		
分娩栏	2.2~2.3	1.7~2.0	0.6~1.0	≤0.04	
保育栏	1.8~2.0	1.6~1.7	0.7	≤0.06	饲养一窝猪
	2.5~3.0	2.4~3.5	0.7	≤0.06	20~30头
生长栏	2.7~3.0	1.9~2.1	0.8	≤0.1	饲养一窝猪
	3.2~4.8	3.0~3.5	0.8	≤0.1	20~30头
育肥栏	3.0~3.2	2.4~2.5	0.9	0.1	饲养一窝猪
	4.5~5.0	3.5~4.0	0.9	0.1	20~30头

注：小群饲养时，妊娠母猪栏、后备母猪栏的结构尺寸同配种栏。

（2）漏缝地板。漏缝地板可以保持栏内的清洁卫生，改善环境条件，减少人工清扫，减少或避免粪便的黏留，有效地防止疫病的传播。目前，常用的漏缝地板类型有钢筋混凝土板块或板条漏缝地板、金属编织网或钢筋焊接网漏缝地板、铸铁漏缝地板、工程塑料网漏缝地板、金属包塑漏缝地板和陶质漏缝地板等。各类猪群漏缝地板的漏缝宽度见表 3-11。

表 3-11　各类猪群漏缝地板的漏缝宽度（mm）

猪群类别	公猪	母猪	哺乳仔猪	保育猪	生长猪	育肥猪
漏缝宽度	25～30	22～25	9～10	10～13	15～18	18～20

注：在分娩栏中，母猪区漏缝地板的漏缝宽度也要适合于哺乳仔猪。

（3）饮水设备。猪场的饮水设备主要包括供水管道和饮水器械。饮水器械有自动饮水器和水槽两种。水槽有水泥槽和石槽等，造价低，但易被猪群弄脏且浪费水。目前，猪场常用的是自动饮水器。

（4）饲喂设备。喂饲设备包括供料机械和食槽。生产中常用的固定式供料机械主要是弹簧螺旋饲料输送系统。分娩栏饲养的哺乳母猪食槽和限位栏饲养的空怀、妊娠母猪食槽，一般用金属或其他材料制成，保育猪、生长猪和育肥猪一般采用自动食槽。

2. 养禽常用设施

（1）鸡笼。

①育雏、育成笼。由底网、顶网、前网、后网和侧网（2个）构成。笼底为平置式，前端无集蛋槽，笼前可装挂饲槽和水槽。

②产蛋笼。底向前倾斜，滑蛋角9°～11°，使蛋滚入前端的蛋槽，便于集蛋。底网应具有一定弹性、斜度、强度，减少产蛋时的冲击，降低碎蛋率，利于滑蛋、承重。鸡粪可由笼底漏下。每个小笼内装轻型鸡4只，中型鸡3只，一般由4或5个小笼组成一个大笼。

（2）供料设备。目前，较大规模鸡场广泛采用机械喂料系统，劳动生产率高，节约饲料。该系统由舍内贮料塔、输料机、喂料机、饲槽组成。

①贮料塔。用来贮料、排料。

②输饲机。将贮料塔内饲料输送到鸡舍喂料机中。

③喂料机。常用的喂料机有螺旋弹簧式、索盘式、链板式和轨道车式4种。

④饲槽。有料盘、料桶、料槽等。

（3）饮水设备。

①水槽式饮水器。截面形状有U、V形，由镀锌钢板制成，长度与鸡笼相同，始端有一水龙头，长流水，末端有溢水孔、放水孔（在最低处）。

②真空饮水器。平养鸡舍最常用的塑料饮水器，装水时将桶倒置，装满后盖上盖，再倒过来即可，保持一定的水位。

③钟形饮水器。平养鸡舍常用的类型，吊挂在鸡舍空中，利用水重力控制水位高低，设有配重、防摆杆。优点是适应性广，高度可调，不妨碍鸡的活动，节省占地。

④乳头式饮水器。可用于平养、笼养。安装时头朝下，平时不见水，需饮水时，鸡啄开

阀芯，水流入口中，能适应鸡仰头饮水的习惯，安装高度与鸡仰头喝水高度相等。优点是清洁卫生、节水，免去清洗工作。

（4）清粪设备。

①刮板式清粪机。用于网上平养和笼养，安置在鸡笼下的粪沟内，钢丝绳上有两个刮板，通过电机、鼓轮带动往复运动刮粪。刮板略小于粪沟宽度。每开动一次，刮板作一次往返移动，刮板向前移动时将鸡粪刮到鸡舍一端的横向粪沟内，返回时，刮板上抬空行。横向粪沟内的鸡粪由螺旋清粪机排至舍外。

②输送带式清粪机。只用于叠层式笼养。它的承粪和除粪均由输送带完成。每层鸡笼下面均要安装一条输送带，鸡粪直接排到输送带。工作时，开启减速电机将鸡粪排到鸡舍一端的横向粪沟，排粪处设有固定刮板，将黏在带上的鸡粪刮下。

（5）育雏设备。

①平养育雏设备。主要设备为育雏伞，根据采用热源不同可分电热式、燃气式，电热育雏伞的热源主要为红外线灯泡和远红外板，伞内温度由电子控温器控制。燃气式育雏伞使用的是气体燃料（天然气、液化石油气和沼气），二者的工作原理相同。伞的直径 2.1～2.4m，容量为 500～1 000 只/伞。

②笼养育雏设备。一般采用叠层式鸡笼，为 3～4 层，在每层笼内都设有电加热器和温度控制装置，每层设有加热笼、保温笼和运动笼。每层笼下设有粪盘，人工定期清粪。

3. 养牛常用设备

（1）牛床。牛床的排列有对头式和对尾式两种。对尾式中间为除粪通道，宽 1.5～2.0m，两侧排尿沟宽 30～40cm，沿两侧纵墙各设有一条喂饲通道，宽 1.2～1.3m。对头式中间为喂饲通道，两侧各设有一条除粪通道。

长形牛床适于种公牛和高产牛，长 1.95～2.25m，宽 1.3～1.6m，附有较长活动铁链；短形牛床适于一般母牛，长 1.6～1.9m，宽 1.1～1.25m，附有短链。牛床地面应向粪沟作 1% 倾斜，结实、防滑、易于冲刷。为了防止牛横卧和便于挤奶，可在牛床间加钢管隔栏，长度为牛床的 2/3。

（2）饲槽。设在牛床前面，槽底为圆形。饲槽内表面应光滑、耐用，可用水磨石或水泥建造。饲槽净宽 60～80cm，前沿高 60～80cm。后沿高度：长形牛床 40～50cm，短形牛床 20～30cm。

（3）饮水设备。牛舍内常使用的饮水器为杯式饮水器。

在拴系式牛舍内，饮水器安装在牛床的支柱上，杯体上边缘离地面 60cm，每两头牛合用一个。

在隔栏散放牛舍内，如有舍内饲槽，可将饮水器安装在饲槽架上，每 6～8 头乳牛安装一个饮水器即可。

（4）挤奶设备。

①提桶式挤奶装置。一种简单的挤奶装置。它由真空罐、真空调节器、真空表、真空管、挤奶器、真空泵等部分组成。真空装置固定在牛舍内，挤奶器和可携带的奶桶装在一起，饲养员提着桶式挤奶器轮流到每头牛旁挤奶。

②管道式挤奶装置。由挤奶器、挤奶用的真空管道、真空罐、电动机和真空泵、真空表、真空调节器、脉动器的真空管道、输奶管道、脉动器、乳头杯、集奶器、牛奶计量器、

输奶软管、牛奶泵、气液分离罐等组成。

4. 畜禽舍环境控制设备

（1）采暖设备。

①集中采暖设备。多用水暖系统，将水经锅炉加温加压成为热水，通过管道循环，输送到舍内的散热器，为畜禽提供所需温度。

②局部采暖设备。火炉（包括火墙、地龙等）、电热器、保温伞、红外线灯、远红外加热器、电热保温板等。

（2）降温设备。

①湿帘风机降温系统。由湿帘、风机、循环水路与控制装置组成。湿帘呈蜂窝结构，以高分子材料为基础，在纸浆中添加了特殊化学成分，采用先进的空间交联技术制造而成，具有高吸水、高耐水、抗霉变、使用寿命长等优点。水帘厚度一般为 15cm，水帘长度和宽度根据需要而定。

②喷雾降温系统。该系统采用高压喷头将水滴雾化成直径在 $100\mu m$ 以下的雾滴，使水滴在落到动物或地表面以前就完全汽化，从而吸收室内热量，达到降温目的。常用的喷雾降温系统主要由水箱、水泵、过滤器、喷头、管路及控制装置组成。

③喷淋降温系统。由电磁阀、喷头、水管和控制器等组成。在猪、牛活动区域上方安装喷头，每隔一定时间向猪、牛身体直接喷水，水在猪、牛身体表面蒸发将热量带走。为防止地面积水，通常间隔 45~60min，喷淋 5~30s。

④滴水降温系统。将喷淋降温系统喷头换成滴水器即成滴水降温系统。滴水器安装在猪只肩颈部上方 30cm 处。适用于分娩母猪、妊娠母猪等。

（3）畜禽舍的通风设备。畜禽舍通风所用设备主要是轴流和离心风机。轴流风机既可用于送风，也可用于排风。离心风机用于畜禽舍热风和冷风，多用于送风。

🔧 职业能力测试 ▶

1. 在山区畜禽场地时应选择在稍平缓坡上，坡面向阳，总坡度不超过_____。

    A. 1％   B. 5％   C. 10％   D. 25％

2. 适宜建设畜禽场的土壤类型是_____。

    A. 沙土   B. 沙壤土   C. 黏壤土   D. 黏土

3. 畜禽场场址距离大城市至少_____。

    A. 20km   B. 50km   C. 100km   D. 200km

4. 根据卫生防疫要求安排在畜禽场上风向的功能区是_____。

    A. 生活管理区   B. 生产区   C. 隔离区   D. 粪污处理区

5. 每个育雏伞可容纳雏鸡_____。

    A. 1~2 只   B. 5~10 只   C. 50~100 只   D. 500~1 000 只

6. 滴水降温系统主要适用于_____。

    A. 鸡   B. 猪   C. 牛   D. 羊

7. 有些地区倡导"立体养殖"模式，其初衷是要充分利用有限的资源，既养猪、养鸭、养鸡，又养鱼。你对此有何评价？

8. 在教师的带领下，参观附近的畜禽场，认识其场内的设备设施。

项目二　畜禽舍环境调控

任务 1　畜禽舍温度调控

🖥 学习任务 ▶

畜禽舍小环境中，温度对畜禽健康和生产力的影响最大。本次任务中，你应该认识畜禽舍内气温的测定仪器，能测定畜禽舍内温度，会制订畜禽舍温度调控措施。

◎ 必备知识 ▶

高温、低温对畜禽的影响

（1）影响热调节，进而影响畜禽健康。高温时畜禽的采食量降低 20％，饮水量增加 50％，代谢率和维持需要量改变，呼吸频率增加，体温升高，张口，伸舌，腹式呼吸，宁愿站立，不想躺卧，寻找阴凉等。畜禽对低温的耐受力强，只有雏鸡、仔猪、犊牛、羔羊等初生仔畜，因其调节体温机能不健全，不能自行调节体温，而需要人工供温。

高温、低温能引起畜禽直接或间接发病：如高温是畜禽患热痉挛、热射病，低温是患冻伤、感冒、肺炎等疾病的病因或诱因。

（2）影响畜禽生殖。夏季高温经常引起畜禽的不育和受胎率下降，而低温对畜禽生殖影响较小。

①公畜禽。高温可致精液质量下降，精子活力、密度降低，从而导致受精率下降。因此炎热季节家畜的受胎率、产仔数，家禽的受精率、孵化率均降低。

②母畜禽。高温会使母畜出现不发情或发情期短，还影响受精卵附植，极易造成死胚，影响胎儿的生长发育。

（3）影响畜禽生产力。

①生长与育肥。舒适区是动物最佳的生长、育肥环境温度，此时饲料转化率较高，生产成本较低。

②产奶性能。奶牛是怕热不怕冷的动物。奶牛在夏季普遍经历着"热应激"。高温对产奶量影响最大，尤其是高温潮湿天气影响更大。当外界温度上升到 27℃，奶牛的产奶量会下降。气温超过 30℃，产奶量下降 20％～30％，乳脂率下降至 0.3％。奶牛适宜的温度为10～20℃。

③产蛋性能。各种家禽产蛋的适宜温度为 13～25℃。30℃ 以上，产蛋量下降，蛋重减轻、蛋壳变薄，蛋的破损严重。

④采食量和饮水。高温采食量减少，饮水量上升，同时导致排泄水增加，使畜禽排泄粪稀，畜禽舍环境变差；低温可以使采食量增加。

⑤免疫力。高温影响免疫效果。

103

小贴士

等热区是指恒温动物依靠物理和行为调节即可维持体温正常的环境温度范围。等热区的上限称为过高温度，下限称为临界温度。在等热区范围内有一个动物的舒适区，在该温度范围内动物的产热与散热几乎相等，舒适区是动物不需物理和行为调节就能保持体温恒定的外界环境温度范围。动物既不感到冷也不感到热，非常舒适，故称为舒适区。

实践案例

据报道，2008年1月10日起在中国发生的大范围低温、雨雪、冰冻自然灾害，导致畜禽1 581.3万头只死亡。其中，生猪死亡87.4万头，牛死亡8.5万头，羊是45.9万只，家禽死亡1 435.6万只。请根据此案例设计畜禽舍温度调控方案。

实施过程

1. 畜禽舍内气温测定仪器

（1）普通温度表。常用水银温度表和酒精温度表。酒精温度表适宜测低温。

（2）最高温度表。是一种水银温度表，这种温度表可以测量一定时间内的最高温度，每次使用前应将水银柱甩回到球部，观测时，温度表应水平放置。

（3）最高最低温度表。这种温度表可以观测一定时间内的最高和最低温度。该温度表由U形玻璃管构成。

2. 测定畜禽舍内的气温

（1）选择测定地点。选择测定地点时要排除对观测温度的影响因素，远离阳光直射、火炉、暖气等地方。

（2）放置测温仪器。测定时将温度表悬挂或水平放置在测定地点10min，然后读取示数。

（3）准确读数。读数时屏住呼吸，使视线与水银柱顶端相平，不要使头与手接触仪表的感应部分，要先读小数，再读整数，要快而准。观测部位应有代表性，并多选几个点。温度表的悬挂高度与畜禽的高度有关。在畜禽舍中央，距离地面高度，马舍及牛舍为1.5m处，猪舍与羊舍为0.5m处，鸡舍为0.2m处（平养鸡舍）。

（4）确定测量时间。气温的测定应在每天的2：00、8：00、14：00、20：00进行，一般需连续测量3d或1周。

3. 制订畜禽舍温度调控措施

（1）畜禽舍的防寒保暖措施。

①科学设计畜禽舍。选择适当的隔热保温建筑材料，合理设计外围护结构，做好防寒保暖建筑设计等是防寒保暖的根本措施。

②畜禽舍供暖。

集中供暖：由一个集中的热源（锅炉房或其他热源）将热水、蒸汽或预热后的空气，通过管道输送到舍内或舍内的散热器。

局部采暖：设备设施有火炉（包括火墙、地龙等）、电热器、保温伞、红外线灯、红外电热板、暖风机、热风炉等，供给畜禽舍的局部环境。

③加强饲养管理。

防潮：水分的蒸发会带走热量；同时为了加快除湿干燥，要加大通风量，而加大通风又会使畜禽舍散失更多的热量。

防止贼风：门口悬挂棉帘保温。

覆盖薄膜：北方冬季在窗户上覆盖塑料薄膜，或制作塑料暖棚，温室效应明显。

调整日粮：寒冷季节应提高日粮中的能量浓度和提高饮水温度，有利于畜禽提高抗寒能力，维持正常生产水平和自身健康。

（2）畜禽舍的防暑与降温。

①建筑防暑。在建筑设计时即采取有利于防暑的设计方案。

②改变畜禽舍结构或安装防晒网降温。南方的公猪舍、妊娠母猪舍、生长育肥舍、牛舍、鸡舍宜采用开放式结构。

③加强通风。经常清除畜禽舍周围的杂草，尽可能打开所有门窗和散气孔通风，采用电扇、抽风机加强舍内空气流动。

④用水降温。采用喷淋、喷雾、滴水降温、冲洗降温、水浴降温、湿帘降温等。

⑤设置凉棚。凉棚一般可使畜禽得到的辐射热负荷减少 30%～50%。

⑥场区绿化。绿化不仅起遮阳作用，还可缓和太阳辐射、降低环境温度。

⑦加强饲养管理。通过调整日粮、降低饲养密度、保证充足清洁凉爽的饮水、加强运动场和卧床的管理、及时清理排水沟等。

知识拓展

畜禽舍的温度来源及分布规律

（1）温度来源。封闭畜禽舍的热量主要来源于外界环境温度和畜禽自身代谢产热。

（2）畜禽舍温度的分布规律。畜禽舍温度受畜禽舍外围护结构和舍内畜禽散热的影响，密闭式畜禽舍内的不同部分，空气温度并不均匀一致。

①垂直方向上的温度变化。在垂直方向上，畜禽舍内空气受畜禽散热影响，加热了的空气因比重下降而上升，如果天棚和屋顶保温隔热性能好，舍内气温呈下低上高分布。但屋顶保温不良的畜禽舍，热量很快散发出去，结果天棚和屋顶附近温度较低，地面附近反而较高。在寒冬，天棚附近和地面附近温差以不超过 2.5～3.0℃ 为宜，或者每升高 1m，温差不超过 0.5～1℃。

②水平方向上的温度变化。在水平方向上，气温是从畜禽舍中心向四周递降，因为靠近门、窗和墙等散热部位，温度较低，中央地带温度较高。寒冷季节，要求墙内表面温度与舍内平均温度不超过 3～5℃，墙壁附近的空气温度与畜禽舍中心相差不超过 3℃。

至于开放式和半开放式畜禽舍，舍内的空气温度与舍外差异不大，并随季节、昼夜和天气的变化而波动。

任务 2 畜禽舍湿度调控

学习任务 ▶

湿度是构成畜禽舍的小环境之一，与畜禽的健康密切相关。本次任务中，你应该了解高湿、低湿对畜禽的危害，认识测定畜禽舍内空气中相对湿度的仪器，会测定畜禽舍内的湿度，能制订畜禽舍湿度的调控措施。

必备知识 ▶

1. 高湿对畜禽健康的影响

（1）对畜禽散热的影响。在适宜的温度下，空气中的相对湿度对畜禽的散热几乎没有影响。高湿主要在高温时为害严重。在高温高湿的环境中，畜禽体的散热更为困难。

（2）对畜禽抵抗力的影响。高湿使机体抵抗力减弱，发病率上升。高湿往往是各种疾病的诱因，如高湿环境可诱发猪弓形虫病、鸡和兔球虫病；高湿能促进病原性真菌、细菌和寄生虫的发育，因而使畜禽易患疥癣、湿疹等皮肤病。

（3）高温高湿危害更大。在炎热潮湿的夏季，由于畜禽赖于维持热平衡的蒸发散热受阻，致使体内蓄热，体温升高，严重时会突然倒地昏迷，发生"中暑"。高温高湿有利于病原微生物的生长发育，从而导致传染病的蔓延。高温高湿易使饲料、垫草霉变，可使雏鸡群暴发曲霉菌病。

（4）低温高湿对畜禽也有影响。在低温高湿中，畜禽易患感冒、神经痛、风湿症、关节炎，幼畜下痢等。

（5）潮湿的危害。生产中遇到的更多的是潮湿。潮湿不完全等于测定的相对湿度，因为测定的湿度只代表空气中水的含量，而潮湿除了空气外，更多的是地面和墙壁水分含量高。地面潮湿，即使舍温不低，也会使畜禽体感温度降低，导致发病。

应当指出的是：在非常适宜的温度中，短时间的高湿（饱和水汽压），有利于空气中的灰尘下降，从而净化空气；也有利于对呼吸道疾病传播的控制。

2. 低湿对畜禽健康的影响 空气过分干燥，特别是再加以高温，能使皮肤和外露黏膜发生干裂，从而减弱皮肤和外露黏膜对微生物的防卫能力。相对湿度在 40% 以下，易引起呼吸道疾病。冬季舍内空气过于干燥，飘浮在空气中的细菌和病毒，吸附于机体的概率大大增加，容易造成微生物的大量繁殖。

湿度过低会使家禽羽毛生长不良，低湿也是家禽啄癖和猪皮肤落屑的诱因。

小贴士 ▶

相对湿度是用来表示空气潮湿程度的指标。它用实际水汽压（绝对湿度）与该温度下的饱和水汽压（绝对湿度）的百分率来表示。

实践案例 ▶

　　2003年7月23日，养鸡户魏某饲养的40日龄肉食鸡从13：00左右开始死亡，魏某查看温度计，舍内温度为33℃，按以往经验此温度下肉食鸡不应出现死亡，因此魏某没有采取任何措施，直至21：00左右鸡只才不再出现死亡，此时魏某才突然明白鸡只的死亡是由于天气湿度过大引起舍内高温高湿所致。其间，肉鸡共死亡300余只，造成了较大损失。据此案例分析控制畜禽舍内湿度的措施。

实施过程 ▶

　　1. 认识测定空气中的相对湿度的仪器　测定空气中的相对湿度最常用的是干湿球温度表。

　　（1）干湿球温度表构造。由两支完全相同的50℃温度表组成，在其中一支温度表的球部用湿润的纱布包裹，浸于盛有蒸馏水的小杯里制成湿球温度表，另一支和普通温度表一样，不包纱布，称干球温度表。

　　（2）测定原理。由于湿球纱布上的水分蒸发散热，因而湿球上的温度比干球上的温度低，其相差度数与空气中的相对湿度成一定比例。空气越干燥，两者的温差越大。借助干湿球温度表，可同时测定畜禽舍的温度与湿度。

　　2. 测定畜禽舍内空气中的相对湿度

　　（1）测定方法。在湿球温度表球部的纱布上加适量的蒸馏水，使其润湿。将其悬挂于测定地点，15～30min后，先读干球温度表的温度，后读湿球温度表的温度。根据两支温度表的温差，查相对湿度表，得出测定时畜禽舍的相对湿度。也可根据表上的滚筒数据查出相对湿度。

　　（2）注意事项：①相对湿度的测定时间与温度的测定基本相同，测定点的高度根据畜禽高度确定。②在舍内不能把仪器放在空气不流通的地方，也不要受到阳光直射和其他热源的影响。③纱布要经常更换，包裹湿球温度表的纱布使用前先煮去布上的脂肪或糨糊，纱布要紧贴温度表球部，一端比水银球略高，另一端垂在球部下边，然后用线扎紧纱布上端，再用线将球部下面的纱布紧靠球部扎好。④水杯中的水要用清洁的蒸馏水，不可断水，水面不要过高，以免浸泡球部。

　　3. 制订畜禽舍内相对湿度的调控措施　畜禽的适宜湿度为50%～70%。

　　（1）湿度过高时的调控措施。

　　①冬季提高舍温，使舍内气温经常保持在露点温度以上，防止水汽凝结。

　　②加强通风。通风是把舍内水汽排出的最好的办法，为了增强通风效果，可以加开地窗，相对于上面窗户通风，地窗效果更明显，因为通过地窗的风直接吹到地面，更容易使水分蒸发；还可使用风扇加强空气流动。

　　③为防止土壤中水分沿墙上升，在墙身和墙脚交界处铺设防潮层，地面下也铺防潮层。

　　④畜禽舍内粪尿和污水应及时清除，经常更换污湿垫料。

　　⑤改善饲养管理条件，减少舍内水的来源，控制用水，少用或不用水冲刷地面，保持地面平整，尽可能减少地面积水；防止水管漏水。

⑥地面铺撒生石灰。生石灰有吸湿特性，可使舍内局部地面变干燥。

⑦地面铺设垫料，并经常更换潮湿的垫料。

（2）湿度过低时的调控措施。当湿度过低时，可以通过喷雾、洒水等方式增加湿度。

知识拓展

1. 畜禽舍内湿度的来源

（1）由大气带入，大气中湿度越大，舍内湿度也越大。

（2）由畜禽代谢排出，畜禽通过皮肤、呼吸道向外界排出水分。

（3）潮湿的地面、粪尿、污湿垫料等物体的蒸发。

2. 畜禽舍内湿度的分布规律　一般情况下，舍内空气的绝对湿度总是大于舍外。对开放式和半开放式畜禽舍，舍内的湿度则完全受舍外湿度的影响。在封闭式畜禽舍，上部和下部的湿度均较高，中间较低。畜禽舍内温度的变化也会影响湿度的变化。

任务3　畜禽舍空气质量调控

学习任务

畜禽舍空气质量差，将严重影响畜禽健康和生产力的发挥，还会影响饲养人员的健康。本次任务中，你应该认识畜禽舍中有害气体、微粒、微生物、噪声的危害，能对畜禽舍空气质量进行调控。

必备知识

1. 畜禽舍中有害气体

（1）氨。

①来源。氨是无色、带有刺激性臭味的气体，比空气轻，极易溶于水。畜禽舍内，氨主要由含氮有机物（如粪、尿、饲料、垫草等）分解产生。

②危害。氨能刺激呼吸道黏膜，引起黏膜充血、喉间水肿、支气管炎，严重者引起肺水肿、肺出血等。还能引起中枢神经系统麻痹、中毒性肝病、心肌损伤等病症。如氨的浓度较高，则可使畜禽出现明显的症状和病理反应，称为"氨中毒"。

长期处于低浓度氨的作用下，畜禽体质变弱，对疾病抵抗力下降，发病率和死亡率升高，生产力下降。饲养人员在氨浓度高的舍内工作，氨刺激眼结膜，产生灼伤和流泪，并引起咳嗽，严重者可导致眼结膜炎、支气管炎和肺炎等。

③卫生学要求。畜禽舍中氨的最高浓度不得超过 $20mg/m^3$。鸡对氨特别敏感，鸡舍中氨最高浓度不得超过 $15mg/m^3$。

（2）硫化氢。

①来源。硫化氢为无色、易挥发、具有恶臭的气体，易溶于水，比空气重，越接近地面浓度越高。在畜禽舍中，硫化氢主要由含硫有机物分解而来。当畜禽采食富含蛋白质的饲料而消化不良时，可由肠道排出大量的硫化氢。

②危害。硫化氢易溶附于呼吸道黏膜和眼结膜上，并与钠离子结合成硫化钠，对黏膜产生强烈刺激，引起眼炎和呼吸道炎症。畜禽畏光、眼流泪，发生结膜炎、角膜溃疡，咽部灼伤，咳嗽，支气管炎、气管炎发病率高，严重时引起中毒性肺炎、肺水肿等。

长期处于低浓度硫化氢环境中，畜禽体质变弱、抵抗力下降，生产性能降低。高浓度的硫化氢可直接抑制呼吸中枢，引起动物窒息和死亡。

③卫生学要求。畜禽舍空气中硫化氢含量最高不得超过 $15.58mg/m^3$。

（3）二氧化碳。

①来源。二氧化碳为无色、无臭、略带酸味的气体。畜禽舍中二氧化碳主要来源于畜禽呼吸。大气中二氧化碳含量为 0.03%，而在畜禽舍空气中二氧化碳含量则大大增加。

②危害。二氧化碳无毒，但舍内二氧化碳含量过高，氧气含量相对不足，畜禽长期生活在这样的环境中，可导致缺氧，精神萎靡、食欲下降、增重缓慢、体质虚弱，易感染慢性疾病。

③卫生学要求。畜禽舍内二氧化碳含量要求不超过 0.15%～0.2%。

（4）一氧化碳。

①来源。一氧化碳为无色、无味、无臭的气体，难溶于水，比空气略轻。畜禽舍空气中一般不含有一氧化碳。冬季在畜禽舍内生火炉取暖时，常因煤炭燃烧不充分而产生，特别是在夜间，门窗关闭，通风不良，此时一氧化碳浓度极易使畜禽中毒。

②危害。一氧化碳极易与血液中运输氧气的血红蛋白结合，它与血红蛋白的结合力比氧气和血红蛋白的结合力高 200～300 倍。一氧化碳较多地吸入体内后，可使机体缺氧，引起呼吸、循环和神经系统病变，极易导致中毒，而且中毒后对机体有持久的毒害作用。

2. 微粒

（1）来源。舍内的尘埃少部分由舍外空气带入，大部分则来自饲养管理过程，如畜禽的采食、活动、排泄等。管理人员清扫地面、翻动或更换垫草垫料、分发干草和饲料、刷拭畜体、清粪等，都可使舍内微粒大量增加。

（2）危害。

①吸附病原，传播疾病。尘埃本身对畜禽有刺激性和毒性，同时还因它上面吸附有细菌、病毒、有害气体等而加剧了对畜禽的危害程度。在封闭式畜禽舍内，病原微生物可通过粉尘传播，使疾病迅速蔓延。

②侵害黏膜、皮肤。微粒进入鼻腔则对鼻腔黏膜、气管、支气管产生刺激作用，导致呼吸道炎症；进入肺部，引起肺炎。这种微粒越小，被吸入肺部的可能性越大，这些有害物质在肺部有可能被溶解，并侵入血液，造成中毒及各种疾病；而且有害物质的微粒能吸附氨、硫化氢，以及细菌、病毒等，其危害更为严重。微粒降落在畜禽体表上引起皮肤瘙痒。同时堵塞皮脂腺和汗腺出口，使分泌受阻，从而导致皮肤干燥脆弱，易破损，抵抗力下降；尘埃落入眼睛可引起结膜炎和其他眼病。

③微粒也可直接影响动物产品品质。若养殖环境过分干燥，再加上尘埃的作用，会极大地降低毛绒品质与板皮质量。

3. 微生物

（1）来源。

①由微粒带入。由于舍内空气中尘埃多，空气流动缓慢，有利于微生物附着。

②液滴、飞沫带入。畜禽打喷嚏、咳嗽都会排出大量的微生物，因此舍内空气微生物含量远比舍外大气中高，并可在空气中长期存在。

（2）危害。空气中的病原微生物可附着在飞沫和尘埃两种不同的微粒上，被易感动物接触后引发相应的疫病。如吸入后容易引起呼吸道传染病：结核、肺炎、流行性感冒等。有时会使新鲜创面发生化脓性感染，甚至引起全身感染等。

4. 噪声 声音有"乐音"和"噪声"之分。凡是使畜禽讨厌、烦躁、影响畜禽正常生理机能、导致畜禽生产性能下降、危害畜禽健康的声音都称为噪声。

（1）来源。

①外界传入。如飞机、火车、汽车、雷鸣等产生的噪声。

②场内机械产生。如风机、除粪机、喂料机、铡草机、饲料粉碎机等产生的噪声以及饲养管理工具的碰撞声等。

③畜禽自身产生的噪声。畜禽舍内，在相对安静时最低为 48.5～63.9dB，饲喂、挤奶、开动风机时，各方面的噪声汇集在一起，可达 70～94.8dB。

（2）危害。

①噪声可使畜禽血压升高，脉搏加快，听力受损，甚至发生听觉暂时性减退或敏感性降低。

②对畜禽神经系统发生危害，使其烦躁不安，神经紧张。

③引起消化系统紊乱，肠黏膜出血等。

④可引起内分泌系统紊乱，使其正常生理功能失调，免疫力下降。

⑤影响生产性能。

畜禽舍内的噪声原则上应低于 80dB。

🔍 实践案例 ▶

2009 年，山东省某肉仔鸡饲养户，鸡群发生了慢性呼吸道病，采食量下降，眼睛发红，并有腹水症发生。兽医人员进入鸡舍感觉有明显的刺激性气味，时间不长，眼睛已经流泪，用仪器检测氨气浓度为 65mg/m³，远超过了卫生学要求。据此案例制订控制畜禽舍空气质量的措施。

📠 实施过程 ▶

1. 控制舍内有害气体的措施

（1）加强饲养管理。

①及时清理畜禽舍内的粪尿、污水。

②保持舍内干燥。

③加强通风换气。

④勤换垫料与垫草。

⑤适当降低饲养密度，可以减少畜禽舍有害气体。

⑥日粮中添加非营养性添加剂，如膨润土和沸石粉，可吸附粪尿中的有害气体；添加酶制剂，可有效提高饲料消化利用率，降低粪尿中有害气体的产生量。

⑦向畜禽舍内定时喷雾过氧化物类消毒剂，其释放出的氧能氧化空气中的硫化氢和氨，

起到杀菌、除臭、降尘、净化空气的作用。

（2）使用除臭剂。在饲料中、粪便中或畜禽舍垫料中添加各类除臭剂，可减轻畜禽排泄物及其气味的污染。

（3）科学设计畜禽舍建筑。畜禽舍的建筑若不合理，会影响畜禽舍的环境卫生状况。

2. 控制微粒、微生物的措施

（1）控制微粒的措施。

①合理布局场区，饲料车间、干草垛应远离畜禽舍，且避免在畜禽舍上风向。

②在畜牧场四周种植防护林带，对场内进行绿化，尽量减少裸地面积。

③在畜禽舍内分发干草和翻动垫料要轻；采用颗粒饲料饲喂。

④禁止在畜禽舍中刷拭家畜、干扫畜禽舍地面。

⑤加强通风换气，及时排出舍内微粒及有害气体。

（2）控制微生物的措施。

①选好畜禽场场址，并注意防护。

②加强饲养管。注意畜禽舍的防潮；减少舍内灰尘；建立健全各种卫生防疫制度，搞好生物安全工作；执行"全进全出"制度。

3. 控制舍内噪声的措施

（1）畜禽场远离交通主干道。

（2）采用低噪声设备，或配备消音设备。

（3）工作人员动作要轻缓。

（4）保证畜禽福利，使其舒适生活。

任务 4 畜禽舍气流调控

💻 学习任务 ▶

通风换气是畜禽舍小环境控制的关键要素，直接影响畜禽的健康和生产性能的发挥。本次任务中，你应该了解畜禽舍气流形成的原因和气流对畜禽的影响，能确定畜禽舍的通风换气量，会调控自然通风和机械通风。

◎ 必备知识 ▶

1. 气流的形成 在水平方向上，高气压地区的空气会向低气压的地区流动，空气的这种水平流动称为"风"或"气流"。

气流的状态通常用风向和风速来表示。风向即风吹来的方向，常以东、南、西、北、东南、东北、西南、西北 8 个方位来表示；风速是单位时间内风的行程，常以 m/s 来表示。

2. 畜禽舍中的气流 畜禽舍内外由于温度高低和风力大小的不同，使舍内外的空气通过门、窗、通气口和一切缝隙进行自然交换，从而发生空气的舍内外流动，形成畜禽舍中的气流。

在畜禽舍内，因畜禽的散热和蒸发，使温暖而潮湿的空气上升，周围较冷的空气来补充而形成舍内的对流。

3. 气流对畜禽的影响 气流对畜禽健康和生产性能的影响取决于气温。

适温条件下，增大风速对生产性能影响不明显。

高温条件下，加大气流有利于维持畜禽正常生产性能，或使因高温影响而下降的生产性能得以恢复，从而降低高温的不良影响；且空气流动可促进机体散热，这在夏季使畜体感到舒适；并有保持空气化学组成平衡的作用，对有害气体和灰尘具有稀释和清除作用，有益于机体健康。

低温条件下，增大风速对畜禽生产是有害的。特别是低温而潮湿的气流，能促使机体大量散热，使皮温显著降低，机体感到寒冷，常易发生感冒或风湿性疾病，特别是老、弱、病、幼等抵抗力较差的畜禽。作用于机体局部的低温高速气流俗称"贼风"，冬季舍内的门、窗、墙壁的缝隙、漏缝地板均易产生贼风，对机体的危害很大，常引起畜禽冻伤、神经痛、关节炎症、瘫痪及感冒，甚至肺炎等疾病。

🔍 实践案例

2013年8月，江苏省某地36℃以上高温持续数天，某养鸡户的鸡舍利用旧房屋改造而成，坐北朝南，只有南面设置了窗户，由于通风不良，鸡群表现出强烈的热应激反应：张嘴呼吸，大量饮水，食欲下降，导致抗病力减弱，产蛋率大幅度下降，并且由于长时间的热应激还造成了鸡只零星死亡，损失较大。据此案例设计一套通风方案。

📋 实施过程

1. 确定畜禽舍的通风换气量 畜禽舍的通风换气一般以通风量（m³/h）和风速（m/s）来衡量。通风换气量的确定，通常是根据畜禽通风换气参数和换气次数来确定。近年来，一些国家为各种畜禽制订了通风换气量技术参数，从而给畜禽舍通风系统的设计提供了方便。不同气候条件下各种鸡舍的最大通风量见表3-13，各类猪舍的必需换气参数见表3-14，牛、羊舍换气量参数见表3-15。

表3-13　不同气候条件下各种鸡舍的最大通风量（每千克体重，m³/h）

鸡舍种类	体重（kg）	温和（15~27℃）	炎热（>27℃）	寒冷（<15℃）
雏　鸡		5.6	7.5	3.75
后备母鸡	1.15~1.18	5.6	7.5	3.75
蛋　鸡	1.32~2.25	7.5	9.35	5.6
肉用仔鸡	1.35~1.8	3.75	5.6	3.75
肉用种鸡	3.15~4.5	7.5	9.35	5.6

表3-14　各类猪舍的换气参数（每千克体重，m³/h）

	冬季	过渡季	夏季
空怀、怀孕前期母猪舍	0.35	0.45	0.60
公猪舍	0.45	0.60	0.70
怀孕后期母猪舍	0.35	0.45	0.60
哺乳母猪舍	0.35	0.45	0.60
断奶仔猪	0.35	0.45	0.60
生长育肥猪	0.35	0.45	0.60
后备猪舍	0.45	0.55	0.65

112

表 3-15　牛、羊舍换气量参数

畜舍种类	单位体重或个体	冬　季（m³/h）	夏　季（m³/h）
肉用母牛	454kg	168	342
去势公牛（漏缝地板）	454kg	126～138	852
乳用母牛	454kg	168	342
绵羊	只	38～42	66～84
育肥羔羊	只	18	39

2. 自然通风的调控

（1）自然通风分类。自然通风是指依靠自然界的风压或舍内温度不同所形成的热压差，产生空气流动，通过畜禽舍外围护结构的空隙所形成的空气交换。又分为无管道通风与有管道通风两种形式：无管道通风是靠门、窗所进行的通风换气，它只适用于温暖地区或寒冷地区的温暖季节；有管道通风是在寒冷地区的封闭舍中，为了保温，必须将门、窗紧闭，需靠专门通风管道进行换气。

（2）自然通风的调控。

①自然通风门窗的设置。夏季为了消除高温的影响，应充分利用穿堂风。为此，畜禽舍两侧的门、窗位置应相对设置，便于形成直线穿堂风。

由于畜禽在近地面处活动，可在纵墙上设通风窗，有利于缓和高温的不良影响。

在寒冷地区的封闭舍中，由于结构严密且有一定的厚度，为了保温，门、窗紧闭，故靠门、窗不能保证应有的换气，需装设管道自然通风系统。

②进出气口的设计。为防止冷风直接吹向畜体，将进风口设于背风侧墙的上部，使气流进入舍内先预热，避免了冷风刺激。

小跨度畜禽舍可以在南墙上设外开下悬窗作排风口，每窗设 1 个或隔窗设 1 个，控制启闭或开启角度，以调节通风量。

大跨度畜禽舍（7～8m 以上），应设置屋顶风管作排风口，风管要高出屋顶不少于 1m，下端伸入舍内不少于 0.6m，上口设风帽，以防止刮风时倒风或雨雪进入畜禽舍；下口设接水盘，以防止风管内的凝水下滴。

3. 机械通风的调控　机械通风也称强制通风，是靠风机强制进行畜禽舍内外的空气交换。它与自然通风不同，不受气温和风压变动的影响，可以根据畜群需要进行控制、调整通风量。机械通风有 3 种形式：负压通风、正压通风和联合式通风。

（1）负压通风（排风）。用风机抽出舍内污浊空气，使舍内空气变稀薄，压力相对小于舍外，新鲜空气通过进气口或进气管流入舍内，形成舍内外空气交换，故称负压通风，也称排风式通风或排风。

优点是比较简单、投资少、管理费用低，畜禽舍中多用负压通风。

（2）正压通风（进气式通风或送风）。用风机将舍外新鲜空气强制送入舍内，使舍内气压增高，而舍内污浊空气经风口或风管自然排出的换气方式。一般采用屋顶水平管道送风系统，即在屋顶下水平铺设有通风孔的送风管道，采用离心式风机将空气送入管道，风经通风孔流入舍内。

113

优点是可以对空气进行加热、冷却和过滤等预处理，但设置比较复杂、造价高、管理费用大，故采用较少。

（3）联合通风。同时采用机械送风和机械排风的通风方式称为联合式通风。在大型封闭舍，尤其是无窗畜禽舍中，单靠机械排风或机械送风，有时达不到应有的换气效果，而需采用联合通风形式。联合通风根据风机的安装位置不同，有两种形式：

①进气口设在较低处，送风机将新鲜空气送至畜禽舍下部畜禽活动区，排气口设在畜禽舍上部，用排风机将舍内污浊空气排走。

其优点是有利于把污浊的空气抽走，保证通风良好，缺点是不利于保温。因而此方式适用于温暖和较热地区。

②进气口设在畜禽舍上部，新鲜空气从高处用风机送入，排气口设在较低处，从下部用风机抽走污浊空气。

其优点是避免冷空气直接吹向畜体，有利于空气预热、冷却和过滤。因而此方式对寒冷和炎热地区都适用。

知识拓展

通风换气原则

通风、换气是两个概念。在高温情况下，通过加大气流使畜体感到舒服，以缓和高温带来的不利影响，称为通风；在畜禽舍密闭的情况下，引进舍外新鲜空气，同时排出舍内污浊气体，称为换气。通风换气应参考以下原则。

①排出舍内过多的水汽，使空气的相对湿度保持在适宜状态，防止水汽在物体表面上凝结。

②维持适宜的舍温，不使其发生剧烈的变化；要求舍内气流稳定、均匀、无死角、不会形成贼风。

③排出舍内灰尘和微生物，降低氨气、硫化氢、二氧化碳等的浓度，保持舍内空气清新，改善畜禽舍空气环境质量。

④冬季要求：气流平缓，畜体周围的气流速度以 $0.1\sim0.2m/s$ 为宜，不应大于 $0.25m/s$，若气流速度大于 $0.4m/s$ 不利于保温；同时气流速度也不宜过低，若气流速度为 $0.01\sim0.05m/s$，则不能有效换掉舍内有害气体。避免冷风直接吹袭畜体，以防畜禽受冷、感冒或冻伤。

⑤夏季，应尽量加大气流或用风扇加强通风。

任务5　畜禽舍光照调控

学习任务

畜禽舍内的光照不仅影响畜禽的健康和生产力，而且影响管理人员的工作环境和工作效率。本次任务中，你应该了解光照对畜禽的影响和畜禽舍人工光照的原则，掌握畜禽舍内自然光照和人工光照的调控方法。

◎ 必备知识 ▶

1. 畜禽舍光照的分类

（1）自然光照。指太阳光线通过畜禽舍的开露部分或窗户进入舍内而达到照明的目的。自然光照的优点是节省用电，但光照度和光照时间不断变化，生产中不易控制。

（2）人工光照。指在畜禽舍内安装照明设备提供照明。人工光照的光源一般有白炽灯和荧光灯。其优点是能够根据畜禽要求控制光照时间及光照度。

开放式和半开放式畜禽舍以及有窗畜禽舍主要是借助自然光照，必要时辅以人工光照。密闭式畜禽舍则必须依靠人工照明。

2. 光照对畜禽的影响

（1）光照时间对畜禽的影响。

①繁殖性能。延长光照，有利于长日照动物的繁殖活动，可促进长日照动物性腺发育。延长光照可使小母鸡性成熟提前；在产蛋期增加光照有利于提高产蛋量；对于长日照动物的公畜，延长光照，可提高公畜的性欲，增加公畜的射精量，提高公畜精子密度，增强精子活力；与长日照动物相反，延长光照，则不利于短日照动物繁殖活动。绵羊是短日照动物，如处在光照时间逐渐延长的情况下，一般不会发情，只有在日照时间逐渐缩短时，才逐渐开始发情。

②生产性能。一般情况下，增加光照时间和强度具有促进畜禽生长、提高生产性能的作用。

（2）光照度对畜禽的影响。鸡对可见光十分敏感，感觉阈很低。小鸡在弱光中能较好地生长；光照过度易引起鸡的啄癖和神经质，对鸡的生长有抑制作用。光照度对产蛋鸡也有较大影响，10lx 时可获得最大产蛋率。

3. 人工光照的原则

畜禽舍光照度应适宜，不可过高或过低；光照时间应合理，不可过长或过短；光色应符合畜禽生产的要求，一方面有利于畜禽生长发育和健康；另一方面要便于畜群管理。

◎ 实践案例 ▶

2009 年 6 月，江西省某肉鸡饲养户，采用厚垫料平养，鸡只 16 日龄时发生了严重的啄癖。兽医人员调查发现，鸡群饲养密度不大，为 35 只/m²，舍内刺激性气味也不大，但饲养户为方便晚上操作，用 100W 的白炽灯照明，10m² 左右 1 个白炽灯。此案例是由于光照度过大而引起鸡群发生啄癖的。

◎ 实施过程 ▶

1. 畜禽舍内自然光照的调控

（1）确定的窗口位置。畜禽舍的采光程度，受窗口的高低和位置的影响。窗口的高低可根据太阳光入射角和透光角来确定。畜禽舍的朝向确定后，窗户的设计要求是太阳光入射角不低于 25°、透光角不低于 5°。

（2）确定窗口的面积。有窗式畜禽舍，窗户面积越大，采光效果越好，但夏季辐射越多、冬天保温越差。因此必须综合考虑，合理确定窗户的采光面积。生产中通常用"采光系数"衡量与设计畜禽舍的采光。

采光系数是指窗户有效采光面积和舍内地面有效面积之比（表示为 $1:X$）。即以窗户所镶玻璃面积为 1，求得其比值。窗户有效采光面积的测定方法：测量畜禽舍窗户上每块玻璃的面积，将各面积相加计算出窗户面积，不计窗框，双层玻璃按一层计算。各种畜禽舍的采光系数见表 3-16。

表 3-16　各种畜禽舍的采光系数
（引自李如治，《家畜环境卫生学》，第 3 版，2003）

畜禽舍	种猪舍	肥猪舍	成鸡舍	雏鸡舍	奶牛舍	肉牛舍	犊牛舍	成羊舍	羔羊舍
采光系数	1：（10~12）	1：（12~15）	1：（10~12）	1：（7~9）	1：12	1：16	1：（10~14）	1：（15~25）	1：（15~20）

（3）窗的数量、形状和布置。窗的数量应首先根据当地气候条件确定南北窗面积比例，然后考虑光照均匀度和房屋结构对窗间距的要求。炎热地区南北窗面积之比可为（1~2）：1，夏热冬冷和寒冷地区可为（2~4）：1。

2. 畜禽舍内人工光照的调控

（1）人工光照控制方案的制订。种鸡与蛋鸡的光照原则是育成期光照时间不能延长，产蛋期的光照时间不能缩短。

育成期的光照有渐减法和恒定法两种。产蛋期的光照基本是在产蛋期逐渐增加每天的光照时数，当每天光照时数达到 16~17h 后，保持恒定不变。

产蛋期光照度一般为 10.76 lx。每 $0.37m^2$ 面积安装 1W 灯泡或 $1m^2$ 面积安装 2.7W 灯泡，可提供 10.76 lx 的光照。

（2）光照控制方案的实施。

①选择灯具种类。根据畜禽舍光照标准和 $1m^2$ 地面设 1W 光源提供的照度，计算畜禽舍所需光源总瓦数，再根据各种灯具的特性确定灯具种类。

②控制灯具的高度。灯具的高度直接影响地面的光照度。灯具越高，地面的照度就越小，一般灯具的高度为 2.0~2.4m。为在地面获得 10lx 照度，白炽灯的高度应按下表 3-17 设置。

表 3-17　地面 10lx 照度时白炽灯的高度
（引自赵旭庭，《养殖场环境卫生与控制》，2001）

白炽灯大小（W）	安装高度（有灯伞，m）	安装高度（无灯伞，m）
15	1.1	0.7
25	1.4	0.9
40	2.0	1.4
60	3.1	2.1

（3）灯泡的安装要求。

①为使舍内的照度比较均匀，应适当降低每个灯泡的瓦数，而增加舍内的总装灯数。鸡舍内装设白炽灯时，以 40~60W 为宜，不可过大。

②灯泡与灯泡之间的距离，应为灯泡高度的 1.5 倍。

③舍内如果装设两排以上灯泡，应交错排列；如为多层笼养，灯泡一般设置在两列笼间的走道上方；这样灯光可照射到料槽，且下层笼的光照度与上层笼差别不大。

④靠墙的灯泡，与墙的距离应为灯泡间距的一半。

⑤灯泡不可使用软线吊挂，以防被风吹动，使鸡受惊。

⑥设置灯罩，安装反光灯罩，比不用反光灯罩的光照度大45%，反光罩以直径25～30cm的伞形反光灯罩为宜。

⑦光照制度一旦确定，不要轻易变动。并注意保持灯泡的清洁，要经常将灯泡上的灰尘擦去，防止光照度降低。因光照度制度的改变或光照度的降低，会使产蛋量严重下降。黑暗的时间防止漏光。

⑧采用光照自动控制器，能够按时开灯和关灯。

🔍 知识拓展 ▶

1. 太阳辐射　自然光照是太阳辐射，辐射是一种电磁波，其主要波长在150～4 000nm，其中人眼可见光在380～760nm，可见光谱中根据波长的不同又分为红、橙、黄、绿、青、蓝、紫七色光。波长小于380nm的是紫外线，波长大于760 nm的是红外线，红外线和紫外线都是不可见光。

光照射到生物体上，一部分被反射；另一部分进入生物组织之内，其中一部分被该物体所吸收，穿过的部分则未被吸收。光能被吸收后，转变为其他形式的能，引起一系列生物学效应。

2. 红外线和紫外线对机体的作用

（1）红外线的作用。红外线主要生物学效应是产生热效应。适量红外线照射到动物体，其能量在被照射部位的皮肤及皮下组织中转变为热能，引起血管扩张、温度升高、血液循环加快，促进物质代谢。因此，在人医和兽医上常用红外线来治疗冻伤、风湿性肌肉炎、关节炎及神经痛等疾病。

过强的红外线作用于动物体内时，可产生下列不良反应：使动物的体热调节机制发生障碍；皮肤温度升高，可发生皮肤变性，形成烧伤；波长600～1 000nm的红光和红外线能穿透动物颅骨，使脑内温度升高，引起全身病理反应，这种病称为日射病；波长1 000～1 900nm的红外线长时间照射在眼睛上，可使水晶体及眼内液体的温度升高，引起羞明、视觉模糊、白内障、视网膜脱离等眼睛疾病。

（2）紫外线的作用。有利作用有：波长为240～280nm的紫外线有较好的杀菌作用，可使细菌或病毒的蛋白质发生变性、凝固，从而导致细菌和病毒死亡。抗佝偻病和软骨症，畜禽机体皮肤中存在7-脱氢胆固醇，在波长290～320nm紫外线的作用下可转变为维生素D_3，维生素D的主要作用是促进肠道对钙、磷的吸收，提高机体的免疫力和抗病力，动物长期缺乏紫外线的照射，可导致机体免疫功能下降，对各种病原体的抵抗力减弱，易引起各种感染和传染病。

过度照射紫外线会引起机体不良反应：①使皮肤受损，出现红斑。在紫外线的照射下，被照射部位皮肤会出现潮红，严重时导致皮肤发红和水肿，这种皮肤对紫外线照射和特异反应称红斑作用。②患光敏性皮炎。当动物体内含有某些异常物质时，如采食含有叶红素的荞麦、三叶草和苜蓿等植物，或机体本身产生异常代谢物，或感染病灶吸收的病毒等，在紫外线作用下，这些光敏物质对机体发生明显的作用，能引起皮肤过敏、皮肤炎症或坏死现象。③患光照性眼炎。紫外线过度照射时，可引起结膜和角膜发炎。④可致癌。紫外线照射过度还有致癌作用，主要引起皮肤癌和眼睑上皮癌。

任务6 舍饲畜禽福利的改善

💻 学习任务 ▶

改善动物福利，善待动物，为其提供舒适的生存环境，有利于提高其生产性能。本次任务中，你应该理解动物福利与发展畜牧业生产的关系，熟悉畜禽应有的福利，会采取措施改善畜禽福利。

◎ 必备知识 ▶

1. 动物福利的意义

（1）改善动物福利，有利于培养公民的善意和社会公德。任何生命都有他的尊严和内在价值，尊重生命，善待畜禽，对无法用人类语言表达自己的畜禽的生命负责，对和人类一样能够感受到生之喜乐和死之恐惧的畜禽有所关切，不忽视畜禽的痛苦，关注畜禽的苦乐和生存需要，扩大人类道德关怀的范围，是让人性发光，是社会文明程度提高和进步的表现。

（2）改善动物福利，有利于提高畜禽的生产性能。实行福利养殖，即善待畜禽，如为其提供舒适的生存环境，投喂营养全面的日粮，实施合理的饲养管理技术等，可保持动物的健康和活力，提高饲料转化率、畜禽存活率和生长速度，从而大大提高畜禽生产性能。

（3）有利于人的健康。在饲养、运输、屠宰等过程中注重动物福利，不仅能提高畜禽的生产性能，还能提升其自然品质，保证人类的食肉安全。

（4）有利于扩大出口。世界上有100多个国家有关于动物福利方面的立法，不但在畜禽饲养、运输和屠宰过程中，要求执行动物福利标准，而且，对于进口的畜禽产品也要求符合动物福利法规方面的技术指标，构建了各自的"进口门槛"——动物福利壁垒。中国是一个农业大国，农产品出口越来越多。如果畜禽在饲养、运输、屠宰过程中不按动物福利的标准执行，检验指标就会出问题，从而影响出口。

2. 动物福利与发展畜牧业生产的关系　动物福利不反对人类合理地利用畜禽，但反对在利用畜禽获取利益的时候，给畜禽带来痛苦和损伤，动物福利的目的就是要保证畜禽无痛苦的生存。

畜禽生产是一种经济活动，以获得经济利益为目的。生产者不可能不计成本和效益而单纯的关注动物福利。但同时也不应不顾畜禽的生物学特点和基本的生命需求，一味地追求利润，把生产效益建立在畜禽的痛苦之上。

现代畜禽生产的任务是科学和人性的对待畜禽，在追求生产效益和水平的同时，注重畜禽福利的要求。既注重畜禽生产的先进性，又注重生产的合理性，在科学的基础上探索既能保证畜禽的健康、愉快，又能充分发挥其最大生产潜力的生产形式。

小贴士

动物福利就是让动物在康乐的状态下生存，其标准包括动物无任何疾病、无行为异常、无心理紧张压抑和痛苦等。英国家畜福利委员会指出家畜最基本的福利是保证畜禽"五大自由"的权利：享受不受饥渴的自由，享有生活舒适的自由，享有不受痛苦、伤害和疾病的自由，享有生活无恐惧和无悲伤的自由，自然表现行为的自由。

实践案例

中国在 2003 年加入了国际贸易组织以后，欧盟拒绝进口中国的各种畜禽产品。原因是中国的屠宰方式不符合欧盟的国际标准，其理由是畜禽突然处在恐惧和痛苦的状态下，会分泌大量的肾上腺素，乃至产生毒素，这对畜禽的肉质有很大的影响，甚至可以危害到人类的身体健康。时下"动物福利"正逐渐成为贸易壁垒的新动向，成为畜禽产品、水产品等国际贸易中的一道新的壁垒。请你制订一套改善舍饲畜禽福利的方案。

实施过程

1. 熟悉畜禽应有的福利

（1）居住环境福利。居住环境要舒适，根据畜禽实际需求，合理进行场区布局，合理设计畜禽舍，合理安排生产工艺。

①猪的居住环境福利。采用多点式布局，有利于防病；设备设施符合猪的天性；保育栏采用塑料地板；分娩栏母猪的围栏大小、长宽可以调节；采用智能化的饲喂系统；通风系统、供暖系统、排污系统，按照猪的需求实现自动控制；漏缝地板选材得当，不损伤肢蹄，保温、清洁、舒适。

②禽的居住环境福利。如有可能实行散养。

③牛的居住环境福利。奶牛居住应舒适，其卧床设计要合理，符合自然躺卧条件，起卧无痛苦；采用防滑地板，且干燥、柔软、清洁卫生、温暖，如果地面很滑，将不能满足奶牛的躺卧、站立、行走、嬉戏以及其他群体活动的自然行为；奶牛舍要有喷淋与喷雾设施，防止热应激；奶牛有足够的食槽和水槽长度与活动面积。

（2）生产过程中的福利。

①猪的福利改善。给猪提供足够的蛋白质、能量、矿物质、维生素和水等营养成分，以维持生理及心理健康；仔畜出生时要吃足初乳；并要给予保温；提供适宜的温湿度、密度、通风良好，地板防滑保温、不伤害肢蹄、不潮湿，清洁卫生等；猪的去势、剪齿、打耳号，尽可能在出生的第 1 周内进行，要由技术熟练的人员操作，去势要用麻醉，尽量减轻其痛苦；并搞好卫生消毒，防止感染；日常操作要细致、温和、友好；加强卫生防疫工作，搞好保健；及时诊疗患病个体，并细心照料，提供优良环境；不能逆转时，实施安乐死。

②禽的福利改善。足够的营养；提供适宜的温湿度、密度和光照，通风良好，水禽要有水浴；断喙不是必需措施，如饲养管理得当，可不断喙；确要断喙，应由熟练工人完成；强制换羽要温和，如添加化学制剂氧化锌或不限水、仅限饲等方法；搞好卫生防疫工作；给弱

雏提供优良的小环境条件和优质的饲料，细心照料；暴发疫病时如需淘汰，应实施安乐死。

③牛羊的福利改善。牛、羊的断角和去势应进行麻醉，宜在出生后 2~3d 进行；日粮应以优质粗饲料为主，不要只追求高产而饲喂大量的精料；防止热冷应激，给奶牛提供舒适的环境，必须使奶牛时刻感到舒服；加强卫生保健工作，预防疾病，减少疫病的发生；对奶牛保护好乳房和肢蹄；对有伤病的奶牛富于同情心，细心照料，及时诊治。

（3）运输福利。在运输途中提供饮水，在装载前 4h 喂饲平日日粮量的 1/2，并提供足够的维生素 A、维生素 E、维生素 C，以减少应激反应；尽量避免途中饥渴，要有兽医随行；运输箱结构合理，地板防滑、防震、隔热、通风良好；地板有缝隙利于保持卫生；设隔板以防擦伤与挤压瘀血；动物在途中有足够的站立空间，以便保持自然的站立姿势；在装载和卸载时要注意避免伤害动物；不许抽打或者滥用驱赶方式；在夏季，应尽量避开在炎热的中午运输，不要装载过满，装载时尽量减小斜面，可用起重机替代斜面。

（4）人道屠宰。采用电击击晕，瞬间致死；采用二氧化碳窒息安乐死；屠宰时在封闭的房舍，避免待宰杀的畜禽看到。

2. 采取措施改善畜禽福利

（1）提高一线工作人员的素质。畜禽福利要通过一线工作人员的操作实施得以实现。技术员、饲养员对畜禽的态度、责任心至关重要。

（2）对畜禽仁慈管理。所谓仁慈即是对畜禽爱抚，做到人畜亲和。通过对畜禽积极地爱抚、呵护，畜禽对人的逃避性反应会降低。

（3）改变饲养管理制度和改变环境时要逐渐过渡。畜禽在不同的生长、生产阶段，要采取不同的饲养管理措施，如改换日粮、转群、雏鸡与仔猪的脱温等，应有过渡措施，逐渐改变，以减少应激反应，使畜禽的生活尽可能舒适。

（4）提高饲养管理水平，使畜禽舒适地生活。在饲养管理过程中，要给畜禽提供良好的小环境条件，饲养密度适宜，舍内通风良好，温湿度适宜，群内成员尽量稳定；饲养方法合理，及时提供充足、营养全面的日粮、清洁的饮水；对突发情况如断电、出现疫情、设备失灵等有应急措施等。

（5）确定适宜的生产水平。畜牧业生产追求高产、高效益是无可厚非的，但不能忽视畜禽福利。若一味地追求高产、高效，在缺乏必要的科学与技术支持的前提下，忽视畜禽的健康与基本需求，盲目追求高产，往往导致畜禽健康恶化，体质下降，抵抗力降低，生产水平下降，提前淘汰。

（6）实现清洁生产。

①科学处理粪便和污水。利用沼气池和发酵床处理粪便，实现粪便污染的"零排放"；利用固液分离处理技术、厌氧好氧生物组处理技术、膜生物技术等处理污水，实现污水达到国家排放标准用于灌溉农田和清洗畜禽舍。

②日粮营养调控。推广使用无毒、无害、无污染、无残留的绿色饲料添加剂，如植酸酶、微生态制剂、酶制剂、酸化剂、中草药制剂、生物活性肽等，提高氮的利用率，减少或取代铜、锌、砷的使用，降低畜禽排泄物中的氮、磷、铜、锌、砷的含量；通过日粮营养调控，促进畜禽生长，增强机体抵抗力；减少畜禽养殖对环境的污染，减轻畜牧业对生态环境造成的压力。

职业能力测试

1. 平养鸡舍中，温度表悬挂高度一般为_____。
   A. 0.2m　　　　　B. 0.5m　　　　　C. 1.0m　　　　　D. 2.0m
2. 最高最低温度表的玻璃管呈_____。
   A. O形　　　　　B. L形　　　　　C. I形　　　　　D. U形
3. 寒冷季节，要求墙壁附近的空气温度与畜禽舍中心相差不超过_____。
   A. 3℃　　　　　B. 10℃　　　　　C. 15℃　　　　　D. 20℃
4. 实际水汽压占该温度下饱和水汽压的百分数表示_____。
   A. 绝对湿度　　　B. 相对湿度　　　C. 最高温度　　　D. 最低温度
5. 畜禽的适宜湿度为_____。
   A. 1%～2%　　　B. 10%～20%　　C. 50%～70%　　D. 80%～100%
6. 鸡舍中氨气最高浓度不得超过_____。
   A. 0.1mg/m³　　B. 1mg/m³　　　C. 5mg/m³　　　D. 15mg/m³
7. 畜禽舍空气中硫化氢含量最高不得超过_____。
   A. 0.58mg/m³　B. 1.58mg/m³　C. 5.58mg/m³　D. 15.58mg/m³
8. 用风机抽出舍内的污浊空气的人工通风方式称_____。
   A. 送风　　　　　B. 排风　　　　　C. 正压通风　　　D. 负压通风
9. 具有杀菌作用的紫外线波长是_____。
   A. 240～280nm　B. 290～320nm　C. 320～350nm　D. 360～380nm
10. 家禽暴发疫病需要淘汰时，根据动物福利应实施_____。
    A. 焚烧　　　　　B. 深埋　　　　　C. 让其自然死亡　D. 安乐死
11. 畜禽的防暑降温措施有哪些？
12. 简述控制畜禽舍中有害气体的技术措施。
13. 简述控制畜禽舍中微生物的技术措施。
14. 参观一养殖场，计算各栋畜禽舍的通风量。
15. 采用人工光照时，灯泡的安装有哪些要求？
16. 饲养管理过程中改善畜禽福利的措施有哪些？

项目三　畜禽场废弃物处理与利用

任务 1　认识畜禽场废弃物对环境的影响

学习任务

　　人类在发展畜禽生产、提高生活水平的同时，畜禽场产生的废弃物，通过大气、土壤、水进入生态系统，对环境造成污染，并由此危害人畜健康，成为畜产公害。本次任务中，你应该了解畜禽场废弃物的主要成分，熟悉畜牧业污染环境的途径，认识环境污染的危害。

必备知识

1. 畜禽场的废弃物 畜禽场的废弃物主要有：畜禽的粪尿、污水；废弃的草料和沉渣；场内剖检或死亡畜禽的尸体；畜禽场排散出的有害气体与不良气味；饲料加工厂的粉尘、畜禽舍内排散出的灰尘、畜牧场燃烧未尽的烟尘；孵化废弃物——死胚及蛋壳；畜产品加工厂的污水及加工废弃物；屠宰场废弃的兽毛、蹄角、血液、下水等。

畜禽粪尿是畜禽场最主要的污染源。随着畜牧业集约化、规模化、工厂化发展，畜禽养殖量迅速增加，畜禽的粪尿排泄量也不断增加。如不能合理处理，污染将会越来越严重。但废弃物中含有大量的有机物质，如合理利用，则可变废为宝。畜禽粪便的养分含量见表3-18。

表 3-18 各种畜禽粪便的主要养分含量（%）

（引自李如治，《家畜环境卫生学》，第3版，2003）

种类	水分	有机物	氮（N）	磷（P_2O_5）	钾（K_2O）
猪粪	72.4	25.0	0.45	0.19	0.60
牛粪	77.5	20.3	0.34	0.16	0.4
马粪	71.3	25.4	0.58	0.28	0.53
羊粪	64.6	31.8	0.83	0.23	0.67
鸡粪	50.5	25.5	1.63	1.54	0.85
鸭粪	56.6	26.2	1.10	1.40	0.62
鹅粪	77.1	23.4	0.55	0.50	0.95
鸽粪	51.0	30.8	1.76	1.78	1.0

2. 废弃物污染环境的主要成分 废弃物中污染环境的主要是氮和磷。

（1）粪便中氮的来源。主要来源于未被畜禽利用的饲料蛋白质中的氮。

（2）粪便中磷的来源。

①植物性饲料中含有的磷。由于植物性饲料中的磷大部分（65%～80%）与植酸结合为植酸磷，不易被畜禽吸收（家禽对植酸磷的利用能力更低）从而被直接排出体外。

②日粮中补充的无机磷。由于植物性饲料中所含磷不能满足畜禽的需要，在日粮中添加的无机磷源（主要为磷酸氢钙），其未被吸收部分也排出体外。

实践案例

2010 年，全国规模化畜禽场（小区、户）化学需氧量、氨氮、总磷排放量分别为1 268.26万 t、102.48 万 t、16.04 万 t，占农业源排放总量的比例依次为 95%、78%、74%，占全国排放总量的比例依次为 45%、25%、58%。据此案例制订一套认识畜禽废弃物对环境影响的方案。

实施过程

1. 熟悉畜牧业污染环境的途径 自然界通过物理、化学和生物学方法，对有害物质具有一定的去除、降解、转化、灭活作用，这一能力称之为环境的自净。自净又包括物理自净、化学自净和生物自净。物理自净主要包括沉淀、稀释和逸散作用；化学自净主要为氧化、还原、中和和转化作用；生物自净主要为吞噬、分解、灭活、颉颃作用。

有害物质的排放，超过环境的自净能力所允许的量，则称之为污染。畜牧业污染环境的途径主要有。

（1）大气污染。大气污染是指空气的正常成分之外又增加新的成分，或者原有某种成分骤然增加，以至对人、畜和其他生物的健康产生了不良的影响，甚至会引起自然界的某些变化。

①污染源。畜禽生产对大气所造成的污染，主要是畜禽粪便中含臭味的化合物，有168种，其中以氨气和硫化氢为主，同时含有脂肪族类、醛类、粪臭素和硫醇类等有毒有害气体。

②污染途径。畜禽粪尿或畜产品加工厂的废弃物，产生一些有毒或有气味的混合气体，它由畜禽舍或工作间经风机排出，或是由舍外的粪水出口、粪坑以及堆肥场等地，直接散发至畜禽场附近、居民区的上空，使之在空气中的数量增多。

一般认为散发的臭气浓度和粪便的磷酸盐及氮的含量呈正比。畜禽粪便中磷酸盐含量鸡比猪高，猪又比牛高。

（2）水体污染。水体污染是指排入天然水体的污染物质改变了水体的组成并使水质恶化，给人畜带来危害。

天然水体对排入其中的物质有一定的容纳限度，在这个限度范围内，天然水体能够通过自净作用使排入物质的浓度自然降低，不致引起危害，但如有过量物质排入水体，超过了水体的自净能力，则造成污染。

①污染源。畜禽粪便及其他畜产业的污水都含有大量的糖类、氮、磷等腐败性有机物及粪渣。

②污染形式。地表水质恶化：如果腐败有机物数量不多，水中氧气充足，则好气菌发挥作用，糖类分解成二氧化碳和水；有机氮分解成氨、亚硝酸盐，最终成为硝酸盐类的稳定无机物；同时水中硫酸盐总硬度增高，水体无特殊臭味。如腐败有机物污染量大，有机物则进行厌气分解，产物为甲烷、硫化氢、氨、硫醇之类的恶臭物，使水质恶化，不适于饮用。

水体富营养化现象：污水中的有机物被微生物氧化分解，其产物是氮、磷等优质养分，这些富含氮磷的污水长期不断排入水体，使水生生物特别是藻类不断得到营养，大量繁殖。由于藻类大量繁殖，加大了水的混浊度，消耗了水中的氧，威胁鱼类生存，最终藻类本身也会缺氧而死，并腐败产生恶臭，水域成为死水，这种现象称为水体的"富营养化"。水体"富营养化"不但使水体恶臭不能使用，如作为农业用水，还会使水稻等作物徒长、倒伏、晚熟或不熟。因此，该现象是畜禽粪尿污染水体的一个重要标志。

生物性污染及介水传染病：天然水中常生存着各种各样的微生物，其中主要是腐物寄生菌。水中微生物一部分来自土壤，少部分和尘埃一起降落到水体，还有一部分则是随着粪便排入水体。水体被病原微生物污染后，可引起介水传染病的传播与流行。如病畜和带菌者的排泄物、尸体以及兽医院的污水排入水中，病原微生物就会污染水体。例如，水禽的传染病，常是急性传播，全群几乎同时发生。因此，对动物尸体、排泄物以及可能含有病原微生物的污水应特别注意，勿使其污染水源。特别是沙门氏菌在水中极易繁殖，如每升河水中含

0.1g 有机物，则沙门氏菌能繁殖 10 万倍。

地下水污染：畜禽粪便中有很多容易流失的物质，如硝酸盐（易转变成致癌的亚硝酸盐），很容易随着降水进入到地下水，日积月累，造成污染。

（3）土壤污染。

①污染源。畜禽场对土壤的污染源主要是粪便中的氮和磷，其次是饲料添加剂中的重金属铜、锌、铬、砷等。全国每年使用微量元素添加剂为 15 万～18 万 t，其中约有 10 万 t 未能被动物吸收利用，随粪便排出体外。

此外，未被动物吸收的抗生素类，如四环素类、磺胺类也随着粪便排泄到土壤中，长期累积，导致土壤污染，使土壤质量下降。随着农作物的吸收，又进入到农产品里面，再进入食物链，最终威胁粮食、食品安全和人类健康。

②污染形式。粪便等污染源通过以下途径污染土壤。

通过污染水源流经土壤，造成水源污染型的土壤污染。污水可使土壤孔隙堵塞，造成土壤透气性、透水性差，使土壤板结，严重影响土壤质量。

空气中的恶臭有害气体降落到地面，造成大气污染型的土壤污染。

粪肥直接排入或施入农田，粪肥长年大量堆积或粪水渗透，其中的氮、磷、钾、氯等物质大量淋溶进入土壤。

（4）生物污染。畜禽排泄物中的病原微生物是生物污染源，它们通过上面 3 种传播途径传播病原微生物。如粪肥处理不当，其中含有的病原微生物和寄生虫卵，可在土壤中长期生存或继续繁殖，保存或扩大了传染源。不过，一般经过 4 周以上堆肥和沤肥处理后，病原微生物可失去致病力。

2. 认识环境污染的危害

（1）引起畜产公害。畜产公害是指畜禽生产过程中产生的有害气体、粪尿、污水、尸体等废弃物对人类环境造成的危害和畜产品中某些元素的富集、药物残留对人类健康产生的危害。畜产公害主要表现在。

①引起人、畜禽中毒。

急性危害：当具有高毒性的污染物，高剂量进入空气、水体、土壤和饲料中，通过呼吸道、消化道及体表接触等多种途径进入机体，可引起动物的急性中毒，出现特定污染物质中毒的特有症状，甚至死亡。

慢性危害：此种危害可分为两种：一种是动物摄入低浓度的有毒有害物质，经长时间反复对机体作用，引起动物生长缓慢、抗病力下降、毒害物质在体内残留从而对机体产生的危害。如饲料中添加一定量铜、有机砷制剂有助于动物的生长，但盲目大量使用的这些微量元素，积聚在动物体内，会造成产品残留，通过其产品传递给人，而影响人体健康。另一种是环境中有的污染物最初含量很小，但它通过食物链以千倍甚至万倍的浓度在生物体内富集，使有毒有害物质在体内的浓度大大增加，从而对机体产生的慢性危害。

②引起传染病和寄生虫病的传播与流行。畜禽粪便、动物尸体处理不当，里面含有大量病原微生物、寄生虫卵，就会随着环境传播，引起生物污染。目前，全世界约有人兽共患疾病 250 多种。如水体污染引起的介水传染病有伤寒、副伤寒、副霍乱、阿米巴痢疾、细菌性痢疾、钩端螺旋体病等；从畜禽产品直接传染给人的人兽共患病有布鲁氏菌病、结核病、禽流感、猪囊虫病、猪流感、血吸虫病等。而即使动物所固有的非人兽共患病，如猪瘟、鸡新

城疫等虽不直接感染人，但其分解的毒素也会引起人的食物中毒。

③致癌、致畸、致突变作用。抗生素类药物在畜产品中残留对人体具有"三致"作用、毒性作用和过敏反应。抗生素被动物吸收后，可以分布全身。其中，肝、肾、脾等组织最多，也可通过泌乳和产蛋过程而残留在奶、蛋中。

④引起过敏性反应。有些污染物为致敏源，可使污染区人、畜发生过敏反应。如硫化物可导致哮喘，铬可引起过敏性皮炎。畜产品中残留的抗生素可引起人体过敏反应，严重的可导致死亡。

⑤引起病原微生物的抗药性。饲料中添加的低浓度保健药物和畜产品中残留的低量药物，都可以使病原微生物逐渐产生抗药性，甚至产生极毒菌株，给人畜带来严重危害。

⑥人和畜禽生活在污染的环境中，体质下降，易感性增强，容易继发感染各类传染性疾病和寄生虫疾病。

⑦水体若受到有机物质污染，水体将有可能富营养化，因水体缺氧而产生大量异臭物质，它们通过对水体污染影响人和动物的健康。

⑧严重的环境污染常常会引起正常的生态系统破坏，造成社会公害。

（2）影响畜产品质量，进而影响人体健康。有机农药残留、重金属残留、兽药与饲料添加剂残留、霉菌毒素污染等进入土壤、饮水中，被植物吸收，动物采食植物性饲料，或饮用被污染了的水源，造成有毒成分残留在畜产品中，人食用这样的畜产品或直接食用污染了的农产品，从而导致有毒物质危害人的健康。

任务 2　畜禽场废弃物的无害化处理

💻 学习任务 ▶

畜禽场的废弃物要科学处理，变废为宝，做到减量化、无害化、资源化。本次任务中，你应该熟悉废弃物处理和利用的基本方法，会利用畜禽粪污生产沼气和肥料。

🔍 必备知识 ▶

畜禽场废弃物的处理方式

（1）废弃物排泄减量化。

①减少畜禽自身排泄废物。采用生态营养饲料的配制技术。设计饲料配方，即从原料选购、配方设计、加工饲喂方式等过程进行严格的质量控制，并实施动物营养调控，从而控制、减少或消除可能发生的畜禽产品公害和环境污染，达到低成本、高效益、低污染效果。配制的日粮，在满足畜禽营养需要的同时，达到生产性能、环境保护和资源利用的最优化。

使用无毒副作用、无残留的安全型饲料添加剂。如以微生态制剂、寡聚糖替代抗生素，用酶制剂来提高饲料转化率，用中草药添加剂促进生长、提高生产性能，用有机微量元素添加剂替代无机微量元素提高吸收率等。

②防止排泄废物体积增加。通过多种途径，实施"雨污分离、干湿分离、粪尿分离"等手段，削减污染物的排放总量。

（2）畜禽场废弃物处理的无害化、资源化。

①生产沼气，用作能源。

沼气是清洁的能源：沼气生产不仅可以利用大量人畜粪便，杀灭病原菌和寄生虫卵，可在多方面代替煤、石油、天然气等不可再生资源，还可用来发电，既节约资源，又保护环境。

沼渣二次利用：产气后的渣汁含有较高的氮、磷、微量元素及维生素。沼渣用途较多，如可用作园艺植物的无土栽培肥料；沼渣、沼液脱水后，可以替代一部分鱼、猪、牛的饲料。沼渣二次利用，也防止了环境污染。

建立畜牧业生产的良性循环：利用畜禽场的废弃物生产沼气，沼液和沼渣还可进一步进行堆肥，经好氧发酵或直接还田，或用于无土栽培，农田生产的作物又可作为畜禽饲料，从而形成有效的良性循环体系。

②用作肥料。用作肥料是世界各国传统上常用的方法。其优点是：可以有效地利用粪便中的有机质、氮、磷及一些微量元素，还能改良土壤结构，增加土壤有机质，提高土壤肥力；费用低、处理数量大、效果好。粪便与农作物秸秆按一定比例进行堆肥发酵后，用作肥料，充分地利用了秸秆，防止秸秆燃烧污染空气，保护了环境，也充分发挥了生物质资源循环、高效的利用模式。

③用作饲料。利用牛粪等粪便养殖蚯蚓和蝇蛆等蠕虫类动物，生产蝇蛆等动物蛋白质，然后再用其作为家禽类饲料，其剩余物料再用于沼气发酵或直接作为肥料还田。这种利用粪便生产蝇蛆的方式，不仅使资源得到综合利用，而且避免了饲料污染风险，使生产的畜产品安全性大大增加。因此，就饲料化利用而言，粪便的蠕虫处理方式将是其未来发展趋势。

实践案例

北京德青源农业科技股份有限公司拥有大型蛋鸡养殖基地，年存栏蛋鸡达300万只，每年生产5亿枚鸡蛋，占北京品牌鸡蛋市场68％以上份额。2007年，德青源公司投资建设了国内规模最大的鸡粪发电项目——德青源沼气发电厂。该项目将鸡场每天产生的200多吨鸡粪、300多吨污水全部利用生产沼气，沼气用于发电。每年为华北电网提供1 400万kW·h"绿色电力"，相当于节约标煤1 700t。沼气发电平均每度电的成本只有0.3元，而火力发电的成本要0.7元。并可供应园区自身和周边农户取暖、做饭，还为当地农户提供优质有机肥18万t。根据此案例制订畜禽场废弃物无害化处理方案。

实施过程

1. 利用畜禽粪污生产沼气

（1）沼气池组成。沼气池一般由进料池、发酵池、贮气室、出料池、使用池和导气管等六部分组成。

（2）生产沼气必须具备的条件。

①良好的厌氧环境，发酵池必须完全封闭。

②适宜的水分［畜禽粪便等有机物与污水之比1：（1.5～3）］，粪尿污水比清水效果好。

③原料中的固形物以8％～10％为宜。

④适当的温度（25～35℃）。

⑤适宜的 pH（6.5～8.5）。

⑥合理的 C：N 比例 ［（25～30）：1］。

发酵时间一般为 10～30d。

（3）生产沼气工艺流程。利用沼气技术处理猪场粪污的工艺流程见图 3-2。

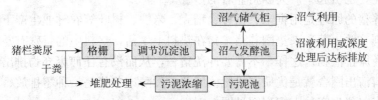

图 3-2 利用沼气技术处理猪场粪污的工艺流程

(引自李丹，规模化猪场沼气池的设计与运行管理，《江西畜牧兽医杂志》，2011)

为减轻废水处理工艺的负荷，猪场可采用干清粪工艺，将收集的干粪进行堆肥处理，以减少废水量。干湿分离后的废水经格栅、调节沉淀池后进入沼气发酵池进行发酵处理，产生的沼气储存在储气柜内，经脱硫处理后用于生产和生活供热。沼液可作为肥料应用于农田、果园，沼渣通过浓缩后与干粪一起堆肥发酵。

2. 利用畜禽粪污生产肥料

（1）高温堆肥。发酵过程是将粪便与其他有机物，如秸秆、杂草、垃圾混合、堆积，在适宜的相对湿度（70%左右）下，创造一个好气发酵的环境，微生物大量繁殖，导致有机物分解、转化成为植物能吸收的无机物和腐殖质。堆肥过程中产生的高温（50～70℃）使病原微生物及寄生虫卵死亡，达到无害化处理的目的，从而获得优质肥料。堆肥发酵过程可分为 3 个阶段。

①温度上升期。一般 3～5d。需氧微生物大量繁殖，使简单的有机物质分解，释放出热量，使堆肥增温。

②高温持续期。温度达 50 ℃，此温度持续 1～2 周，可杀死绝大部分病原菌、寄生虫卵和害虫。

③温度下降期。温度下降到 50℃以下，堆肥的体积减小，堆内形成厌氧环境，厌氧微生物的繁殖，使有机物转变成腐殖质。

经高温堆肥法处理后的粪便呈棕黑色、松软、无特殊臭味、不招苍蝇，卫生无害。

（2）药物处理。在亟须用肥的季节，或在传染病和寄生虫病严重流行（尤其是血吸虫病、钩虫病等）的地区，为了快速杀灭粪便中的病原微生物和寄生虫卵，可采用化学药物消灭虫卵。要选用来源广、价格低、使用方便、灭虫和杀菌效果好、不损肥效、不引起土壤残留、对作物和人畜无害的药物。

🔍 知识拓展 ▶

发 酵 床 养 猪

发酵床养猪是一种利用微生物处理技术解决养猪业粪污排放与环境污染的生态环保养猪技术。该技术于 20 世纪 70 年代由日本民间发现并应用于农业生产，称为"自然养猪法"。我国于 1996 年开始分别从日本、韩国引进该项技术，首先在福建、江苏、吉林、山东、北京等省市示范推广，至今已有 25 个省、自治区、直辖市推广应用。由于生物发酵床养猪技术能够有效地解决猪的粪污治理问题，改善环境，增进猪体健康，减少发病，提高经济效益、社会效益和生态效益，促进动物、人类与自然的和谐发展，因而得到社会各界的高度关注，也引起了广大养猪业者的重视。

发酵床养猪的原理是用锯末、秸秆、稻壳、米糠、树叶等农林业生产下脚料配以专门的微生态制剂（益生菌）来垫圈养猪，猪在垫料上生活，垫料中的特殊有益微生物能够迅速降解猪的粪尿排泄物。这样，不需要冲洗猪舍，从而没有任何废弃物排出猪场，几批猪出栏后，垫料清出圈舍就是优质有机肥。因此，发酵床养猪是一种零排放、无污染的生态养猪。发酵床养猪生产技术流程图见图 3-3。

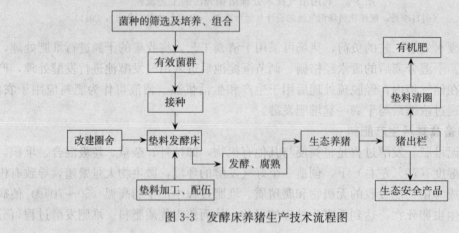

图 3-3　发酵床养猪生产技术流程图

🔧 职业能力测试

1. 下列元素中，是畜禽废弃物污染环境主要成分的是_____。

    A. 碳　　　　　　　　B. 氢　　　　　　　　C. 氧　　　　　　　　D. 氮

2. 粪便中磷酸盐含量最高的动物是_____。

    A. 鸡　　　　　　　　B. 猪　　　　　　　　C. 牛　　　　　　　　D. 羊

3. 沼气的主要成分是_____。

    A. 甲烷　　　　　　　B. 乙烷　　　　　　　C. 甲醇　　　　　　　D. 乙醇

4. 下列对畜禽粪便堆肥发酵描述错误的是_____。

    A. 可杀死病原菌和寄生虫卵　　　　　　B. 有机物转变成腐殖质

    C. 臭味减少　　　　　　　　　　　　　D. 肥力下降

5. 什么是畜产公害？主要表现在哪些方面？

6. 生产沼气的条件有哪些？

模块四
猪 生 产

项目一　后备猪舍生产管理

任务 1　后备猪品种的选择

💻 学习任务 ▶

品种优劣是影响养猪经济效益的关键因素，我国猪种资源丰富，品种数量众多。本次任务中，你应该了解不同类型品种的特点，掌握生产中常见品种主要特点及其应用，并能根据猪场的性质、规模和技术水平等条件选择适宜的品种。

🔍 必备知识 ▶

猪的经济类型

（1）瘦肉型。瘦肉型猪胴体瘦肉多，脂肪少，背膘厚度小于 3.5cm，胴体瘦肉率 55% 以上。这类猪能有效地利用饲料中的蛋白质转化为瘦肉，生长快，饲料转换率高，饲养效益好。猪体型为头小肩轻，体躯长，四肢较高，腿臀发达，肌肉丰满，一般体长大于胸围15～20cm。瘦肉型猪的代表品种有从国外引入的大约克夏猪、长白猪、杜洛克猪等。

（2）脂肪型。脂肪型猪胴体脂肪多，瘦肉少，背膘厚度 5cm 以上，胴体瘦肉率小于 45%。这类猪利用饲料中糖类转化为脂肪的能力较强，而利用饲料中蛋白质转化为瘦肉的能力较差。生长慢，耗料多，饲养效益较差。猪体型表现为头较大，颈粗短，体躯宽、短，四肢短，全身肥胖，胸围大于或等于体长。脂肪型猪的代表品种有两广小花猪、八眉猪、内江猪等。

（3）兼用型。兼用型猪的体型、胴体瘦肉率、背膘厚度等都介于瘦肉型猪和脂肪型猪之间，其代表品种有我国培育的哈尔滨白猪、北京黑猪、上海白猪等。

🔍 实践案例 ▶

山东省某养猪场饲养的太湖母猪，繁殖性能一直很好，窝产活仔数多在 14 头以上，断奶成活率 90%，但商品猪生长速度偏慢，腹部较大，售价偏低。2006 年年底，该猪场购进大约克夏母猪。1 年以后，近半数的大约克夏母猪被淘汰，剩余的大约克夏母猪繁殖力也不理想，仔猪成活率较低。根据此案例分析不同猪品种的种质特点。

实施过程

1. **我国优良地方品种**　我国地方品种猪很多，2011 年出版的《中国畜禽遗传资源志·猪志》收录了地方品种 76 个。生产中有代表性的地方品种的生产性能和种质特点见表 4-1。

表 4-1　生产中有代表性的地方品种猪

品种名称	产地	主要外貌特征	生产性能	品种特点	评价与利用
东北民猪	东北三省及河北、内蒙古等地	全身被毛黑色，毛密而长，冬季密生绒毛，头中等大，面直长，耳大下垂，体躯扁平，背腰狭窄，腹部下垂，臀部倾斜，四肢粗壮，乳头 7～8 对	母猪 4 月龄左右达性成熟，头胎产仔数 11～12 头，经产母猪产仔数 13 头以上，育肥期间平均日增重495g，料重比4.2：1，90kg 屠宰胴体瘦肉率为 46.3%	抗寒力强，体质强健、产仔数多、肉质好	民猪是优良母本品种，与引入品种杂交都能获得较好的杂交效果
太湖猪	我国长江下游的太湖流域	体格中等，毛色全黑或青灰色，头大额宽，面微凹，额部皱纹多而深，耳特别大，耳软下垂，背腰宽而微凹，腹大下垂，大腿不丰满，乳头数 8～9 对	母猪 2～3 月龄达性成熟，头胎产仔数 12 头以上，经产母猪产仔数 14 头以上，育肥期间平均日增重440g，料重比4.5：1，75kg 屠宰胴体瘦肉率45.1%	性成熟早，产仔多，护仔性强，泌乳力高。早熟易肥，肉质优良	遗传性能较稳定，与瘦肉型猪种杂交杂种优势率高，适宜作杂交母体
金华猪	浙江金华、东阳、义乌等地	体格中等偏小，毛色中间白、两头乌，头短宽，额头皱纹多呈菱形，耳中等大小，颈部粗短，背微凹，腹大微下垂，臀宽而斜，四肢细短，乳头 8 对左右	母猪 2～3 月龄达性成熟，头胎产仔数 10 头以上，经产母猪产仔数 12 头以上，育肥期间平均日增重400g，料重比4.5：1，67kg 屠宰胴体瘦肉率为 43.4%	肌肉颜色鲜红，细嫩多汁，富含肌内脂肪，适于腌制火腿	与引入品种猪杂交表现较高的杂种优势
两广小花猪	广东、广西相邻的浔江、西江流域	体型较小，额较宽，有菱形皱纹，耳小向外平伸，背腰宽广凹下，腹大下垂，毛色为黑白花，乳头 6～7 对	母猪 4 月龄开始发情，头胎产仔数 8～9 头，经产母猪产仔数 12 头以上，育肥期间平均日增重328g，料重比 4.2：1，75kg 屠宰胴体瘦肉率 37.2%	早熟易肥、产仔较多、母性好、皮薄肤、肉质嫩美	与引入品种杂交都有较好效果
荣昌猪	重庆荣昌和隆昌两县	全身多为白色，允许两眼周围或头部有黑斑，头大小适中，耳中等大小而下垂，体型较大，背腰微凹，腹大而深，臀稍倾斜，四肢结实，乳头 6～7 对	母猪 4 月龄左右达性成熟，头胎产仔数 7～8 头，经产母猪产仔数 11 头以上，育肥期平均日增重488g，料重比 3.5：1，86kg 时屠宰瘦肉率 42.5%	适应性强、配合力好、遗传性能稳定、瘦肉率较高、肉质优良	与长白、大约克夏、巴克夏杂交，均有较好的杂种优势

2. **优良引入品种**　为改良地方品种猪，我国先后从国外引入了十几个优良品种，目前我国饲养量较大的引入品种有大约克夏猪、长白猪、杜洛克猪、汉普夏猪和皮特兰猪。引入品种的生产性能和种质特点见表 4-2。

表 4-2　我国主要的引入品种猪

品种名称	产地	主要外貌特征	生产性能	品种特点	评价与利用
大约克夏猪	原产于英国	体格大，体型匀称，被毛全白，头长面宽而微凹，耳直立，胸深广，背腰平直或微弓，后躯宽大，四肢较高，肌肉发达，乳头7~8对	母猪5~6月龄开始发情，8~10月龄配种，头胎产仔数9头以上，经产母猪产仔数12头以上，育肥期间平均日增重可达850g，料重比2.5∶1，100kg屠宰胴体瘦肉率为62%以上	适应性强，繁殖力高，泌乳性能好，生长快，瘦肉率高，但蹄质不太坚实	与国内地方品种、培育品种及其他引入品种杂交，效果都非常好，既可以作为杂交母本，也可以作为三元杂交的第一父本和终端父本
长白猪	产于丹麦	长白猪毛色全白，头小，耳长向前倾垂，肩部较细，体躯长而平直，四肢较高而纤细，臀部发育好，肌肉发达，全身呈流线型，乳头7对	母猪6月龄开始发情，10月龄配种，头胎产仔数10头以上，经产母猪产仔数12头以上，育肥期间平均日增重可达800g，料重比2.5∶1，100kg屠宰胴体瘦肉率为62%以上	生长快，繁殖力强，瘦肉率高，肢蹄较弱	与国内地方品种、培育品种及其他引入品种杂交，效果都非常好，既可以作为杂交母本，也可以作为三元杂交的第一父本和终端父本
杜洛克猪	原产于美国	体格较大，头小而清秀，耳中等大，背腰平直或微弓，四肢粗壮，后躯发育良好，腿部肌肉发达，全身被毛红色	母猪7月龄开始发情，10月龄配种，头胎产仔数9头以上，经产母猪产仔数10头以上，育肥期间平均日增重850g以上，料重比2.4∶1，100kg屠宰胴体瘦肉率为62%以上	生长快，瘦肉率高，饲料转化率高，性情温驯	以杜洛克猪为父本与其他品种杂交能明显提高后代的生长速度、饲料转化率和胴体瘦肉率
汉普夏猪	原产于美国	被毛大部分为黑色，但肩部和前腿为白毛，故又称"银带猪"，嘴长而直，耳中等大小而直立，四肢粗壮，肌肉发达	母猪6月龄开始发情，10月龄配种，头胎产仔数7~8头，经产母猪产仔数9头左右，育肥期间平均日增重可达750g，料重比3∶1，100kg屠宰胴体瘦肉率可达64%	背膘薄、眼肌面积大、胴体瘦肉率高	与其他品种母猪杂交能明显提高生长育肥猪的瘦肉率，一般作为杂交的终端父本
皮特兰猪	原产于比利时	体躯短而宽，呈方形，毛色灰白夹有黑斑，嘴较大且直，耳中等大向前微倾，四肢短而骨细，肌肉特别发达	母猪6月龄开始发情，8~10月龄配种，头胎产仔数9头以上，经产母猪产仔数10头以上，育肥期间平均日增重可达750g，料重比3∶1，100kg屠宰胴体瘦肉率可达67%	背膘薄，后躯肌肉发达，胴体瘦肉率高，但应激性强，PSE肉发生率高	一般作为杂交的终端父本

3. 依据猪场性质选择适宜的猪品种　引入品种生长速度快，饲料转化率高，屠宰率和胴体瘦肉率高，但繁殖力较低，肉质较差，适应性差，对饲养管理条件要求较高；我国地方品种则与之相反，虽然生长速度慢，饲料转化率低，屠宰率和胴体瘦肉率低，但繁殖力高，适应性强，肉质好。因此，在生产中多以引入品种作为经济杂交的父本，地方品种作为母本进行二元、三元杂交；如果父母本全部用国外品种进行杂交，则应有较好的饲养管理条件。

地方品种多数存在不同的类群或地方品系，这些类群或地方品系中又存在着一定的差异，在利用时应注意加以选择。

在引入品种中，由于各地引入类群的不同、引入时间的不同、引入后选育工作的差异，

模块四　猪　生　产

131

使得同一品种在生产性能上差异较大，甚至有的已丧失原有品种的特点。因此，在杂交利用时应进行合理选择。

任务 2　后备猪的培育

 学习任务 ▶

　　仔猪育成结束至第1次配种前是后备猪的培育阶段，培育好后备猪是提高种猪生产性能的前提。本次任务中，你应该了解后备猪的生长发育规律，能合理饲养管理和使用后备猪。

必备知识 ▶

后备猪的生长发育规律

　　(1) 后备猪体重的增长规律。体重是身体各部位及各组织生长的综合度量，并表现出品种的特性。在正常饲养条件下，猪的体重绝对值随年龄的增加而增大，其相对增长强度则随年龄的增长而降低，到成年时，稳定在一定的水平。

　　(2) 猪体各组织的生长规律。猪体各组织的生长发育规律是骨骼→肌肉→脂肪。骨骼最先发育，也最早停止；肌肉处于中间，脂肪是最晚发育的组织。随着后备猪的生长，骨骼从生后到 4 月龄生长最快，4 月龄后开始下降；肌肉在 4～6 月龄时增长最快，6 月龄后减慢；脂肪生长速度一直在上升，6～7 月龄时生长强度达到最高峰，绝对增重随体重的增加而直线上升，直到成年。

　　(3) 猪体各部位的生长规律。仔猪出生后头部和四肢发育强烈，后备猪阶段体躯骨骼发育强烈。体躯先是向长度方向发展，后向粗宽方向发展。如果 6 月龄前提高营养水平，可以得到长腰身的猪。反之，则是得到较短、较粗的猪。

实践案例 ▶

　　2009 年，河北省某新建猪场从外地引进大约克夏和长白母猪各 150 头，饲养至 8 月龄，体重也达 130kg，但大多数母猪不发情。经查明，此猪场使用的是育肥猪饲料，立即改用后备猪饲料，并添加适量维生素 E，1 月后，母猪陆续发情。根据此案例分析后备猪培育措施。

实施过程 ▶

1. 正确饲养后备猪

　　(1) 控制适宜的营养水平。掌握合适的营养水平是养好后备猪的关键。一般认为采用中上等营养水平比较合适。但要注意营养全价，特别是蛋白质、矿物质、维生素的供给。如维生素 A、维生素 E 的供应，利于发情；充足的钙、磷，利于形成结实的体质；足够量的生物素可防止蹄裂。

　　(2) 限制饲养。后备猪培育后期，需适当限饲，保持良好体况，防止影响将来繁殖性能。后备猪体重为 80kg 前，自由采食使其得到充分的生长发育，80kg 后开始限制饲喂，日增重控制在 500～600g。控制后备猪体重在 8 月龄时为 120kg 左右，9 月龄时为 135kg 左右。

（3）合理使用青、粗饲料。后备猪生长发育后期，适量添加青、粗饲料，一般为饲料的20％～25％，以利于胃肠道蠕动、发育，增加饱感，可防止后备猪过肥。

2. 科学管理后备猪

（1）合理分群。饲养后备猪应合理分群，防止密度大出现咬尾、咬耳等现象。瘦肉型后备猪育成阶段每栏饲养 8～l0 头，体重 60kg 后，可按性别和体重大小重新分群，每栏 4～6 头。

（2）定期称重和测量体尺。后备猪 6 月龄以后，应按月龄测定体尺和体重，以检验饲养效果，及时调整饲料。对发育不良的后备猪，应分析原因，及时淘汰。

（3）细心调教。后备猪要从小加强调教，建立人与猪的亲和关系，严禁打骂，培养良好的生活规律，有利于生长发育。对于后备公猪，应经常在耳根、腹侧和乳房等敏感部位进行触摸训练，以利于后期的生产管理。达到性成熟时，可单圈饲养，避免形成自淫和互相爬跨的恶癖。

（4）加强运动。有条件的猪场应安排放牧运动；不能进行放牧运动的猪场，可在场区内进行驱赶运动，每天 1～2h，后备公猪和后备母猪分开运动；若放牧运动和驱赶运动都不能进行，则应降低后备猪的饲养密度，在栏内强迫其行走运动。

（5）驱虫和免疫接种。后备猪应按防疫和驱虫程序进行合理的免疫和驱虫。

（6）日常管理。后备猪日常管理要注意防寒保暖和防暑降温，保证猪舍干燥和清洁卫生。留种猪应品种特征明显，来源清楚，有个体识别标记，并附有系谱档案记录，须有 2 代以上系谱可查，有出生日期、初生重、断奶日龄和断奶重等数据资料。

3. 合理使用后备猪　后备猪使用过早或过晚都不利。在发育正常的情况下，后备母猪最好在第 2 或第 3 次发情配种。

后备公猪：地方早熟品种在 7～8 月龄，体重达 75kg 以上时开始使用；晚熟的培育品种和引进品种在 9～10 月龄，体重达 120～130kg 以上时开始使用。

后备母猪：早熟的地方品种在 6～7 月龄，体重达 60～70kg 时配种较为合适；晚熟的培育品种和引进品种及其杂种猪在 8～9 月龄，体重达 110～120kg 时配种较好。

职业能力测试 ▶

1. 在三元杂交组合中，最适合作为终端父本的是_____。
   A. 杜洛克猪　　　　B. 长白猪　　　　C. 太湖猪　　　　D. 金华猪
2. 下列猪的品种中，应激性比较强的是_____。
   A. 大约克夏猪　　　B. 长白猪　　　　C. 杜洛克猪　　　D. 皮特兰猪
3. 后备猪饲养密度不能过大，60kg 后每栏饲养的头数一般为_____。
   A.1～2 头　　　　B.4～6 头　　　　C.10～12 头　　　D.20～30 头
4. 引进瘦肉型品种的后备公猪开始使用的适宜时间是_____。
   A.3～4 月龄　　　B.5～6 月龄　　　C.9～10 月龄　　　D.1.5～2 年
5. 假如你毕业后准备自己创业，计划建一个年出栏 2 000 头商品猪的猪场，你将饲养什么品种？
6. 有一新建商品猪场，计划生产"杜长大"三元杂交商品猪，从种猪场购买 40～60kg 的长大二元杂母猪 100 头，杜洛克公猪 6 头。如果你是该场技术人员，你将如何培育这批后备猪？

项目二　配种舍生产管理

任务 1　公猪饲养管理

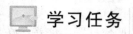 **学习任务**

种公猪是种猪群的核心，种公猪品质优劣对整个猪群影响很大。本次任务中，你应该了解种公猪的繁殖特点，会饲养管理种公猪。

必备知识

种公猪的繁殖特点

（1）射精量大。在正常饲养管理条件下，1 头成年公猪每次射精量约 200mL（一般为 150~300mL）。精液密度也比较大，一般每毫升精液含 1 亿~3 亿个精子。

（2）交配时间长。公猪交配时间一般为 5~10min，有的长达 20min，高于其他家畜，因此体力消耗大。

（3）公猪的精液成分。公猪精液中，精子占 2%~5%，附睾分泌物占 2%，精囊腺分泌物占 15%~20%，前列腺分泌物占 55%~70%，尿道球腺分泌物占 10%~25%，还有部分矿物质和维生素。精液干物质中粗蛋白质含量较高，占干物质的 60% 以上。因此，必须供给种公猪适宜的能量、蛋白质、矿物质、维生素等，才能满足其营养需要。生产中，种公猪应保持中上等膘情和结实体质，以利于配种。

实践案例

2012 年，某猪场因发情母猪较多，公猪偏少，于是所有公猪每天配种 2 次。2 周后发现多数公猪性欲下降，其中 1 头尿液发红。采集公猪精液检查，发现精子密度很低，多数公猪每毫升精液中精子数不足 0.3 亿个，精子畸形率超过 20%。请你为该猪场制订一个种公猪饲养管理方案。

实施过程

1. 正确饲养种公猪

（1）饲料供应。种公猪的饲料配制除参考饲养标准外，还需根据品种类型、体重大小、配种利用强度合理配制。一般成年公猪每天需摄入蛋白质 350g，赖氨酸 12g，钙、磷各 15g（其中有效磷为 7g）；冬季舍温低于 10℃时，营养水平应增加 10%~20%；青年公猪营养水平应增加 10%~20%。

饲料要求适口性好，以精料为主，体积不宜过大，严禁饲喂发霉变质和有毒的饲料，有条件的可适当搭配青绿饲料。

配种任务重时，注意补充动物蛋白质和硒；当公猪处于热应激时，可添加维生素 C，以改善精液质量。

（2）饲喂技术。种公猪宜采用限量饲喂方式，定时定量，不宜过饱，保持7～8成膘。每天饲喂2～3次；配种期间每头成年公猪每天饲喂2.5～3.0kg；非配种期每天饲喂2kg。采用生干料、湿拌料或颗粒料饲喂，供足饮水。

2. 科学管理种公猪

（1）建立稳定的日常管理制度。种公猪舍要保持清洁、通风、干燥。饲喂、饮水、运动、采精、刷拭、防疫、驱虫和消毒等管理工作，要在固定的时间进行，以利于公猪形成习惯，便于管理。

（2）单圈饲养。成年公猪最好单圈饲养，可减少相互打斗或爬跨造成的肢体伤残或精液损失，若采用合群饲养，则应从小开始，且每栏不超过2～3头。

（3）适量运动。适量运动是保证种公猪性欲旺盛、体质强壮、提高精液品质的重要措施。如果运动不足，则种公猪四肢无力，虚胖爱睡，性欲降低，精子活力下降，配种困难。但过度运动易使公猪疲劳。生产上常采用的运动方式有自由运动、驱赶运动、放牧运动等，运动过程中应注意安全，防止公猪打斗或肢体损伤。

（4）刷拭与修蹄。每天刷拭皮肤，可保持皮肤清洁，促进血液循环，利于健康。还可使公猪性情温驯，听从管教，便于调教、采精和人工辅助配种。

（5）定期称重和检查精液品质。种公猪定期称重或估重，及时检查其生长发育情况，以防过肥或过瘦。实行人工授精的种公猪，每次采集的精液在稀释前、稀释后和使用前都要检查精液品质；采用本交的种公猪，每月应检查1～2次；后备公猪使用前半个月应检查1～2次。

（6）做好防寒防暑工作。种公猪舍适宜的温度是14～16℃，夏季应防暑降温，冬季应防寒保暖。高温对种公猪影响极大，公猪睾丸和阴囊温度一般比体温低3℃，才能使精子正常发育。当温度超过公猪自身的调节能力时，睾丸温度升高，进而造成精液品质下降、畸形精子增加，甚至精子全部死亡。所以高温季节，种公猪的防暑降温工作十分重要，可通过机械通风、洒水、洗澡、遮阳、安装水帘、空调等方法降温。

（7）杜绝自淫恶癖。有些公猪性成熟早，性欲旺盛，易形成自淫恶癖。杜绝自淫恶癖的主要方法是单圈饲养、远离配种地点和母猪舍、合理使用和加强运动等。

3. 合理利用种公猪

（1）控制适宜的公母比例。猪场要有合适的公母比例。比例过大，公猪负担过重；比例过少，饲养成本过高。实行本交的猪场，公母比例一般为1∶（20～30）；实行人工授精的猪场，公母比例一般为1∶（100～200）。

（2）配种强度。过度利用，精液品质下降，母猪受胎率下降，甚至会造成公猪早衰；长期不利用，则增加成本，公猪性欲不旺，附睾内精子衰老，母猪受胎率下降。适宜的配种强度是：用于人工授精的公猪，刚训练时，每周采精1次，12月龄后，每周可采精2次，成年后每周采精2～3次；本交配种的公猪，青年公猪每周配种2～3次或隔日1次，成年公每天配种1～2次，若每天配种2次，应隔8～12h，连用1周休息1～2d。公猪饲喂前后1h不配种，配种结束严禁立即饮冷水或洗澡。

（3）使用年限。公猪使用年限一般为2～3年。如果利用合理，公猪体质健康结实，膘情良好，可适当延长使用年限。

（4）淘汰与更新。种公猪的年更新率一般为30%～40%，具有以下情况之一者应淘汰：患肢蹄病者；患生殖器官疾病无法治愈者；精液品质差、活力小于0.5、每毫升小于0.8亿个精子者；所配母猪受胎率在50%以下者；利用3年以上性欲明显降低者；其他原因而不能再利用者。

任务2 配种前母猪饲养管理

 学习任务 ▶

配种前母猪的饲养管理直接影响母猪的发情率及受胎率，是影响母猪繁殖性能的重要因素。本次任务中，你应该能评定配种前母猪体况，会饲养管理配种前的母猪。

必备知识 ▶

配种前母猪体况评定

体况是衡量母猪生产性能的一个关键指标，根据体况调控母猪饲喂量，是实现母猪优质高效养殖的有效途径。

（1）体况评分。母猪体况评定一般采用1～5分体况评分系统。母猪体况评分见表4-3。

表4-3　母猪体况评分表

体型评分	体型	臀部及背部外观
1分	过瘦	躯体扁平，髋关节和脊柱骨明显突出
2分	瘦	躯体扁平，髋关节和脊柱骨突出
3分	适中	髋关节和脊柱骨看不到，躯体呈管状
4分	肥	臀部和脊柱骨摸不到，尾根因肥而内陷
5分	过肥	髋关节和脊柱骨被皮下脂肪严重包裹，体中线略有凹陷

母猪体况评分见图4-1。

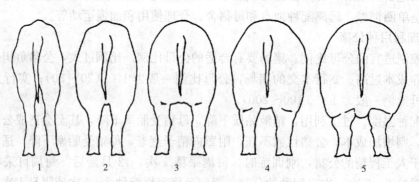

图4-1　母猪体况评分图

断奶母猪体况应不低于2.5分，临产前的母猪为3.5分，整个妊娠期应从2.5分逐渐向3.5分过渡，大部分时间维持在3分水平。当母猪的体况过瘦或过肥时，应增减饲料喂量来调整母猪体况。在标准饲养的基础上，1分与5分体况的母猪日饲喂量分别增加或减少料

0.5～0.6kg，2分与4分的母猪日喂量分别增加或减少0.2～0.3kg。

（2）母猪体况要求。配种时母猪体况平均得分应为2.5～3.0分，允许10%的母猪在配种时为2.5分，此时经产母猪P₂点背膘厚为13～18mm，初产母猪为18～20mm。

①过瘦的危害。母猪过瘦，内分泌失调，卵泡不能正常发育、发情延迟或不发情，更不能保证足够营养满足子宫胎儿、自身生长、乳腺发育、乳汁分泌等生理功能需要。2.5分以下的母猪配种分娩率降低，产仔减少。

②过肥的危害。母猪过肥，易造成卵巢脂肪浸润，影响卵子成熟和正常发情，导致出现不发情、排卵少、卵子活力弱、受精能力低，产仔数少。3.5分以上的母猪排卵减少，产仔少，配种后，胚胎易死亡，怀孕前期超过3.5分，仔猪出生重变小，超过4分的母猪易出现难产，产程加长。

实践案例

山西省某小型猪场自2009年起，种猪一直饲喂由玉米、豆饼、草粉3种原料混合的饲料，母猪采用单栏饲养方式。几年来，母猪一直发情较晚，后备母猪多在8月龄第1次发情，经产母猪多在断奶15d后才会陆续发情，且发情征兆不太明显，给配种造成较大困难。请你从饲养管理角度提出改进措施。

实施过程

1. 抓好后备母猪配种前的饲养管理

（1）配种前保持适宜体况。后备母猪配种前应保持3～3.5分的体况。5月龄体重达100kg，膘厚12～14mm，配种时（7～8月龄）体重达125～135kg，膘厚18～20mm。后备母猪在100kg前不限量饲喂，以防初情期推迟，100kg后至配种前2周限量饲喂，每天饲喂2.5kg左右饲料。

（2）配种前短期优饲。后备母猪初配前采用短期优饲的方法，即配种前10～14d，在原饲料的基础上，适当增加精料喂量，每天饲喂3～3.5kg，可增加排卵数，提高产仔率。配种结束再恢复原饲养水平。同时，多接触母猪，建立人猪亲和关系，每天查情两次并做好记录。有条件时，可让母猪在圈外活动并提供青绿饲料，对其发情排卵很有帮助。

2. 抓好断奶母猪的饲养管理

（1）断奶母猪的饲养。仔猪断奶时，母猪应有2.5～3分的体况，以确保断奶后7～10d再次发情配种，开始下一个繁殖周期。由于断奶母猪不妊娠不带仔，饲养上往往不够重视，因而造成母猪发情推迟或不发情等。对断奶到配种的母猪应采用图4-2的给料方法，能促进母猪发情并容易受胎。

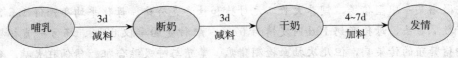

图4-2　断奶到配种母猪的给料方法

有些母猪特别是泌乳能力强的个体，泌乳期间营养消耗多，体重损失大，到断奶前已经相当消瘦，奶量不多，一般不会发生乳房炎，断奶时可不减料，干奶后适当增喂营养丰富的、易消化的饲料，以便尽快恢复体力，及早发情。若断奶前母猪仍能分泌相当多的乳汁（特别是早期断奶的母猪），为了预防乳房炎发生，断奶前后要少喂精料，多喂青、粗饲料，使母猪尽快干奶。

（2）断奶母猪的管理。断奶母猪一般采用小群饲养，即将同期断奶的母猪饲养在同一栏（圈）内，可以自由活动；有舍外运动场的栏（圈）舍，运动范围更大。当群内出现发情母猪后，由于爬跨和外激素的刺激，可引诱其他母猪发情，也便于根据其行为表现，鉴别母猪是否发情。采取小群饲养的断奶母猪应加强管理，避免因合群打架造成的损伤。

3. 及时淘汰与更新母猪群　生产中母猪一般利用 7～8 胎，年淘汰率为 25%～30%。具有下列情况之一者应淘汰：产仔数低于 7 头者；连续 2 胎少奶或无奶者；断奶后两个情期不能发情配种者；食仔或咬人者；患传染病或无治疗意义的其他疾病者；肢蹄损伤者；后代有畸形者；母性差者；体重过大，行动不便者；后代生长速度及胴体品质均低于平均值者；其他原因而不能再利用者。

任务 3　配　　种

学习任务

适时配种是提高母猪受胎率和产仔数的关键技术措施。本次任务中，你应该了解母猪的发情与排卵规律，掌握母猪的发情鉴定方法，能正确判定母猪的最佳配种时间，会给母猪输精和辅助配种。

必备知识

1. 发情周期　从上次发情开始到下次发情开始的间隔时间，称发情周期。母猪的发情周期一般为 18～23d，平均为 21d。

2. 发情持续期　一次发情从开始到结束持续的时间称发情持续期。母猪的发情持续期：本地小型品种一般为 2～5d，国外大型品种一般为 2～3d。

3. 排卵规律　一般情况下，成年母猪在一个发情期内排卵 17～20 枚，称为母猪潜在繁殖力；每胎的实际产仔数 10 头左右，称为母猪实际繁殖力。母猪排卵时间：国内猪品种一般在发情开始后 24～36h，国外猪品种一般在发情开始后 36～42h。母猪排卵持续时间：国内猪品种 10～15h，国外猪品种 36～90h。

实践案例

安徽省某一中型猪场，饲养大长二元母猪和杜洛克公猪。母猪平均年产仔 1.5 窝，窝产活仔数 7.8 头，母猪断奶 10d 内发情为 67%，配种受胎率仅 63%。场方一直怀疑存在影响种猪繁殖的传染病，但几次抽血检测猪瘟、繁殖与呼吸综合征、猪伪狂犬病、猪乙型脑炎、猪细小病毒等繁殖障碍性疾病，均未发现问题。经调查发现该猪场饲养员全是附近年长村民，缺乏优良种猪饲养管理技术。据此案例拟订母猪的发情鉴定与配种方案。

实施过程

1. 进行准确的发情鉴定

（1）发情鉴定的方法。

①外部观察。发情母猪兴奋不安、不断在栏内走动、咬栏，主动靠近公猪，嗅闻公猪会阴或拱其肋部，常竖耳、翘尾，鸣叫、跳圈，食欲减退或停止采食，喜欢爬跨其他母猪或被母猪爬跨，频频排尿，发情后期神情呆滞。

②外阴检查。开始发情时，阴户轻度肿胀、阴唇松弛，随后阴户肿胀明显，阴道湿润、黏膜充血，逐步由浅红变为桃红直到暗红，阴道内黏液由多到少、由淡变浓、由稀薄变黏稠。

③静立反射检查。双手用力压母猪的背部或骑上母猪背部，猪不走动并用力支撑，神情"呆滞"（静立反射）。公猪在场可增加发情鉴定的准确性。

④试情检查。把公猪赶到母猪圈内，如母猪拒绝公猪爬跨，说明母猪未发情，如主动接近公猪，接受公猪爬跨，说明母猪正在发情。

（2）发情鉴定的注意事项。发情母猪阴门黏液分泌增多，应注意与生殖道炎症母猪排出的脓性分泌物相区别。

每天在 7：00～9：00 和 16：00～17：30 进行发情检查，此时效果最好。

发情鉴定应在安静的环境中进行，并使用善于交流、唾液分泌旺盛、行动缓慢的老龄公猪。

做好发情鉴定记录：包括发情母猪耳号、胎次、发情时间、外阴部变化、压背反应等，后备母猪的发情鉴定记录更为重要。

2. 确定最佳配种时间

精神状态：母猪由兴奋到发呆，手压背部或骑上背部母猪静立不动。

外阴变化：阴唇由肿胀变为出现褶皱，颜色由粉红色变为深红色。

阴道内黏液：由稀薄变为黏稠，黏液能拉出丝。

民间配种顺口溜："母猪发呆，配种受胎；按腰不动，一配就中；阴户打皱，配是时候；阴户粘草，配种正好。"

实行本交的猪场，配种应在母猪静立反应时进行；实行人工授精的猪场，第 1 次输精应在母猪静立反应后 12～16h（公猪在场），隔 12～14h 进行第 2 次输精。

3. 适时给母猪输精或辅助配种

（1）给母猪输精。输精人员戴上手套，站在母猪的左后侧，左手将尾部挡向母猪的右侧，检查母猪的外阴肿胀情况和黏液黏稠度，确认适合配种后，用蘸有高锰酸钾水拧干的毛巾擦拭外阴部，并用纸巾将阴门及阴门裂内的污物擦拭干净。

将精液瓶从泡沫箱中取出，轻轻摇匀。将输精管从塑料袋中抽出，一手握住输精管的手柄或输精管的后 1/3 处，另一只手用润滑剂或精液润湿输精管的头部（应避开输精管前口）。左手展开母猪外阴部，右手将输精管向上呈 45°角慢慢插入母猪生殖道，进入 10cm 左右时，将输精管平推，当感到有阻力时，按逆时针方向旋转输精管，直至感觉输精管前端被锁定。然后将精液瓶前端掰开，将管头插入输精管内卡紧。输精时，输精人员应不断抚摸母猪的乳房或外阴部，也可以按压母猪背部或抚摸母猪的腹侧，刺激母猪使其子宫收缩产生负压，将精液吸纳。输精时间一般为 3～7min。输精结束后，可把输精管后端一小段折起，用精液瓶口固定，使输精管滞留在生殖道内 3～5min，让输精管自行滑落，防止精液倒流。

（2）人工辅助配种。按配种计划将公、母猪赶进配种场地，挤净公猪包皮积尿，并用0.1％高锰酸钾溶液清洗公母猪外生殖器，再用清水擦净。稳住母猪，待公猪爬跨后，将母猪尾巴轻轻拉向一侧，用手托着公猪的包皮，帮助公猪阴茎进入母猪生殖道，使之顺利完成配种。

若公、母猪体重相差较大，可选择有一定坡度的场地配种，公猪体重大于母猪时，让母猪站在高处、公猪站在低处交配；反之，母猪体重大于公猪时，让母猪站在低处、公猪站在高处交配。

配种完成后，用手按压母猪腰部，以防精液倒流。

职业能力测试

1. 配种期间每头成年公猪每天的饲喂量一般为_____。
   A. 0.5～1.0kg   B. 1.5～2.0kg
   C. 2.5～3.0kg   D. 4.5～5.0kg

2. 实行本交的猪场，公母比例一般为_____。
   A. 1∶（1～2）   B. 1∶（20～30）
   C. 1∶（100～200）   D. 1∶（500～1 000）

3. 后备母猪初配前采用短期优饲，增加精料喂量的时间是在配种前的_____。
   A. 1～2d   B. 10～14d
   C. 20～30d   D. 60～80d

4. 规模化猪场中，母猪的年淘汰率一般为_____。
   A. 2％～3％   B. 10％～20％
   C. 25％～30％   D. 50％～60％

5. 母猪的发情周期平均为_____。
   A. 7d   B. 21d   C. 28d   D. 42d

6. 人工授精时，第 1 次输精应在母猪静立反射后_____。
   A. 1～2h   B. 12～16h   C. 1～2d   D. 3～5d

7. 现代化猪场中，怎样饲养种公猪？

8. 生产中如何确定母猪最佳配种时间？

项目三　妊娠舍生产管理

任务 1　猪的妊娠诊断

学习任务

早期妊娠诊断是提高母猪繁殖力和猪场经济效益的重要手段。本次任务中，你应该了解早期妊娠诊断的意义，会用不同方法对母猪进行早期妊娠诊断。

🔍 必备知识

早期妊娠诊断的意义

早期妊娠诊断不仅可以及早发现妊娠母猪，采取相应保胎措施，防止误配，而且能够及早发现空怀母猪，进行复配或治疗，从而缩短母猪繁殖周期，提高繁殖率和经济效益，降低饲养成本。

🔍 实践案例

某养猪场负责人介绍：母猪受胎率按 90% 计算，每头母猪每年产 2.2 窝，100 头母猪每年就有 24 胎次配不上种，每头这样的母猪需要增加 2 个月或更长时间的无效饲养，共计 48 个月，浪费饲养成本约11 520元（每天每头母猪按 8 元计算），少产仔猪约 96 头（5 个月可产 1 窝，每窝产仔 10 头），经济效益减少14 400元（每头仔猪按 150 元计算），两项合计损失25 920元。如果及早发现未孕母猪，便可大大减少经济损失。据此案例制订母猪早期妊娠诊断方案。

📋 实施过程

1. 利用外部观察法初步诊断　母猪配种后经 21d 左右，如不再发情，食欲旺盛，行动稳重，性情温驯，贪睡，阴户紧缩，皮毛光泽，有增膘现象，则表明已妊娠。如发情征状明显，行动不安，阴户红肿，则是没有受胎的表现，应及时补配。假发情的母猪，发情不明显，持续期短，虽稍有不安，但食欲不减，对公猪反应不明显，不接受公猪爬跨。

2. 用生殖激素辅助诊断　在母猪配种后 14~26d，注射孕马血清促性腺激素 700IU，5d 内出现明显发情征状，并接受公猪交配者判定为未妊娠，5d 内母猪不发情或发情微弱，不接受公猪交配者判定为妊娠。

3. 利用超声波诊断仪确诊　超声波诊断法是用高频声波对母猪子宫进行探查，将回波放大后以不同的信号显示出来。目前应用的超声波诊断仪主要有 A 型和 B 型两种。

（1）A 型超声波诊断仪。探测部位在母猪两侧后腹下部，倒数第 1 对乳头的上方 2.5cm 处。检查时，将探头涂上耦合剂或石蜡油，紧贴于探测部位，与母猪身体成 45°角，对准对侧肩部，对子宫进行弧形扫描。当听到仪器发出连续的"嘟——"声时即判定为阳性，表示已孕；若发出间断的"嘟、嘟"声时即判定为阴性，表示未孕。

生产中一般在配种后 25~30d 初诊，35d 复诊，40d 进行确诊，以此来提高诊断的可靠性。该检测仪小巧轻便、易携带，操作简单、诊断快速、准确率高，适合生产中应用。

（2）B 型超声波诊断仪。检测时，被检母猪可在限饲栏内自由站立或侧卧，把探头涂上耦合剂，在母猪倒数第 1~2 对乳头，将探头对准盆腔入口，向子宫方向进行探查。当看到显示屏上有黑色的孕囊暗区或者胎儿骨骼影像即可确认母猪怀孕。早孕监测最早在配种后 18d 即可进行，22d 时妊娠检测的准确率可达 100%。

B 型超声波诊断仪具有时间早、速度快、准确率高等优点，但价格昂贵、体积大，适用于大型猪场定期检查。

141

任务 2　妊娠母猪饲养管理

🖥 学习任务 ▶

妊娠母猪饲养管理水平直接影响母猪的产仔数和仔猪质量。本次任务中，你应该了解妊娠母猪饲料配制技术，熟悉胚胎的生长发育规律，会正确饲养管理妊娠母猪。

◎ 必备知识 ▶

胚胎的生长发育规律

（1）胚胎增重规律。猪的受精卵只有 0.5mg，但仔猪的初生重却有 1.5kg，其重量增加了 300 多万倍，可见其增重强度是非常大的。分析胚胎的生长发育情况可以发现，胚胎期的前 1/3 时期，胚胎重量增加缓慢，但胚胎的分化很强烈，而在胚胎期的后 1/3 时期，胎儿增重迅速。以东北民猪为例，妊娠 30d 时，胚胎重量仅占初生重的 0.16%，妊娠 90d，胚胎重量也仅占初生重的 37.3%，而从妊娠 90d 到出生的二十几天，胎儿增加了 62.7% 的重量。

（2）胚胎死亡规律。母猪在一个发情期内排卵 17~20 枚，其卵子的受胎率也达 95% 以上，但产仔数却仅有 10~15 头，这说明有 30%~40% 的受精卵在胚胎发育期间死亡了。因此，降低妊娠期胚胎的死亡率，是提高产仔数的重要措施。妊娠期间胚胎的死亡一般有 3 个高峰期。

①第 1 个死亡高峰期是配种后的 9~13d。卵子在输卵管壶腹部与精子结合受精成为合子，合子在输卵管中呈游离状态，并不断向子宫方向移动，24~48h 到达子宫系膜的对侧上，并在它的周围形成胎盘，这个过程需要 12~24d。合子在妊娠后第 9~13 天的附植初期易受各种因素影响而死亡，如近亲繁殖、饲养不当、热应激、产道感染等，这是胚胎死亡的第 1 个高峰期。

②第 2 个死亡高峰期是配种后的 20d 左右。此时正是胎儿器官形成的时期，需要较好的饲养环境和全面的营养。因此，这一阶段管理不当或缺乏某种微量成分，也容易出现胚胎死亡。

③第 3 个死亡高峰期是妊娠后 60~70d。此时胎盘停止生长，而胎儿生长发育加快，由于胎儿在争夺胎盘分泌的某种有利于其发育的类蛋白质物质时造成营养供应不均，致使一部分胚胎死亡或发育不良。此外，粗暴地对待母猪，如鞭打、追赶等以及母猪间互相拥挤、咬架等，都能通过神经刺激而干扰子宫血液循环，减少对胎儿的营养供应，增加死亡。这是胚胎死亡的第 3 个高峰期。

🔍 实践案例 ▶

山西省某猪场饲养长大二元母猪，2009 年，统计该场产仔记录发现：平均窝产仔数 8.5 头，健仔数 7.2 头，畸形仔猪较多，仔猪平均出生重 1.1kg。此案例中母猪产仔数和仔猪出生重都不高，请你为其拟订妊娠母猪的饲养管理方案。

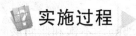 **实施过程**

1. 妊娠前期提高胚胎成活率 妊娠前期是指母猪配种后 1 个月，这阶段是胚胎附植和器官分化的时期，也是胚胎死亡率最高的时期。饲养管理的主要目的是促使受精卵附植，提高胚胎成活率。

（1）控制母猪的采食量。母猪配种后 1 个月，胚胎的死亡率最高，占整个妊娠期死亡数的 30%～40%，而胚胎死亡率的高低与母猪体内孕激素的含量有直接关系，体内孕激素的含量高则胚胎死亡率低。猪体内孕激素的含量又与猪的采食量有关，饲料摄入增加会引起血流量增加，肝对孕激素的清除代谢增强，从而导致血液中孕激素含量降低，最终导致胚胎成活率降低。在配种后前 30d 内，对于环境适宜、体况正常、3 胎以上的妊娠母猪，每天饲喂 1.8kg 的日粮即可，壮龄母猪可增加 10%，寒冷时可增加 10%。限制妊娠母猪采食量的方法有两种。

①单栏饲养。妊娠母猪单栏饲养，单独饲喂，最大限度的控制母猪饲料摄入，节省一定的饲料成本，同时避免了母猪之间因抢食发生的咬架，减少机械性流产和仔猪出生前的死亡。但由于限位栏面积过小，活动量小，肢蹄病发生率增加。

②稀释日粮。在饲料配合时使用一些高纤维饲料，如苜蓿草粉、米糠、甘薯蔓粉等，降低饲料的能量浓度。稀释后的日粮具有较好的饱腹感，防止母猪饥饿躁动。

（2）控制好圈舍温度。母猪妊娠初期，特别是第 1 周对热非常敏感，此时如果遇到高温，就可能增加胚胎的死亡率。试验证明，在 32℃ 左右的温度下饲养 25d 的母猪，其胚胎要比 15℃ 温度下饲养的母猪少 3 个。因此，妊娠初期的母猪，夏季必须采取防暑降温措施，以防热应激造成胚胎死亡。另外，还应防止高烧性疾病。

（3）避免各种应激。母猪在妊娠初期对各种刺激非常敏感，因此，应让母猪休息好，保持安静，避免受到踢、打、压、挤、驱赶等机械性刺激；不要进行免疫、驱虫等操作；同时应注意饲料品质，不能饲喂发霉变质的饲料。

（4）禁用影响胎儿生长或造成胎儿畸形的药物。链霉素、庆大霉素、卡那霉素等氨基糖甙类，均可使胎儿第八对脑神经及肾受损害；四环素有明显致畸作用；氯霉素、甲砜霉素对胎儿产生毒性反应，影响造血功能；磺胺药进入胎体后，与胎儿血清内胆红素争夺血清蛋白，还能使胎儿发生畸形，如唇裂、腭裂，特别是长效磺胺；解热镇静药可使胎儿出现无脑、先天性心脏病、严重四肢畸形、唇裂、腭裂、两性畸形、先天性髋关节脱位、多趾等畸形。

2. 妊娠中期调节母猪体况 妊娠中期指母猪妊娠后 31～80d。由于受到受精卵附植的影响，妊娠前期很难调节体型，所以妊娠 30～80d 是调节母猪体况的最好的时期。饲养管理措施主要考虑以下两个方面。

（1）根据母猪体况调整饲喂量。体况好的母猪少喂些精料，体况差的母猪多喂些精料，每天精料的饲喂量为 1.8～2.6kg。

（2）适当增加母猪运动量。有条件的猪场可让猪适当运动，有助于增强母猪体质，防止肢蹄病的发生。

3. 妊娠后期促进胎儿生长发育 妊娠后期指母猪妊娠后 81～111d。这个阶段是胎儿生长发育非常快的时期，胎儿有 60%～70% 的重量是在此时增加的。因此，该阶段饲养管理的目的是促进胎儿的生长发育。

（1）增加母猪饲喂量。此时，母猪每天精料的饲喂量应达 3.0～3.5kg。不饱和脂肪酸对提高仔猪出生体重有重要作用，此时的饲料可添加 1‰～2‰ 的植物油。

（2）避免拥挤、滑跌等机械刺激。此时，母猪要单圈饲养，并要保持地面平坦、不滑。

（3）做好疫苗的注射工作。为预防仔猪疾病的发生，常在此时注射口蹄疫疫苗、萎缩性鼻炎疫苗、伪狂犬病疫苗、大肠杆菌疫苗、红痢疫苗、传染性胃肠炎-流行性腹泻二联苗等。

（4）做好母猪进产房前的沐浴消毒工作。妊娠至 107d 左右，需要将母猪赶入产房。这时，应对母猪的身体特别是乳房和外阴部进行严格的清洗消毒，冲洗时应用温水，不可用凉水。

职业能力测试

1. B 型超声波诊断仪最早监测时间可在配种后_____。
A. 18d   B. 24d   C. 36d   D. 48d

2. 母猪妊娠期一般为_____。
A. 30d   B. 114d   C. 150d   D. 280d

3. 在配种后前 30d 内，对于环境适宜、体况正常、3 胎以上的妊娠母猪，每天的饲喂量应为_____。
A. 1.8～2.0kg   B. 2.2～2.6kg   C. 3.0～3.5kg   D. 5.0～5.5kg

4. 胎儿发育最快的时间是母猪妊娠_____。
A. 第 1 个月   B. 第 2 个月   C. 第 3 个月   D. 最后 20d

5. 怎样进行母猪早期妊娠诊断？

6. 妊娠母猪限饲有何益处？限饲方法有哪些？

项目四　分娩舍生产管理

任务 1　母猪分娩前的准备

学习任务

做好母猪分娩前的准备工作是做好接产工作的前提条件。本次任务中，你应该熟悉母猪预产期的推算方法，能做好母猪分娩前的准备工作。

必备知识

母猪预产期的推算

（1）三三三法。母猪的妊娠期一般为 114d，从母猪配种之日起，加上 3 个月 3 个周零 3d，就到了母猪的预产期。

（2）计算法。计算方法：配种月份加 4，日期减 6，再减大月数，过 2 个月加 2d。

举例：

①有一母猪在2013年5月13日配种，其预产期是什么时间？

计算：月份是5+4=9；日期是13-6=7，再将日期减大月的数量，从5月到9月要经过5月、7月、8月3个大月，即大月的数量是3，7-3=4。这头母猪的预产期就是2013年9月4日。

②一头母猪在2013年2月2日配种，其预产期是什么时间？

计算：月份加4即2+4=6，日期减6，不够减，将月份减去1，而将日期加上30，于是就成了5月32日，则32-6=26，再减大月的数量，从2月到5月只有3月是大月，26-1=25，由于经过了2月，而2月只有28d，所以还要加2d，25+2=27，即该母猪的预产期为2013年5月27日。

🔍 实践案例

> 福建省某猪场的哺乳仔猪连年发生黄白痢，严重影响了仔猪的成活率，虽然也采取了接种黄白痢疫苗、仔猪出生时用药物预防等措施，但效果总不理想。据此案例制订母猪分娩前的准备方案。

实施过程

1. 维修、消毒分娩舍　母猪分娩前10~14d，要将分娩舍的地面、围栏、饲槽、饮水器、保暖设备等维修好，将分娩舍的所有部位，包括房顶、墙壁、走道、猪栏、粪沟彻底清扫干净，然后用高压水枪冲洗，待干燥后再用2%的氢氧化钠溶液仔细喷洒消毒，24h后再用高压水枪将氢氧化钠溶液冲洗掉，然后空舍等待接纳临产母猪。

2. 调节分娩舍温湿度　母猪分娩前5~7d，调节好分娩舍的温湿度。分娩舍的温度控制在18~22℃为宜，相对湿度在60%~80%为宜。夏季要安装水帘、排风扇等降温设备，冬季要安装暖气、火炉等采暖设备。

3. 转入临产母猪　母猪分娩前3~5d，应将其转入分娩舍，使其提前熟悉新环境。转入分娩舍前应先对猪体进行清洗与消毒。在气温较高的季节，先用清水擦洗猪体，然后用2%~3%的来苏儿消毒全身，特别是腹部、乳房及外阴部。在冬季和早春，可先用硬质刷子刷拭猪体，然后只对母猪腹部、乳房及外阴部用2%~3%的温来苏儿消毒。

4. 调整母猪喂量　进入分娩舍的母猪应改喂哺乳期饲料。其饲喂量应根据母猪的体况确定，如果母猪的体况较好，则应逐渐减料，至产前1d减到原来饲喂量的一半，发现临产征兆时，停止喂料，只饮豆饼麸皮水，以防止母猪产后乳汁过多引起乳房炎，或者乳汁过浓而引起仔猪消化不良造成腹泻。如果母猪体况不好，乳房膨大不明显，则产前不能减料，还应多喂一些富含蛋白质的催乳饲料，以防母猪产后缺奶。

5. 预热仔猪保温箱　母猪分娩前2~3d，打电热板或红外线灯，使仔猪保温箱内温度达到35~37℃。仔猪保温箱可以购买，也可以自己制作，自己制作可参照图4-3规格。

6. 准备好接产用具　母猪分娩前1d左右，应准备好接产用具：产仔哺育记录卡、剪刀、干净擦布、秤、结扎线、5%碘酊、0.1%高锰酸钾或0.5%的洗必泰、3%~5%的来苏儿、肥皂、毛巾、脸盆、注射器、催产素、抗生素、耳号钳、断齿钳、

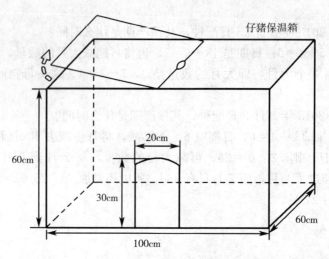

仔猪保温箱

20cm

60cm

30cm

60cm

100cm

图 4-3 自制保温箱规格

液体石蜡等。

进入分娩舍的母猪，应随时观察其产前征兆，尤其要加强夜间看护工作，以便及时做好接产准备。

任务 2 接　　产

💻 **学习任务** ▶

接产是母猪生产过程的重要环节，是提高仔猪成活率的重要措施。本次任务中，你应该了解假死仔猪的救助措施和助产技术，熟悉母猪的临产征兆，会给母猪接产。

🔍 **必备知识** ▶

母猪的临产征兆

（1）临产母猪乳房的变化。母猪产前 15～20d，乳房开始由后部向前部逐渐膨大下垂，基部隆起，呈两条带状，乳房皮肤发紫红亮，两排乳头"八"字形向两外侧张开；产前 2～3d 可挤出清亮乳汁，产前 6h 左右，可挤出黏稠、黄白色乳汁，也有个别母猪产后才能挤出乳汁。

（2）临产母猪外阴部的变化。母猪产前 3～5d，外阴部开始红肿下垂、松弛；尾根两侧出现凹陷，这是骨盆开张的标志。

（3）母猪产前呼吸次数增加。母猪正常的呼吸频率是每分钟 10～20 次。产前 1d，呼吸次数可达每分钟 54 次，产前数小时，呼吸次数可达每分钟 90 次。

（4）临产母猪行为的变化。临产母猪神经敏感，停止采食，烦躁不安；有的母猪还会有衔草作窝的现象；护仔性强的母猪变得性情粗暴，不让人接近，有的攻击人，给人工接产造成困难。产前 2～5h，排粪尿次数明显增加，产前 0.5～1h，母猪躺下，出现阵缩，阴门流出淡红色羊水。

146

实践案例

　　2008 年，安徽省某市畜牧局对辖区内的 20 家养猪场的哺乳仔猪死亡原因进行了调查、统计分析，发现哺乳仔猪在出生后 1~3d 的死亡数占整个哺乳期死亡数的 53.8%，而接产不当导致仔猪虚弱又是死亡的重要因素。据此案例制订一套接产操作方案。

实施过程

　　1. 消毒母猪外阴部及乳房　当母猪安稳地侧卧后，发现母猪阴道内有羊水流出，母猪阵缩频率加快且持续时间变长，并伴有努责时，接产人员应进入分娩栏内。若在高床上分娩则应打开分娩栏后门，接产人员蹲在或站立在母猪臀后，用 0.1% 的高锰酸钾溶液将母猪外阴、乳房和后躯擦洗消毒后，等待接产。

　　2. 擦掉仔猪口鼻及全身的黏液　母猪经多次阵缩和努责，臀部上下抖动，尾巴翘起，四肢挺直，屏住呼吸将仔猪产出。接产人员一只手抓住仔猪的头颈部，另一只手的拇指和食指用擦布立即将其口腔内黏液抠出，并擦净口鼻周围的黏液，防止仔猪将黏液吸入气管而引起咳嗽或异物性气管炎，接着用擦布或密斯陀粉将仔猪周身擦干净。之后，将仔猪放入保温箱中，利用红外线灯将仔猪全身烘干。

　　3. 给仔猪断脐　仔猪全身烘干后，脐带也停止波动，此时便可断脐。接产人员一只手抓握住仔猪的肩背部，用另一只手的大拇指将脐带距离脐根部 4~5cm 处捏压在食指上，利用大拇指指甲将脐带掐断，并涂上碘酊，如果脐带内有血液流出，应用手指捏 1min 左右，然后再涂一次碘酊。

　　4. 让仔猪及早吃上初乳　将断脐的仔猪送到经 0.1% 高锰酸钾溶液擦洗消毒的乳房吃初乳。全部仔猪吃过一段时间初乳后（吃饱），应将仔猪拿到保温箱内，这样既能让母猪休息，又可以防止初生仔猪接触脏东西引发下痢。50~60min 后再将仔猪赶出来吃奶，吃饱后再赶回保温箱内。

　　5. 做好仔猪的称重、断齿、断尾、编号、记录等工作　待仔猪全部产出，将其一起称重、断齿、断尾、编号并做好记录。

　　（1）断齿。仔猪出生时带有八枚牙齿，为了防止咬伤母猪乳头或咬伤其他仔猪，应将其剪断。操作时，饲养员用左手抓握住仔猪的额头部，并用拇指和食指捏住仔猪嘴角处，将仔猪嘴巴捏开，然后用右手持断齿钳在牙龈上方，将上、下、左、右各两枚牙齿全部剪断。注意不要剪破牙龈，以防出血。

　　（2）断尾。为防止仔猪咬尾，要用断尾钳将仔猪的尾巴断掉。把断尾钳放在离尾根 2~2.5cm 的部位，稍施力轻轻压一会止血，再往尾稍移动 2mm，用力切断尾巴，用碘酒消毒。也可以用电热断尾钳给仔猪断尾，可以防止断尾后出血和感染。

　　（3）仔猪编号。留种的仔猪要进行编号，即用耳号钳在猪的耳朵上剪出缺口或小洞，一个缺口或一个小洞代表一个数字，把一头猪耳上缺口或小洞代表的数字加起来，便是这头猪的耳号。

　　生产中常采用"左大右小，上一下三"的编号方法，即仔猪的右耳上部一个缺口代表 1，下部一个缺口代表 3，耳尖缺口代表 100，中间圆孔代表 400；左耳上部一个缺口代

10，下部一个缺口代表 30，耳尖缺口代表
200，中间圆孔代表 800。仔猪耳号编制方法
见图 4-4。

（4）称重并记录。仔猪出生后，应在
12h 内称量其初生重和初生全窝重，并做好
各种记录。

6. 做好产后清扫、消毒工作 接产完
毕，将分娩圈栏打扫干净。用温度为 35～
38℃的 0.1％的洗必泰溶液，将母猪、地面、
圈栏等进行擦洗消毒，如有垫草应重新铺垫，
一切恢复如产前状态。

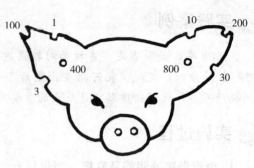

图 4-4 仔猪耳号编制方法

🔍 知识拓展 ▶

1. 假死仔猪的救助 接产过程中，有时会遇到假死仔猪。假死仔猪是指出生时没有
呼吸，但心脏与脐动脉仍跳动的仔猪。假死仔猪有救活的希望，因此，应及时救助。首
先，用毛巾或软草迅速将仔猪鼻端、口腔内的黏液擦去，然后，拿起仔猪，一手托臀部，
一手托头部，反复屈伸，直到其恢复呼吸。也可提起仔猪后腿，拍打其胸部和背部，促使
其呼吸。

2. 助产技术 母猪破水 30min 后仍不能产出仔猪，或在分娩过程中顺产几头后，却
长时间不再产出仔猪，母猪表现剧烈阵痛，反复努责，呼吸困难，心跳加快，此时便是
难产。

（1）注射催产素。对初产母猪、老龄母猪、过肥或过瘦的母猪，发现其分娩力量不足
时，可根据其体重大小注射 10～40IU 催产素，以促进子宫收缩，及早产出仔猪。

（2）徒手牵拉。操作者指甲剪短磨光，用肥皂清洗手掌、手臂，再用 0.1％新洁尔灭
溶液或 0.1％高锰酸钾水溶液消毒，并消毒母猪外阴部；手掌、手臂涂上石蜡油，五指聚
拢呈锥状伸入母猪产道内，摸到仔猪将其轻轻拉出。

任务 3　哺乳母猪饲养管理

🖥 学习任务 ▶

哺乳母猪泌乳量高低直接影响仔猪的成活率和断奶重。本次任务中，你应该了解提高母
猪泌乳量的措施，熟悉哺乳母猪的泌乳规律，会正确饲养管理哺乳母猪。

◎ 必备知识 ▶

哺乳母猪的泌乳规律

（1）反射性泌乳。母猪泌乳在分娩过程中及分娩后 1～2d 是连续的，以后属反射性放

乳，不能随时排乳。

（2）放乳次数多。母猪每天的放乳次数为 18～28 次，平均为 22 次，这适应了仔猪易饥易饱的特点。

（3）放乳时间短。仔猪的哺乳过程为：母猪唤仔→仔猪拱乳→母猪放乳→仔猪再拱乳。从母猪卧地到仔猪离开需要 3～5min，而母猪的放乳时间却很短，每次只有 17～37s。

小贴士

初乳是指母猪产后 3d 内分泌的乳汁。与常乳相比，初乳富含免疫球蛋白，可以使仔猪获得免疫抗体；蛋白质含量高，是常乳的 3.7 倍；含有具有轻泻作用的镁盐，可促进胎粪排出；酸度高，可弥补初生仔猪消化道不发达和消化腺机能不完善的缺陷。所以初乳是迄今为止任何代乳品所不能替代的特殊乳品。

实践案例

2010 年夏季，河南省某猪场母猪分娩后出现食欲不振，甚至停食现象，导致母猪普遍少乳或无乳，严重影响了哺乳仔猪的生长发育；有些母猪还出现了瘫痪、异食癖或食仔现象。此案例是由于母猪产后饲养管理不当所致，请你为该场制订一套哺乳母猪饲养管理方案。

实施过程

1. 合理饲喂哺乳母猪

（1）分娩后 5d 逐渐增加饲喂量。母猪分娩前 3d，逐渐减少饲喂量，分娩的当天可以不喂料。母猪分娩后 6～8h 不要急于喂料，但要及早饮水，可以喂温麸皮盐水汤，6～8h 后，可以少量喂料，每次喂量不要超过 0.5kg，从第 2 天开始逐渐增加饲喂量，每天增加 1kg，至 5～6d 加至最大喂料量。饲喂时采用少喂勤添的方式，每天至少饲喂 4 次。

（2）产后 6d 至断奶前 3d 根据母猪带仔数调整饲喂量。哺乳母猪每天的维持需要量一般为 2kg 精料，每多带一头仔猪，可以增加 0.4kg 精料。因此，母猪每天饲喂量可以用下面公式计算：

$$母猪每天饲喂量（kg）=2kg+0.4kg×带仔数$$

（3）断奶前 3d 逐渐减少饲喂量。仔猪一般在 21～28 日龄断奶，此时，母猪的泌乳量还很高，为了防止母猪在断奶后乳房膨胀发生乳房炎，在断奶前 3d 应逐渐减少母猪精料的喂量，以促进其及早回奶。同时，应经常检查母猪的乳房膨胀情况，发现乳房炎时及时治疗。

2. 供给母猪充足的饮水 哺乳母猪饮水量很大，每天可达到 20～30L，因此，每天要供给充足的水。使用自动饮水器时，饮水器安装的高度要合适，一般为 55～65cm，比母猪肩部高 5cm 左右，饮水器的流量至少 2L/min 以上；如使用水槽，每天至少要更换 4～5 次水。

3. 保持母猪舍卫生与安静 哺乳母猪舍应温湿度适宜、卫生清洁、无噪声。冬季要有保温取暖设施，夏季要注意防暑降温和通风，雨季还要注意防潮。舍内温度一般为 18～22℃。

4. 给予母猪适宜运动量 分娩后 1 周内，母猪可在舍内自由活动，让其休息好。1 周后，如果阳光较好、天气温暖时，可以让母猪带着仔猪到舍外活动 0.5～2h，这样既有利于母猪的泌乳，又有利于仔猪的生长发育和及早认食。

5. 保护好母猪的乳房 经常检查乳房和乳头，发现损伤及时治疗。同时，一定要均匀利用所有的乳头（特别是初产母猪），防止未被利用的乳头萎缩。

知识拓展

提高母猪泌乳量的措施

（1）提高饲料营养水平。对于瘦弱的母猪，饲料中添加 3%～5% 的油脂，或多喂一些豆浆、小米粥、胎衣汤、鲫鱼汤等。

（2）用药物治疗产后无乳或停乳母猪。

①催乳灵。按每千克体重 0.02mL 给母猪肌内注射，2 次/d，连续 3～5d。

②中药方剂。王不留行 30g、通草 20g、猪蹄 1 对、红糖 100g，煎后拌料喂服，每天 1 剂，连用 3～5 剂。

（3）用缩宫素治疗放乳不畅的母猪。乳房充满乳汁但放乳不畅的母猪，主要是初产母猪或受惊吓的母猪，肌内注射缩宫素 30～40IU，3h 注射 1 次，连用 3～5 次。

（4）治疗母猪的乳房炎。先给母猪肌内注射盐酸氯丙嗪注射液，每千克体重 1～2mg，待母猪睡后，用 0.25% 的普鲁卡因注射液 20mL，稀释 40 万 U 青霉素，于乳房基部封闭注射。有条件的猪场，每天用 35～38℃ 的 0.1% 高锰酸钾溶液清洗乳房，并按摩 10～20min，每天 3～4 次。

任务 4 哺乳仔猪的培育

学习任务

哺乳仔猪身体弱、抵抗力低，易患病死亡，提高其成活率是提高养猪经济效益的基础。本次任务中，你应该熟悉哺乳仔猪的生理特点，会正确饲养管理哺乳仔猪。

必备知识

哺乳仔猪的生理特点

（1）生长发育快，物质代谢旺盛。哺乳阶段是仔猪生长强度最大的时期，10 日龄体重为出生时的 2～3 倍，30 日龄达 6 倍以上，60 日龄为 10～13 倍。可见，60 日龄以内的仔猪生长强度最大，随月龄的增长，生长强度逐渐减弱。仔猪哺乳阶段利用养分能力强，对营养不全反应敏感，因此，应供给仔猪营养均衡的饲料。

（2）消化器官不发达，消化机能不完善。仔猪出生时，消化器官的重量和容积都很小，胃重仅 6～8g，仅占体重的 0.44%。胃内缺乏游离盐酸，胃蛋白酶没有活性，不能很好地消化植物性蛋白质。这时只有肠腺和胰腺发育比较完善，胰蛋白酶、肠淀粉酶和乳糖酶活性相对较高。所以，初生仔猪能很好地利用乳汁而不能很好地利用植物性饲料。

（3）缺乏先天免疫力，容易得病。猪的胎盘构造特殊，母猪血管与胎儿的脐血管由6～7层组织隔开，母源抗体不能通过胎盘进入胎儿体内。因此，初生仔猪没有先天免疫力，自身也不能产生抗体，只有吃初乳以后才能获得免疫力。

（4）体温调节能力差。初生仔猪大脑皮层发育不全，体温调节中枢不发达，调节体温能力差，再加上皮薄毛稀，特别怕冷，如不及时吃到母乳很难成活。因此初生仔猪难养，成活率低。

实践案例

河南省某猪场在母猪产前接种仔猪黄白痢疫苗和传染性胃肠炎-流行性腹泻二联苗各两次，但仔猪腹泻现象仍然非常普遍，一般于10日龄左右开始，逐渐加重，直至断奶2周后才逐渐恢复，应用多种抗生素和磺胺药，效果均不理想，致使仔猪成活率很低，生长发育严重受阻。调查发现该猪场仔猪腹泻主要是饲养管理不当所致，请你为该场拟订一套哺乳仔猪的饲养管理方案。

实施过程

1. 固定乳头，吃足初乳 仔猪刚出生时，四肢无力，行动不便，饲养人员要辅助仔猪吃上初乳，如果母猪产后无奶，则应尽早为仔猪找到"奶妈"，让其吃到初乳。为使同窝仔猪均匀发育，饲养人员要在仔猪出生后2～3d，帮助仔猪形成固定乳头吃奶的习惯。

2. 采取保温防压措施

（1）保温措施。仔猪刚出生时适宜的温度是35℃，1～3日龄最适温度为30～32℃，4～7日龄为28～30℃，7～14日龄为25～28℃，15～30日龄为22～25℃。如果不能满足上述要求，仔猪就不能很好的发育，因此保温工作非常重要。

①红外线灯保温。将100～250W的红外线灯悬挂在仔猪栏上方或者仔猪保温箱内，仔猪只要在生后稍加训练，就会习惯地自动出入红外线灯保温区或保温箱。

②电热板保温。电热板的外壳采用机械强度高、耐酸碱、耐老化、不变形的工程塑料，内置电阻丝。功率一般为90～120W，电热板上的温度一般为28～36℃。电热板保温的特点是保温效果好，仔猪腹部不易着凉，减少腹泻。

（2）防压措施。

①加强产后护理。母猪多在采食和排便后回圈躺卧时压死仔猪。因此，在母猪躺下前不能离人，若听到仔猪异常叫声，应及时救护，一旦发现母猪压住仔猪，应立即拍打母猪耳根，令其站起，救出仔猪。

②使用母猪分娩栏。分娩栏的中间部分是母猪限位架，两侧是仔猪补料区和自由活动区。由于限位架限制了母猪活动和躺卧方式，使母猪不能很快躺下，而只能先腹卧，然后伸展四肢侧卧，这样仔猪有躲避的机会，以免被母猪压死。

③设置护仔间。在猪舍的一角或一侧设置护仔间，护仔间内放置红外线灯或电热板，仔猪出生后即训练其养成吃奶后回护仔间内休息的习惯，这样母仔分开，便可以减少压死仔猪

的现象。

3. 做好仔猪的寄养与并窝　所谓寄养，就是将患病或死亡母猪的仔猪和超过母猪正常哺育能力的多余仔猪拿给另一头母猪或几头母猪哺育。并窝则是把两窝或几窝同胞少的仔猪合并起来由一头泌乳性能好、母性强的母猪哺育，其余母猪提早催情配种。

寄养和并窝时要注意：①寄养的仔猪与原窝仔猪的日龄要尽量接近，最好不要超过 3d，超过 3d，往往会出现大欺小、强欺弱的现象，使体小仔猪的生长发育受到影响。②寄养仔猪，拿出前必须吃到足够初乳，否则不易成活。③承担哺育任务的母猪，性情要温驯，泌乳量高，且有空闲乳头。④为避免母猪嗅出仔猪气味不同而拒绝哺乳或咬伤寄养仔猪，应将仔猪涂上该母猪的尿液以干扰母猪嗅觉。

4. 及时补铁，防止仔猪贫血　初生仔猪普遍存在缺铁性贫血问题，仔猪出生时体内铁的贮量 40～50mg，但正常生长发育的仔猪，每天大约需铁 7mg，到 3 周龄开始吃料前共需 200mg，而仔猪每天从母乳中获得的铁只有 1mg。可见，如果没有铁的补充，仔猪体内的铁贮量仅够维持 6～7d，仔猪在 10 日龄左右即出现缺铁性贫血，因此，仔猪出生后 2～3d 必须补铁。

补铁方法：仔猪生后 3d，在后腿内侧或颈部肌肉处注射右旋糖酐铁或葡聚糖铁 1～2mL，10 日龄左右再补 1 次。生产中常用的补铁制剂有牲血素、富铁力、丰血宝等。

5. 及早开食，抓好补料

（1）开食。开食就是训练仔猪从吃母乳过渡到吃饲料。仔猪一般在 5～7 日龄开食。

①利用仔猪的探究行为。5～7 日龄的仔猪，开始长出臼齿，牙床发痒。此时喜欢啃咬垫草、木屑、母猪粪便中的谷粒等硬物。利用仔猪这种探究行为，在补料槽中撒一些开食料供仔猪拱、咬。

②利用仔猪喜欢香、甜食物的习性。仔猪喜欢香、甜、脆的饲料，利用这一习性，可以选择具有香味的饲料，如炒制的玉米、高粱、大麦和大豆等，以及具有甜味、香味的饲料，撒在补料槽中引诱仔猪采食。

③强制仔猪采食饲料。5～7 日龄时，将颗粒料或调成糊状的粉料直接填入仔猪口中，强迫其吃下，每天 5～6 次。饲料一定要有甜味、香味，开始时是强迫，几天后仔猪认识到饲料好吃，就会自己找料吃。

（2）补料。从仔猪认料到正式吃料一般需要 10d 左右，到 20 日龄左右，仔猪便能大量采食饲料。补饲时少喂勤添，适应仔猪易饥饱的特点，每天最少饲喂 5～6 次，其中一次应放在晚上。

6. 保证充足清洁的饮水　仔猪生长迅速，代谢旺盛，需水量较多，而乳汁比较浓稠，不能完全满足仔猪对水的需要，因此，应及早供给仔猪饮水，一般在 1～3 日龄即给仔猪补水。水质要求符合饮水卫生标准，并有完善的饮水设施。猪场中多选用自动饮水器，饮水器安装高度一般为 15～20cm，水流量至少 250mL/min。

7. 早期去势，减小应激　目前，生产中小母猪一般不去势而直接育肥，但育肥用的小公猪必须去势。较适宜的去势时间为 7～10 日龄。去势时，操作者一手握住仔猪右侧的大腿及臀部，一手用 5% 的碘酒消毒阴囊底部，然后用手术刀或阉割刀纵行切开碘酒消毒部，一次切透阴囊壁、总鞘膜，挤出睾丸，用手指捻搓精索和血管并将其撕断，再用同样的方法摘除另一侧的睾丸，术后刀口部位再次消毒或撒上青霉素粉，以防感染。

职业能力测试

1. 一头母猪的配种日期为 12 月 1 日，其预产期为翌年_____。
  A. 1 月 1 日　　　　　　B. 2 月 1 日　　　　　　C. 3 月 25 日　　　　　　D. 4 月 29 日
2. 对分娩力量不足的母猪助产，注射的激素为_____。
  A. 催产素　　　　　　B. 雌激素　　　　　　C. 孕激素　　　　　　D. 促黄体素
3. 初乳中能使哺乳仔猪获得免疫力的物质是_____。
  A. 水　　　　　　B. 乳糖　　　　　　C. 乳脂肪　　　　　　D. 免疫球蛋白
4. 仔猪出生时胃内缺乏游离盐酸，不能激活的消化酶是_____。
  A. 凝乳酶　　　　　　B. 胃蛋白酶　　　　　　C. 乳糖酶　　　　　　D. 胰蛋白酶
5. 仔猪在 1～3 日龄的最适温度为_____。
  A. 10～12℃　　　　　　B. 16～18℃　　　　　　C. 23～25℃　　　　　　D. 30～32℃
6. 哺乳仔猪首次补铁的时间是_____。
  A. 2～3 日龄　　　　　　B. 5～7 日龄　　　　　　C. 12～15 日龄　　　　　　D. 21～28 日龄
7. 调教哺乳仔猪开食的时间一般为_____。
  A. 2～3 日龄　　　　　　B. 5～7 日龄　　　　　　C. 12～15 日龄　　　　　　D. 21～28 日龄
8. 养猪生产中，小公猪较适宜的去势时间一般为_____。
  A. 1～2 日龄　　　　　　B. 7～10 日龄　　　　　　C. 28～35 日龄　　　　　　D. 60～90 日龄
9. 母猪分娩前应做好哪些准备工作？
10. 母猪分娩时，饲养员如何做好接产工作？
11. 如何饲喂哺乳母猪？
12. 怎样给哺乳仔猪补铁？

项目五　保育舍生产管理

学习任务 ▶

　　断奶是仔猪一生中生活条件的第 2 次大转变，保育猪饲养管理水平会直接影响其后期的生长发育。本次任务中，你应该了解早期断奶的优点，能根据猪场条件灵活选择断奶时间，会合理饲养管理保育猪群，熟悉控制仔猪咬尾的措施。

必备知识 ▶

早期断奶的优点

　　(1) 缩短母猪繁殖周期，提高母猪年生产力。仔猪早期断奶可以缩短母猪的产仔间隔，从而增加母猪的年产窝数。

　　(2) 提高饲料转化率。仔猪断奶后直接利用饲料比通过母猪吃料仔猪再吃奶的效率提高 1 倍左右。据测定，饲料中能量每转化 1 次，就要损失 20%。仔猪直接吃料的饲料转化率为50%～60%，而通过母乳的饲料转化率仅为 20% 左右。

（3）提高仔猪均匀度和育成率。早期断奶的仔猪能自由采食营养水平较高的全价饲料，得到符合本身生长发育所需的各种营养物质。在人为控制的环境中饲养，可促进保育猪的生长。同时，仔猪早期断奶后，可消除因母猪而感染的疾病，特别是不再接触母猪的粪便，减少了大肠杆菌病的发生。

（4）提高分娩猪舍和设备的利用率。分娩舍的配置最好，投资最大，提高分娩猪舍和设备的利用率，相应降低了生产一头保育猪的生产成本。

📖 小贴士

现代化养猪生产中，一般将断奶至 63 日龄（或 70 日龄）的仔猪称为保育猪。目前，不同类型的猪场，仔猪的断奶时间不很一致，有的 21 日龄断奶，有的 28 日龄断奶，但这些都较传统的两月龄断奶早了很多，我们称为早期断奶。

🔍 实践案例

河北省某猪场自 2010 年起施行仔猪 21 日龄断奶，断奶后的仔猪即转入保育舍饲养，仔猪前 2d 基本不吃料，3d 后陆续吃料，但一直食欲不佳，许多仔猪出现腹泻现象。仔猪消瘦，被毛粗乱，生长发育不良。根据此案例制订一套完善的保育猪培育方案。

📱 实施过程

1. 做好饲料和饲喂制度的过渡

（1）饲料的过渡。仔猪在断奶后 2 周内保持原饲料不变，仍喂哺乳期饲料，2 周后再逐渐过渡到保育猪饲料，使保育猪有个适应过程。保育猪饲料组成应基本与哺乳期一致，只调整饲料营养水平，以免突然改变饲料降低仔猪食欲，引起胃肠不适和消化机能紊乱。

（2）饲喂方法的过渡。仔猪断奶后由吃母乳加饲料改变为完全吃饲料的生活，胃肠往往不适应，很容易发生消化不良而下痢，断奶后 3~5d 要适当控制仔猪采食量，一般让其吃到八成饱。5d 后逐渐增加饲喂量，逐渐过渡到自由采食。

2. 做好由哺乳舍到保育舍环境的过渡 保育舍的环境要与哺乳舍相近。断奶后，仔猪受应激而怕冷，保育猪舍的温度最好比哺乳舍高 2~3℃，21 日龄断奶，保育舍温度最好控制在 26~28℃，28 日龄断奶，温度最好控制在 24~26℃。保育舍应保持干燥，湿度为 60%~75%。保育舍还应保持清洁卫生，在进猪前要彻底清扫消毒，并空圈 1~2 周，进猪后舍内外也要经常清扫，定期消毒。

3. 保证保育猪充足的清洁饮水 为了保证饮水，保育猪最好使用自动饮水器，既卫生又方便，其水流速为 0.75~1L/min，饮水器灵活好用，每栏安置 1~2 个，高度为 30~35cm。无自动饮水器时，饮水槽内必须常备清洁、卫生的饮水，每天至少更换 6 次。

4. 每天巡视猪群 每天至少巡视猪群 3 次。首先观察猪群的整体精神状况是否正常，舍内温度是否适合猪群生活，并根据猪群睡卧舒适度进行调整，确保舍内温度使猪群生活舒适。然后查看每一猪栏，发现猪只腹泻、发烧、精神差、咳嗽、喘气、脑炎、腿疼等，应及时用记号笔标识，随后治疗。

🔍 知识拓展 ▷

控制仔猪咬尾的措施

（1）改善饲养管理条件。定期清扫消毒猪舍，保持舍内适宜温度，加强通风，减少有害气体，控制光照时间和强度，减少应激，使仔猪生活舒适；饲喂营养平衡的全价饲料，特别注意微量元素、维生素、食盐要充足，并保证饲料品质。

（2）合理组群。按品种、年龄、体重大小合理组群，最好采用一窝一圈的饲养方式，以防止组群后的争斗，如果不同来源的猪组群转入同一圈争斗激烈时，可在整圈猪身上喷洒来苏儿等有气味的消毒药，以减缓争斗。

（3）定期驱除体内外寄生虫。定期驱虫既可以预防咬尾，又能促进仔猪生长。

（4）设置玩具。仔猪舍内悬挂铁链或放置石块等，供仔猪玩耍。

（5）早期断尾是解决仔猪咬尾的重要措施。仔猪出生后 1～3d 进行断尾，仅保留尾巴的 1/3。

（6）发现咬尾时应及时治疗。按照消炎、止痛、控制继发感染的原则，将被咬伤的猪隔离出来，肌内注射青霉素 80 万 U、安痛定 5mL、止血敏 2mL，外涂 2‰碘酊或红霉素软膏。

⚙️ 职业能力测试 ▷

1. 现代化养猪生产中，一般将断奶至 70 日龄的仔猪称为_____。
   A. 哺乳仔猪　　　　B. 保育猪　　　　C. 生长猪　　　　D. 育肥猪

2. 21 日龄断奶，保育舍温度最好控制在_____。
   A. 16～18℃　　　　B. 26～28℃　　　　C. 36～38℃　　　　D. 46～48℃

3. 保育舍的鸭嘴式自动饮水器安装高度为_____。
   A. 10～15cm　　　　B. 20～25cm　　　　C. 30～35cm　　　　D. 50～65cm

4. 下列操作中，控制仔猪咬尾最有效的措施是_____。
   A. 断尾　　　　　　B. 补铁　　　　　　C. 去势　　　　　　D. 防疫

5. 猪场中为什么要实行早期断奶？

6. 如何做好保育猪的饲料和饲喂制度过渡？

项目六　生长育肥舍生产管理

任务 1　肉猪育肥前的准备

🖥 学习任务 ▷

在现代养猪生产中，生长育肥猪又称为肉猪，肉猪育肥前的准备工作是否充分，直接影响后期的育肥效果。本次任务中，你应该了解育肥用仔猪的类型，能做好猪群育肥前准备工作。

必备知识

育肥用仔猪的类型

（1）长本（或大本）猪。用地方良种母猪与大约克夏或长白公猪进行二元杂交所生产的杂交猪。适合广大农村饲养，其杂交方式简便，日增重一般为500～600g，饲料转化率为（3.4～4.1）：1，胴体瘦肉率50%左右。

（2）大长本（或长大本）猪。用地方良种与长白猪或大白猪的二元杂交后代作母本，再与大白猪或长白公猪进行三元杂交所生产的商品猪。该组合为我国生猪基地和养猪专业户所普遍采用的组合，其日增重一般为650～700g，饲料转化率（3.0～3.3）：1，瘦肉率55%左右。

（3）杜长大（或杜大长）猪。以长白猪与大约克夏猪的杂交一代作母本，再与杜洛克公猪杂交所产生的三元杂种猪，是我国生产出口活猪的主要组合，也是大型猪场所使用的组合。其日增重可达750～800g，饲料转化率3.1：1以下，胴体瘦肉率60%以上。

实践案例

2008年，河北省王某看到养猪利润较高，于是赶紧筹建一饲养500头生长育肥猪的小型商品育肥场，从外地购进仔猪进行育肥，由于时间仓促，各项工作都没来得及准备，饲养很不规范，首批猪便亏损很多。据此案例拟订一套肉猪育肥前的准备工作方案。

实施过程

1. 维修并消毒好生长育肥舍

（1）生长育肥舍的维修。生长育肥舍在进猪前，应检查圈舍的门窗、圈栏和圈门是否牢固，圈舍的地面、食槽、输水管路和饮水器是否完好无损，通风及其他相关设施能否正常工作等，发现问题，及时进行更换或维修。

（2）生长育肥舍的消毒。先清除舍内固体粪便和污物，再用高压水冲洗围栏、食槽、地面、墙壁和粪尿沟等处；将圈舍通风干燥12～24h后，用甲醛熏蒸消毒，每立方米空间用36%～40%甲醛溶液42mL、高锰酸钾21g，在温度21℃以上、相对湿度70%以上的条件下，封闭熏蒸24h；打开门窗通风后，再对墙壁、地面和食槽用2%～3%的氢氧化钠水溶液喷雾消毒，12h后用高压水将残留的氢氧化钠冲洗干净；干燥后，调整圈舍温度达15～22℃，即可转入猪群进行饲养。

2. 准备好肉猪饲料 规模较小的猪场或本地能量饲料原料贫乏的区域，适合选用全价配合饲料饲喂肉猪。全价配合饲料营养全面，饲养效果好。直接饲喂肉猪，使用方便，节省饲料加工设备的投入和劳动力成本。同时，可以避免采购各种饲料原料带来的风险。

规模较大、本地又富产玉米、饼粕、麸皮等农副产品的猪场，可以选用浓缩饲料和添加剂预混合饲料，自己购买玉米、麸皮等原料，根据饲料厂家提供的配料指南配成全价饲料后饲喂肉猪。

3. 选择好育肥用仔猪

（1）本场培育猪的要求。本场培育的仔猪除少数病残者剔出外，大部分要转入生长育肥舍育肥。猪群起始重大小会影响育肥效果，仔猪 63 日龄转入生长育肥舍时体重应达 20kg。同时，要有较高的整齐度，发育整齐的猪群，可以原窝转入生长育肥舍的同一栏内育肥，不需重新分群，减少了转群应激，便于饲喂和管理，可以做到同期出栏。

（2）外购仔猪的选择。从外地购进仔猪进行育肥风险较大，除猪群的质量不易控制外，还容易带入病原，因此，不要购买来路不明的仔猪。生产者要预先了解当地疫情，并与母猪饲养场（户）签订购销合同，届时选购合格的仔猪。

挑选仔猪时，认真观察仔猪的健康状况。优良仔猪的标准是：被毛直而顺，皮肤光滑，白猪应是皮肤红晕，有色猪皮肤光亮，四肢站立正常，眼角无分泌物，对声音等刺激反应正常，抓捉时叫声清脆而洪亮；粪便不干、不稀、尿无色或略呈黄色，呼吸平稳，体温正常，鼻突潮湿且较凉；生长猪四肢相对较高，躯干较长，后臀肌肉丰满，被毛较稀、腹部较直。

猪场应设立隔离舍区，外购仔猪要在隔离舍区隔离观察饲养 15～30d，没有发现疫病的，方可进入生产区。

4. 对仔猪合理组群与调教

（1）仔猪的组群。仔猪组群时，应根据其来源、体重、体质、性别、性情和采食特性等方面合理进行。一群内的仔猪体重差异不宜超过 3～5kg，每圈 10～15 头为宜，一般不要超过 20 头。为减轻猪群争斗、咬架等现象造成应激，建议组群时要采取四项措施：①原窝育肥，即将同窝哺乳和保育的仔猪放在一栏内饲养；②用带有气味的消毒剂对猪群进行喷雾消毒以混淆气味，消除猪只之间的敌意；③分群前停饲 6～8h，在新圈舍食槽内撒放适量饲料，使猪群转入后能够立即采食而放弃争斗；④在新圈舍内悬挂"铁环玩具"或播放音乐以转移其注意力。

（2）组群后的调教。①防止"强夺弱食"。为使群内的每个个体都能采食充足的饲料，组群后应防止大猪抢食弱小仔猪饲料，措施主要有两个：一是采食槽位要足够长，每头猪至少要有 30cm 长的槽位，并在食槽内均匀投放饲料；二是分槽位采食，每头猪一个槽位。②训练定点排便。猪一般多在圈门处、低洼处、潮湿处、墙角处等地方排泄，排泄时间多在喂饲前或是在睡觉刚起来时。因此，在猪群迁入新圈舍之前，应事先把圈舍打扫干净，但在指定的排泄区堆放少量的粪便或洒些水，然后再把猪群转入，猪群便会到粪污区排便，养成定点排便的习惯。如果这样仍有个别猪只不按指定地点排泄，应及时将其粪便铲到指定地点并守候看管，经过 3～5d，猪就会养成定点排泄的习惯。

5. 做好猪群的去势、驱虫和免疫接种工作

（1）去势。猪的性别和去势与否，对猪的生长速度、饲料转化率和胴体品质都会产生一定的影响。肉用小公猪以及种猪场不能做种用的小公猪应及早去势。母猪一般性成熟较晚，在出栏前一般未达到性成熟，对猪肉品质不会产生影响，所以小母猪不必去势。

（2）驱虫。驱虫可以增进猪的健康，有利于猪生长发育，并能防止激发疾病，提高养猪经济效益。猪体内寄生虫以蛔虫、姜片吸虫感染最为普遍，体外寄生虫主要是猪螨虫。仔猪一般应驱虫两次，自己培育的仔猪第 1 次在 90 日龄，第 2 次在 135 日龄；外购仔猪第 1 次于进场后 7～14d 进行，2～3 周后进行第 2 次驱虫。

（3）免疫接种。自己培育的仔猪，在 70 日龄前一般都完成了各种疫苗的预防接种工作，转入肉猪舍后，一直到出栏无须再接种疫苗，但应定期对猪群进行采血，检测猪体内的各种疾病的抗体水平，防止发生意外。外购仔猪进场后，要对仔猪隔离观察 2～4 周，应激期过后，根据本地区传染病流行情况进行传染病的免疫接种。

任务 2 肉猪育肥

学习任务 ▶

肉猪育肥是养猪生产的最后环节，也是决定效益的重要环节。本次任务中，你应该熟悉肉猪生长发育规律，会合理饲养管理肉猪。

必备知识 ▶

肉猪生长发育规律

（1）体重的增长规律。在正常的饲养管理条件下，猪体的绝对增重随着年龄的增长而增长，而相对增重随着年龄的增长而下降，到了成年则稳定在一定的水平。猪一般在 100kg 前，日增重由少到多，而在 100kg 以后，日增重由多到少，至成年时停止生长。也就是说，猪的绝对增长呈现"慢—快—慢"的增长的趋势。

（2）体组织增长规律。猪的生长育肥阶段，骨骼、肌肉、脂肪的生长强度也是不平衡的。20～60kg 为骨骼发育高峰期；60～90kg 为肌肉发育高峰期；100kg 以后为脂肪发育高峰期。因此，一般情况下，肉猪在 90～110kg 时屠宰较为适宜。

（3）增重耗料规律。猪在整个生长发育过程中，幼龄阶段单位增重耗料量最低，随日龄和体重增长逐步升高。正常情况下，体重 8～25kg 的猪，料重比一般为（1.8～2）：1；体重25～60kg 的猪，料重比一般为（2.5～3.0）：1；体重 60～100kg 的猪，料重比一般为（3.0～3.5）：1。

实践案例 ▶

2012 年 8 月，山东省一养殖户王某从外地购进仔猪 400 头，平均体重13kg，饲喂自己配制的豆饼、玉米和麸皮的混合料，使用半敞开式猪舍。饲养过程中猪群一直生长发育不良，而且时有腹泻现象。据此案例拟订一肉猪育肥方案。

实施过程 ▶

1. 选择适宜的育肥方式

（1）直线育肥法。是按照猪的生长发育规律，给予相应的营养，全期实行丰富饲养（自由采食）的育肥方式。猪长得快，育肥期短，省饲料，效益高，是目前养猪多采用的一种育肥方法。

（2）"前高后低"育肥法。肉猪 60kg 以前肌肉的生长速度快，60kg 以后肌肉生长速度慢，而脂肪的生长正好相反。根据这一规律，肉猪 60kg 以前饲喂高能量、高蛋白日粮，自由采食或不限量饲喂，60kg 以后适当限饲。这样既不会严重影响肉猪的增重速度，又可减少脂肪的沉积，是瘦肉型猪常用的育肥方式。

2. 实施适宜的饲喂方法

（1）自由采食。自由采食就是对肉猪的日粮采食量、饲料营养水平和饲喂时间不加限制的饲喂方法。生产中最常用的方法是将饲料装入自动食槽，任猪自由采食。另外，有些猪场是按顿饲喂，但每顿都使猪完全吃饱，这种方法也是自由采食。自由采食方式的特点是可以最大限度地提高猪的生长速度，但猪的脂肪沉积较多，胴体瘦肉率偏低，饲料转化率也有所降低。

（2）限量饲喂。限量饲喂就是在肉猪的一定生长阶段，对其采食量进行适当限制的饲喂方法。限量时，日粮供给量应为自由采食量的 80%～85%，过多限饲会影响猪的生长速度，而限饲程度不够又不能起到抑制脂肪沉积的作用。限量饲喂提高了肉猪的胴体瘦肉率。

（3）肉猪日喂次数与饲喂量。肉猪日喂次数要根据年龄和饲料类型来掌握，小猪阶段胃肠容积小，消化能力弱，每天宜喂 3～4 次。随着日龄的增加，胃肠容积增大，消化能力增强，可适当减少日喂次数。精料型日粮，每天可喂 2～3 次；若饲料中配合有较多的青粗饲料或糟渣类饲料，则每天应喂 3～4 次。肉猪体重 60kg 前每天饲喂量为 1.2～2.0kg，体重 60kg 后每天饲喂量为 2.1～3.5kg。

3. 供给充足清洁的饮水　肉猪的饮水量随其生理状态、环境温度、体重、饲料类型等因素而变化。为满足肉猪的饮水需要，应在圈栏内设置自动饮水器，自动饮水器的高度应比猪肩高 5cm，保证猪能够经常饮到充足、清洁、卫生、爽口的饮水。

4. 控制好舍内小气候环境

（1）适宜的温度。生长育肥舍最适温度为 16～22℃，每栋生长育肥舍应悬挂一个温度表，经常观察温度变化，冬季通过用篷布、加大饲养密度等方法做好防寒工作。夏季可采用向地面喷洒凉水、给猪体淋浴或在猪舍周围栽树等方法降温。

（2）通风换气。生长育肥舍要加强通风，保持空气流通，减少空气中有害气体的浓度；观察猪舍内有害气体时，应蹲下，感觉有无氨气味，如感觉有明显刺激性气味，则应加强通风。

5. 选择适宜的出栏体重　我国猪种类型和杂交组合繁多，饲养条件差别很大。生产者应根据不同的市场需要灵活确定适宜的出栏体重。一般情况下，以地方猪为母本的二元、三元杂交猪出栏体重在 90～100kg 为宜，全部为国外引入猪种杂交生产的"外二元""外三元"杂交猪出栏体重以 110～120kg 为宜。

职业能力测试

1. 用甲醛溶液和高锰酸钾熏蒸消毒时，其比例为_____。
　　A. 1∶1　　　　　B. 2∶1　　　　　C. 4∶1　　　　　D. 1∶2

2. 规模化养猪生产中，肉猪在 25～60kg 体重阶段的料重比一般为_____。
　　A.（1～1.5）∶1　　B.（2.5～3.0）∶1　C.（4.5～5.0）∶1　D.（6.5～8.0）∶1

3. 肉猪生长发育最适宜的温度为_____。
　　A. 5～10℃　　　　B. 16～22℃　　　　C. 25～30℃　　　　D. 36～45℃

4. "外三元"杂交猪适宜的出栏体重为_____。

　　A. 70~80kg 　　　　B. 90~100kg 　　　　C. 110~120kg 　　　　D. 135~150kg

5. 怎样选好外购仔猪？

6. 如何做好肉猪饲养管理工作？

5 模块五
禽 生 产

项目一　家禽品种

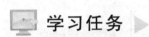
学习任务

品种优劣是影响养禽经济效益的关键因素。本次任务中，你应该了解不同类型家禽品种的特点，掌握生产中常见品种外貌特征及生产性能，能根据养殖场条件选择适宜的家禽品种。

必备知识

1. 现代鸡种的分类　现代鸡种是通过良种繁育体系培育的配套系，按经济用途分为蛋鸡系与肉鸡系。

（1）蛋鸡系。按蛋壳颜色分为白壳蛋系、褐壳蛋系及浅褐壳蛋鸡系。

（2）肉鸡系。

①白羽快大型肉鸡。为配套系，是目前世界上肉鸡生产的主要类型，其父系是科什尼，母系为白洛克。

②黄羽优质肉鸡。以我国的优良地方鸡种进一步选育而成。目前，我国的优质鸡可分为3种类型：特优质型、高档优质型和优质普通型。

2. 现代蛋鸡系的特点

（1）褐壳蛋鸡的特点。体型较大，蛋重大；蛋的破损率较低；鸡的性情温驯，对应激敏感性低，易于管理；产蛋量较高，商品代小公鸡生长较好；耐寒，冬季产蛋率较平稳；啄癖少，死淘率低。

采食量比白壳蛋鸡多 5～6g，每只鸡所占面积比白壳蛋鸡多 15% 左右；饲养管理技术比白壳蛋鸡要求高；蛋中较易出现血斑、黑斑等；耐热性较差。

（2）白壳蛋系鸡的特点。体型较小，耗料较少；开产早，产蛋量高；饲料转化率高，单位面积饲养的密度高，节约建筑面积；适应性强，各种环境条件下均可饲养。蛋重小，神经质，胆小怕人，抗应激性较差，啄癖多，特别是开产初期啄肛造成的伤亡较多。

（3）粉壳蛋鸡的特点。粉壳蛋系鸡是指蛋壳的颜色介于褐壳蛋与白壳蛋之间，呈粉褐色。它是由褐壳蛋专门化品系与白壳蛋专门化品系进一步杂交配套而来。其特点介于白壳蛋与褐壳蛋之间。

小贴士

　　标准品种鸡：20 世纪 50 年代前，经过人们有计划的系统选育，并按国际育种组织制订的标准鉴定承认的家禽品种，是国际公认的标准品种。

　　现代配套系鸡：是选用优良的育种素材、采用先进的育种方法、通过杂交组合试验、筛选出杂交优势最强的杂交组合。

　　地方品种鸡：是在某一地区长期饲养而形成的品种，具有生命力强、耐粗饲等优点，对饲养管理条件要求不高，但由于育种技术水平较低，没有明确的育种目标，没有经过系统的选育，生产性能较低，体型外貌也不一致。

实践案例

　　四川省眉山市养鸡户刘香枝饲养脚矮小、抗病力强、饲料转化率高的"金陵三黄鸡"。2009 年 7 月，她饲养的 1 200 只鸡净赚 1 万多元，经济效益远高于其他品种。据此案例分析家禽品种选择方案。

实施过程

1. 家禽品种简介

（1）鸡品种简介。

①蛋鸡品种。有代表性的标准品种鸡的产地、主要外貌特征及生产性能见表 5-1。

表 5-1　有代表性的标准品种

品种	产地	经济类型	成鸡体重（kg） 公	母	开产月龄	年产蛋量（枚）	平均蛋重（g）	蛋壳颜色	主要外貌特征
来航鸡	意大利	蛋用	2.3	1.8	5	220	57	白色	体型小而轻秀，羽毛白色，紧贴体表，冠髯发达，喙、胫、皮肤黄色，耳叶白色
洛岛红鸡	美国	兼用	3.6	2.8	6	170～180	62	褐色	体躯较长，略似长方形，背长而平，羽毛深红色，尾羽黑色，胫和皮肤黄色，耳叶红色
白洛克鸡	美国	兼用	4.3	3.4	6.5	150～160	60	褐色	体躯宽深，胸部饱满，全身羽毛白色，单冠，喙、胫、皮肤黄色，耳叶红色
狼山鸡	中国	兼用	3.5	2.8	7.5	160～170	59	褐色	体型高大，背线呈马鞍形，腿高颈长，皮肤白色，羽毛、喙、脚黑色，耳叶红色

有代表性的现代白壳蛋鸡品种的生产性能见表 5-2。

表 5-2　有代表性的现代白壳蛋鸡品种的生产性能

品种	原产国家	后备鸡成活率（%）	产蛋期存活率（%）	50%产蛋周龄	达产蛋高峰周龄	72周龄入舍母鸡产蛋量（枚）	平均蛋重（g）	料蛋比
迪卡白鸡	美国	96.0	92.0	21～22	24～25	293	61.7	2.17
罗曼白鸡	德国	98.0	95.0	22～23	25～26	290	62.0	2.35
海兰 W-36 白鸡	美国	95.5	92.0	22～23	26～27	276	63.0	2.20
尼克白鸡	美国	95.1	90.0	24～25	28～29	260	58.0	2.57
海赛克斯白鸡	荷兰	95.5	91.5	22～23	25～26	284	60.7	2.34

有代表性的现代褐壳蛋鸡品种的生产性能见表 5-3。

表 5-3　有代表性的现代褐壳蛋鸡品种的生产性能

品种	原产国家	后备鸡成活率（%）	产蛋期存活率（%）	50%产蛋周龄	达产蛋高峰周龄	72周龄入舍母鸡产蛋量（枚）	平均蛋重（g）	料蛋比
海兰褐鸡	美国	97.0	94.0	22～23	27～28	281	63.1	2.40
罗曼褐鸡	德国	97.5	95.0	23～24	28～30	285	64.0	2.45
迪卡褐鸡	美国	97.0	95.0	22～23	26～27	290	63.5	2.36
伊萨褐鸡	法国	98.0	93.5	23～24	26～27	285	62.5	2.45
海赛克斯褐鸡	荷兰	97.0	95.0	23～24	27～28	283	63.5	2.40

我国有代表性的地方蛋鸡品种的产地、主要外貌特征及生产性能见表 5-4。

表 5-4　我国有代表性的地方蛋鸡品种

品种	产地	经济类型	成鸡体重（kg）公	成鸡体重（kg）母	开产月龄	年产蛋量（枚）	平均蛋重（g）	蛋壳颜色	主要外貌特征
仙居鸡	浙江仙居	蛋用	1.5	1.2	5	180	42	褐色	体型轻巧紧凑，腿高颈长尾翘，羽色以黄居多，也有黑、白、麻黄等色，喙、胫、皮肤黄色
寿光鸡	山东寿光	兼用	3.6	2.5	8	130	63	深褐色	体躯高大，胸深、背长，腿高胫粗，羽毛黑色闪绿光泽，喙及脚灰黑色，皮肤白色
惠阳鸡	广东惠阳	兼用	2.2	1.6	6.5	80	47	褐色	头大颈粗，胸深背阔，腿短，羽毛黄色，喙、脚黄色
庄河鸡	辽宁庄河	兼用	3.2	2.3	7	150	62	深褐色	腿高颈长，胸深背长，羽色多为麻黄色，尾羽黑色，喙及脚黄色
桃源鸡	湖南桃源	兼用	4.2	3.2	6.5	110	55	浅褐色	体型高大呈长方形，腿高，胫长而粗，羽毛有黄色、麻色等，喙、胫呈青灰色，皮肤白色

②肉鸡品种。有代表性的快大型肉鸡见表 5-5。

163

表 5-5　有代表性的快大型肉鸡

品种	产地	简　介
AA 肉鸡	美国	AA 肉鸡是美国爱拔益加育种公司培育的白羽肉鸡配套系，分常规系和羽速系自别系。其特点是生长快、耗料少、适应性和抗病力强。公母混养 42 日龄体重 1 860g，料重比 1.78∶1。49 日龄体重 2 675g，料重比 1.96∶1，成活率 96.8%
艾维茵肉鸡	美国	艾维茵肉鸡是美国艾维茵家禽育种有限公司培育的白羽肉鸡配套系，商品代公母混养 49 日龄体重 2 615g，料重比 1.89∶1，成活率 97% 以上
哈伯德肉鸡	法国	哈伯德肉鸡是法国哈伯德伊莎公司培育的白羽肉鸡系列配套系，分哈伯德常规型、伊莎 30MPK、伊莎 20、伊莎 15、雪佛星宝等。商品代公母混养 49 日龄体重 2 770g，料重比为 1.96∶1，成活率 96% 以上
科宝肉鸡	美国	科宝是美国泰臣食品国际家禽分割公司培育的白羽肉鸡品种。该品种鸡生长快，饲料转化率高，适应性与抗病力较强，全期成活率高。40 日龄体重达 2 000g 以上，料重比为 1.9∶1，全期成活率 97.5%

有代表性的优质型肉鸡品种见表 5-6。

表 5-6　有代表性的优质型肉鸡品种

品种	产地	简　介
北京油鸡	北京	北京油鸡原产地北京，具有外观奇特、肉质优良、肉味浓郁的特点。体躯宽短，头高颈昂，冠"S"形，体深背阔，尾羽上翘，羽色有黄色、麻色两种
固始鸡	河南	体型中等，有单冠、复冠、直尾和佛手尾之分，羽色以黄、麻黄居多，黑白色很少，喙青黄色，脚蹠青色。固始鸡性情活泼，敏捷善动，觅食力强
岭南黄鸡	广东	岭南黄鸡是由广东农科院家禽所培育的优质黄鸡系列配套系，分Ⅰ型（中速型）、Ⅱ型（快大型）和Ⅲ型（优质型）。商品鸡 70 日龄公鸡平均体重 1 500g，料重比 2.8∶1；98 日龄母鸡体重 1 250g，料重比 3.1∶1
"817"优质黄羽肉鸡	山东	"817"优质黄羽肉鸡是由山东农科院家禽所培育的优质鸡配套系。56 日龄体重 1 700g，累计料重比 2.2∶1

（2）鸭品种简介。生产中有代表性的鸭品种见表 5-7。

表 5-7　生产中有代表性的鸭品种

品种名称	原产地	经济类型	主要生产性能	主要外貌特征
樱桃谷鸭	英国	肉用型	SM2 型鸭商品代 5 周龄体重 2.2kg，6 周龄 2.9kg，7 周龄 3.3kg；47 日龄料重比 2.31∶1，7 周龄屠宰率 90%，胸肉率 20%	体大、胸宽、颈粗短，羽毛洁白，喙、脚、蹼均为橘黄色，腿短粗，行动迟缓，性情温驯
康贝尔鸭	英国	蛋用型	成年母鸭体重为 2.0～2.3kg，公鸭为 2.3～2.5kg。开产日龄 120～135d，蛋重 70g 左右。500 日龄的产蛋量 260～300 个，总蛋重 18～20kg	体型较大，体躯宽而深，紧凑结实，头较小，颈中等长略粗，胸深而丰满，腹部发育良好不下垂。成年公鸭羽毛多为深褐色，成年母鸭全身羽毛褐色
北京鸭	北京郊区	肉蛋兼用型	150 日龄体重 3.4～3.5kg，填鸭全净膛屠宰率 73%～74%。开产日龄 150～180d，年产蛋 180 枚，蛋重 90g	肉用体型，体躯硕大丰满，呈长方形。全身羽毛丰满，羽色纯白并带有奶油光泽；胫、喙、蹼橙黄色或橘红色

品种名称	原产地	经济类型	主要生产性能	主要外貌特征
绍兴鸭	浙江绍兴	蛋用型	成年体重1.3～1.4kg，150日龄群体产蛋率可达50%，年产蛋300枚，平均蛋重68g	体躯狭长，母鸭以麻雀羽为基色，分两种类型：带圈白翼梢与红毛绿翼梢；公鸭深褐羽色，头颈羽墨绿色

（3）鹅品种简介。生产中有代表性的鹅品种见表5-8。

表5-8　生产中有代表性的鹅品种

品种名称	原产地	经济类型	主要生产性能	主要外貌特征
朗德鹅	法国西部	肥肝专用型	成年体重6.0～8.0kg，8周龄仔鹅活重4.5kg，肉用仔鹅填肥后，活重10～11kg，肥肝重0.7～0.8kg	毛色灰褐，在颈、背处都接近黑色，在胸部毛色较浅，呈银灰色，到腹下部则呈白色。喙橘黄色，胫、蹼肉色
莱茵鹅	德国莱茵河流域	肉毛兼用型	仔鹅8周龄体重4.0～4.5kg，饲料转化率1：（2.5～3.0），屠宰率76.15%，成年体重4.5～6kg	初生雏鹅背面羽毛为灰褐色，从2周龄开始逐渐转为白色，至6周龄时已为全身白羽。喙、胫、蹼均为橘黄色
太湖鹅	长江三角洲	肉用型	70d左右上市，平均体重2.5～2.8kg。仔鹅半净膛屠宰率为78.6%，全净膛屠宰率为64%	太湖鹅体态高昂，体质细致紧凑，全身羽毛紧贴。全身羽毛洁白，喙、胫、蹼均橘红色

2. 选择适宜家禽品种　选择家禽品种时，应综合考虑以下因素：①市场需求；②本地区气候特点和养殖环境及各品种在本地区饲养实践效果；③各家禽品种的产蛋率、蛋重、饲料转化率、蛋的品质、抗病力等主要生产性能；④饲养人员对家禽品种的熟悉程度和饲养经验。

知识拓展

家禽良种繁育体系简介

（1）家禽良种繁育体系的概念。鸡禽良种繁育体系是将纯系培育、配合力测定以及种鸡扩繁等环节有机结合起来形成的一套体系。

（2）家禽良种繁育体系的任务。家禽良种繁育体系的任务由育种场和各级种禽场来完成。下面以鸡的四系杂交为例，说明家禽良种繁育体系各阶层的主要任务。

品种资源场：其任务是收集、保存家禽品种的优良基因，为育种提供素材。

育种场：采用现代育种技术，利用育种素材，建立育种群，培育多个具有突出特点的专门化高产品系，即纯系。并经过配合力测定，选出最好的杂交组合组成配套系，进入杂交组合的4个纯系（A、B、C、D）就称之为曾祖代，A、B、C、D 4个纯系都有公鸡和母鸡，进行扩群繁殖，推广应用。

曾祖代场：扩群繁殖的曾祖代，按照杂交方案，将单一性别的纯系鸡（A系公鸡、B系母鸡、C系公鸡、D系母鸡）即祖代鸡，提供给祖代场。

祖代场：接受曾祖代场提供的祖代鸡进行饲养，按照固定的配套方式进行第1次杂交制种（A×B、C×D），生产二元杂交鸡（AB、CD），即父母代鸡，提供给父母代场。

　　父母代场：接受祖代场提供的父母代鸡进行饲养，按照固定的配套方式进行第 2 次杂交制种（AB×CD），生产四元杂交鸡（ABCD），即商品代鸡，提供给商品生产场。

　　商品生产场：饲养商品代鸡，生产鸡蛋、肉鸡等产品提供给市场。

　　综上所述可以看出，商品代鸡综合了配套系 4 个纯系的优点，充分利用了杂种优势，使商品代鸡的生产性能大大提高。

⚙ 职业能力测试 ▶

1. 下列鸡品种中，属于标准品种的是_____。

　　A. 来航鸡　　　　　B. 迪卡白鸡　　　　　C. 海兰褐鸡　　　　　D. AA 肉鸡

2. 樱桃谷鸭属于_____。

　　A. 肉用品种　　　　B. 毛用品种　　　　　C. 蛋用品种　　　　　D. 肉毛兼用品种

3. 朗德鹅是世界著名的_____。

　　A. 肉用品种　　　　B. 毛用品种　　　　　C. 蛋用品种　　　　　D. 肥肝专用品种

4. 简述白壳蛋鸡、褐壳蛋鸡的特点。

5. 现代蛋鸡商品代可以做种用吗？

项目二　蛋鸡生产

任务 1　雏鸡饲养管理

🖥 学习任务 ▶

　　雏鸡增重快、对营养要求高、免疫系统逐渐完善，故有"五周定终生"的说法。本次任务中，你应该了解雏鸡的生理特点，熟悉雏鸡入舍前的准备工作，会安全接运雏鸡，能科学饲养管理雏鸡。

◉ 必备知识 ▶

1. 雏鸡的生理特点

　　(1) 雏鸡体温调节机能不完善。初生雏的体温较成年鸡体温低 2～3℃，体温会随着外界气温的降低而降低。10 日龄时才达成年鸡体温，3 周龄左右，体温调节机能趋于完善。因此，保温是育雏的核心工作。

　　(2) 雏鸡代谢旺盛，生长速度快。蛋用雏 2 周龄体重约为初生时的 2 倍，6 周龄为 10 倍，8 周龄为 15 倍。因此，营养上要保证雏鸡快速生长的营养需要。

　　(3) 消化机能不完善。幼雏胃肠容积小，消化道短，消化腺不发达（缺乏某些消化酶），肌胃研磨能力差，消化能力弱，因此，要注意喂给易消化、粗纤维含量低的饲料。

　　(4) 敏感性强，抗病力差，易受到伤害和感染疫病。

2. 育雏方式

（1）平面育雏。

①普通地面育雏。在水泥地面、砖地面、土地面或炕面，地上铺上 5cm 厚的垫料，鸡生活在上面。这种方式占地面积大、管理不方便、易潮湿、雏鸡易患病，受惊后容易扎堆压死，只适于小规模、暂无条件的鸡场采用。

②网上育雏。把雏鸡饲养在离地 50～60cm、特制的铁丝网或塑料网或竹网上。其优点是可节省垫料，饲养密度增加 30%～40%；雏鸡不与粪便接触，减少了鸡白痢、球虫病及其他疾病的传播，成活率较高。

（2）立体育雏。该方式是将雏鸡饲养在分层的育雏笼内。其优点是可增加饲养密度，便于实行机械化和自动化生产。缺点是投资大，对营养、通风换气等要求较为严格。

小贴士

0～6 周龄为育雏期，此阶段是内脏器官增长、免疫成熟时期；7～20 周龄为育成期，此阶段要控制鸡群的体型发育；21 周龄至产蛋结束为产蛋期，此阶段要发挥鸡群产蛋性能。

实践案例

2012 年 8 月，湖北省某养殖户引进 2 000 只商品代雏鸡，雏鸡到达 2h 后开始饮水。听说雏鸡怕冷，便采用煤炉供温，用棉布密封门窗，当天气温达 37℃，雏鸡舍内温度 39℃，相对湿度 93%。第 2 天凌晨雏鸡出现大批死亡，大群精神状态较差，采食量较少，饮水较多。据此案例制订一套育雏方案。

实施过程

1. 做好雏鸡入舍前的准备工作

（1）清扫鸡舍。清扫鸡舍时要做到"八无"，即无粪便、无鸡毛、无料渣、无垫料、无灰尘、无苍蝇屎、无批次残留、无病菌。清扫前要用水提前喷洒舍内顶棚、粪板、粪沟、笼架等使之微湿。

（2）冲洗鸡舍。用高压水枪冲洗鸡舍的地面、墙壁、天棚及舍内的设备设施，冲洗前，使用薄塑料纸包好舍内电机、电柜等电器设备，防止进水。

（3）检修育雏设备。检查所有的设备设施是否够用、完好，如有损坏，及时维修。

（4）消毒鸡舍。

①喷雾消毒。用广谱、高效、稳定性好的消毒药物喷雾消毒，按从高到低、由里及外的顺序喷雾，喷雾要均匀。若鸡舍污染严重，应在干燥后进行第 2 次喷雾消毒。

②喷洒消毒。用 1%～3% 的氢氧化钠溶液泼洒地面及鸡舍门口、舍外粪沟等进行消毒。

③浸泡消毒。用 0.1% 的新洁尔灭或 0.1% 的百毒杀溶液浸泡塑料盛料器与饮水器。

④火焰消毒。舍内不怕火烧的金属笼具、地面等，在干燥后用火焰喷枪灼烧表面，速度为 $2m^2/min$。

⑤熏蒸消毒。熏蒸消毒前，将冲洗干净的用具及各种设备（育雏笼具、料盘、饮水器、网架、垫料等），搬进鸡舍一并熏蒸消毒。熏蒸时为保证消毒效果，应将舍温提高至24～26℃，湿度增加至70%～80%，密闭门窗。先加高锰酸钾，后加福尔马林，盛药容器要用陶瓷或搪瓷器皿，其容积比福尔马林的用量大10倍以上。48h后打开门窗除味。消毒后的鸡舍，应空闲1～2周方可使用。

（5）调整鸡舍温湿度。接雏前24～48h，将育雏舍温度调至33～35℃，湿度至60%～70%，预温和加湿也有助于甲醛气体的排出。

（6）准备好雏鸡饲料。每1000只雏鸡准备10kg开食料，使用优质全价破碎的粒料，直径2mm左右。整个育雏期每只鸡大约需要1.2kg雏鸡料。

2. 选择健康雏鸡

（1）健康雏的标准。

①出雏时间一致，最好是来自同一日龄的一个种鸡群，体重大小一致，便于管理。

②体力充沛、活泼好动、反应敏捷、叫声脆响，两脚站立稳健；抓在手中时挣扎蹬腿有力。

③羽毛长度适中、整齐、清洁、均匀而富有光泽，肛门干净。

④身体匀称，腹部大小适中、平坦柔软，卵黄吸收良好。

⑤脐部愈合良好、干燥、有绒毛覆盖、无血迹。

⑥腿、趾、翅无残缺，鲜艳有光泽，发育良好。

（2）残弱雏的特征。

①绒毛污乱，独居一隅，无活力，两眼常闭，头下垂，脚站立不稳，甚至拖地，有的翅下垂，显得疲惫不堪。

②腹部干瘪或腹大拖地；脐部有残痕或污浊潮湿，有异臭味。

③有脱水现象，喙、胫和趾部干瘪、无光泽。

④有交叉喙、瞎眼、歪嘴等残疾。

3. 接运雏鸡

（1）使用专用运雏车。车辆的保温、通风性能要好，使用前要彻底消毒。

（2）合理装车。装车时，每个鸡盒之间应留出至少10cm左右的风道，鸡盒与车厢之间至少应留出20cm的空间，以利于换气通风。

（3）安全运输。运输过程中要防寒、防热、防日晒、防雨淋、防缺氧，特别要解决好保温与通风的矛盾。运输过程力求做到稳而快，减少震动。长途运输时，要经常检查雏鸡情况。

4. 科学饲养雏鸡

（1）饮水。

①在雏鸡未到鸡舍之前，要将饮水器加好水。

②1～3日龄最好使用凉开水，水温为20～25℃，必须要让所有雏鸡迅速饮到水，对没有喝到水的鸡（不喝水的鸡闭目呆立），要人工辅助饮水，方法是手握雏鸡，使鸡喙轻轻沾到饮水器的水喝一口，再轻轻放下。

③最初几天的饮水中，上午添加水溶性维生素和电解质，以提高雏鸡抵抗力；下午添加氟哌酸或0.1%高锰酸钾，以利于清洗胃肠，促进胎粪排出。

（2）开食。

①开食时间。雏鸡饮水后 2～3h 进行第 1 次饲喂，称为"开食"。当鸡群中有 1/3 的个体有啄食行为时，就开始加料饲喂。在出壳 24～48h 开食为宜，过晚会导致弱雏增加，死亡率升高。

②开食方法。可用专用开食盘，或将雏鸡盒剪成边沿高 2～3cm，用来作开食盘，或撒在牛皮纸上。首次喂料时料盘摆放要均匀，保证所有的雏鸡能够同时吃到料。每次要少添、勤添，防止浪费饲料。

（3）日常饲喂。每天喂料 6～8 次，5～6 周龄时减为每天 4 次。每次加料在 4h 之内吃完，保持饲料新鲜，并及时加料，最后一次给料应在关灯前 3h 进行。雏鸡育雏期喂料量参考表 5-9。

表 5-9　蛋用型雏鸡育雏期参考喂料量（g）
（引自杨宁，《家禽生产学》，2002）

周龄	白壳蛋系鸡		褐壳蛋系鸡	
	日耗料	周累计耗料	日耗料	周累计耗料
1	7	49	12	84
2	14	147	19	217
3	22	301	25	392
4	28	497	31	609
5	36	749	37	868
6	43	1 050	43	1 169

（4）供给沙粒。鸡要借助沙砾磨碎、消化饲料。沙粒的添加量与粒度要求：2～4 周龄，每周每 1 000 只鸡添加沙粒 3kg，粒度 1mm，以后随着日龄的增加，逐渐增加沙砾的供给量、增大其粒度。沙砾可拌入日粮中，或单独撒在食槽内让鸡自由采食。沙砾饲喂前要经水冲洗、消毒。

5. 科学管理雏鸡

（1）提供适宜的温度。

①供温标准。平面育雏时，进雏前 1～2d，将舍温升至 35℃，雏鸡体表所感温度达33～35℃。育雏器温度见表 5-10。

表 5-10　育雏器温度

日（周）龄	温度（℃）	日（周）龄	温度（℃）
1～2 日龄	33～35	4 周龄	24～27
3～4 日龄	32～33	5 周龄	22～24
5～7 日龄	31～32	6 周龄	18～21
2 周龄	30～31	7 周龄后	15～20
3 周龄	26～27		

笼养的育雏温度可稍低，第 1 周末 30～31℃，以后每周降 2～3℃，直到第 6 周的 18～21℃。

②"看鸡施温"。温度适宜时，鸡群均匀分布在鸡舍各处，采食饮水正常有序，叫声自

然洪亮；温度低时，雏鸡扎堆，挤靠热源，不爱活动；温度高时，小鸡张口喘气，远离热源，昏昏欲睡，频频喝水。因此，应根据鸡群状态调整温度。

（2）提供适宜的湿度。

①湿度标准。初生雏鸡体内水分含量为75%，10日龄内鸡舍湿度控制在70%左右为宜，否则易脱水。10日龄以后保持干燥为宜。

②湿度控制。10日龄前因舍内温度高，易干燥，如果鸡舍出现灰尘、鸡毛乱飞、人进入后喉咙发干等情况时，应增加湿度，也可结合喷雾消毒的方法或采用自动控湿系统调整湿度。14～60日龄是球虫病易发病期，此阶段应防止因为湿度大而造成球虫病和葡萄球菌病的发生。

（3）适宜的通风换气量。空气良好的鸡舍应空气清新、饲养者闻不到氨气味，原则上，8～10min就要把鸡舍内的空气更换一次。生产中，尤其冬季必须处理好保温与通风的矛盾。

育雏第3～4天可实行定时短时间大换气量通风，每小时敞开全部门窗1～3min，舍内外温差超过10℃时，每次通风时间不要超过1min。应注意，1周龄内，通风不能造成鸡舍内温差超过2℃。

（4）提供适宜的光照。

1～3日龄，育雏舍光照时间23h/d，光照度为7～9W/m²。

4～15日龄，育雏舍光照时间18～20h/d，光照度为2～4W/m²。

15～35日龄，育雏舍光照时间15～18h/d，光照度为1.5～2W/m²。

5～17周龄，在开放式鸡舍，以5～17周龄的最长日照时间为每天的光照时间，保持固定或逐渐减少。在密闭式鸡舍光照时间为8～9h/d。

（5）控制适宜的饲养密度。雏鸡饲养密度应根据品种、日龄、饲养方式和通风条件等灵活掌握。不同日龄和饲养方式的鸡群密度见表5-11。

表5-11　不同日龄和饲养方式的鸡群密度（只/m²）

周龄	厚垫料平养	网上平养	立体笼养
1	20	25	50～60
2	16	20	40
3	12	20	30
4	6～10	16	25
5～6	6～10	14	15～20

（6）给雏鸡断喙。7～10日龄用精密动力断喙器断喙。断喙时，将刀片升温至约700℃，此时刀片呈樱桃红色。操作者右手握鸡，大拇指顶住头的后侧，食指轻压咽部，使鸡缩舌，以免被切断。中指护胸，无名指与小拇指夹住两爪进行保定。将雏鸡身体放平，将喙向上倾斜15°插入4.37mm的孔眼或其他孔眼，将喙切断。断喙后仍在刀片上停留2～3s，以烧灼切面止血、将生长点破坏。一般上喙切去1/2（从喙尖到鼻孔之间），下喙切去1/3，呈地包天状。断喙器与断喙后喙部形状见图5-1。

6. 做好日常工作

（1）观察鸡群。每天认真观察鸡群的采食、饮水、排便等情况，观察鸡群的精神状况和

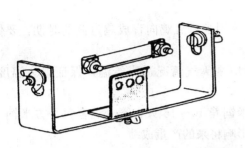

图 5-1 断喙器与断喙后的喙部形状

行为表现，观察设备用具使用情况等。发现问题，及时处理。

（2）及时清粪。及时清除粪便，保持鸡舍的清洁卫生。

（3）定期消毒。选用适宜的消毒药，定期对鸡舍、鸡群、环境进行消毒。

（4）按免疫程序免疫。制订合理的免疫程序，严格按照免疫程序接种疫苗。

任务 2　育成鸡饲养管理

学习任务

育成鸡培育质量直接影响后期的产蛋成绩。本次任务中，你应该了解育成鸡的生长发育特点，会调控育成鸡群的体型和性成熟时间，能做好育成鸡的日常管理工作。

必备知识

育成鸡的生长发育特点

（1）12周龄前是骨骼、肌肉快速增长时期，至12周龄时骨骼生长完成90%，此后腹腔脂肪沉积加速。

（2）从10周龄开始，鸡的生殖系统输卵管、卵巢及性腺发育逐渐加快，此时期延长光照或蛋白质水平较高，易导致提前开产。

（3）肠胃容积大，食欲旺盛，容易产生采食过度、体重过肥的情况。

（4）具有健全的体温调节能力和较强的生活能力，对外界环境的适应能力和对疾病的抵抗力明显增强。

实践案例

河南省某鸡场于2013年9月末购进褐壳蛋鸡苗1万只，采用网上平养，自然光照，密度为每平方米14只，一直未分群。110日龄时，该群鸡有鸡只产蛋，且出现了啄蛋、啄肛现象。现场抽样称量体重平均1296g，均匀度78%。据此案例制订育成鸡培育方案。

实施过程

1. 做好雏鸡向育成鸡的平稳过渡 7～8 周龄是雏鸡向育成鸡过渡的时期，要做好以下工作。

（1）逐步脱温。雏鸡在转入育成舍后应视天气情况适当给温，保证鸡舍温度在 15～22℃。

（2）调整饲养密度。平养鸡舍每平方米饲养 10～15 只，笼养鸡舍每平方米饲养 25 只。密度过大，会导致鸡群生长发育不整齐，影响将来的产蛋成绩。

（3）改换日粮。

①换料时间。要依据鸡的体重、跖长发育情况来定，育雏饲料使用到体重和跖长均达标时。

②换料方法。换料时采用逐渐过渡的方法，用 7d 完成换料：第 1～2 天育雏料 3/4，育成料 1/4；第 3～4 天育雏料 1/2，育成料 1/2；第 5～6 天育雏料 1/4，育成料 3/4；第 7 天全部换成育成料。

2. 调控育成鸡群的体型

（1）测量体重和跖长并计算均匀度。每周要称测体重、跖长，作为调整饲养管理的依据。

（2）分群饲养。10 周龄前后雏鸡各组织器官发育速度不同，根据体重称测结果，将鸡群分为大、中、小三群，采取不同的饲喂方法。育成鸡占有面积应按 18～20 周龄末最大面积计算。随着鸡龄的不断增加，逐渐分散鸡群，随时调整饲料槽、水槽的数量及高度，以保证足够的采食、饮水空间及适宜高度。

（3）育成鸡的饲喂。

①常规饲喂。一般日喂 3 次，饲喂量维持在鸡熄灯前吃净即可，并为鸡提供足够的料槽和水槽。

②限制饲喂。在保证体重、胫长正常的情况下，可采取限制饲喂的方法，一般轻型鸡饲喂量减少 7%～8%，中型鸡饲喂量减少 10%左右。可采取每天减少饲喂量、隔日饲喂或限制每天喂料时间等方法，以防止体重增长过快，发育过速，提前开产。

（4）补饲沙砾。育成鸡继续补饲沙砾，以提高肌胃的消化机能，改善饲料消化率，防止育成鸡因长期不能采食沙砾，而造成肌胃逐渐缩小。

3. 控制鸡群性成熟时间 控制性成熟的技术措施主要有 3 个方面：限制饲养；控制光照；120 日龄左右进行适当的停喂。生产中应将这些措施有机结合，只强调某个方面往往不会起到好的作用。

开放式鸡舍光照方案：出雏日期是 4 月 15 日至 8 月 25 日的鸡群，10 周龄后自然光照时间处于逐渐减少时期，可一直采用自然光照至 17 周龄。具体光照方案为：1～3 日龄，23h/d；4～7 日龄，16h/d；2～16 周龄，自然光照；17～18 周龄，每周增加 1h；19 周龄至淘汰，每周增加 30min，直到 16h 恒定。出雏日期是 9 月 1 日至翌年 4 月 14 日的鸡群，10 周龄后自然光照时间是逐渐延长的，若不控制光照，易导致过早性成熟。应设法遮黑，如无法遮黑，应采用人工光照与自然光照相结合的方法，人为地制造一个光照时间逐渐缩短或保持恒定的环境，减少因自然光照逐渐延长造成的不利影响。

密闭鸡舍光照方案见表 5-12。

密闭鸡舍光照方案见表 5-12。

表 5-12　密闭鸡舍光照方案

日（周）龄	光照时间（h/d）	光照度（lx）	白炽灯功率（W）	节能灯功率（W）
1～3 日龄	23～24	30	60	13
4～7 日龄	16	30	60	13
2 周龄	14	20	40	9
3 周龄	12	20	40	9
4 周龄	10	15	25	7
5～15 周龄	8～9	15	25	7
16～18 周龄	每周增加 1h	15	25	7
19 周龄至淘汰	每周增加 30min 到 16h 恒定	15	25	7

4. 做好日常管理工作

（1）作好清洁卫生工作，及时清除粪便。

（2）每天检查供水情况，并修复漏水的地方。随着鸡的生长，给水设备的高度也要不断升高。

（3）做好管理工作，淘汰次、劣、病、弱等不合格的鸡只。

（4）观察鸡群。主要在晚上关灯后、早晨喂料时，观察鸡群的精神状态、采食、饮水情况、粪便状态、行为表现等，发现问题及时处理。

（5）加强通风，保证舍内空气新鲜。通风不良，鸡羽毛生长不良，生长发育缓慢，整齐度差，饲料转化率下降，容易诱发疾病。

（6）密度要适中，确保给鸡一个活动的空间和足够的采食、饮水位置。

（7）做好预防投药、消毒、免疫工作。

5. 做好育成鸡转群工作

（1）转群时间。为了使鸡群有足够时间熟悉和适应新的环境，减少环境变化而出现的采食量、产蛋量下降等应激反应，应在鸡群开产前 1～2 周将其转入产蛋鸡舍。转群在 110 日龄左右（15～16 周龄）进行为宜。

（2）转群要求。

①蛋鸡舍应提前严格消毒，有足够空舍时间，供水、供料、照明、清粪等设备调试好，并使蛋鸡舍温与育成舍温接近。

②在转群前，鸡群尽可能完成疫苗接种。同时，根据育成鸡健康状况，全群投药 1～2 次。

③转群应安排在晚上进行，抓鸡要抓脚，不要抓颈抓翅，动作勿粗鲁，尽可能减轻对鸡的惊吓，避免对鸡只骨骼和生殖系统的损伤。做到转群组织有序，装运工具适宜。

④按体重大、中、小分群，并点清数目。

⑤转群前后 3d 于饲料或饮水中添加抗应激药物。

⑥转群后先饮水，后上料。

⑦转群后增加投料量和投料次数，在关灯前 2～3h 再投一次料，并要注意观察鸡的采食量和饮水量。

⑧上笼以前严格挑选病、弱、瘦、小及残鸡隔离治疗，失去治疗价值的病鸡全部淘汰。

（3）弱鸡培育。对羽毛不整、冠脸苍白、喙和腿颜色不黄以及体型瘦小发育不良的鸡进行单独饲养，喂给较高营养的日粮，使这些鸡尽快达到标准体重。

任务3　产蛋鸡饲养管理

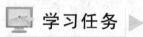 学习任务 ▶

产蛋期是蛋鸡的最后阶段，也是获取经济效益的时期。本次任务中，你应该了解产蛋母鸡生理特点和产蛋规律，掌握预产期、产蛋高峰期和产蛋中后期饲养管理要点，能给产蛋鸡提供良好的生活环境，能做好产蛋鸡群日常管理工作。

必备知识 ▶

1. 产蛋母鸡生理特点

（1）16周龄开始，逐渐性成熟，激素水平激增，第二性征更加明显，耻骨开张，肛门松弛。开产前卵巢从6g左右增加到约40g，输卵管长度从8～10cm长到50～60cm。

（2）骨骼增重15～20g，其中4～5g为钙的贮备，其中髓骨于开产前10d开始沉积。髓骨是雌禽性成熟时特有的骨骼，约占性成熟小母鸡骨骼重量的72%，其生理功能是作为一种容易抽调的钙源，供产蛋时利用。蛋壳形成时约有1/4的钙来自髓骨，其余来自饲料。

（3）对外界环境和管理措施的变动十分敏感，产前3～4d采食量降低15%～20%，同时由于生理性保护而有正常稀便。法氏囊逐渐萎缩消失，抗病能力降低。

（4）自身增重400～500g，至36～38周龄时体重增长基本停止，40周龄后体重减轻。

2. 产蛋规律与产蛋曲线

（1）产蛋规律。第1年产蛋量最高，第2年和第3年每年递减15%～20%。在一个产蛋期中，随着产蛋周龄的增加，产蛋率呈现"低—高—低"的规律性变化。

（2）产蛋曲线的特点。产蛋率上升时，增加的速度快。在一般情况下，从17～18周龄开始产蛋率可达5%，到20周龄（或21周龄）产蛋率达到50%，24周龄时达到90%以上，并能维持16周左右。以后每周降低0.5%～1%，呈平稳直线下降。直到72周龄产蛋率仍然可维持在70%以上。

（3）蛋重变化规律。开产时蛋重较小，随日龄增加蛋重迅速增加，开产后18周（约300日龄）达到标准蛋重（60g左右），开产时约为标准蛋重的80%（48g左右），72周龄时约为标准蛋重的108%（65g左右）。

实践案例 ▶

我国蛋鸡生产水平不高，与世界水平相比差距很大。世界蛋鸡单产19～20kg、料蛋比（2.1～2.2）：1、死淘率3%～6%，我国蛋鸡单产15～16kg、料蛋比基本大于2.5：1、死淘率大约为10%。蛋鸡从业人员约1 000万人，蛋鸡养殖群体文化水平较低，专业化程度更低。请为这些从业者制订一套蛋鸡饲养管理方案。

实施过程

1. 预产期饲养管理要点 预产期是指 17 周龄至产蛋率达 5% 的时期，是性器官快速发展、营养储备阶段，对早期产蛋率及蛋重有很大影响。

（1）更换饲料。16~17 周龄将育成鸡料换成预产期饲料。产蛋率达到 5% 时，将预产期饲料换成高峰期饲料。

（2）增加光照。一般每周增加一次光照，可做 7~8 次（7~8 周）的递增，一直到产蛋高峰，每次增加不超过 1h。一般在 16h 时恒定，不得超过 17h。

（3）做好投药、防疫工作。鸡群开产之前必须投药 1~2 次净化疾病，使开产鸡群健康无病。若出现新城疫抗体效价不高或不均匀现象时，应立即注射一次油剂灭活苗或用弱毒苗饮水一次。

2. 产蛋高峰期饲养管理要点

（1）提高蛋鸡采食量。

①饲喂颗粒料，提高饲料适口性。

②换料时要有 7~10d 的过渡期，可以避免鸡群因换料造成的采食量下降。

③每天留有短暂空槽期，可以提高鸡群的食欲。但必须保证 5：00~7：00 和晚上熄灯前 1~1.5h 可获得足够的饲料，中午可以短暂空槽，让鸡吃尽料槽内的细小饲料，这些饲料中的微量元素和维生素更多，并可防止料槽内残留饲料霉变，减少饲料浪费。

④经常用手搅动料槽内饲料，保证饲料分布均匀、刺激鸡只采食。

（2）保障钙质饲料。产蛋高峰期饲料中应含有 3.5% 的钙和 0.4% 的有效磷。用 1/3 贝壳粉和 2/3 石粉作钙源饲料时，蛋壳质量最好。

（3）给予安静的生活环境。产蛋母鸡高度神经质，易惊群，要给鸡群提供一个安静的生活环境，避免惊群。

3. 产蛋中后期饲养管理要点

（1）更换饲料。当产蛋率降到 80% 以下时，更换产蛋中、后期饲料。换料要逐渐进行，以防突然换料影响产蛋率和蛋重。为防止蛋壳质量降低，将日粮中钙的含量提高到3.75%~4.0%，最好单独补充粒状钙质饲料。

（2）补免疫苗。按照防疫程序及时免疫，以预防鸡群发生疾病。

（3）淘汰低产鸡。在产蛋中后期，要及时淘汰低产鸡。高产母鸡与低产母鸡的外貌鉴别见表 5-13。

表 5-13　高产母鸡与低产母鸡的外貌特征

部位	高产母鸡特征	低产母鸡特征
腹部	容积大，皮肤柔软，有弹力	容积小、无弹力
肛门	湿润、宽松、清洁	干燥、紧缩、污染
耻骨间距	三指左右	三指以下
耻骨胸骨间距	四指以上	三指以下
羽毛	羽毛陈旧、背腰羽毛不全	洁净，整齐
换羽	晚，持续时间短	早，持续时间长
皮肤	柔软，有弹性	坚硬，无弹性

4. 做好产蛋鸡群日常管理工作

（1）科学饲喂，提高采食量。

①饲喂。一般日喂3次（末次在关灯前3h），高峰期可喂4次，以刺激母鸡采食。饲喂量为每只褐壳蛋鸡110~120g/d，白壳蛋鸡100~110g/d。

②饮水。保证水质良好、充足、清洁，防止断水，水温要适宜，鸡只喜欢饮13~18℃的水，水温低于0℃和高于27℃时，鸡的饮水量减少。

（2）灵活调整饲料。定期抽测鸡的体重、产蛋率和蛋重，根据抽测结果及时调整饲料配方。

（3）及时捡蛋。每天上午、下午各捡蛋1次，要轻拿轻放，防止破损，全年破损率不得超过3%，严禁将破蛋、空壳蛋喂鸡。并做好记录和装箱等工作。

（4）观察鸡群。一般在早晨开灯后观察鸡群的精神状态、采食、粪便等有无异常情况，夜间关灯后要仔细倾听鸡舍动静，发现有咳嗽、打呼噜、甩鼻和打喷嚏者，应及时捉出进行隔离或淘汰，防止扩大感染和蔓延。观察环境温度的变化情况，发现问题及时解决。

（5）保持固定的工作程序。稳定而良好的环境对产蛋鸡非常重要。饲养人员操作动作要轻，人员固定，按作业日程完成各项工作：如定时开关灯、按时喂料、捡蛋、打扫卫生等。各项作业程序不可轻易改变。

（6）保持环境卫生。做好各项清洁卫生及带鸡消毒工作，保持鸡舍内外的清洁、干燥。

（7）做好生产记录。做好采食量、产蛋量、蛋重、死淘率等生产记录，按时上报，发现问题及时处理。

（8）减少饲料浪费。①料槽（桶）的结构和高度要适宜，高度以高出鸡背2cm为适。②饲喂量要适中，料槽加料量不超过深度的1/3，料桶不超过1/2。③饲料颗粒大小适宜，成鸡以0.4~0.5cm为宜。④断喙可减少饲料浪费3%。⑤妥善保管饲料，防止霉变，防止鼠、鸟偷食饲料。⑥环境温湿度适宜、饲料营养平衡是最大的节约。

5. 提供产蛋鸡良好生活环境

（1）温度。

夏季防暑降温措施：改善鸡舍的隔热性能；加强通风，降低体感温度；采用湿帘降温；降低舍内湿度，防止高温高湿；供给清凉饮水；增加一次夜间喂料；防止饲料发霉；通过营养措施缓解热应激，添加1%~3%的油脂；日粮中添加0.5%的碳酸氢钠；补充维生素C、维生素E和B族维生素。

冬季防寒保暖措施：在入冬以前修整鸡舍，在保证适当通风的情况下封好门窗，以增加鸡舍的保暖性能；在条件允许的情况下，供暖提高舍温；防止冷风直吹鸡体，减少鸡体热量的散发；及时清粪，保证舍内清洁干燥；提高饲料能量水平，补充多种维生素；控制玉米水分和霉变。

（2）光照。产蛋鸡光照的基本原则是产蛋期光照不能缩短，只能有规律地延长，达到16h/d（种鸡产蛋后期再延长1h，达到17h/d）后保持恒定。光照度应保持$10lx/m^2$。

（3）保持环境安静，减少应激。预防应激的措施：应制订严格的科学管理程序，饲喂、光照、集蛋、清扫卫生、供水、通风要定时、定点、定人；避免噪声；尽量谢绝参观；饲料变更要有一个过渡时期，防止突然改变；对环境的突然变化要有预防措施；采取饲养管理措施时尽量减轻应激反应造成的危害。

（4）通风。鸡舍通风良好的标志是鸡冠鲜红，鸡群精神状态良好，舍内无异味。

（5）饲养密度。使用自动料线饲喂，每只鸡占有的料位为 10cm，水位为 4cm。

知识拓展

蛋鸡产蛋率突然下降的原因

产蛋高峰过后，产蛋率自然下降为每周 0.5％左右，如果在产蛋高峰前产蛋率下降，或产蛋率下降高于 0.5％，则不正常。

（1）营养因素。缺乏某种营养素，导致营养不平衡；饲料原料突然变化；饲料质量变化较大。

（2）管理因素。喂料不足、饮水不足；换料突然，没有过渡；气候突变，高温高湿、寒流等，没有做好预防措施；管理突变，如突然断水、断电、光照突变；药物中毒、药物使用不合理；惊群、噪声；接种疫苗。

（3）疾病因素。蛋鸡感染各种疾病都会造成产蛋率下降，特别是传染性支气管炎、传染性喉气管炎、鸡新城疫、禽流感、产蛋下降综合征等会导致产蛋率严重下降，下降幅度为 10％～50％。

职业能力测试

1. 整个育雏期每只鸡大约需要雏鸡料_____。
   A. 0.12kg　　　　B. 1.2kg　　　　C. 12kg　　　　D. 20kg
2. 育成鸡转入产蛋舍的适宜时间为_____。
   A. 110 日龄　　　B. 150 日龄　　　C. 180 日龄　　　D. 210 日龄
3. 产蛋鸡适宜的环境温度是_____。
   A. 8～15℃　　　B. 13～27℃　　　C. 0～8℃　　　D. 27～33℃
4. 产蛋鸡的光照时间是_____。
   A. 16h　　　　　B. 17h　　　　　C. 18h　　　　　D. 12h
5. 产蛋鸡高峰期日粮钙的水平是_____。
   A. 2.5％　　　　B. 3.5％　　　　C. 4.5％　　　　D. 5.5％
6. 怎样给雏鸡断喙？
7. 怎样制订开放式鸡舍光照方案？
8. 产蛋鸡的日常管理工作要点有哪些？

项目三　肉鸡生产

学习任务

肉仔鸡具有生长速度快、饲料转化率高的特点，但其营养需要高、抗应激能力弱，因此，需要良好的饲养管理条件。本次任务中，你应该了解肉仔鸡的生产特点，熟悉肉仔鸡养殖前各项准备工作，掌握肉仔鸡各周龄的饲养管理技术。

必备知识

1. 肉仔鸡的生长发育特性和生产特点

（1）肉仔鸡早期生长速度快，饲料转化率高。肉仔鸡出壳时体重 50g 左右，1 周龄体重是出壳时的 3 倍，7 周龄出栏体重可达 2.5kg 左右。1 只 2.5kg 左右的肉仔鸡消耗饲料量大约为 4.5kg，全程饲料转化率（1.7～1.9）：1，饲料转化率是各种畜禽中最高的。

（2）生长周期短。肉仔鸡 6～7 周龄即可上市，鸡舍经清扫、消毒、隔离 2 周，又可饲养下一批鸡。每年可饲养 5～6 批，设备的利用效率高。

（3）肉仔鸡的营养需要高于蛋用雏鸡。肉仔鸡日粮要求高能量、高蛋白质水平，各种养分要齐全充足，且比例平衡适当，任何微量成分的缺乏或不足，都会表现出病理状态。

（4）肉仔鸡的代谢病严重。肉用仔鸡生长发育过程中，肌肉的生长速度远快于内脏的生长发育，尤其是心肺的发育慢于肌肉。心肺不能满足肌肉快速生长对血氧的需要，常常导致代偿性疾病的发生，以腿病和胸部囊肿、猝死症、腹水症最为普遍。这是肉鸡生产中的难题，严重影响肉鸡的商品合格率和经济效益。

（5）抗应激能力弱，易患传染性疾病。肉用仔鸡从出壳到 49d 出栏，整个生长周期就正常生长发育而言，尚处于雏鸡阶段，对环境的适应能力和疾病的抵抗能力差，遇到应激因素极易诱发呼吸道等传染性疾病。

2. 肉仔鸡饲养方式

（1）厚垫料平养。在舍内地面铺设约 10cm 厚的垫料，垫料的长度以 10cm 以内为宜。常用的垫料有麦秸、稻草、刨花、玉米秸、稻壳等。其优点是成本低、胸部囊肿发病率低，残次品少。缺点是球虫病难以控制，药品和垫料费用较大。

（2）网上平养。将鸡养在特殊的网架网床上面，网用支架架起，距地面 50cm 左右。网的材料以塑料网或金属网架上铺塑料网较普遍。

（3）笼养。肉鸡从出壳到出栏一直在笼内饲养。

（4）笼养和平养相结合。在育雏阶段（3～4 周龄前）采用笼养，然后转群改为地面厚垫料散养或网上散养。此方式难以做到全进全出。

实践案例

2012 年 12 月，某快餐店陷入"速成鸡"风波，来自山东某集团的肉鸡被曝养殖过程中添加大量抗生素和激素，进入快餐店销售。据中央电视台报道，生产"速成鸡"的养殖场，采取 24h 照明并喂食激素，30g 的小鸡在 40d 内长能到 3kg、3.5kg。为避免鸡死亡，"速成鸡"至少要吃 18 种抗生素。而这些抗生素鸡、激素鸡在没有经过检验检疫的情况下，被山东某集团收购，每月约 40t 这样的肉鸡供应到快餐店。你怎么看待这个问题？请制订一套肉仔鸡饲养管理方案。

实施过程

1. 做好肉仔鸡养殖前各项准备工作

（1）清洗消毒鸡舍。清洗消毒鸡舍时，可按先清扫、后冲洗、再喷雾消毒、最后熏蒸消毒的顺序进行。

（2）安装调试所有设备。

（3）准备好肉仔鸡饲料。

（4）预热鸡舍。进雏前鸡舍温度达到 33~35℃。

2. 护理好 1 周龄雏鸡

（1）饮水。雏鸡到场后及时饮水，初次饮水用温开水，水温与室温接近，确保每只鸡都喝到水。饮水中可加入葡萄糖、补液盐或多种维生素，有利于雏鸡恢复体力。

如果整个生长阶段全部采用自动饮水，则要调整好水压及高度，以保证每只鸡饮到足够的水。饮水要清洁，达到饮用水标准。

（2）饲喂。初饮 2~3h 后开食，将开食盘在垫料上均匀摆放好，每个开食盘可饲养75~100 只鸡。1~3 日龄，全部用开食盘，4~6 日龄为过渡阶段，7 日龄全部撤出开食盘。

育雏期饲料要少量勤添，1~3 日龄每天饲喂 12 次，4~7 日龄每天饲喂 8 次，8~14 日龄每天饲喂 6 次，15 日龄后每天饲喂 4 次。第 1 周自由采食，第 2 周起到出栏前 10d 适当限饲，最后 10d 自由采食。更换饲料时，要有 3d 的过渡期。

（3）控制好温湿度。肉仔鸡适宜的温度和湿度见表 5-14。

表 5-14　肉仔鸡适宜的温度和湿度

周龄	1	2	3	4	5 以上
温度（℃）	34~35	32~33	29~30	24	21 左右
湿度（%）	70	70~65	65~60	65~60	60

（4）控制好光照。

①采用弱光。除 1~3 日龄采用强光，便于雏鸡采食饮水外，光照度应逐渐由强变弱，使鸡只安静，利于生长。一般光照度为 5lx/m²，只要不影响采食和饮水即可。

②采用连续或间歇光照。

连续光照：2~3 日龄每天 24h 光照，以后每天 23h 光照，夜间关灯 1h。

间歇光照：在开放式鸡舍，白天自然光照，晚上喂料时开灯，喂完后关灯。

（5）控制好通风量。通风的原则是：前期以保温为主，通风为辅，通风速度要缓慢，防止贼风和穿堂风；后期以通风为主，保温为辅。要随时观察鸡舍温度和空气质量，调整通风量。

（6）控制好密度。在第 1 周龄时，至少要将饲养面积扩大 1 倍。有窗鸡舍在出栏时，冬季每平方米饲养 9~10 只鸡，春秋季每平方米饲养 8~9 只，夏季每平方米饲养 7~8 只。密闭鸡舍在出栏时，每平方米饲养量不超过 10 只。

（7）护理弱雏。及时挑选出弱鸡，放入护理栏单独饲养。

3. 做好 2 周龄肉仔鸡的饲养管理工作

（1）肉仔鸡的限饲。肉仔鸡适当限饲，可减少腹水症、猝死症的发生，提高饲料转化率。但应注意，如果前期生长控制过度，体重减少超过 10%，以后体重将不能完全恢复。

（2）温度。昼夜温差要控制在 1~2℃。

（3）湿度。逐渐降低湿度，加大通风、清除湿垫料。

（4）通风。24h 通风，根据内外温差调节通风量。

（5）饮水。采用自动饮水时，让鸡伸着头喝水，不要弯着头喝水。

（6）控料。适当控料。

（7）扩群。一免后，在好天气进行扩群。

（8）其他日常工作。提供安静环境，减少肉仔鸡的应激，做好卫生、防疫、消毒工作。

4. 做好肉仔鸡第 3 周龄的饲养管理工作

（1）温度。晚上以保温为主，特别是温差大的地区。白天要加大通风，排出有害气体，降低湿度。

（2）通风。在保证温度的前提下尽量加大通风量。

（3）检查水、料线。采用全自动喂料饮水系统的要检查水线、料线，提高高度。

（4）扩群。适时扩群至全舍。

（5）控料。继续控料，减少猝死症发生。

（6）卫生、免疫与防病。加强日常带鸡消毒，只要天气晴好，就在午后进行一次消毒。按程序免疫。

（7）加强饮水和垫料管理。饮水管理不当，鸡舍湿度增加，微生物滋生，舍内有害气体浓度增高。饮水器周围或水线下面的垫料要勤换，防止结块，加强通风，防止地面潮湿。

5. 做好肉仔鸡 4～6 周龄的饲养管理工作

（1）加强通风。

（2）30 日龄前后为疾病高发阶段，要做好预防性投药和鸡舍清洁卫生工作。

（3）自动饮水要进行水线冲洗检查。

（4）加强日常带鸡消毒工作。

6. 做好肉仔鸡第 7 周龄的饲养管理工作

（1）做好日常饲养管理工作。

（2）肉鸡出栏前最少要控料 4h，并降低光照度，以防止鸡吃垫料，但要给鸡提供正常的饮水。

🔍 知识拓展 ▶

1. 优质肉鸡的概念　优质肉鸡是指肉质优良，具有符合某地区和民族喜好的体型外貌、较高的生产性能，较低的生产成本和较大的消费面的地方品种。习惯上指除白羽肉鸡以外的全部有色肉鸡，既包括我国地方品种鸡，也包括导入外血的杂交鸡，只要含有我国地方鸡种血源，外观能满足消费者需求，肉质鲜美、风味独特的有色羽鸡，都作为优质肉鸡。

2. 优质肉鸡的生产特点

（1）肉质好。生长速度与肉质之间为遗传负相关，即生长速度越快，肉质越差。优质肉鸡生长速度慢，生长周期长，肉质和口感明显好于快大型肉鸡。

（2）营养要求低，后期对能量利用强。多数优质肉鸡耐粗饲，有较强的适应能力，粗蛋白质 19%、能量 11.5MJ 的营养水平下即可正常生长；生长后期，优质肉鸡对脂肪的利用率加强，肉质中含有适量的脂肪，有利于改善肉品风味。

（3）抗病力强。优质肉鸡有较强的适应能力，抗病力和耐受力较强。

（4）生长速度较慢。优质肉鸡的生长速度介于蛋鸡与快大型商品肉鸡之间，根据生长速度可分为：快速型、中速型、慢速型。有些快速型优质肉鸡 6～7 周龄上市体重可达 1.3～1.5kg；而有些慢速型的优质肉鸡 13～16 周龄时上市体重仅 1.1～1.5kg。

（5）生产周期较长。大多数优质肉鸡要饲养至 3～4 月龄，体重达到 1.2～1.5kg 时方可上市，正常饲养管理条件下，全年可以出栏 3 批左右。

职业能力测试

1. 肉仔鸡生产中，全程饲料转化率一般为_____。
   A.（1.0～1.2）：1　　　　　　B.（1.7～1.9）：1
   C.（2.3～2.5）：1　　　　　　D.（3.0～3.5）：1

2. 肉仔鸡采用厚垫料平养时舍内地面垫料的厚度一般为_____。
   A. 1cm　　　　　　　　　　B. 5cm
   C. 10cm　　　　　　　　　 D. 20cm

3. 肉仔鸡生产中，进雏前鸡舍温度应达到_____。
   A. 3～5℃　　　　　　　　　B. 13～15℃
   C. 23～25℃　　　　　　　　D. 33～35℃

4. 采用有窗鸡舍时，夏季肉仔鸡出栏前适宜的饲养密度为每平方米_____。
   A. 1～2 只　　　　　　　　　B. 3～5 只
   C. 7～8 只　　　　　　　　　D. 10～20 只

5. 怎样养好 1 周龄的肉仔鸡？

项目四　鸭、鹅生产

任务 1　鸭饲养管理

学习任务

鸭产品丰富，营养价值高，具有其他畜禽不可替代的地位。目前，我国的养鸭业正向着规模化、专业化方向发展。本次任务中，你应该了解鸭的生活习性，掌握蛋鸭、肉鸭的饲养管理技术，会培育雏鸭。

必备知识

1. 鸭的生理生活习性

（1）鸭生长迅速，消化代谢旺盛，饲料转化率高，如大型商品肉鸭 8 周龄体重可达 3.5kg。

（2）商品肉鸭产肉率高，肉质好，生产周期短，可全年批量生产。

（3）繁殖力强，蛋鸭开产日龄 120d，年产蛋 280～300 个，蛋重 70g，总重量 19.6～21kg。绍兴鸭高产品系 500d 产蛋量可达 310 个，总重量可达 22kg。

（4）鸭产品种类繁多，市场开发前景广阔。鸭的产品，如白条鸭、鸭舌、鸭血、肥肝、鸭肠、鸭掌、松花蛋、咸鸭蛋、鸭羽绒等，都是很受市场欢迎的产品。

（5）对外界环境适应性强，耐粗放饲养，生产成本较低。

（6）喜水性强，合群性好，生活有一定的规律，易于调教和训练，且一旦形成规律就不会轻易改变。

2. 肉鸭饲养方式

（1）地面平养。在水泥或砖铺地面上铺上垫料即可。若出现潮湿、板结可局部更换新垫料，鸭群出栏后一次清除。这种方式垫料需要量大，舍内尘埃多、细菌也较多，垫料易潮湿、空气污浊、容易诱发疾病。

（2）网上平养。此饲养方式使鸭脱离水面，在距地面 60cm 左右铺设金属网或塑料网，雏鸭不接触粪便，减少了由粪便传播疾病的机会，且饲养密度较大，管理方便，适于规模饲养。

🔍 实践案例 ▶

　　传统养鸭模式是水中放养、岸上采食，这种方式排泄物排入水体，污染严重。一个万只规模种鸭场平均每天产生排泄污水 40t，而污水进入河道就会造成污染。为此，浙江省台州市路桥区和省农科院畜牧兽医研究所合作，在丰翔家禽养殖专业合作社建成一个标准化水禽场，在全市率先开展蛋鸭笼养试验，采用自动喂料、自动饮水、自动通风、自动刮粪等技术，有效解决了水禽污染治理难的问题。这样既能节省水资源，又实现污染物零排放，减少了对水体环境的污染。据此案例制订鸭的饲养管理方案。

📋 实施过程 ▶

1. 精心培育雏鸭　肉用型鸭 0～3 周龄、蛋用型鸭 0～4 周龄为育雏期。

（1）做好育雏前的准备工作。

①制订育雏计划。内容包括育雏数量、饲养管理操作规程、疾病防控程序等。

②准备饲料和用具。提前准备好育雏饲料，并检查各种用具是否齐全、完好。

③鸭舍与设备检修。要检查门窗是否破损，食槽、饮水器、照明设备和供暖是否完备，电线、电源、供水系统是否完好等，如有损坏，应及时检修或更换。

④消毒。消毒前对鸡舍内及设备进行彻底清扫、喷洒消毒药，然后用高锰酸钾和甲醛熏蒸，或其他熏蒸消毒药熏蒸消毒 24～48h，打开门窗彻底通风换气。食槽和饮水器等用具用消毒液浸泡消毒。

⑤试温。进雏前 1～2d 应对育雏舍供温预热，使温度达到 30～32℃。

（2）选雏与接雏。

①选择健雏。健雏是指体重符合品种要求，绒毛整洁，富有光泽，腹部大小适中，脐部收缩良好，腿健壮有力、眼大有神，行动灵活，抓在手中挣扎有力，体质健壮的雏鸭。将腹部膨大、脐部突出有血痕、晚出壳的弱雏单独饲养。

②接雏。在接运过程中，应注意保温、防压。

③入舍分群。根据雏鸭大小，体质强弱进行分群。一般以大小和体质相近的鸭分在同一群，每群以 300 只为宜，并记录进雏日期、数量等。

（3）控制好环境条件。

①适宜的温度。雏鸭体温调节机能不健全，对外界的适应能力较差，需提供适宜的温度，可采用电热设备、煤炉等供温。不同日龄雏鸭适宜的温度见表 5-15。

表 5-15　不同日龄雏鸭适宜的温度

日龄	1～3	4～6	7～10	11～14	15～21	21 后
温度（℃）	32	31～30	29～28	26～24	21～19	15～16

在生产中，要根据雏鸭的表现调节育雏温度。温度适宜时，雏鸭三五成群，食后静卧而无声，分布均匀，活动自如；温度过高时，雏鸭远离热源，张口喘气；温度过低时，雏鸭挤靠热源，互相挤压，出现"扎堆"现象。

②适宜的湿度。湿度标准第 1 周以 65％为宜，第 2 周为 60％，第 3 周为 55％。

③合理的密度。密度是指每平方米地面或网底面积上养的雏鸭数。适宜的密度可以保证高的成活率和生长速度，又可充分利用育雏面积与设备。1～3 周龄大型肉用雏鸭的饲养密度见表 5-16。

表 5-16　大型肉用雏鸭的饲养密度（只/m²）
（引自杨宁，《家禽生产学》，2002）

周　龄	地面饲养	网上饲养
1	15～20	25～30
2	10～15	15～25
3	7～10	10～25

④合理的光照。适宜的光照可以促进雏鸭的采食和运动，有利于雏鸭的正常生长发育。1～7d 时，以 23～24h/d，0.3～0.5lx 为宜，8～21d 时，逐渐过渡到自然光照。

⑤良好的通风。雏鸭 1 周龄后排泄物增多，育雏室容易潮湿，大量积聚氨气、硫化氢等有害气体。因此，要特别注意通风。通风良好的标准是室内空气清新，人无刺鼻、刺眼的感觉。

⑥及时分群。雏鸭进入育雏室后，应按体重大小分群饲养。每群以 200～300 只为宜。并挑出弱雏，将其放在温度较高的地方，单独饲养。通常在 8 日龄和 15 日龄时，结合密度调整，进行第 2 次、第 3 次分群。

（4）雏鸭饲养管理技术。

①雏鸭的饮水。雏鸭第 1 次饮水称为"开水"。出壳 18～24h 后即可饮水。由于雏鸭从入孵到出壳时间较长，且育雏器内的温度较高，体内需水较多，因此，必须适时补充水分。

②雏鸭的饲喂。饮水后 1～2h 就可以开食，开食料一般采用直径为 2～3mm 的颗粒料。第 1 天可把饲料撒在塑料布上，做到随吃随撒，第 2 天后就可改用料盘或料槽喂料。雏鸭自由采食，在食槽或料盘内应保持昼夜均有饲料，做到少喂勤添，随吃随给，保证饲槽内常有

料，余料又不过多。

2. 做好肉鸭生长育肥期的饲养管理工作

（1）逐步脱温。气温升高时要逐渐脱温，冬季舍温不到 10℃ 时应加温，使温度保持在 15～17℃。

（2）适宜光照。采用自然光照，早晚开灯喂料，5lx 的白炽灯即可。

（3）控制密度。4 周龄每平方米饲养 7～8 只，5 周龄每平方米饲养 6～7 只，6 周龄每平方米饲养 5～6 只。

（4）适时换料。进入育肥期，要将雏鸭料逐渐调换成中雏料，要有 3～5d 的过渡期，以降低应激反应，防止采食量下降。每只鸭占有料槽 10cm 以上，水槽 1.5cm 以上。

（5）加强垫料管理。勤换垫料，保持垫料干燥，防止潮湿、霉变。

（6）添加沙砾。为雏鸭增强消化机能，应在运动场上专放几个沙砾小盘，或在饲料中添加一定比例的沙砾，以帮助雏鸭消化饲料。

（7）鸭舍清洁卫生。保持鸭舍干燥、清洁卫生。

（8）建立固定的管理程序。每天清粪、加料等工作程序要固定，使雏鸭形成条件反射，形成良好的生活习惯。

（9）制订科学的防病免疫程序。

（10）适时出栏。最佳上市日龄的选择要根据销售对象、加工用途等确定。商品肉鸭 6 周龄活重可达到 2.5kg，7 周龄达 3kg 以上，6 周龄的饲料转化率较理想，因此，42～45d 为其理想的上市日龄。

3. 合理饲养产蛋期商品蛋鸭　优良蛋鸭品种 150d 时产蛋率可达 50％，至 200d 时达 90％以上。在正常饲养管理条件下，高产鸭群高峰期可维持到 450d 左右，以后逐渐下降。

（1）产蛋初期和前期的饲养管理要点。

①合理饲喂。产蛋初期和前期分别指 150～200d、201～300d 阶段。此期间喂料量原则是开始产蛋时开始加料，产蛋达最高峰，喂料量达最高量，产蛋高峰后恒定稳定喂料量。白天喂 3 次料，21：00～22：00 加料 1 次。每只蛋鸭每天约耗料 150g。

②补充光照。此期间光照时间应逐渐增加，至产蛋高峰期，自然光照和人工光照时间合计应保持 14～15h。

（2）产蛋中期的饲养管理要点。产蛋中期指 301～400d，此期内的营养水平要在前期的基础上适当提高，日粮中粗蛋白质的含量应达 20％。并注意钙的补充。光照再延长 1～2h，使光照总时间稳定在 16～17h，以进一步刺激产蛋。

（3）产蛋后期的饲养管理要点。产蛋后期指 401～500d。此期内饲养管理的主要目标，是尽量减缓鸭群产蛋率下降幅度。如果饲养管理得当，此期内鸭群的平均产蛋率仍可保持 75％～80％。此时应按鸭群的体重和产蛋率的变化调整日粮营养水平和给料量，并及时淘汰低产鸭。

（4）产蛋期商品蛋鸭的环境要求。

①温度。产蛋鸭最适宜温度为 13～20℃，温度低于 4℃ 或高于 30℃ 会严重影响产蛋量。

②通风。要求舍内空气新鲜，无刺激鼻子、眼睛的感觉，无异味。

③密度。肉用种鸭产蛋期每平方米饲养 2～3 只；兼用种鸭产蛋期每平方米饲养 4～5 只；蛋用种鸭产蛋期每平方米饲养 8～10 只。

④避免应激。产蛋期的鸭富于神经质，要避免各种应激因素。应固定每天的操作程序，出栏、洗澡、喂料、休息、交配、入栏、捡蛋、清粪等工作要按时进行，不能随意改变；饲料的调整要逐渐进行，且不喂发霉变质饲料；不用磺胺类、呋喃类、喹乙醇等影响产蛋和蛋质量的药物；保持鸭舍安静，防止惊吓。

4. 科学管理蛋用种鸭

(1) 严格选择，养好公鸭。留种公鸭须按种公鸭的标准经过育雏期、育成期和性成熟初期3个阶段的选择，以保证用于配种的公鸭生长发育良好，体格强壮，性器官发育健全，精液品质优良。育成期公母鸭最好分群饲养，公鸭采用放牧为主的饲养方式，在配种前20d放入母鸭群中。

(2) 适合的公母性别比例。在早春和冬季，公母比可用1∶20，夏、秋季公母比可提高到1∶30。这样的公母比受精率可达90%或以上。在配种季节，应随时观察公鸭配种表现，发现伤残的公鸭应及时调出补充。

(3) 管理要点。注意舍内垫草的干燥和清洁，及时翻晒和更换；每天早晨及时收集种蛋，尽快消毒、存入蛋库（室）；天气良好时，应尽早放鸭出舍，迟收鸭；保持鸭舍环境的安静；气温低的季节应注意舍内避风保温，气温高的季节，要注意通风降温。

任务2　鹅饲养管理

🖥 学习任务 ▶

鹅是草食水禽，耐粗放，属节粮型家禽。鹅全身是宝，可开发的项目多，养鹅业已成为一些地方的支柱产业。本次任务中，你应该了解鹅的生活习性，会培育雏鹅，掌握肉鹅生长育肥期和种鹅的饲养管理技术。

🔍 必备知识 ▶

1. 鹅的生活习性

(1) 喜水性。鹅喜欢在水中浮游、觅食和求偶交配。

(2) 合群性。家鹅天性喜群居生活。

(3) 警觉性。鹅的听觉灵敏，反应迅速，叫声洪亮，性情勇敢好斗，遇到陌生人则高声鸣叫，展翅啄人。

(4) 耐寒性。鹅的羽绒具有很好的隔热保温作用，耐寒性好，鹅可在0~4℃的环境下正常生长繁殖。

(5) 节律性。鹅具有良好的条件反射能力，每天的生活表现出较明显的节奏性。

(6) 杂食性。鹅耐粗饲，可利用的饲料种类繁多。

2. 鹅的饲养方式

(1) 舍饲。多为地面平养或网上平养。育雏期（0~4周龄）在舍内饲养，育肥期（5~10周龄）多采用舍饲和放牧结合的方式饲养。

(2) 放牧饲养。该方式是以放牧为主，适当补饲精料。一般雏鹅在10~15日龄即开始短时间放牧，逐步过渡到全日放牧，并适当补饲精料。放牧鹅群的数量可大可小，视放牧地条件而定。

实践案例

南方某地农民利用麦田养鹅，一举两得。一是提高了麦田效益：利用麦田养鹅，每667m² 麦田可养鹅40～60只，每667m² 增效益1 000元以上，不影响粮食生产，能达到种养结合、共同发展的目的。二是改变了田间生态环境：鹅在田间活动，其粪便改善了土壤的理化性质，同时减少了田间的农药施用量，有利于小麦的无公害生产。可见养鹅是农村致富的重要途径，请拟订一套鹅的饲养管理方案。

实施过程

1. 精心培育雏鹅　4周龄以前称为鹅的育雏期。

（1）雏鹅的饲养方式。

①地面育雏。指在水泥地板、砖地或普通地面上铺3～5cm厚的垫草进行饲养。

②网上育雏。指将雏鹅饲养在50～60cm高的铁丝网或竹板网上，网眼大小1.25cm×1.25cm。

（2）育雏环境控制。

①温湿度控制。刚出生雏鹅体温调节机能不完善，抗寒能力差，要提供适宜的温度，保证正常的生长发育。鹅虽然是水禽，但潮湿对雏鹅的健康和生长极为不利。10日龄以前相对湿度为60%～65%，10日龄后鹅舍应尽量保持干燥，以不超过70%为宜。雏鹅育雏期的适宜温湿度见表5-17。

表5-17　雏鹅育雏期的适宜温湿度

日龄	1～5	6～10	11～15	16～20
温度（℃）	27～28	25～26	22～24	20～22
相对湿度（%）	60～65	60～65	65～70	65～70

②密度控制。雏鹅适宜的饲养密度见表5-18。

表5-18　雏鹅适宜的饲养密度（只/m²）

类型	1周龄	2周龄	3周龄	4周龄
中小型鹅种	15～20	10～15	6～10	5～6
大型鹅种	12～15	8～10	5～8	4～5

（3）及时饮水、开食。

①饮水。雏鹅第1次饮水也称"潮口"。潮口时间在出壳后12～24h，水温与舍温相近，可用小型饮水器或浅盘，水深1cm左右，以雏鹅绒毛不湿为原则，可轻轻将雏鹅头一按，让其饮水即可。

②开食。"潮口"后即可开食。开食料最好用全价小颗粒饲料，撒在开食盘内、报纸上、席子上或浅料盆内，调教、引诱雏鹅采食。2日龄时可饲喂青绿饲料。

③饲喂次数和方法。1周龄内，一般每天喂料6～9次，每2～3h喂料1次；第2周时，

186

雏鹅的体力有所增强，采食量增大，可减少到每天喂料 5～6 次，其中夜里喂 1 次。

（4）放牧。开始放牧的时间视气温而定，天气暖和时 4～5 日龄，天气寒冷时 10 日龄以后。初期放牧时间宜短，次数宜少，随着日龄的增加，放牧次数相应增加，逐渐延长放牧时间。3 周龄后，只要天气状况许可就可全天放牧。

（5）放水。在放牧的同时开始放水，初次放水要求将雏鹅赶到清洁的浅水塘中，任其自由下水几分钟，再赶上岸，待梳理绒毛，毛干后再赶回舍；切忌强迫下水，以防风寒感冒。下水时间开始时宜短，随着日龄增大逐渐延长。

（6）分栏饲养。因多种因素的影响，同期出壳的雏鹅强弱、大小也有差异，因此，必须根据雏鹅体重的大小、强弱进行分群，并分栏饲养，每栏以 25～30 只为宜，对弱雏要加强饲养管理，提高整齐度。

（7）搞好环境消毒和卫生工作。饲料要新鲜，垫草要经常更换，保持清洁干燥、卫生；同时要防鼠、犬等伤害，减少刺激，严禁在育雏室内大声喧哗和粗暴操作，室内电灯 1～2 日龄要亮（能刺激食欲），以后逐渐减弱，只要能看到饮水和喂料即可。

2. 合理饲养生长育肥期的肉用仔鹅

（1）放牧要点。

①分群。放牧前可按体质强弱、批次进行分群，以防在放牧中大欺小、强欺弱，影响个体的生长发育。

②鹅群大小适宜。放牧鹅群不宜过大。过大的鹅群不好管理，生长发育也不整齐。若草多、草好、放牧地大，以 200 只左右为一群比较适宜；如果农户利用田边地角、小块草地放牧养鹅，则不宜超过 50 只。

③放牧场地与时间要求。放牧场地要靠近水源、草质优良。诸如荒山荒坡、林间、果园、滩涂地等。鹅于 4～5 日龄开始放牧，放牧时间要短、距离要近；随日龄的增加，可逐渐增加放牧时间，并逐渐远离鹅舍。至 40 日龄时可每天放牧 4～6h，50 日龄时可全天放牧。

④调教鹅群。放牧人员应于鹅的放牧初期，在鹅的出牧、归牧、下水、休息等活动方面，给以相应的信号，使鹅群建立起相应的条件反射，养成良好的生活规律，以便于放牧管理。

⑤做好"三防"工作。一防中暑雨淋；二防惊群，鹅对外界比较敏感，突然的动作、声音，其他兽类突然接近，易受惊吓；三防中毒，施过农药后草地经过一定时间后才能安全放牧。

⑥补饲。为保证其生长的营养需要，晚上要补喂饲料，以吃饱为度。

（2）育肥仔鹅的短期育肥。以舍饲、自由采食为主；每天喂 3 次，夜间 1 次；饲料应全价，育肥期要限制鹅的活动，控制光照、保持安静，减少对鹅的刺激，让其尽量多休息；供给充足饮水；强弱要分群；保持场地用具清洁卫生，定期消毒，防止疾病发生。

3. 做好种鹅的饲养管理工作

（1）育成期的饲养管理。5～30 周龄为种鹅的育成期。此期可分为前期生长期和后期控料期两个饲养阶段。

①生长期饲养。中雏鹅在 80 日龄左右进行第 2 次换羽，30～40d 换羽结束。此期间是长骨架、长肌肉的关键时期。要求日粮中蛋白质含量应达到 12%～14%，以保证其生长发育的需要。

②控料饲养。在育成后期，为了适当推迟种母鹅的开产日龄，让青年种鹅充分发育，以提高种蛋品质和公鹅的交配能力，常常采用控料饲养。后备母鹅的控料应在17～18周龄开始，在开产前50～60d结束。控料时间为60～70d。控料的方法是减少精料喂量，多喂青料，放牧为主；或降低营养水平（低能低蛋白），保持喂料量不变，放牧为主。

（2）产蛋期的饲养管理。

①鹅群结构要合理。鹅的产蛋量随年龄的增长而提高，到第2年或第3年达到最高。种母鹅的利用年限可长达4～5年。因此，种鹅群中第2年和第3年的母鹅应占65%～70%。

②临产母鹅与未产母鹅分开饲养。临产母鹅的特点是全身羽毛紧凑，光泽鲜艳，颈羽像绸缎一样致密而油光水滑，尾羽与背羽平直，肛门平整呈菊花状，耻骨距离宽，形态丰满，行动迟缓，腹部饱满松软而富有弹性，几乎拖地，食量加大，喜食矿物质。

③提高日粮营养水平。种鹅饲养到26周龄，或在开产前1个月时，改用产蛋鹅饲料，饲料中粗蛋白质为15%～16%，待产蛋率到30%～40%时，将饲料中粗蛋白质提高到17%～18%。每周增加喂料量25g，用4周时间逐渐过渡到自由采食。产蛋母鹅以舍饲为主，放牧为辅。

④补充光照。在自然光照条件下，母鹅一年只有1个产蛋周期。为了提高母鹅的产蛋量，应补充光照，可使母鹅一个产蛋年有两个产蛋周期。后备母鹅从10～27周龄采用6～8h的短光照。28周龄起将光照逐渐增加到14～15h，光照度25lx/m²。

⑤适当的公母配比。公母鹅有固定配偶交配的习性，在繁殖季节开始前2～3周组群，使公母鹅彼此亲近，有利于提高受精率。鹅群中公母比例以1：（4～6）为合适。清晨、傍晚是水中洗浴配种的高峰。在水中交配有利于提高受精率。因此，放牧地应选择有水源处，舍饲种鹅舍应在临水域的一侧设置水上运动场，供种鹅洗浴和交配之用。

⑥防止窝外蛋。母鹅有择窝产蛋的习惯，舍饲鹅群在圈内靠墙处应设有足够的产蛋箱，4～5只母鹅用一个产蛋箱。

母鹅的产蛋时间多在凌晨至9：00，在每天的产蛋时间内应特别注意保持环境安静，饲养人员不要频繁进出圈舍，视鹅群大小每天集中捡蛋2～3次。

⑦放牧。种鹅应在上午产蛋基本结束时才开始出牧。放牧时注意控制速度，不要随意驱赶和惊吓鹅群，以免鹅群受伤。

（3）休产期的饲养管理。

①人工强制换羽。无就巢性或很弱的母鹅，经7～8个月的产蛋之后体力消耗很大，羽毛破损严重。因此，可在鹅群产蛋期基本结束后进行人工强制换羽。以缩短换羽期，使下一个产蛋期产蛋比较整齐。

②降低日粮营养水平。进入休产期的种鹅应以放牧为主，将产蛋期的日粮改为育成期日粮。其目的是消耗母鹅体内的脂肪，提高鹅群耐粗饲的能力，降低饲养成本。

职业能力测试

1. 大型商品肉鸭8周龄体重可达_____。

A. 1.5kg B. 2.5kg C. 3.5kg D. 5.5kg

2. 商品蛋鸭产蛋中期的光照时间一般为_____。

A. 1～2h B. 10～12h C. 16～17h D. 23～24h

3. 鹅群中公母比例一般为_____。

    A.1：（4～6）   B.1：（10～15）

    C.1：（20～30）   D.1：（40～60）

4. 饲养管理良好的种母鹅，可利用_____。

    A.365d   B.500d   C.4～5 年   D.10～15 年

5. 怎样培育雏鸭？

6. 简述母鹅产蛋期的饲养管理要点。

项目五　家禽孵化

任务 1　种蛋的孵化

学习任务

    种蛋孵化是家禽繁殖的重要环节，孵化效果直接影响雏禽成活率。本次任务中，你应该了解种蛋孵化条件，会挑选种蛋，能做好孵化期间的各项工作。

必备知识

孵 化 条 件

    （1）温度。胚胎发育对环境温度有一定的适应能力，在 35～40.5℃时总有一些种蛋能发育成雏。大型孵化器入孵器最适宜的孵化温度是 37.8℃，出雏器是 37～37.5℃。孵化室的室温必然影响机内的孵化温度，孵化室保持 24～26℃较为恒定的室温。

    （2）相对湿度。孵化适宜湿度为 40%～70%，现代孵化器入孵器为 50%～60%，出雏器为 75%，水禽出雏时为 90%。

    （3）通风换气。孵化器内含氧量应为 21%左右，含氧量每降低 1%，孵化率将降低 5%左右。孵化器内二氧化碳应小于 0.5%，若二氧化碳含量高于 2%时，孵化率急剧下降。若孵化 19～21d 通风换气不良，则易导致胚胎闷死于壳内或啄壳后死亡。

    （4）翻蛋。翻蛋时，大头向上，沿蛋的长轴前后倾斜，角度以水平位置左或右倾斜 45°为宜。每 2h 翻蛋 1 次。孵化过程中，入孵 7d 内，胚胎最容易出现粘连，当孵化至 14d 后，由于胚胎已长出绒毛，胚胎不宜粘连，可以不翻蛋，蛋盘停在水平位置即可。

    （5）晾蛋。晾蛋可以驱散余热，让胚胎得到更多的新鲜空气。晾蛋对鸡并非必需，但鸭、鹅因蛋内脂肪含量高，胚胎代谢自身产热多，胚胎温度易过高，因而必须晾蛋，晾蛋时间从尿囊"合拢"后开始。

    （6）孵化卫生。

    ①设备设施的清洗、消毒。每次出雏后应彻底高压清洗孵化器，再用消毒液喷雾或擦拭，空机熏蒸消毒；蛋盘和出雏盘应先用清水彻底浸泡清洗，再用消毒液浸泡；孵化室、洗涤室、雏鸡存放室的地面、墙壁、天棚均应先清洗、然后熏蒸消毒；并将各室的废弃物装入塑料袋中，集中处理。

②单向流程原则。工艺流程为"种蛋选择→种蛋消毒→种蛋贮存→分级码盘→孵化→移盘→出雏→鉴别、分级、免疫→雏禽存放→外运"。

实践案例

江苏省某孵化场在2012年7月中旬，从外地用汽车运输种蛋6万枚，但出雏只有3万余只，检查发现，多数雏是在落盘后闷死于壳内或在破壳后死亡。据此案例制订孵化工作方案。

实施过程

1. 严格挑选种蛋

（1）种蛋挑选标准。收集的种蛋要按种蛋选择标准进行严格挑选，剔除不合格的蛋。合格种蛋标准如下。

①蛋重。鸡蛋重50~70g、鸭蛋重80~100g、鹅蛋重160~200g。

②蛋形。正常形状为卵圆形，蛋形指数（蛋的横径与纵径之比）为0.72左右。

③蛋壳质量。蛋壳质地致密，无裂纹。

④清洁度。蛋壳表面必须保持清洁，有光泽，不准沾有异物和污物。

（2）种蛋选择时间。

①禽舍内初选。剔除破蛋、脏蛋和明显畸形的蛋。多用感观选择（眼看、耳听、手摸）。

②孵化室二选。剔除不适合孵化用的禽蛋。用照蛋器和剖视抽查。

2. 码盘与预热

（1）码盘。

①蛋的钝端向上，码放于蛋盘内，称为码盘。先码入存放时间较长的蛋，后码入存放时间短的蛋。

②每个蛋车应尽量装入同一舍、同一鸡群或周龄相近鸡群所产的蛋，并做好标记。

③准确记录入孵种蛋数量、蛋盘（车）编号、品种（系）、入孵日期、批次等，上蛋后与种蛋一起熏蒸消毒，填写孵化进程表，入孵、照检、移盘和出雏日期等。

④装入蛋架后，应试翻蛋2~3次，发现问题及时处理。

（2）种蛋的预热。预热的目的是为了减少种蛋表面"出汗"，减少早期胚胎死亡，使胚胎发育同步，缩短出雏期。入孵前对预热区域进行清洗、消毒；将种蛋车放到专门的预热室，室内应有良好的循环风装置，温度保持24~28℃。预热8~12h，使种蛋的温度预热到25℃，然后推入孵化器，鸭、鹅蛋以倾斜45°或横放为好。

3. 入孵种蛋 蛋车推入孵化器动作要轻，避免碰撞造成损失，入孵一台应在5min内完成。入孵完毕应再次检查风扇运转情况、风帘位置、水管、门槛的密封情况等，一切正常后关灯。入孵后，经3~8h可达到温度设定值，此后2~3h，进行温湿度校准和测量，并做好记录。

4. 做好孵化期间的各项工作

（1）孵化器、出雏器的温湿度测定及调节。当孵化器在入孵后温度稳定时、出雏器在移盘后温度稳定时，要进行测温。当孵化器温度偏差超过0.1℃，须由专人调整并记录。孵化室、出雏室喷雾加湿要求用软化水，每天定时向水盘加温水，并保持湿度计的清洁。

（2）通风换气的调整。整个孵化期，前 5d 可以关闭进出气孔，以后随胚龄增加逐渐打开进出气孔，以至全打开。要保证孵化器内的空气新鲜。

（3）做好检查、记录。检查并记录温度、湿度、通风、转蛋等情况；留意机件的运转情况，及时处理异常情况。值班人员每天做好交接班，每次交班时，要做高温报警测试并记录。

（4）照蛋。通过照蛋，检查胚胎发育情况。

（5）移盘管理。

①将胚蛋从入孵盘移到出雏盘，称为移盘。移盘前出雏器要消毒，并试机正常方可移盘。

②移盘时机。一般在 18.5～19d 移盘，或有 1％的蛋已经啄壳时移盘。

③移盘要求。温度 36.7℃左右，湿度 75％左右时移盘。

④注意事项。落盘时动作一定要轻、稳、快，一般每车不超过 10min，以避免受寒而造成胚胎发育中止。目前，现代化的孵化场一般采用自动落盘设备，能够防止人工操作造成的胚蛋损坏，更提高了工作效率。

⑤移盘后，对出雏器中的胚蛋进行熏蒸。

⑥移盘时进行照蛋。

（6）出雏操作。

①出雏室内应保持充足的氧气供应；不要长时间打开孵化器及出雏器的门，以免影响机内温度。

②雏鸡采用一次性捡雏；鸭、鹅需要多次捡雏甚至人工助产。捡雏最佳时机：90％～95％的雏鸡羽毛变干、5％～10％颈背还潮湿。

③胚胎正常的啄壳高峰是 19.5d，出壳高峰是 20d。

④捡出空蛋壳和绒毛已干的雏，但不可经常打开机门。

⑤关闭出雏器内的照明灯。

⑥出雏速度要快，抓鸡动作要轻，防止对雏鸡造成损伤。

（7）雏鸡存放。存放在专用的雏鸡盒内，置于温度为 26～28℃、相对湿度为 60％～65％的存放厅内，雏鸡存放的时间不能超过 8h。存放厅要保持黑暗。

（8）挑选合格雏鸡。体重低于 29g、羽毛发育不良、脐部有血痕、有残疾的初生雏鸡均要淘汰。将淘汰鸡用二氧化碳杀死并处理好。

（9）消毒设备设施。出雏结束，对所有设备设施彻底进行清扫、清洗、消毒。

（10）记录。记录项目有入孵日期、品种、蛋数、种蛋来源、照蛋情况、孵化结果、孵化期内的温度变化、毛蛋总数等。

任务 2 孵化效果的检查与分析

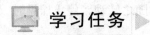

学习任务

检查和分析孵化效果是指导孵化工作和种鸡饲养管理的基本依据，也是提高孵化率的重要措施之一。本次任务中，你应该了解孵化效果检查的时间和孵化效果的衡量指标，会按程序照蛋，能分析孵化效果。

必备知识

1. 照蛋的目的 通过照蛋，观察胚胎发育情况，剔除无精蛋、破蛋和死胎蛋。并以此作为调整孵化条件的依据。头照的目的是观察胚胎发育是否正常，挑出无精蛋和死胎蛋。抽验的目的是通过抽查胚胎发育情况，判定孵化条件是否适宜。二照的目的是检查胚胎发育情况，并将其作为移盘和调整出雏环境的依据。

2. 照蛋时间 照蛋日期和胚胎发育特征见表 5-19。

表 5-19　照蛋日期和胚胎发育特征（日龄）

	鸡	鸭	鹅	胚胎特征
头照	5	6～7	7～8	黑色眼点
抽验	10～11	13～14	15～16	尿囊"合拢"
二照	19	25～26	28	"闪毛"

实践案例

山东省某小型种鸡场 2008 年 7 月末入孵种蛋 19 200 枚，时值气温在 37℃ 左右，种蛋常温保存了 6d。孵化过程中发现中期时有死亡，破壳时死亡最多，有些鸡胚提前 15h 出壳。请帮其分析原因。

实施过程

1. 按程序细心照蛋

（1）头照。

①孵化 5d 的胚胎。正常活胚胎 1/3 的蛋面布有血管，胚胎黑色的眼珠清晰可见，俗称"黑眼""起珠"，血管色鲜红，呈放射状。

②弱胚蛋。胚体小，呈低阶段纤细血管，眼点不明显。

③死胚。可见血点、血线或血环紧贴内壳面，血管色因氧化而比活胚深，有时散黄或有灰白色凝块。有时可见到死胚的小黑点贴在蛋壳上，蛋色淡白，蛋黄沉散。

④无精蛋。照蛋时，蛋色浅黄、发亮，看不到血管也看不到胚体。能够看到蛋黄悬于中央，一般没散黄。

⑤破蛋。照蛋时可见到树枝状裂痕或破孔，有时气室已到一侧。

（2）抽验。

①发育正常的胚胎见整个蛋除气室外均布满鲜红血管（合拢）。

②中期死胚特征是气室界线模糊，胚胎呈黑团状，常与壳粘连、不动，与蛋黄分离并固定在蛋的一侧，血管模糊或无血管，小头发亮。当手摇胚蛋时，胚胎随之转动，停止摇晃时也随之停止。活胚时刻在活动。

（3）二照。在移盘时进行，挑出死胎蛋。通常在 17d 或 19d 进行。

①发育正常的活胚蛋。17d照蛋的特征：以小头对准光源，再也看不到发亮的部分，气室界线边缘血管鲜红，称为"封门"。若19d照蛋，则是气室向一侧倾斜，有黑影闪动，俗称"闪毛"。

②弱胚。气室比正常的胚蛋小，且边缘不齐，可看到红色血管。因胚蛋小头仍有少量蛋白，所以照蛋时胚蛋小头浅白发亮。

③死胚。气室小而不倾斜，其边缘模糊不清，色粉红、淡灰或黑暗，胚胎不动，见不到闪毛。

④腐败蛋。整个蛋呈褐紫色，打开后有异臭味。一般破蛋、裂纹蛋、脏蛋、水洗蛋等易变为腐败蛋。孵化器消毒不严格也会出现腐败蛋。

2. 分析孵化效果

（1）孵化前期死亡。主要原因有：种禽饲料中维生素 A、维生素 B_2、维生素 E、维生素 K 和生物素不足；种禽感染白痢或伤寒；种蛋储存时间过长，保存温度过高或受冻；种蛋熏蒸消毒不当；孵化前期温度过高或过低；种蛋运输时受到剧烈震动；种蛋受污染；翻蛋次数不够等。

（2）孵化中期死亡。主要原因有：种禽饲料中维生素 B_2 或硒缺乏；种禽感染白痢、伤寒、副伤寒、传染性支气管炎等；污蛋未消毒；孵化温度过高；通风不良等。

（3）孵化后期死亡。主要原因有：种禽饲料中缺乏维生素 B_{12}、维生素 D_3、维生素 E、叶酸、泛酸、钙、磷、锌或硒等；种蛋贮放太久或细菌污染；小头朝上孵化；翻蛋次数不够；温度、湿度不当；通风不足；转蛋时种蛋受损等。

（4）啄壳后死亡。主要原因有：出雏期通风不良；移盘时温度骤降；种禽感染新城疫、传染性支气管炎、白痢、副伤寒等；小头向上孵化；前2周内未转蛋；转蛋时蛋破裂；18～21d孵化温度过高，湿度过低等。

（5）已啄壳但雏鸡无力出壳。主要原因有：种蛋贮放太久；入孵时小头向上；孵化器温度太高、湿度太低或翻蛋次数不够；种鸡饲料中维生素或微量矿物质不足等。

知识拓展

家禽的孵化期

各种家禽的孵化期见表5-20。

表5-20　各种家禽的孵化期

家禽	孵化期（d）	家禽	孵化期（d）
鸽	18	鹌鹑	17～18
鸡	21	鹧鸪	24～25
珍珠鸡	26	火鸡	28
鸭	28	瘤头鸭	33～35
鹅	31	鸵鸟	42

职业能力测试

1. 孵化时，合格种鸡蛋的重量为_____。

　　A. 20～30g　　　　B. 50～70g　　　　C. 80～100g　　　　D. 160～200g

2. 捡雏的最佳时机为羽毛变干的雏鸡为_____。

    A. 0%～15%   B. 30%～35%   C. 60%～65%   D. 90%～95%

3. 雏鸡在专用的雏鸡盒内存放的时间不能超过_____。

    A. 8h   B. 24h   C. 36h   D. 48h

4. 头照时，有1/3蛋面布有血管、黑色的眼珠清晰可见的胚蛋是_____。

    A. 正常胚蛋   B. 弱胚蛋   C. 死胚蛋   D. 无精蛋

5. 17d照蛋时，气室界线边缘血管鲜红，称为_____。

    A. 合拢   B. 闪毛   C. 起珠   D. 封门

6. 下列因素中，不属于孵化前期死亡原因的是_____。

    A. 种禽感染白痢   B. 保存温度过高

    C. 种蛋熏蒸消毒不当   D. 入孵时小头向上

7. 孵化过程中，如何做好移盘工作？

8. 请分析影响孵化率的因素。

模块六

牛 生 产

项目一　牛的品种选择和外貌鉴定

任务 1　牛品种的选择

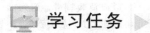 **学习任务**

　　品种优劣是影响养牛经济效益的关键因素。本次任务中，你应该了解不同类型和品种的特点，掌握生产中常见品种的外貌特征、生产性能及其应用，能根据养殖场的性质、规模和技术水平等条件选择适宜的品种。

必备知识

牛 品 种 的 分 类

　　现代家牛按照经济用途不同，可分为乳用型牛、肉用型牛、役用型牛和兼用型牛。

　　(1) 乳用品种。世界上，专门化奶牛品种不多。就产奶水平而言，荷斯坦牛是目前世界上最好的奶牛品种，数量最多、分布最广。而娟姗牛则以高乳脂率著称于世。

　　(2) 肉用品种。世界上主要的肉牛品种，按照体型大小和产肉性能，大致可分为三大类：一是中小型早熟品种，主产于英国，一般成年公牛体重 550～700kg，母牛 400～500kg。成年母牛体高在 127cm 以下为小型，128～136cm 为中型。主要品种有海福特牛、短角牛、安格斯牛等。二是大型品种，主产于欧洲大陆，成年公牛体重在 1 000kg 以上，母牛 700kg 以上，成年母牛体高在 137cm 以上。代表品种有夏洛来牛、利木赞牛、皮埃蒙特牛等。三是瘤牛及含有瘤牛血液的品种，主产于热带及亚热带地区，代表品种有非洲瘤牛、辛地红牛、婆罗门牛等。

　　(3) 兼用品种。多为乳肉兼用或肉乳兼用，主要品种有西门塔尔牛、丹麦红牛、蒙贝利亚牛等。

实践案例

　　2011 年 10 月 25 日，内蒙古奶业协会 2011 年年会在呼和浩特举办。中国奶业协会名誉会长刘成果指出：中国目前不仅是一个缺奶的国家，也是一个缺肉的国家，尤其是缺牛羊肉。受此鼓舞，小刘计划建一个肉牛场，请帮其制订一个品种选择方案。

实施过程

1. 生产中常见的牛品种 生产中有代表性的牛品种的名称、类型、外貌特征、生产性能、品种特点、评价利用见表 6-1。

表 6-1 生产中有代表性的牛品种

名称	类型	外貌特征	生产性能	品种特点	评价利用
中国荷斯坦牛	乳用品种	头颈结合良好，颈长较薄，有皱纹，鬐甲稍高而平，胸部发育良好，宽、深、肋骨好，母牛腹部圆大。蹄形正，质地坚实	泌乳期 270～305d，第 1 胎产奶量 4 000 kg 以上，全泌乳期平均为 5 000 kg，平均乳脂率 3.3%～3.4%，屠宰率 50%	数量多，产奶量高，分布广，也具有较好的肉用性能	适应性强，饲料转化率高，但耐热性差。用其改良本地黄牛，效果明显。杂种后代体格高大，体型改善，产奶量大幅度提高
夏洛来牛	肉用品种	被毛为全身白色或乳白色，无杂色毛。体型大，体躯呈圆筒状，腰臀丰满，腿肉圆厚并向后突出，常呈"双肌"现象	良好饲养条件下公牛周岁体重可达 500 kg，屠宰率 60%～70%，胴体产肉率 80%～85%	体型大，生长速度快，瘦肉率高，饲料转化效率高，但难产率较高	适应放牧饲养，耐寒、耐粗饲，对环境适应性强。用来改良我国地方黄牛，其后代在初生重、日增重等方面，均都高于其他杂种牛
利木赞牛	肉用品种	体型大，躯体长，全身肌肉丰满，具典型的肉用型牛外貌特征。毛色棕黄色，被毛较厚	8 月龄公牛体重可达 290 kg，适合于小牛肉生产，屠宰率 63%～71%，瘦肉率高，肉质细嫩	早期生长速度快，早熟易肥，体质结实，抗逆性强，耐粗饲，肉质好	用于第 2 或第 3 次轮回杂交，其后代难产率较低，母犊继续留作母本是比较好的组合。其改良后代后躯变得丰满，体型增大
海福特牛	肉用品种	低身广躯，肌肉丰满，体躯呈圆筒形。全身被毛红色或淡紫色，具有"六端白"特征，即头、颈垂、鬐甲、腹下、四肢下部和尾帚为白色	200 日龄体重可达 310 kg，周岁体重可达 410 kg，屠宰率一般为 60%～65%，肉多汁，大理石纹好，饲料转化率高	生长速度快，早熟，体质结实，适应性强，性情温驯，肉质好。缺点是怕热	遗传性能稳定，在我国适应性能良好，改良黄牛提高肉用性能效果显著
西门塔尔牛	乳肉兼用品种	体躯长，肋骨开张，前后躯发育好，尻宽平，四肢结实，大腿肌肉发达，乳房发育好。被毛黄白花或红白花，头、胸、腹下和尾帚多为白毛	平均产奶量 4 000 kg 以上，乳脂率 4%。初生至 1 周岁平均日增重可达 1.32 kg，12～14 月龄活重可达 540 kg 以上。屠宰率为 55%～60%，育肥后屠宰率 65%	兼具奶牛和肉牛特点，在我国黄牛改良中作为父本具有十分重要的意义	西门塔尔牛的杂交后代，体格明显增大，体型得到改善，肉用性能明显提高。它的另一个优点是能为下一轮杂交提供很好的母系，后代母牛产奶量成倍提高

2. 依据牛场性质选择适宜的牛品种 不同经济类型和品种各有其特点。生产中，应根据牛场的性质合理选择：以生产牛奶为目的的牛场应选择中国荷斯坦奶牛；以生产牛肉为主要目的的牛场应选择国外优良的肉用品种，或肉用品种与本地牛杂交的后代，但应注意杂交父系的选择。

知识拓展 ▶

中国黄牛

《中国牛品种志》载有黄牛品种 28 个，按地理分布区域和生态条件，我国黄牛分为中原黄牛、北方黄牛和南方黄牛三大类型。中原黄牛包括分布于中原广大地区的秦川牛、南阳牛、鲁西牛、晋南牛、渤海黑牛等品种。北方黄牛包括分布于内蒙古、东北、华北和西北的蒙古牛，吉林、辽宁、黑龙江三省的延边牛，辽宁的复州牛和新疆的哈萨克牛。产于东南、西南、华南、华中及台湾与陕西南部的黄牛均属于南方黄牛。

我国黄牛品种，大多具有适应性强、耐粗饲、牛肉风味好等优点，但大都属于役用和役肉兼用体型，体型较小，后躯欠发达，成熟晚、生长速度慢。

任务 2　牛的外貌鉴定

学习任务 ▶

通过外貌鉴定可以分析牛的整体与局部之间以及各部位之间的相关性，判断牛的健康状况、经济类型与种用品质。本次任务中，你应该了解牛体各部位的名称，熟悉不同经济用途牛的外貌特征，能通过不同的鉴定方法对牛的外貌进行综合分析。

必备知识 ▶

牛体各部位名称

了解和熟识牛体各部位名称是进行外貌鉴别和体尺测量的基础。牛体各部位名称见图6-1。

（1）头部。头部所表现的品种特征最为明显，也可区别生产用途和性别特征。

（2）颈部。颈长一般为体长的 27%～30%，超过此限则为长颈或短颈。一般役用牛和

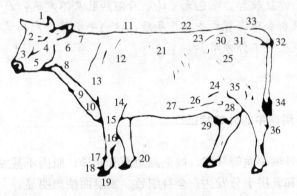

图 6-1　牛体各部位名称

1. 枕骨脊　2. 额　3. 鼻梁　4. 颊　5. 下颌　6. 颈　7. 后颈　8. 喉　9. 垂皮　10. 胸部
11. 鬐甲　12. 肩　13. 肩关节　14. 肘　15. 前臂　16. 腕　17. 管　18. 系　19. 蹄　20. 附蹄
21. 肋　22. 背　23. 腰　24. 后肋　25. 股　26. 乳静脉　27. 乳井　28. 乳房　29. 乳头　30. 腰角
31. 荐骨　32. 坐骨结节　33. 尾根　34. 尾帚　35. 膝关节　36. 飞节

肉用牛的颈较短粗，肌肉发达；乳用牛颈较薄长，两侧有许多皱纹。公牛颈部比母牛粗短而隆起。

（3）鬐甲。也称肩峰。肉用牛或兼用牛比奶牛及役牛的要宽、厚，公牛的鬐甲比母牛的高而宽。

（4）前肢。肢势应端正，肢间距离宽，肢间距离很近时会影响胸部的发育。

（5）胸部。胸要宽大，并有足够的深度。肋骨扩张好，弯曲成弓形。胸腔的容积大，则其心、肺发达。

（6）背部。良好的背应该是长、直、平、宽，与腰结合良好。由鬐甲到十字部成一水平线，不可有凹陷或拱起。

（7）腰部。长、宽、平，与背和十字部结合良好。

（8）腹部。腹内有消化器官，故应充实，容积宜大呈圆筒形，不应有垂腹或卷腹。

（9）尻部。尻部要求长、宽、平直，肌肉丰满。母牛尻部宽广，有利于繁殖和分娩，而且两后肢相距也宽，有利于乳房的发育，产肉量也多。

（10）臀部。要宽大，肌肉丰满。

（11）乳房。乳用牛要求乳房巨大，乳腺发达，结缔组织不宜过分发达。肉用牛同样要求乳房发育良好，以便有足够的乳汁哺育犊牛。

（12）生殖器官。公牛应有发育良好的睾丸，副睾发育良好。

（13）后肢。奶牛要求大腿四周肌肉适当的薄，以便容纳庞大的乳房。肉牛要求大腿厚实而丰满。后管比前管长，肌腱越发达，则侧面越宽，是强壮有力的象征。

（14）尾部。一般要求尾根部不宜过粗，要着毛良好，粗细适中。

（15）皮肤和被毛。一般奶牛和肉牛的皮肤较薄，富弹性。被毛平整、光滑的牛，表示为健康的牛。

实践案例

老张从事奶牛饲养管理多年，2007 年，他应聘到山东省某奶牛场，但发现场中奶牛棱角和轮廓不明显，皮肤较厚，毛色无光泽，后躯和乳房不发达，产奶量较低，于是他大胆淘汰成牛，重点选留和培育育成牛。几年后，该奶牛场整个产奶量有了大幅度提高。据此案例制订牛的外貌鉴定工作方案。

实施过程

1. 熟悉各种经济用途牛的外貌特征

（1）乳用牛。

基本特点：皮薄骨细，血管暴露，被毛细短而有光泽；肌肉不甚发达，皮下脂肪沉积不多；胸腹宽深，后躯和乳房十分发达；全身细致、紧凑而棱角明显。

侧望：构成一个楔形，即前躯浅后躯深，表示其消化系统、生殖系统和泌乳系统发育良好。

前望：构成一个楔形，表示鬐甲和肩胛部肌肉不多，胸部宽阔，肺活量大。

上望：构成楔形，表示后躯宽大，发育良好。

乳房：①要求外形结构良好，乳腺充分发育，容积大，附着紧凑，向前后延伸扩大，充满两股间，并突出于后方但不下垂。②4个乳区均匀发育，乳头距离均等，大小适中，呈圆柱状。③乳房上的被毛短而稀，皮肤柔软，乳静脉显露且粗大，弯曲而且分支多。乳井粗细是乳静脉大小的标志。④乳房内部腺体组织占75%～80%，结缔组织占20%～25%。挤奶前后形状变化较大。

（2）肉用牛。

外貌特点：体躯低垂，皮薄骨粗，全身肌肉丰满，疏松而匀称，体型呈"矩形"。

前望：头短额阔，面宽，角细。胸宽而深，鬐甲平广，肋骨弯曲，构成"矩形"。

侧望：颈短而宽，胸、尻深厚，前胸突出，股后平直构成"矩形"。

上望：鬐甲宽厚，背腰和尻部广阔，构成"矩形"。

后望：尻部平宽，两腿深厚，同样构成"矩形"。

就牛体局部看，与产肉性能相关最重要的部位是鬐甲、背腰、前胸和尻等，其中尤以尻部为最重要。鬐甲要求宽厚多肉，与背腰在一条直线上。腰要求宽广，与鬐甲及尾根在一条直线上，显得十分平坦而多肉。沿脊椎两侧和背腰肌肉非常发达，常形成"复腰"。尻部应宽、长、平、直而富有肌肉，忌尖尻和斜尻。

2. 进行牛的外貌鉴定

（1）肉眼鉴定。被鉴定的牛自然地站在宽广而平坦的广场上，鉴定者站在距牛5～8m的地方。首先进行一般的观察，对整个牛体环视一周，掌握牛体各部位发育是否匀称。之后，站在牛的前面、侧面和后面分别进行观察：从前面观察头部的结构，胸和背腰的宽度，肋骨的扩张程度和前肢的肢势等；从侧面观察胸部的深度，整个体型，肩及尻部的倾斜度，颈、背、腰、尻等部的长度，乳房的发育情况以及各部位是否匀称；从后面观察体躯的容积和尻部发育情况。肉眼观察完毕，再用手触摸，了解其皮肤、皮下组织、肌肉、骨骼、毛、角和乳房等发育情况。最后，让牛自由行走，观察四肢的动作、肢势和步样。

（2）测量鉴定。

①体尺测量。测量时场地要平坦，牛站立姿势要端正。

体高（鬐甲高）：由鬐甲最高点距地面的垂直距离。

体斜长：从肩端到坐骨端的距离。

胸宽：左右第6肋骨间的最大水平距离，即肩胛后缘的距离。

胸深：沿着肩胛骨后方，从鬐甲到胸骨的垂直距离。

胸围：肩胛骨后缘胸部的圆周长度。

尻长：从腰角前缘至臂端后缘的直线距离。

尻宽（髋宽）：髋的最大宽度。

腰角宽（后躯宽）：腰角处的最大宽度。

坐骨宽：两坐骨端的距离。

管围：左前肢管骨最粗处的围径。

②体尺指数的计算。

体长指数：体斜长/体高×100。大部分胚胎期发育不全的家畜，由于高度上发育不全，此指数较大，而在生长期发育不全的牛，则与此相反。

体躯指数：胸围/体斜长×100。其大小能表明牛的体质发育情况。

尻宽指数：坐骨宽/腰角宽×100。高度培育的品种，尻宽指数大。

胸围指数：胸围/体高×100。其大小表示牛胸部的发育情况。

管围指数：前管围/体高×100。役牛应用较多。

③活重测定。

实测法：也称称重法，为了减少误差，应连续在同一时间称重两次，取平均值。

估测法：

体重估测的公式是：

体重（kg）＝胸围^2×体斜长/估测系数。

估测系数＝［胸围（cm）］^{2}×体斜长（cm）/实际体重（kg）

任务 3　牛的年龄鉴定

学习任务

生产实践中，我们要对不同年龄的牛采取相应的饲养管理措施，而且要根据牛的年龄来评定牛的经济价值。本次任务中，你应该了解影响牙齿鉴别的因素，熟悉牛乳齿与永久齿的区别，会进行牛的年龄鉴定。

必备知识

1. 牛乳齿与永久齿的区别　牛没有上门齿，年龄的鉴别要依据下颌生长的牙齿情况来确定，牙齿有乳齿和恒齿之分。不同年龄的牛乳齿与恒齿的替换和磨损程度不一，使下门齿的排列和组合随着年龄变化而变化，这称为齿式的变化。这种变化有一定规律性，可以作为年龄鉴别的依据。牛乳齿与永久齿的区别见表 6-2。

表 6-2　牛乳齿与永久齿的区别

区别项目	乳齿	永久齿
色泽	乳白色	稍带黄色
齿颈	有明显的齿颈	不明显
形状	较小而薄，舌面平坦、伸展	较大而厚，齿冠较长
生长部位	齿根插入齿槽较浅	齿根插入齿槽较深
排列情况	排列不够整齐，齿间空隙大	排列整齐，且紧密而无空隙

2. 影响牙齿鉴别因素

品种：早熟品种牛牙齿生长的早，更换的也早，磨损的也快。

牙齿的坚硬程度：不同品种的牛牙齿坚硬程度不同。

饲料的性质：经常采食粗糙低劣的饲料，牙齿磨损较快。

营养与管理：牛营养条件的好坏，尤其与牙齿发育有关的钙、磷、镁、锰、氟等矿物元素的含量与比例，对牙齿的生长和磨损有很大影响。

实践案例

2011 年，安徽省某肉牛场派出技术人员赴外地选购育肥用黄牛。技术人员严格把关，主要选购 18～24 月龄的良种黄牛，由于此时牛生长停滞期已过，育肥时增重迅速，该批黄牛获得了较高的经济效益。据此案例制订一套牛的年龄鉴定方案。

实施过程

1. 根据牙齿鉴定牛的年龄　牛最初生有乳齿，随着牛的生长发育，乳齿脱落更换为永久齿，永久齿在采食咀嚼过程中不断磨损，根据乳齿和永久齿的更换、永久齿的磨损程度可判断牛的年龄。牛的齿式见表 6-3。牛牙齿与年龄之间的关系见表 6-4。

表 6-3　牛的齿式

齿别		后白齿	前白齿	犬齿	门齿	犬齿	前白齿	后白齿	总数
乳齿	上颚	0	3	0	0	0	3	0	6
	下颚	0	3	0	8	0	3	0	14
永久齿	上颚	3	3	0	0	0	3	3	12
	下颚	3	3	0	8	0	3	3	20

表 6-4　牛牙齿与年龄之间的关系

年龄	牙齿
出生	具有 1～3 对乳切齿
0.5～1 月龄	乳隅齿生出
1～3 月龄	乳切齿磨损不明显
3～4 月龄	乳钳齿与内中间齿前缘磨损
5～6 月龄	乳外中间齿前缘磨损
6～9 月龄	乳隅齿前缘磨损
10～12 月龄	乳切齿磨面扩大
13～18 月龄	乳钳齿与内中间齿齿冠磨平
18～24 月龄	乳外中间齿齿冠磨平
2.5～3.0 岁	永久钳齿生出
3～4 岁	永久内中间齿生出
4～5 岁	永久外中间齿生出

2. 根据牛的角轮进行年龄鉴定　母牛在妊娠期和哺乳期，由于营养消耗过多和大量分泌乳汁，又不能及时得到补充，因此营养不足，使角组织不能充分发育，牛角表面凹陷，形成环状痕迹，称为角轮。母牛每分娩一次，就会形成一个角轮，所以母牛的角轮数与产犊数大致相同。当母牛每年能产一胎时，其年龄为角轮数加上初产年龄。通常母牛多在 2.5～3.0 岁时初次产犊，故将角轮数加 2.5～3.0，即可得出牛的大致年龄。一般的计算方法为：

母牛年龄＝第 1 次产犊时年龄＋（角轮数目－1）

3. 根据牛的外貌进行年龄鉴定　一般情况下，年轻的牛被毛有光泽，粗硬适度，皮肤柔润而富有弹性，眼盂饱满，目光明亮，举动活泼有力；而老年牛则相反，四肢站立姿势不正，被毛乱而无光泽，皮肤干枯，眼盂凹陷，目光呆滞，眼圈多皱纹，行动迟缓。水牛除上述变化外，随年龄增长毛色变深，而密度变稀。

职业能力测试

1. 下列牛的品种中，具有"六白"特点的是_____。
   A. 夏洛来牛　　　B. 利木赞牛　　　C. 海福特牛　　　D. 安格斯牛
2. 引入的优良肉用品种中，最适合作为终端父本的是_____。
   A. 夏洛来牛　　　B. 利木赞牛　　　C. 西门塔尔牛　　　D. 海福特牛
3. 夏洛来牛属于_____。
   A. 乳用型　　　B. 乳肉兼用型　　　C. 肉用型　　　D. 肉乳兼用型
4. 乳用牛从侧面看应前躯浅后躯深，构成一个_____。
   A. 圆形　　　B. 椭圆形　　　C. 矩形　　　D. 楔形
5. 左右第 6 肋骨间的最大水平距离称为_____。
   A. 胸宽　　　B. 胸围　　　C. 管围　　　D. 胸深
6. 牛没有_____。
   A. 上门齿　　　B. 下门齿　　　C. 犬齿　　　D. 下白齿
7. 你对中国荷斯坦牛有何评价？
8. 简述牛牙齿与年龄之间的关系。
9. 小张新到一奶牛场工作，场长安排他负责育成牛选留与培育工作，请帮其制订一套牛的外貌鉴定工作方案。

项目二　奶牛生产

任务 1　犊牛培育

学习任务

犊牛培育的好坏直接影响奶牛一生的生产性能的发挥。本次任务中，你应该了解犊牛的生理与行为特点，掌握犊牛的饲养管理技术，掌握犊牛去角、剪除副乳头等技术，会喂养早期断奶的犊牛。

必备知识

犊牛的生理与行为特点

（1）行为特点。处于哺乳期的犊牛在哺乳后总有不足之感，为此而产生相互吮吸嘴巴上的余奶，以致发展为相互舔毛或吮吸乳头。牛毛进入胃中易形成毛球，甚至堵塞幽门而死亡；习惯性的吮吸还容易引起乳头发炎。将一头犊牛从牛群隔开，会使它产生强烈的逆境反应而紧张不安，甚至跳跃围栏重新回到原来的牛群中，这对断奶分群管理特别重要。

（2）消化特点与瘤胃发育。哺乳期犊牛瘤胃发育尚未健全，容积很小，一般初生 3 周后才出现反刍。所以，初生犊牛整个胃的功能与单胃动物基本一样，前 3 个胃的消化功能还没

202

有建立，主要靠真胃进行消化。随着犊牛年龄和采食植物性饲料的增加，胃的发育也逐渐健全，消化能力也随之提高。

犊牛除饲喂全乳外，补饲适量精料和干草可促使瘤胃迅速发育。补饲精料有助于瘤胃乳头的生长；补饲干草则有助于提高瘤胃容积和组织的发育。瘤胃也因此发酵而产生乙酸、丙酸、丁酸等挥发性脂肪酸，这些脂肪酸对瘤胃的发育也有刺激作用。但完全补饲精料，则瘤胃的发育推迟。如果仅饲喂全乳，8周龄后瘤胃的容积相对较小，饲喂至12周龄，则瘤胃的发育更加缓慢。

（3）食管沟反射。哺乳期犊牛靠食管沟将吮吸的乳汁直接由食管流入皱胃。试验证明，以犊牛习惯的哺乳方式喂乳时，则乳汁进入皱胃。反之，以犊牛正常的饮水方式喂乳或水时，则液体主要进入"瘤-网胃"。由此可见，哺乳行为会影响食管沟反射。在生产实践中，用桶喂乳的犊牛，生长状况往往不及用哺乳器喂乳的犊牛发育好。

实践案例

2011年，河北省某奶牛养殖场对犊牛实行2～3月龄早期断奶，断奶后即转入了奶牛育成舍，转入后发现断奶犊牛普遍食欲不佳，采食量下降甚至不吃草料，体重逐渐下降，生长发育停滞。据此案例制订一套犊牛培育方案。

实施过程

1. 加强犊牛的饲养

（1）及时哺喂初乳。初乳一般指母牛产后0～5d分泌的乳。初乳中含有丰富易消化的营养物质；初乳中含有大量的免疫球蛋白和溶菌酶，对犊牛获得抗病力和免疫力具有十分重要的意义；初乳还有促进胎粪排出、保护胃肠黏膜、抑制细菌等作用。

保证犊牛在出生后1h内吃入足够初乳具有十分重要的意义，第1次饲喂的初乳量不能少于1kg，一般喂量为1.5～2kg，过多会引起吐奶。以后每天喂3～5次，每天喂量为体重的1/7～1/6。刚挤出的初乳可直接喂给，如初乳放置时间较长，乳温过低，应将初乳加温到35～38℃，每次喂初乳1～2h后应给犊牛喂适量温开水。

（2）适时哺喂常乳。犊牛饲喂初乳5～7d后，即可开始哺喂常乳（全乳）。全乳营养成分有95%以上可以在皱胃被消化吸收。犊牛至少在3～4周龄以前必须以液体奶为主要营养来源，因为只有液体饲料才能不经过瘤胃而直接进入皱胃，形成食管沟反射，从而被有效的消化和吸收。因初乳、常乳、混合乳的营养成分差异很大，犊牛最好吃其母亲常乳10～15d后，再饲喂混合常乳，以免造成消化不良或食欲不振。犊牛哺乳方案见表6-5。

表6-5　犊牛哺乳方案

犊牛日龄（日龄）	日喂奶量（kg）	阶段奶量（kg）
0～5（初乳）	6.0	30.0
6～20（常乳）	6.0	90.0
21～30（常乳）	4.5	45.0
31～45（常乳）	3.0	45.0
0～45		210.0

（3）喂给优质的植物性饲料。犊牛从 7～10 日龄开始训练采食干草，在牛槽或牛架上放置优质干草任其自由采食，这样可促进瘤胃发育，防止舔食异物。犊牛出生 1 周后开始训练采食精料。初喂时，可将精料磨成细粉并与食盐、矿物质饲料混合涂抹在牛嘴周围，使其感受味道和气味，教其舔食。犊牛生后 20d 开始，补喂青绿多汁饲料，并开始喂给优质的青贮饲料，最初每天每头 100～150g，3 月龄时可喂到 1.5～2.0kg，4～6 月龄时增至 4～5kg。

（4）供应充足的饮水。牛奶中虽然含有大量水分，但仍不能满足犊牛正常代谢需要，因此，在犊牛出生后 1 周即开始训练其饮水，否则犊牛易发生消化不良，生长发育速度减慢。

开始时需饮 36～37℃的温开水，10～15d 后改饮常温水，1 月龄后可在运动场饮水池自由饮水，但水温不应低于 15℃。

2. 精心管理犊牛

（1）卫生管理。

①犊牛哺乳卫生。每次喂奶完毕，用干净毛巾将犊牛口、鼻周围残留的乳汁擦干。进行人工喂养时应切实注意乳和哺乳用具的卫生，尤其是桶式哺乳法。

②犊牛栏卫生。犊牛栏应保持干燥，并铺以干燥清洁的垫草，垫草应勤打扫、勤更换，犊牛舍定期消毒。

③犊牛皮肤卫生。犊牛皮肤易被粪便、尘土黏附而形成皮垢，需每天刷拭，保持清洁，保证皮肤的保温与散热功能。刷拭有按摩刺激皮肤，促进皮肤血液循环，增强皮肤的新陈代谢，有利于犊牛生长发育的作用。同时能防止寄生虫的滋生，驯化犊牛，建立感情。刷拭皮肤时，用软毛刷辅以硬质刷，用力宜轻，以免损伤皮肤。

（2）加强运动。犊牛生后 8～10d，即可在运动场做短时间运动，对促进体质健康十分有利。运动时间的长短应根据犊牛的日龄和气温变化酌情掌握。运动场内设置干草架和盐槽。

（3）健康观察。平时对犊牛进行仔细观察，发现有异常的犊牛及时处理，可提高犊牛成活率。每天要求观察 4 次，观察的内容包括：观察每头犊牛的被毛和精神状态；观察犊牛的食欲及粪便是否正常；是否咳嗽或气喘；发现病犊，应及时隔离治疗。经常检测体高和体重，检查犊牛的生长发育情况。犊牛应戴耳标以便于观察管理和识别牛只。

3. 合理给犊牛去角

（1）氢氧化钠（钾）法。于犊牛生后 7～12d 进行。先剪去角基部的毛，在角根周围涂上一圈凡士林，然后用氢氧化钠（钾）棒在剪毛处涂抹，直至有微量血丝渗出，以破坏角的生长点。该法应用效果良好。操作时防止手被烧伤，注意涂抹时避免血碱溶液烧伤犊牛眼睛而失明。

（2）热烙法。将去角器加热至 480～540℃后，小心地套在牛角根部，使之与牛角根部充分接触，去角器停留在每个角根部大约 10s，适用于 3～5 周龄的犊牛。

4. 及时剪除犊牛的副乳头　乳房上有副乳头时不利于清洗乳房，容易发生乳房炎，所以犊牛在 4～6 周龄时应剪除副乳头。方法是：先将乳房周围部位洗净、消毒，将乳房轻轻拉向下方，用锐利的剪刀在连接乳房处剪掉副乳头，在伤口处消毒。如果乳头过小，辨认不清，可等母犊年龄稍大时剪除。

5. 给犊牛早期断奶

（1）断奶时间的确定。犊牛的断奶时间可根据下列条件确定：月龄、体重和每天精料摄入量。3个条件中，每天精料摄入量应作为主要依据来确定断奶时间，一头犊牛连续3d吃0.7kg以上开食料时便可断奶。在较好的饲养管理条件下，大多数犊牛可在5周龄断奶，然而目前8周龄断奶较为普遍。

（2）断奶方法。犊牛早期断奶关键是控制好常乳（或代乳料）与犊牛料之间的过渡。犊牛出生后15d内就应开始补饲犊牛料（粗蛋白质20%），当每天的采食量达到0.75~1.0kg时可断奶，达到2.0~2.5kg时可改喂混合料。

犊牛期的营养来源主要依靠精饲料。随着月龄的增长，逐渐增加优质粗饲料的喂量，选择优质干草供犊牛自由采食。做好断奶牛过渡期的管理工作，按月龄和体重分群饲养。注意保持犊牛圈舍清洁、卫生、干燥，定期消毒预防疾病发生。

断奶至6月龄日粮配方实例见表6-6。

表6-6　断奶至6月龄日粮配方实例

日粮配方	1	2	3	4
苜蓿干草（kg），开花中期	2.2	—	1.7	—
苜蓿青草（kg）	—	—	—	1.1
干草（kg），牧草	—	1.6	—	—
玉米青贮（kg）	—	—	0.9	1.1
玉米（kg）	1.4	1.5	1.0	0.9
44%粗蛋白质浓缩料（kg）	0.27	0.64	0.36	0.64
磷酸氢钙（g）	14	—	14	9
碳酸钙（g）	—	40	—	18
微量元素添加剂（g）	9	9	9	9
总喂量（kg/d）	3.9	3.7	4.0	3.7

任务2　育成牛饲养管理

学习任务

饲养育成牛要适度，既要保证在初配时达到一定体重，又不要过肥过大；既要满足育成牛生长发育的营养需要，又不要增加饲养成本。本次任务中，你应该了解育成牛的生长发育规律，熟悉育成牛的饲养管理目标，会分阶段饲养管理育成牛。

必备知识

育成牛的生长发育特点

（1）体型、体重的变化。从断奶到性成熟阶段，牛的增重较快，体长变化十分明显，尤其是在体躯宽深、胸围、腹围方面变化最大，因此，在育成阶段，牛的体尺发育应达到一定程度。一般要求，在10月龄时，体高应达到110~115cm。由于黑白花奶牛发育完全成熟约需60个月，所以，在育成阶段体躯方面还不能发育完全。为使其体躯得到充分发育，除了注意育成期培育外，还应注意其第1产及第2产的饲养管理。

在育成期，体重的增长并不是直线的，一般情况下，在3月龄前，日增重约0.5kg，5~10月龄，体重增长迅速，日增重在0.7kg以上，高的可达1kg。10月龄后，日增重降到

$0.6\sim0.8$kg。

（2）繁殖机能的变化。母犊牛生殖器官的发育随体躯的生长而进行。在6月龄前后，生殖器官的生长速度大大加快，逐渐进入性成熟阶段。黑白花奶牛性成熟期在11月龄左右，此时，小母牛体重达成熟母牛体重的$40\%\sim50\%$。

体成熟是指育成牛的骨骼、肌肉和各内脏器官的发育基本完成，并且具备了成年牛所固有的体态结构。11月龄的牛，体躯发育达不到成熟牛标准，因此，性成熟并不等于体成熟。

在性成熟期，如果发情并伴有排卵则可能受精，但若此时配种，母牛体格太小，容易造成难产，第1期产奶量低。分娩时，如犊牛体重超过母牛体重的10%时，难产率可达$4\%\sim5\%$。体成熟后配种又过晚，母牛一生总产奶期缩短，总饲养费用增加。一般情况下，决定配种适龄的主要依据是体重，当育成牛的体重达成年牛体重的55%时即可配种。到产第1胎时的体重应达到成年牛的82%，第2胎时为92%，第3胎为100%。

（3）乳腺的发育。黑白花奶牛体重为$90\sim229$kg时，是乳房发育的重要时期。该期的营养对乳腺的发育有很大影响。尽管乳腺发育与体组织及繁殖机能的变化平行进行，但通过营养供给可有效控制乳腺发育早于性成熟期。但是初情期以前，若体重增长过快，不利于乳腺发育。奶牛在配种后的身体快速增重可以促进乳腺发育，生产中应注意利用这一规律。

（4）消化机能的增强。犊牛出生时，瘤胃非常小，而皱胃最大，但在断奶后，瘤胃迅速发育，短时间内其位置和形态可达成牛化。犊牛刚出生时，瘤胃和网胃加在一起，仅占4个胃容积的1/3，到4月龄时，两者占80%。同时，瘤胃乳头的密度和长度明显增加，消化功能也与初生犊牛有很大差别。因此，断奶后应增加粗料喂量，确立以粗饲料饲养奶牛的基础。

实践案例

　　河南省某奶牛场场长李某一直认为育成牛好饲喂，可以利用该时期来降低饲养成本，因此，忽视了育成奶牛与青年奶牛的培育，从而影响了该阶段牛只的生长发育，导致头胎奶牛转群月龄增加，产奶量较低，影响了整体牛群的经营收入。据此案例制订一套完善的育成牛培育方案。

实施过程

1. 分阶段饲养育成牛

（1）$7\sim12$月龄的饲养。该阶段是性成熟时期，性器官和第二性征发育很快，体躯高向急剧生长，前胃已相当发达，容积扩大1倍左右。此时，可让育成牛自由采食优质粗饲料，如牧草、干草、青贮饲料等，但玉米青贮由于含有较高能量，要限量饲喂，以防过量采食导致肥胖。精料要根据粗料的质量酌情补充，若为优质粗料，每天可喂精料$0.5\sim1.5$kg，如果粗料质量一般，精料的喂量则需$1.5\sim2.5$kg。同时，根据粗料质量确定精料的蛋白质和能量水平，使育成牛的平均日增重达$700\sim800$g。$7\sim12$月龄育成牛日粮配方实例见表6-7。

（2）$13\sim18$月龄的饲养。此期已进入配种阶段，其消化器官的发育已接近成年牛，为了进一步刺激其增长，日粮应以青粗饲料为主。但对于体况较差的育成牛则应适当增加营养，以免延迟配种。$13\sim18$月龄育成牛日粮配方实例见表6-8。

表 6-7　7～12 月龄育成牛日粮配方实例

日粮配方	1	2	3	4
苜蓿干草（kg），开花中期	3.2	—	5.7	—
苜蓿青草（kg）	—	2.8	—	—
干草（kg），牧草	—	—	—	4.3
玉米青贮（kg）	2.7	2.8	—	—
玉米（kg）	0.5	0.5	1.1	1.2
44%粗蛋白质浓缩料（kg）	0.27	0.5	—	1.1
磷酸氢钙（g）	18	9	18	23
碳酸钙（g）	—	—	—	18
微量元素添加剂（g）	18	18	18	18
总喂量（kg/d）	6.7	6.6	6.6	6.6

表 6-8　13～18 月龄育成牛日粮配方实例

日粮配方	1	2	3	4
苜蓿干草（kg），开花中期	5.1	10.1	—	—
苜蓿青草（kg）	—	—	5.4	—
干草（kg），牧草	—	—	—	6.5
玉米青贮（kg）	4.0	—	3.6	—
玉米（kg）	—	0.5	—	1.5
44%粗蛋白质浓缩料（kg）	—	0.5	0.27	1.3
磷酸氢钙（g）	36	23	18	41
碳酸钙（g）	—	—	—	23
微量元素添加剂（g）	23	23	23	23
总喂量（kg/d）	9.1	10.1	9.2	9.3

2. 供给育成牛充足饮水　育成期间供给足够饮水十分必要，采食粗饲料越多，则水的消耗量就越大，育成牛的饮水量不比泌乳牛少，6 月龄时每天饮水 15L，18 月龄时每天饮水 40L。

3. 科学管理育成牛

（1）分群。7～18 月龄的育成牛，应按月龄、体重分群饲养，一般分为 7～12 月龄群、13～18 月龄群，每群数量越少越好，可根据场地和牛舍确定，最好为 20～30 头。

（2）发情检测与配种。在一般情况下，16 月龄体重达到 350～380kg 时开始配种。育成牛的初情期多出现在 8～12 月龄。初情期的性周期日数不是很准确，有的母牛初情期后的发情表现也不十分明显。因此，掌握母牛的初情期很重要，要在计划配种日期前 2～3 个月开始观察其发情规律，并做好记录，以便顺利配种。

（3）乳房按摩。按摩乳房对促进乳房发育，提高产奶量非常有利。同时，还可以使牛适应人对乳房的刺激，以便产后顺利挤奶。育成牛 12 月龄以后，每天按摩 1 次乳房。从妊娠 5～6 个月开始，每天按摩 2 次，每次 3～5min，到产前半个月左右停止。

（4）控制环境。牛舍应清洁、干燥，寒冷的环境对小牛发育影响较大，特别是潮湿下的寒冷影响更大，要充分利用牛自身的保温能力，适当增加必要的粗饲料量。牛舍除湿可以用垫草吸湿，每头每天需要量 3～4kg（可用切碎稻草或锯末），垫草要勤垫勤换，只有让牛充分休息才能得到良好的发育。

（5）运动与日光浴。运动与日光浴对育成牛有很大好处。12 月龄之前生长发育快的时期更应运动，不然前肋开张不良，后肢飞节不充实，胸底狭窄，前肢前踏与外向，有力气不足之嫌，影响牛的寿命与产奶量。阳光浴除了促进钙的吸收外，还可以促使体表皮垢自然脱落。同时，做好消灭蚊蝇工作，除了向牛体与环境喷洒药物外，每年早春（1～2 月）应消灭虻蛹。

（6）修蹄。育成牛的蹄质软、生长快，蹄每月增长 6～7mm，磨损面并不均衡，体幅窄而胸狭的牛，负重在蹄的外侧缘，造成内侧半蹄长得快，时间长了会导致内侧蹄外向。所以 10 月龄要修蹄 1 次，以后每年春、秋各修蹄 1 次。

任务 3　产奶牛饲养管理

学习任务

饲养奶牛就是为奶牛提供最经济有效的日粮，实行科学饲养，维护奶牛健康，延长利用年限，充分发挥其遗传潜力，提高产奶性能，生产优质牛奶，降低饲料成本，提高经济效益。本次任务中，你应该了解牛的泌乳规律，掌握各阶段奶牛的饲养管理措施，能为母牛产后适时配种，会预防奶牛泌乳期疾病。

必备知识

牛的泌乳周期

母牛分娩后进入"泌乳—干奶—再分娩—再泌乳"的循环阶段。要保证紧密而有规律的循环下去，关键是让奶牛在泌乳早期内再次受孕。奶牛分娩后开始产奶，直到干奶为止称为泌乳期，一般持续 280～320d。泌乳期的长短因品种、胎次、分娩季节和饲养管理条件不同而异。整个泌乳期内产奶量的变化有一定的规律性，泌乳早期，产奶量逐渐上升，30～60d 达到泌乳高峰，以后逐渐下降。

根据母牛产后不同时间的生理状态、物质代谢、体重和产奶量的变化规律，将泌乳期划分为 4 个阶段，即泌乳初期、泌乳盛期、泌乳中期、泌乳后期。按奶牛生理阶段和泌乳规律分阶段饲养是提高牛群产奶量、增加经济效益的有效途径。

小贴士

正常情况下，健康奶牛 1 年可产 1 胎。国际通行标准：奶牛的泌乳期按 305d 计算，干奶期按 60d 计算。

实践案例

2009年，湖南省某奶牛场，奶牛分娩后4周开始，有部分奶牛出现消化不良，食欲减退，不愿吃精料而喜欢舔食垫草和污物，消瘦，粪便干燥，并且皮肤、呼气、尿液以及分泌的乳汁都有一股烂苹果味，经检查，诊断为奶牛酮病。据此案例制订一套产奶牛的饲养管理方案。

实施过程

1. 分阶段饲养管理

（1）泌乳初期的饲养管理。从母牛分娩到产犊后21d称为泌乳初期。母牛分娩后应立即饮益母草红糖汤（温水10kg、麸皮1kg、益母草0.5kg、红糖0.3kg、食盐0.1kg），之后可适当饲喂适口性良好的饲料，以优质的粗饲料为主。根据奶牛食欲、产奶量及消化情况逐渐增加精料和青贮饲料喂量。精粗比例逐渐达到50：50，之后向60：40过渡，即"料领着奶走"。产后母牛不宜饮用冷水，尤其冬季应坚持饮用温水，1周后饮水温度可降至常温。

为了增加乳房内压，减少奶的形成和血钙下降，防止生产瘫痪，高产母牛在产后4~5d挤奶时，不可挤得过净。产后第1天，每天大约挤出2kg，够犊牛饮用即可。第2天挤出全天奶量的1/3，第3天挤出1/2，第4天挤出3/4或完全挤净。每次挤奶时要充分热敷和按摩乳房，促进乳房水肿尽快消失。挤奶过程中，一定要遵守挤奶操作规程，保持乳房卫生，以免诱发细菌感染而患乳房炎。加强外阴部消毒和对胎衣、恶露排出的观察。保持环境清洁、干燥。夏季注意防暑降温，冬季要保温，产后适当加强奶牛运动。

（2）泌乳盛期的饲养管理。泌乳盛期指奶牛分娩后第22天到泌乳高峰结束，一般为产后22~100d。奶牛产后产奶量迅速上升，一般6~8周即可达产奶高峰，产后虽然食欲也逐渐恢复，但到10~12周干物质进食量才达到高峰，由于干物质采食量的增加跟不上泌乳对能量需要的增加，奶牛能量代谢呈现负平衡，不得不分解体组织，以满足产奶的营养需要。因此，牛体逐渐消瘦，体况下降，体重减轻。生产中可采取以下几项饲养措施。

①"预付"饲养。从产后10~15d开始，除根据体重和产奶量按饲养标准给予饲料外，每天额外多给1~2kg精料，以满足产奶量继续提高的需要，只要奶量能随饲料增加而上升，就应继续增加。待到增料而奶量不再上升后，才将多余的精料降下来。降料要比加料慢些，逐渐降至与产奶量相适应为止。同时，应增喂青绿多汁饲料、青贮饲料和干草。"预付"饲养法对一般产奶母牛增奶效果比较理想。

②"引导"饲养。从奶牛产前两周开始，除喂给足够的粗饲料外，每天约喂2kg精料，以后每天增加0.45kg，直到奶牛每100kg体重采食1.0~1.5kg精料为止。奶牛产犊后，继续按每天0.45kg增加精料，直到产奶高峰。待泌乳高峰过去，奶量不再上升而缓慢下降时，便按产奶量、乳脂率、体重、体况等情况调整精料喂量。在整个"引导"饲养期，供给优质饲草，任其自由采食，并给予充足的饮水。"引导"饲养法仅对高产奶牛有效，而对低产奶牛则不宜应用。

③添加过瘤胃脂肪提高日粮能量浓度。日粮中添加过瘤胃脂肪或保护脂肪，可以在不改变日粮的精粗比例情况下，提高日粮能量浓度，添加量以3%~5%为宜。在添加脂肪的同

时，要注意增加过瘤胃蛋白质、维生素、微量元素等的给量，以利于牛奶的形成和抑制体脂过量沉积。

④提高日粮中过瘤胃蛋白质（氨基酸）的比例。泌乳盛期奶牛同样会出现蛋白质供应不足的问题。常规日粮所供给的饲料蛋白质由于瘤胃微生物的降解，到达皱胃的菌体蛋白质和一部分过瘤胃蛋白质难以满足产奶的需要。因此，提高日粮中过瘤胃蛋白质（氨基酸）的比例，可以缓解蛋白不足的矛盾，提高产奶量。

在泌乳盛期较多使用精料，在配制日粮时可考虑添加一些缓冲剂，如碳酸氢钠和氧化镁，碳酸氢钠每天每头用量为120g，氧化镁为40g。日产奶36kg奶牛日粮实例见表6-9。

表6-9　日产奶36kg的奶牛日粮（kg）

饲料种类	日粮1	日粮2	日粮3
玉米青贮	36.8	29.5	—
苜蓿干草	—	9.1	11.4
玉米	8.5	9.1	0.9
大豆粕	4.6	3.9	0.9
磷酸氢钙	0.07	—	—
碳酸钙	0.31	0.31	0.15
磷	0.19	0.25	0.30
微量元素	0.09	0.09	0.09

（3）泌乳中期饲养管理。奶牛产后101～200d为泌乳中期。这个时期，一方面，多数奶牛产奶量开始逐渐下降，下降幅度一般为每月递减5%～8%；另一方面，奶牛食欲旺盛，采食量达到高峰。这个阶段精料饲喂过多，极易造成奶牛过肥，影响产奶量和繁殖性能。因此，这一阶段应根据奶牛的体重和泌乳量，每周或隔周调整精料喂量。同时，在满足奶牛营养需要的前提下，逐渐增大粗料比例，此期日粮的精粗比应为40:60。

此期的饲养管理工作重点是：每月产奶量下降的幅度控制在5%～7%；奶牛自产犊后8～10周应开始增重，日增重为0.25～0.5kg；根据产奶量、体况定量供给精料，自由采食粗饲料；充足饮水；加强运动；保证正确的挤奶方法；进行正常的乳房按摩。

（4）泌乳后期的饲养管理。奶牛产后201d至断奶之前称为泌乳后期。此期由于受胎盘激素和黄体激素的作用，产奶量开始大幅度下降，每月递减8%～12%。因此，应按体况和泌乳量饲养，每周或隔周调整精料喂量1次。同时，泌乳后期是奶牛增加体重、恢复体况的最好时期，凡是泌乳前期体重消耗过多和瘦弱的奶牛，此期应适当多喂一些，使奶牛在断奶前1个月体况达3.5分。这不仅有利于奶牛健康，也有利于奶牛持续高产。

2. 产后适时配种　母牛产后子宫复原和体质恢复需要20～30d，产犊后30～70d可表现出明显的第1次发情。产犊后70～90d配种受胎最为适宜。如果配种过早，子宫尚未完全康复而不宜受孕，使泌乳期缩短，影响产奶量。如果配种过晚，影响产仔间隔，减少奶牛的利用率，会因发情不规律影响受胎率。而适时配种，能保证305d的产奶时间，实现奶、犊双丰收，使母牛维持正常的产奶周期和正常的生理机能，保证母牛健康，延长利用年限。同时，这期间对奶牛来说正是产奶高峰期，发情比较有规律而且明显，配种更容易受胎。

3. 预防泌乳期疾病

（1）预防酮病的措施。养好干奶牛，防止过肥；临产前供给优质富含蛋白质和糖类饲料，并注意能量与蛋白质的比例；产后保证有充足的优质粗饲料，促进瘤胃功能尽快恢复，提高采食量，尽可能减少产后能量负平衡；饲养上采用引导饲养法，逐渐增加精料的喂量，注意精粗比例和日粮中钙磷的含量。

（2）预防瘤胃酸中毒的措施。确保日粮精粗比例合理，保证一定量的优质青干草；添加缓冲剂。

（3）预防奶牛发情延迟、安静发情、受胎率低的措施。增加能量和蛋白质的摄入量，并使二者的比例保持适宜水平；保证日粮中有足够的维生素和微量元素。

任务4　干奶牛饲养管理

💻 学习任务 ▶

干奶期是母牛饲养管理过程中的一个重要环节，直接影响胎儿发育和下一泌乳期的产奶量。本次任务中，你应该了解干奶期的意义，掌握干奶期的饲养管理措施，会确定干奶时间，能采用适宜的干奶方法为奶牛干奶。

🔍 必备知识 ▶

干奶期的意义

泌乳牛停止挤奶至临产前称为干奶期，干奶期是奶牛必不可少的阶段。

（1）周期性休整乳腺组织。母牛体内的乳腺组织经过一个泌乳期的分泌活动，需一个周期性的休整，以便于乳腺分泌上皮细胞再生、更新，为下一个泌乳期能正常的泌乳做准备。

（2）恢复瘤网胃机能。母牛的瘤网胃经过一个泌乳期高水平精料日粮的应激，也需有一时机，以便通过饲喂粗饲料恢复其正常机能。

（3）恢复体况。母牛经长期的泌乳和妊娠，消耗了体内大量的营养物质，因此，也需有干奶期，以便让母牛体内亏损的营养得到补充，并且能贮积一定营养，为下一个泌乳期能更好地泌乳打下良好的体质基础。

（4）有利于疾病的治疗。为治疗某些在泌乳期不便处理的疾病（如隐性乳腺炎）或调整代谢紊乱提供时机。

🔎 实践案例 ▶

2008年，山西省某奶牛饲养场对泌乳量下降的奶牛进行干奶，干奶后发现部分奶牛出现乳房红肿，温热，用手触摸时，奶牛表现疼痛感，并有食欲下降等症状，经检查诊断为干奶方法不当造成的奶牛乳房炎。根据此案例制订干奶牛的饲养管理方案。

📋 实施过程 ▶

1. 确定干奶时间　干奶时间的长短视奶牛具体情况而定。原则上头胎奶牛、体弱母牛、老年牛、高产牛以及产犊间隔短的牛，干奶期可适当延长，但最长不宜超过70d，否则奶牛易肥胖，导致难产，影响产奶量。而对于身体强壮、营养状况良好、产奶量较低的奶牛，可适当缩短干奶期，但最短不宜少于40d，否则，乳腺组织没有足够的时间进行再生、更新。

2. 采用适宜的干奶方法

（1）逐渐干奶法。在预定停奶时间前1～2周开始停止乳房按摩，改变挤奶次数和挤奶时间，由每天3次挤奶改为2次，而后1d1次或隔日1次；改变日粮结构，停喂糟粕料、多汁饲料及块根饲料，减少精料，增加干草喂量，控制饮水量（夏季除外），以抑制乳腺组织分泌活动，当产奶量降至4～5kg时，一次挤尽即可。这种干奶法适合于患隐性乳腺炎或过去难以停奶的高产奶牛。

（2）快速干奶法。在预定干奶之日，不论当时奶量多少，即由有经验的挤奶员，认真热敷按摩乳房，将奶挤净。挤完奶后立即用酒精消毒乳头，之后向每个乳区注入一支含有长效抗生素的干奶药膏，最后再用3%次氯酸钠或其他消毒液浸浴乳头。曾有乳腺炎病史或正患乳腺炎的母牛不宜采用；奶量较高的奶牛，建议在干奶前1d停止饲喂精料，以减少乳汁分泌，降低乳腺炎的发病率。

3. 做好干奶期的饲养管理工作

（1）干奶牛的饲养。干奶牛宜从泌乳牛群中分出进行单独饲养，以防过肥。日粮以青粗料为主，日粮干物质喂量控制在奶牛体重的1.8%～2.2%。其中，粗料的进食量至少达体重的1%或日粮干物质的60%。比较理想的粗料为干草，牧草或禾本科与豆科混合干草均可，甚至可以饲喂适当量经氨化处理的玉米秸、高粱秸、小麦秸等，以便将更多的优质粗料用于饲喂泌乳早期奶牛。干草任其自由采食，以确保每头奶牛每天至少有2～2.5kg的进食量。其中，长度为3.8cm以上的干草每天不少于1～2kg，这有助于瘤胃正常功能的恢复与维持。豆科干草或半干青贮应限量饲喂，一般不超过体重的1%或粗料干物质的30%～50%，以防摄入过量的蛋白质、钙、钾，导致乳房水肿、乳热症、酮病以及奶牛倒地综合征。干奶牛日粮配比可参见表6-10。

表6-10 干奶牛日粮配比*（kg）

日　　粮	用量
牧草青贮，中等成熟	8.1
小麦秸	5.79
食盐	0.02
维生素和微量元素预混料	0.46

*　母牛妊娠天数240d；妊娠体重730kg，母牛体重（不包括胎儿）=680kg；57月龄；体况评分=3.3；犊牛初生重=45kg；妊娠期日增重670g。

玉米青贮饲料每头日喂量不宜超过13.5kg或不超过粗料干物质的50%～60%，否则母牛容易出现肥胖症，造成难产和代谢紊乱。同时，也应防止由于限制能量的过食而影响日粮干物质的采食量。干奶牛精料喂量视青粗饲料质量及母牛体况而定。对于体况良好（4分）、日粮中的粗料为优质干草，且玉米青贮饲料每天饲喂9kg的干奶牛，可以不喂精料；若粗料质量差，采食量减少，且体况较差（低于3分），或冬季天气寒冷，除给予青粗饲料外，还需酌情给予1.5～3kg的精料，使它在产前有适当的增重，体况达3.5分。

（2）干奶期的管理。

①卫生管理。干奶牛新陈代谢旺盛，每天必须加强对牛体的刷拭，以清除皮肤污垢，促进血液循环，要求每天至少刷拭2次。同时，必须保持牛床清洁干燥，勤更换褥草，尤其应

注意保持后躯和乳房的清洁卫生。

②运动。干奶牛应给予适当的运动，但不可驱赶，以逍遥运动为宜，每天运动 2～3h。此期运动不仅可促进血液循环，利于健康，而且更主要的是此期运动有助于分娩，减少难产和胎衣滞留。同时，在运动场还可以增加日照，有利于皮内维生素 D 的形成，防止产后瘫痪。重胎牛放出运动时，中间走道要铺垫草，以防道路打滑，出入门时要防止相互挤撞。此外，运动场要注意清除铁器、异物，保持清洁。

③分群饲养。重胎牛之间的生理状态、生活习性比较相似，最好设单舍、单群饲养。为了益于保胎，在干奶期不宜进行采血、接种及修蹄。

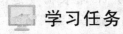 职业能力测试

1. 犊牛出生后首次饲喂初乳应在产后_____内。
   A. 1h　　　　　B. 2h　　　　　C. 12h　　　　　D. 24h
2. 犊牛在出生后开始出现反刍动作的时间是_____。
   A. 1 周　　　　B. 2 周　　　　C. 3 周　　　　D. 4 周
3. 一般情况下，牛适宜的配种时间为_____。
   A. 2 月龄　　　B. 5 月龄　　　C. 10 月龄　　　D. 16 月龄
4. 运动不足的牛会出现_____。
   A. 前肋开阔　　B. 飞节充实　　C. 胸部较深　　D. 前肢外向
5. 一个标准泌乳期是_____。
   A. 280d　　　　B. 305d　　　　C. 350d　　　　D. 365d
6. 奶牛的最适宜的配种时间是产犊后_____。
   A. 10～25d　　B. 20～30d　　C. 70～90d　　D. 120～150d
7. 适用于高产奶牛的饲养方法是_____。
   A. 短期优饲法　B. 引导饲养法　C. 更替饲养法　D. 挑战饲养法
8. 奶牛的干奶期一般是_____。
   A. 1 个月　　　B. 2 个月　　　C. 6 个月　　　D. 1 年
9. 如何给犊牛去角？
10. 怎样做好育成牛的分群管理？
11. 如何使用引导饲养法饲喂奶牛？
12. 怎样给高产奶牛干奶？

项目三　肉牛生产

任务 1　肉用牛育肥

💻 学习任务 ▶

肉牛育肥，就是使日粮中的营养成分含量高于牛本身维持和正常发育所需的营养，使多

余的营养以脂肪的形式沉积在体内，获得高于正常生长发育的日增重，缩短出栏日龄。本次任务中，你应该了解肉用牛的生长规律，熟悉肉牛育肥前的准备工作，会合理育肥乳用小公牛、青年牛、成年牛和架子牛。

必备知识 ▶

肉用牛的生长规律

（1）体重的增长。犊牛出生后，在满足其营养需要的条件下，体重的增长是沿着一条近似于 S 形的曲线进行的。在性成熟以前生长速度较快，性成熟后生长速度变慢。

（2）体组织的生长。

骨骼：在生后一直以一较稳定的速度生长。骨骼在体组织中的比例随月龄的增长而持续下降。

肌肉：在生后生长速度较骨骼快，速度也较稳定，但达到一定阶段后，生长速度变慢。肌肉在体组织中的比例随月龄的增长先上升而后下降。

脂肪：从出生到 1 岁间生长速度较慢，以后逐渐加快。脂肪在体组织中的比例随月龄的增长而持续升高。

（3）生长过程中机体化学成分的变化。水分随其生长比例持续下降；蛋白质随其生长比例持续缓慢下降；灰分随其生长比例持续缓慢下降；脂肪随其生长比例持续增加。

（4）不同类型牛的生长发育特点。在相同饲养管理条件下，要饲养到相同胴体等级时，大型晚熟品种所需的饲养时间较长，出栏晚；小型早熟品种所需的饲养时间较短，出栏早。

在相同饲养管理条件下，要饲养到相同体重时，大型品种所需时间短，小型品种所需时间长（大型品种较小型品种增重速度快）。

小贴士 ▶

补偿生长：动物生长的某个阶段因营养不足，生长速度下降，生长发育受阻。当恢复良好营养条件时，生长速度比正常饲养的动物快，经过一段时间的饲养后，仍能恢复到正常体重，这种特性称为补偿生长。但是，补偿生长不是在任何情况下都能获得的：生长受阻若发生在出生至 3 月龄或胚胎期，以后很难补偿；生长受阻时间越长，越难补偿，一般以 3 个月内，最长不超过 6 个月补偿效果较好；补偿能力与进食量有关，进食量越大，补偿能力越强；补偿生长虽能在饲养结束时达到所要求的体重，但总的饲料转化率比正常低。

实践案例 ▶

据中国产业洞察网报道，随着我国人民生活水平不断提高，牛肉消费量增长迅速。2002—2012 年，10 年间牛肉消费量从 132.8 万 t 猛增至 552.4 万 t，增长幅度达315.96%。但由于我国人口基数大，牛肉消费需求仍有较大的增长空间。根据此案例制订一套肉用牛育肥方案。

实施过程

1. 做好肉牛育肥前的准备工作

(1) 选择适宜的季节。肉牛育肥以秋季最好，其次为冬、春季节。夏季气温如超过30℃，肉牛自身代谢快，饲料转化率低，必须做好防暑降温工作。

(2) 去势与驱虫。2岁前公牛育肥，生长速度快，瘦肉率高，饲料转化率高，可以不去势。2岁以上的公牛宜去势后育肥，否则不便管理，会使肉中有膻味，影响胴体品质。

肉牛育肥前要驱除体内外寄生虫，常用驱虫药有盐酸左旋咪唑、丙硫咪唑、阿维菌素等，可根据育肥牛群实际情况选择使用。并注意及时清扫房舍和严格消毒。

(3) 合理分群。肉牛育肥前要按体重、年龄、性别、营养状况将牛分组编号并分群饲养。在育肥期间应定期称重，及时了解育肥效果。

(4) 提供适宜环境。牛舍造价不要求很高，但应防晒、防雨雪、冬暖夏凉。经常检查缰绳、围栏等，发现损坏要及时更换或维修。经常扫除粪尿，保持舍内清洁干燥、空气新鲜。对牛舍内外、围栏、喂饮和刷拭用具等要定期消毒。注意观察牛的精神状态、食欲和粪便情况，发现异常要及时诊治。

(5) 维持适宜饲养密度。为提高育肥效果，减少其营养物质的消耗，应尽量减少育肥牛活动。采用围栏或拴系饲养，每头牛占地面积平均为4m²，环境温度为7~24℃。拴系缰绳长度为50~60cm，以能卧下为好。

(6) 经常刷拭牛体。为促进血液循环和皮肤弹性，提高采食量和增重速度，每天刷拭牛体2次，每次10min。

(7) 饲喂原则。育肥牛要定时、定量、定人饲喂。一般每天7:00~9:00，17:00~19:00各喂1次。每天喂量不能随意增减，特别是精料量按体重的1.0%~1.5%喂给。每头牛要固定专人管理，以便掌握情况，避免产生应激反应。饲料中不能含有泥土、铁丝、塑料等异物，不能喂发霉变质饲料。饲槽每次喂后要清扫干净，防止余料发霉变质。保持充足、清洁的饮水，冬季水温最好不低于10℃，每天3~4次。

2. 精心育肥乳用小公牛

(1) 哺乳期的饲养管理。采用低奶量短期哺乳。公犊牛的哺乳期为3周，1~3日龄每天喂初乳5~6kg，以后改喂常乳。4~7日龄每天喂常乳4~5kg，8~14日龄每天喂3~4kg，15~21日龄每天喂2~3kg。从5日龄开始训练犊牛吃代乳料，先熟喂后生喂，逐渐增多；从10日龄起训练采食植物性饲料，先喂嫩草、青草，逐渐过渡到优质干草、青贮饲料。代乳料参考配方见表6-11。

表6-11 代乳料参考配方

原料	玉米	小米	豆饼	麸皮	骨粉	食盐	维生素	微量元素
配比（%）	40	20	20	18	1	1	适量	适量

(2) 断奶后的饲养管理。60日龄将粥状熟代乳料改换成粥状生代乳料。90日龄改粥状代乳料为精料拌草。12月龄前是牛的快速生长期，在此阶段平均每天喂混合精料1.5~2.0kg，青干草、青贮料和鲜草等粗饲料自由采食，到12月龄体重达300~400kg。定期消

毒牛舍牛栏，供给充足的饮水，加强户外运动，增加阳光照射。

（3）育肥期饲养管理。12月龄后生长速度变慢，要及时转入育肥期，以肥膘增重，改善肉质。育肥期60~90d，以粗料为主，自由采食。育肥期以酒糟为主时，从10月龄开始训练采食酒糟，由少到多逐渐增加，12月龄时每天每头可喂30kg。进入育肥期后，逐渐加大到日粮标准量。如出现食欲不振，应少喂或晒干后饲喂。并适当调整饲料，以恢复消化功能。

3. 适时育肥青年牛 青年牛育肥又称持续育肥，是指犊牛断奶后立即转入育肥阶段进行育肥，直到出栏体重为止。犊牛6月龄断奶重130~150kg以上，经8~10个月育肥，体重达400~500kg，日增重保持在1.0~1.2kg。采用这种方法，日粮中的精料约占总营养物质的50%以上。

利用育成牛此时生长发育快，只要进行合理的饲养管理，就可以生产大量品质优良、成本较低的"小牛肉"。定量饲喂精料和主要辅助饲料，粗饲料不限量，自由饮水，保持环境安静。

用持续育肥法生产的牛肉肉质鲜嫩，而且成本较犊牛育肥低，每头牛提供的牛肉比育肥犊牛增加15%，是经济效益最大、采用最广泛的一种育肥方法。但此法精料消耗多，只宜在饲草料资源丰富的地方应用。

4. 做好成年牛育肥工作 成年牛育肥是指30月龄以上的役用牛、乳用牛或肉用牛群中淘汰牛的育肥。

育肥前要进行全面检查，患消化道疾病、传染病及过老、无齿、采食困难的牛育肥效果差，不宜选用。公牛应在育肥前20d去势，母牛配种怀孕可避免发情影响增重。对膘情很差的牛，可先使其复膘，同时逐渐适应育肥日粮，避免发生消化道疾病。有放牧条件可先放牧，利用青草使牛复膘，然后再用育肥日粮育肥。

舍饲育肥要注意环境温度，冬季牛舍要保温，以不低于5℃为宜；夏季舍内要通风，舍温以18~20℃为宜。光线宜较暗，密度应稍大，以减少牛活动而降低能量消耗，利于增膘。要保持安静，避免骚动等意外干扰。

育肥期一般为90d，也可分为3个阶段。第1阶段20d左右，进行驱虫健胃，适应育肥日粮和环境；第2阶段40~50d，牛食欲好、增重快，要增加饲喂次数，设法增加采食量；第3阶段20~30d，牛食欲可能有所下降，要少喂勤添，提高日粮营养浓度。根据牛食欲及膘度情况，适时屠宰。

5. 合理育肥架子牛 架子牛是指未经育肥或不够屠宰体况，年龄在1~3岁的牛，目前多指公牛而言。对架子牛进行屠宰前的3~5个月短期育肥称为架子牛育肥。育肥原理是利用肉牛有补偿生长特点。

（1）架子牛的选购。

①品种选择。应选择肉用牛的杂种，如夏洛来牛、利木赞牛、西门塔尔牛、海福特牛等品种与本地牛的杂交后代，或秦川牛、南阳牛、鲁西牛等地方良种黄牛。这类牛增重快、瘦肉多、脂肪少、饲料转化率高。

②年龄和体重选择。一般可选择14~18月龄的杂种牛或18~24月龄的良种黄牛，活重在300kg以上。这个阶段的牛生长停滞期已过，育肥阶段增重迅速，生长能力比其他年龄和体重的牛高25%~50%。

③性别选择。要根据育肥目的和市场而定。公牛生长快，瘦肉率和饲料转化率高，但肉的品质低于阉牛和母牛。所以，18 月龄前屠宰，宜选择公牛育肥；若是生产一般优质牛肉可在 1 岁去势；生产高档牛肉，则宜选择早去势的阉牛为好。

④体型外貌选择。应选择体型大，较瘦，体躯长，胸部深宽，背腰宽平，臀部较大，头长而宽，口方整齐，四肢强健有力、蹄大、十字部略高于体高，后肢飞节较高；皮肤柔软有弹性，被毛细软密实，眼睛明亮有神，性情温驯的牛。这样的牛健康，采食量大，生长能力强，饲养期短，育肥效果好。

（2）育肥牛的饲养。

①饲养阶段的划分。

过渡驱虫期（前 15d）：驱除体内外寄生虫，使牛适应从以粗饲料为主的日粮到以精饲料为主日粮的过渡。

育肥前期（第 16～60 天）：日粮粗蛋白质含量 11％～12％，精粗比为 60：40。

育肥后期（第 61～120 天）：日粮粗蛋白质含量 9％～10％，精粗比为 70：30。

②饲喂方法。每天喂 2～3 次。混合精料量占体重的 0.8％～1.2％，根据饲喂次数大致分成相等数量饲喂，喂前浸泡 1h。饲喂顺序一般先喂料后饮水，粗饲料自由采食。粗饲料以青贮玉米秸、白酒糟渣为主时，混合精料应添加 0.5％～1％碳酸氢钠。

（3）育肥牛的管理。①按牛的品种、体重和膘情分群饲养，便于管理。②每天喂 2 次，早晚各 1 次。精料限量，粗料自由采食。③进场后第 7～14 天对所有的牛健胃，每天 1 次，连服 2～3d。④搞好环境卫生，避免蚊虫对牛的干扰和传染病的发生。并控制牛群的运动量。⑤气温低于 0℃时，应采取保温措施，高于 27℃时，采取防暑措施，夏季温度高时，饲喂时间应避开高温时段。⑥每天观察牛是否正常，发现异常及时处理，尤其要注意牛只消化系统的疾病。⑦定期称重，及时根据牛的生长及其他情况调整日粮，对不长的牛或增重太慢的牛及时淘汰。⑧膘情达一定水平，增重速度减慢时应及早出栏。

任务2 高档牛肉生产

 学习任务 ▶

本次任务中，你应该了解高档牛肉的标准，会挑选生产高档牛肉的育肥牛，熟悉育肥牛的屠宰、胴体嫩化、分割和包装等工艺。

必备知识 ▶

高档牛肉的标准

高档牛肉是指对育肥达标的优质肉牛，经特定的屠宰和嫩化处理及部位分割加工后，生产出的特定优质部位牛肉，最高占胴体重的 12％。在生产高档牛肉的同时，还可分割出优质切块，两者共占胴体比例为 45％～50％。由于各国传统饮食习惯不同，高档牛肉的标准各异，但通常是指优质牛肉中的精选部分。目前，我国肉牛和牛肉等级尚未统一规定，综合国内外研究结果，高档牛肉至少应具备以下标准。

活牛：健康无病的各类杂交牛或良种黄牛；年龄 30 月龄以内，宰前活重 500kg 以上；

满膘（看不到骨头突出点），尾根下平坦无沟、背平宽，手触摸肩部、胸垂部、上腹部、臀部有较厚的脂肪层。

胴体评估：胴体外观完整，无损伤；胴体体表脂肪色泽洁白而有光泽，质地坚硬，胴体体表脂肪覆盖率 80% 以上，12～13 肋骨处脂肪厚度 10～20mm，净肉率 52% 以上。

肉质评估：大理石纹丰富，表示牛肉嫩度的肌肉剪切值 3.62kg 以下，出现次数应在 65% 以上；易咀嚼，不留残渣，不塞牙；完全解冻的肉块，用手触摸时，手指易插进肉块深部。牛肉质地松软多汁。每条牛柳重 2.0kg 以上，每条西冷重 5.0kg 以上，每条眼肉重 6.0kg 以上。

🔍 实践案例 ▶

2011 年，中国雪花牛肉产业联盟正式成立，标志着我国高档牛肉产业进入了新的发展阶段。高档牛肉与普通牛肉相比往往价格较高，国内市售的普通牛肉价格多在 30～40 元/kg，而高档牛肉可达 130～170 元/kg，部分顶级肉品甚至达到 3 000元/kg。据此案例制订一套高档牛肉生产方案。

📋 实施过程 ▶

1. 严格挑选生产高档牛肉的育肥牛

（1）品种要求。品种的选择是高档牛肉生产的关键之一。生产高档牛肉最好的牛源是安格斯牛、利木赞牛、夏洛来牛、皮埃蒙特牛等国外专门肉用品种与本地黄牛的杂交后代。如果用我国良种黄牛做母本，牛肉品质和经济效益更好。秦川牛、南阳牛、鲁西牛、晋南牛也可作为生产高档牛肉的牛源。

（2）年龄与性别要求。生产高档牛肉开始育肥的最佳年龄为 10～16 月龄，30 月龄以上不宜育肥生产高档牛肉。性别以阉牛最好，阉牛虽然不如公牛生长快，但其脂肪含量高，胴体等级高于公牛，而又比母牛生长快。

2. 科学选择育肥期和出栏体重　生产高档牛肉的牛，育肥期不能过短，一般 12 月龄牛育肥期为 8～9 个月，18 月龄牛育肥期为 6～8 个月，24 月龄牛育肥期为 5～6 个月。出栏体重应达 500～600kg，否则胴体质量就达不到应有的级别，牛肉就达不到优等或精选等级，所以既要求适当的月龄，又要求一定的出栏体重，二者缺一不可。

3. 采用合理的屠宰工艺　屠宰前先进行检疫，并停食 24h，停水 8h，称重，然后用清水冲淋洗净牛体，冬季要用 20～25℃ 的温水冲淋。将经过宰前处理的牛牵到屠宰点。屠宰的工艺流程是：电麻击晕→屠宰间倒吊→刺杀放血→剥皮（去头、蹄和尾）→去内脏→胴体劈半→冲洗、修整、称重→检验→胴体分级编号。测定相关屠宰指标后进入下一道生产工序。

4. 进行适当的胴体嫩化处理　牛肉嫩度是高档与优质牛肉的重要质量指标。嫩化处理（又称排酸或成熟）是提高嫩度的重要措施。其方法是在专用嫩化间，温度 0～4℃，相对湿度 80%～85% 条件下吊挂 7～9d。嫩化后的胴体表面形成一层"干燥膜"，羊皮纸样感觉，pH 为 5.4～5.8。肉的横断面有汁流，切面湿润，有特殊香味，剪切值（专用嫩度计测定）可达到平均 3.62kg 以下的标准。

5. 精确分割和包装胴体　严格按照操作规程和程序，将胴体按不同档次和部位进行切块分割，精细修整。高档部位肉有牛柳、西冷和眼肉三块，均采用快速真空包装，每箱重量为 15kg，然后入库速冻，也可在 0～4℃冷藏柜中保存销售。

职业能力测试

1. 肉牛骨骼发育最快的阶段是_____。
   A. 胎儿阶段　　　　B. 犊牛阶段　　　　C. 育成牛阶段　　　　D. 成年阶段
2. 肉牛短期快速育肥的育肥期一般是_____。
   A. 2～3 个月　　　B. 3～5 个月　　　C. 5～7 个月　　　D. 8～10 个月
3. 生产高档牛肉时，12 月龄牛的育肥期为_____。
   A. 1～2 个月　　　B. 3～4 个月　　　C. 5～6 个月　　　D. 8～9 个月
4. 生产高档牛肉时，牛在屠宰前应停食_____。
   A. 1h　　　　　　B. 12h　　　　　　C. 24h　　　　　　D. 48h
5. 怎样选购育肥用架子牛？
6. 生产高档牛肉时，怎样进行胴体的嫩化处理？

羊 生 产

项目一 羊品种的选择

任务 1 绵羊品种的选择

🖥 **学习任务** ▶

　　绵羊性情温驯，容易饲养，可以为我们提供毛、皮和肉等产品，是农村饲养的重要家畜之一。本次任务中，你应该了解绵羊的经济类型，熟悉生产中常见绵羊品种的外貌特征、生产性能、品种特点及其应用，会根据羊场的性质、生产条件及技术水平合理选择绵羊品种。

🔍 **必备知识** ▶

绵羊的经济类型

　　（1）细毛羊。被毛白色、同质，细度在 60 支以上，12 月龄体侧部毛长 7cm 以上。多数公羊有发达的螺旋形角，母羊无角，公羊颈部有 1～2 个横皱褶，母羊有 1 个横皱褶或发达的纵皱褶。头毛着生至两眼连线，四肢盖毛，前肢到腕关节、后肢到飞节或飞节以下。腹毛着生良好，被毛的细度与长度基本一致并具有一定的弯曲，如澳洲美利奴羊、中国美利奴羊等。

　　（2）半细毛羊。被毛白色、同质，细度在 32～58 支，12 月龄体侧部毛长 9cm 以上。如青海半细毛羊、茨盖羊等。

　　（3）粗毛羊。被毛异质，由粗毛、绒毛、两型毛及死毛等几种不同类型的毛纤维组成，被毛细度、长度及毛色等均不一致，这类羊的肉脂、皮毛可综合利用，其特点是抗逆性强、适应性强。如蒙古羊、西藏羊、哈萨克羊等。

　　（4）肉用羊。以产肉为主、其他产品为辅。我国的寒羊、阿勒泰羊、乌珠穆沁羊等是以产肉脂为主的地方良种。国外的早熟肉用品种有夏洛来羊、杜泊羊、特克赛尔羊等。

　　（5）羔皮羊。专门生产羔皮的品种，其毛皮的毛卷图案美观，经济价值很高，是制作裘皮大衣、皮帽、衣领的高级原料。如卡拉库尔羊、湖羊、库车羊等。

　　（6）裘皮羊。专门生产裘皮的品种，其皮板轻薄、柔软，毛穗美观、洁白，光泽好，具有保暖、轻便、结实和不毡结等优点。如宁夏的滩羊。

　　（7）乳用羊。这类羊具有优良的产奶性能，但高产品种不多，如东弗里生羊。

实践案例

2011 年 11 月 4 日，神农网报道，产自新疆喀什的刀郎羊，由于样子又怪又逗趣，品种极为稀有，成了中国宠物界新星，身价暴涨。这种宠物羊，成长过程中体毛会由黑变白，被业界称为"新疆之宝"。这种羊在全球只有 1 000 多只，最贵的 1 只价格高达 1 400 万元，最便宜的也要 20 多万元，它们已经变成了"天价宠物"。这听起来很爽，不妨当做一则趣闻听听，但要想真正饲养绵羊致富，还要从了解我国本地及引入的主要优良绵羊品种特征、生产性能着手，入对门儿，走对路！

实施过程

1. 生产中常见的绵羊品种　我国有代表性的绵羊品种的外貌特征、生产性能、品种特点及其应用见表 7-1。

表 7-1　我国有代表性的绵羊品种

名称	类型	外貌特征	生产性能	品种特点	评价与利用
新疆细毛羊	毛肉兼用品种	体格大，体质结实，结构匀称，颈短而圆，胸宽深，背腰平直，腹线平直，体躯长深，后躯丰满，肢势端正，公羊大多数有螺旋形角，母羊无角	成年公羊剪毛后体重 88.01kg，剪毛量平均 12.42kg，净毛率平均 50.88%；母羊体重 48.61kg。剪毛量平均 5.46kg，净毛率 52.28%。经产母羊产羔率 130% 左右	全身被毛白色，闭合性良好，毛密度中等以上，毛丛弯曲正常，毛细度为 60～64 支，各部位毛的长度和细度均匀。油汗含量适中，分布均匀，呈白色或浅黄色	主要用于杂交改良粗毛羊，为我国绵羊改良育种工作起到了重要作用
中国美利奴羊	毛用细毛品种	体质结实，体躯呈长方形，鬐甲宽平，胸宽深，背平直，尻宽平，后躯丰满。四肢有力，肢势端正。公羊有螺旋形角，母羊无角	成年公羊原毛产量 17.37kg，净毛率为 59%，剪毛后体重 91.8kg；母羊剪毛后平均体重 40.9kg，原毛产量 6.4kg，体侧净毛率 60.84%，平均毛长 10.2cm	被毛呈毛丛结构，闭合性良好，密度大，有明显的大、中弯曲，油汗含量适中，呈白色或乳白色。羊毛细度 60～64 支	与其他细毛羊杂交，对羊毛品质和羊毛产量的提高具有显著效果
小尾寒羊	肉脂兼用品种	头略长，鼻梁隆起，耳大下垂，公羊有螺旋形角，母羊有小角或无角。公羊前胸较深，鬐甲高，背腰平直，体格高大，四肢较高、健壮。母羊体躯略呈扁形，乳房较大，被毛多为白色	成年公羊体重 94.15kg，母羊 48.75kg；6 月龄公羔体重达 38.17kg，母羔 37.75kg。性成熟早，母羊 5～6 月龄开始发情，常年发情，经产母羊产羔率达 270%，居我国绵羊品种之首，是世界上著名的高繁殖力绵羊品种之一	生长发育快，肉用性能好，早熟，多胎，繁殖率高	20 世纪 80 年代以来，小尾寒羊被推广到许多省、自治区，用于肉羊品种培育与改良

我国主要引入绵羊品种的外貌特征、生产性能、品种特点及其应用见表 7-2。

表 7-2　我国主要引入绵羊品种

名称	类型	外貌特征	生产性能	品种特点	评价与利用
澳洲美利奴羊	毛用细毛品种	体型近似长方形，腿短，体宽，背腰平直，后躯肌肉丰满；被毛毛丛结构良好，毛密度大。细度均匀，油汗白色，羊毛弯曲均匀，整齐而明显，强度大，光泽良好	细毛型：成年羊体重 60～70kg，母羊 32～38kg，公羊剪毛量 7.5～8.5kg，母羊 4～5kg，羊毛细度 64～70 支，净毛率 58%～63%；中毛型：成年羊体重 70～90kg，母羊 40～45kg，公羊剪毛量 8～12kg，母羊 5～6.5kg，羊毛细度 60～64 支，净毛率 62%～65%	毛丛结构好，羊毛长而明显弯曲，油汗洁白，光泽好，净毛率高，毛密度大，细度均匀。对各种环境气候有很强的适应性	用于新疆细毛羊、东北细毛羊、内蒙古细毛羊和中国美利奴羊的杂交育种，对于改进我国细毛羊的羊毛品质和提高净毛产量，起到了重要的作用
夏洛来肉羊	肉毛兼用品种	公、母羊均无角，耳修长，向斜前方直立，头和面部无覆盖毛，皮肤粉红或灰色。颈短粗，肩宽平，体长而圆，胸宽深，背腰宽平，全身肌肉丰满，后躯发育良好，四肢健壮。被毛白色同质	成年公羊体重 100～140kg，母羊 75～95kg，6 月龄公羔体重达 48～53kg，母羔达 38～43kg。4 个月龄羔羊胴体重达 20～22kg，屠宰率 55%以上。6～7 月龄母羔可配种，公羊 9～12 月龄可采精。经产母羊为 182.4%。被毛平均长度 7.0cm，细度 50～58 支，产毛量 3.0～4.0kg	成熟早，繁殖力强，泌乳多，羔羊生长发育迅速，胴体品质好，瘦肉多，脂肪少，屠宰率高，适应性强等特点，是生产肥羔的理想肉羊品种	推广到辽宁、山东、山西和新疆等省区。表现出良好的适应性和生产性能。用来杂交改良当地绵羊品种，杂交改良效果显著
杜泊羊	肉用品种	分为白头和黑头两种，头上有短、暗、黑或白色的毛，体躯有短而稀的浅色毛。公、母羊均无角，颈短粗，肩宽平，体长而圆，胸宽深，背腰宽平，后躯发育良好，四肢短粗，肢势端正，全身肌肉丰满	成年公羊体重 100～110kg，成年母羊体重 75～90kg。羔羊初生重大，达 5.5kg，日增重可达 300g 以上。母羊平均产羔率达 150%	成熟早，繁殖力强，泌乳多，羔羊生长发育迅速，胴体品质好，瘦肉多，脂肪少，屠宰率高，适应性强	我国山东、河南等省区已引入了该品种。除进行纯种繁殖外，用来与当地羊杂交，杂种后代产肉性能得到显著提高

2. 依据羊场性质选择适宜的绵羊品种　我国地域辽阔，地形复杂，自然环境和气候条件各不相同，在长期自然选择和人工选择的过程中，形成了能够适应各地自然条件和人类需求的绵羊品种。养羊场在选择绵羊品种时主要注意以下 3 个方面：①考虑品种的适应能力；②考虑该地区大多数绵羊的生产方向，是以产肉为主、产绒为主、产奶为主，还是产毛为主；③考虑当地的饲草饲料条件，地方品种绵羊的饲养条件可以粗放些，但引入品种绵羊需要较好的饲养条件。

新疆、内蒙古、吉林及其与之毗邻的地区有大型的养羊场，细毛羊的数量较大，生产的细羊毛产品已具规模，产品的销售网络已形成。这些地区及其周边地区的养殖场（户）可选择细毛羊品种，如中国美利奴羊、新疆细毛羊等。

如果养殖场（户）想在生产羊毛的基础上提高羊肉的产量，可选择德国美利奴羊与所饲养的细毛羊杂交，在不改变细羊毛的情况下，提高羊肉生产量。

华北南部、黄河中下游饲养绵羊的地方，可选择短毛型肉羊品种，如夏洛来羊、杜泊羊等品种，与当地品种杂交，提高绵羊个体产肉量。

任务 2　山羊品种的选择

学习任务

我国山羊品种资源丰富，品种数量众多，品种优劣是影响养羊经济效益的关键因素。本次任务中，你应该了解山羊品种的分类，掌握生产中常见山羊品种外貌特征、生产性能及其应用，并能根据羊场的性质、规模和技术水平等条件选择适宜的品种。

必备知识

山羊品种的分类

肉用山羊品种：如波尔山羊、南江黄羊等。

乳用山羊品种：如关中奶山羊、萨能奶山羊等。

绒用山羊品种：如辽宁绒山羊、内蒙古绒山羊等。

毛用山羊品种：如安哥拉山羊等。

羔皮用山羊品种：如济宁青山羊等。

裘皮用山羊品种：如中卫山羊等。

普通山羊品种：如新疆山羊、西藏山羊等。

实践案例

湖北有人想养殖山羊，他了解到收录入 2011 年《中国畜禽遗传资源志·羊志》的山羊品种 69 个，其中地方品种 58 个，培育品种 8 个，引进品种 3 个。面对这么多的山羊品种，他不知养殖哪一种更好，请你帮他做出正确的选择。

实施过程

1. 生产中常见山羊品种

(1) 我国优良品种。我国有代表性的山羊品种的外貌特征、生产性能、品种特点及其应用见表 7-3。

表 7-3　我国有代表性的山羊品种

名称	类型	外貌特征	生产性能	品种特点	评价与利用
南江黄羊	肉用山羊品种	被毛黄褐色，沿背脊有一条明显的黑色背线，毛短、紧贴皮肤、富有光泽。耳大微垂，鼻拱额宽，体格高大，前胸深宽，颈肩结合良好，背腰平直，后躯丰满，四肢粗壮	成年公羊体重 66.87kg，母羊 45.64kg。最佳屠宰期为 8～10 月龄，8 月龄屠宰率 47.63%，胴体重 14.67kg，肉质好，肌肉中粗蛋白质含量为 19.64%～20.56%	常年发情，性成熟早，母羊 8 月龄初配，公羊 12～18 月龄，平均产羔率 205.42%	具有较强的适应性，现已推广到福建、浙江、湖南、江苏、山东等地，杂交改良效果显著

名称	类型	外貌特征	生产性能	品种特点	评价与利用
内蒙古白绒山羊	绒肉兼用型品种	公、母羊均有角，向后外上方伸展。头清秀，有额毛，鼻梁平直或微凹。体质结实，结构匀称，体躯近似方形，后躯略高，背腰平直，尻略斜，四肢粗壮结实，蹄质坚硬，行动敏捷	被毛白色，分内、外两层，外层为光泽良好的粗毛，长度12～20cm，内层为山羊绒，绒长5.0～6.5cm，羊绒细度14.2～15.6μm，净绒率60.6%～64.6%。产绒量成年公羊400g，母羊360g；粗毛产量成年公羊350g，母羊300g	遗传性稳定，抗逆性强，耐粗饲，抗病力强，对半荒漠草原的干旱、寒冷气候具有较强的适应性	羊绒细而洁白，光泽好，手感柔软而富有弹性，综合品质优良，在国际市场上享有很高的声誉
济宁青山羊		体格小，公羊额部有卷毛，颌下有髯。公母羊均有角，向上略向后方伸展，两耳向前外方伸展，外型与毛色有"四青一黑"的特征	成年公羊体重30kg，成年母羊26kg，产绒量30～100g；粗毛产量成年公羊230～330g，成年母羊150～250g	繁殖性能优异，母羊2个月就可发情，6～7月龄初配，母羊常年发情，平均产羔率为365%	主要产品"青猾子皮"，毛短而细，紧密适中，皮板上有美丽的花纹。板皮轻，是制作翻毛皮和帽领等的优良原料

（2）优良引入品种。我国主要引入山羊品种的外貌特征、生产性能、品种特点及其应用见表7-4。

表7-4　我国主要引入山羊品种

名称	类型	外貌特征	生产性能	品种特点	评价与利用
萨能奶山羊	奶山羊品种	体型高大，被毛白色或淡黄色。公羊的肩、背、腹和股部着生有较长的粗毛。头平直，较长，额宽，眼大凸出。公羊背腰平直而长，后躯发育良好，肋拱圆，尻部略有倾斜，母羊乳房发达，四肢坚实	成年公羊体重75～95kg，母羊50～65kg。泌乳期10个月，305d产奶量为600～1 200kg，个体最高产奶量达3 498kg，乳脂率为3.2%～4.0%。产羔率160%～220%	遗传性稳定，产奶量及繁殖率高，适应性好	除纯种繁育以外，用于改良地方山羊效果显著。参与了崂山奶山羊、关中奶山羊等品种的培育
波尔山羊	肉用山羊品种	被毛短而稀，毛色头颈部棕红色或棕黄色，其余部位被毛白色，头平直，鹰钩鼻，耳大下垂，角向后弯如镰刀状。体躯长、匀称，呈圆桶状，肌肉发达，后躯丰满，四肢短粗强健	成年公羊体重90kg，母羊65～75kg。羔羊出生重3～4kg。8～10月龄屠宰率为48%，1岁、2岁及成年屠宰率分别达50%、52%和56%～60%。母羊6～7月龄初配，公羊9～12月龄可采精。母羊常年发情，产羔率为180%～200%	羊肉脂肪含量适中，胴体品质好，肉质鲜嫩多汁，色泽纯正，口感好，膻味小。板皮面积大，质地致密，富有弹性	主要饲养在山东、河南、江苏、陕西、四川、北京等地，与我国一些地方山羊品种杂交，效果很好

2. 依据羊场性质选择适宜的山羊品种　我国南方以及黄河中下游地区，宜引进产肉量高的波尔山羊品种，与当地山羊杂交，提高山羊的个体产肉量。

在饲养山羊以生产山羊绒为主的地区，宜引进辽宁绒山羊、内蒙古白绒山羊与当地山羊杂交，提高山羊的个体产绒量。但对于青藏高原的藏山羊来说，要提高山羊绒的个体产量，引进辽宁绒山羊、内蒙古白绒山羊时要慎重，要看引进品种能否适应青藏高原的自然环境条件。在引进高产绒山羊品种与当地山羊杂交提高山羊个体产绒量时，要注意山羊绒的品质，特别是山羊绒的细度。山羊绒越细，质量越好，市场价格越高。

在城市边缘以及黄河以南、长江以北饲养奶山羊地区，要提高奶山羊的个体生产能力，宜选择引进关中奶山羊、崂山奶山羊。

职业能力测试

1. 下列绵羊品种中，属于肉用羊的是_____。
   A. 中国美利奴羊　　　B. 杜泊羊　　　C. 新疆细毛羊　　　D. 蒙古羊
2. 下列绵羊品种中，以高繁殖力著称的是_____。
   A. 小尾寒羊　　　B. 茨盖羊　　　C. 高加索细毛羊　　　D. 滩羊
3. 下列山羊品种中，属于毛用羊的是_____。
   A. 安哥拉山羊　　　B. 波尔山羊　　　C. 南江黄羊　　　D. 萨能奶山羊
4. 南江黄羊属于_____。
   A. 肉用山羊品种　　　　　　　　　B. 乳用山羊品种
   C. 绒用山羊品种　　　　　　　　　D. 毛用山羊品种
5. 调查你所在地区的绵羊品种。
6. 如果你毕业后养殖山羊，你将饲养什么品种？

项目二　养羊生产

任务 1　羔羊培育

学习任务

培育羔羊是羊场生产的关键工作，羔羊培育质量直接影响羊群的生产性能。本次任务中，你应该了解影响羔羊成活率的因素，熟悉羔羊生长发育规律，会合理培育羔羊。

必备知识

1. 羔羊的生物学特性

（1）初生羔羊体温调节能力尚不完善，体温易受环境温度变化的影响，特别是生后几个小时最明显。受寒冷刺激，易患感冒、肺炎等病。冬春寒冷季节出生的羔羊要注意保暖。

（2）初生羔羊抵抗力弱，适应力差，全靠吃初乳维持生存。

（3）消化力弱，初生羔羊吸吮的乳汁经食管沟直接进入皱胃进行消化，由于各种消化酶还不健全，易消化不良和腹泻。

（4）肝的解毒能力弱，分解合成的代谢能力更弱。

2. 羔羊生长发育规律

（1）生长发育快。羔羊出生后 1～2d 体重变化不大，出生后 1 个月内，生长速度较快，需要的营养物质较多。若母乳充足，出生后 2 周其活重可增加 1 倍，肉用品种羔羊日增重在

300 g 以上。

（2）对环境适应能力差。羔羊出生后 1~2 周调节体温的机能不完善，反应迟钝，皮肤保护能力差，各组织器官功能尚不健全，特别是消化道的黏膜易受细菌侵袭而发生各种消化道疾病。

（3）可塑性强。外部环境变化能引起机体相应的变化，这对羔羊的定向培育具有重要的意义。

实践案例

山东济宁某种羊繁育场，饲养波尔山羊 300 多只，小尾寒羊 200 多只。母羊每年生产两胎，每胎 2~3 只羔羊，该场每年应出售羔羊 2 000 多只，但每年实际仅成活 1 500 余只。对羊场的繁殖数据统计显示，78 只母羊产羔 175 只，成活 125 只，成活率仅为 71.4 %。据此案例制订一套提高羔羊成活率技术方案。

实施过程

1. 做好接产羔羊的工作

（1）正产时的接产。羔羊出生后，应将其口腔、鼻腔里的黏膜掏出擦净，以免因呼吸困难、吞咽羊水而引起窒息或异物性肺炎，其余部位的黏液让母羊舔干。脐带可自行断裂或在脐带停止波动后距腹部 4~6 cm 处用手拧断，涂以碘酒消毒，对羔羊进行编号，育种羔羊称量初生重，按要求填写羔羊出生登记表。

（2）异产时的接产。

①胎儿已露出阴门外，羊膜未破裂，应立即撕破羊膜，排放羊水，使胎儿的口鼻露出并清理其附着的黏液，待其产出。

②破水后 20 min 左右，母羊不努责，胎膜也未出来，接羔员应剪短指甲，洗净手臂并消毒，涂润滑剂，将胎儿的两前肢拉出来再送进去，重复 3~4 次，然后接羔员一手拉胎儿前肢，一手扶胎儿头，随着母羊的努责将胎儿向后下方拉出。

③羊水已排出，母羊阵缩及努责无力时，接羔员应蹲在母羊体躯后侧，用膝盖轻压其腹部，待胎儿的嘴端露出后，用一手向前推动母羊的会阴部，待胎儿的头部露出时，再用一手拉头，另一手拉两前肢，随母羊努责向后下方缓缓拉出胎儿。

④假死羔羊的处理。羔羊出生后不呼吸，但发育正常且心脏跳动，称为假死。处理方法：一是提起羔羊两后肢，悬空并不时拍击其背和胸部；二是让羊羔平卧，接羔员用两手有节奏地推压羔羊胸部两侧。

2. 精心护理羔羊

（1）早吃初乳。初乳是羔羊生后唯一的营养物质来源。初乳中含有丰富的蛋白质（17%~23%）、脂肪（9%~16%）等营养物质和抗体，具有营养、抗病和轻泻作用。羔羊初生后及时吃足初乳，对增强体质、抵抗疾病和排出胎粪具有重要作用。

（2）吃足常乳。1 月龄内的羔羊以母乳为主，若母羊乳汁充足，可使羔羊 2 月龄体重达到其初生重的 1 倍以上。羔羊表现背腰直，腿粗壮，毛光亮，精神好，眼有神，生长发育快。反之，则被毛蓬松，腹部小，拱腰背，常鸣叫。

（3）尽早补饲。出生 7~10d 的羔羊，当其能够舔食草料或饲槽、水槽时，应开始训练其吃草料。早补料能刺激消化器官和消化腺的发育，促进心肺功能的完善。

（4）适当运动。羔羊爱动，早期训练运动可促进羔羊健康。1 周龄时，可在室外自由运动，1 月龄时，可随群放牧。

（5）加强护理。搞好棚圈卫生，避免贼风侵入，保证吃奶时间均匀，提高羔羊成活率。羔羊时期坚持做到"三早"（即早喂初乳、早开食和早断奶）、"三查"（即查食欲、查精神和查粪便），可有效提高羔羊成活率。

（6）羔羊寄养。羔羊出生后，若母羊死亡或母羊一胎产羔过多，应给羔羊找保姆羊。保姆羊可由产单羔但乳汁分泌量足和产后羔羊死亡的母羊担任。寄养时，将保姆羊的乳汁涂抹在寄养羔羊的臀部或尾根，或将羔羊的尿液涂抹在保姆羊的鼻端，或于晚间将保姆羊和寄养羔羊同圈在一个栏内，经过短期熟悉，保姆羊便会给羔羊哺乳。

（7）羔羊断奶。羔羊断奶多采用一次性断奶方法，即母子分开后，不再合群，母羊在较远处放牧，羔羊留在原圈饲养，一般母子隔离 4~5d 可断奶成功。

3. 给羔羊合理补饲 羔羊在出生 10d 左右就有采食饲料和饲草的行为，为促进羔羊瘤胃发育和锻炼羔羊的采食能力，在羔羊出生 15~20d 后应开始训练羔羊吃草吃料。粗料要选择质好、干净脆嫩的青干草、花生秧、甘薯秧、树叶等，扎成把挂在羊圈的栏杆上，不限量任羔羊采食。精料以玉米、豆饼为主，并添加少量食盐和骨粉，刺激羔羊食欲。有条件的将切成细丝状的胡萝卜同精料拌在一起饲喂，使羔羊逐渐习惯吃料。每只羔羊每天补饲混合精料的量为：半月龄 50~75g，1~2 月龄 100g，2~3 月龄 200g，3~4 月龄 250~500g。同时要供给清洁饮水。在补饲的过程中，要少喂勤添，定时定量，先粗后精。

任务 2　种羊饲养管理

🖥 学习任务 ▶

种羊是羊场赖以发展的基础，良好的饲养管理条件是发挥种羊价值的前提。本次任务中，你应该熟悉各阶段种羊饲养管理要点，能合理利用种公羊，会饲养管理各阶段的母羊。

Ⓠ 必备知识 ▶

1. 种公羊的分期及饲养管理要点

非配种期种公羊的饲养管理要点：保持正常体况和中上等膘情，以粗饲料为主，根据膘情适当补饲精饲料。

配种期种公羊的饲养管理要点：

①配种预备期（配种季节到来前 1~1.5 个月）：加强营养和运动，配种训练，精液品质检查，安排配种计划。

②配种期：科学补饲，加强运动，合理利用。

③配种后复壮期（指配种季节过后 1~1.5 个月）：恢复体力，增膘复壮。

2. 种母羊的分期及饲养管理要点

空怀期：即母羊断奶至再次参加配种的时期。此期饲养管理要点为抓膘复壮，为妊娠期贮备营养。

妊娠前期：指妊娠的前 3 个月。此期饲养管理要点为使母羊继续保持良好膘情。

妊娠后期：指妊娠的后 2 个月。此期饲养管理要点为促进胎儿发育，抓好保胎工作。

哺乳前期：指哺乳的前 1.5～2 个月。此期饲养管理要点为提高母羊泌乳量。

哺乳后期：指哺乳的后 1.5～2 个月。此期饲养管理要点为逐渐过渡到空怀期的饲养管理。

实践案例

广西新闻网报道：江州区 1 180 户养羊户全年出售山羊 3 万只，纯收入 1 600 万元，户均纯收入 1.35 万元。江州区党委、政府因地制宜，帮助农民发展山羊、家禽、兔、大规格鱼苗养殖等短平快项目，圈养山羊在助农增收中挑起了"大梁"。江州区人民政府每年从财政拨出 20 万～25 万元作为山羊项目配套资金，力争用 3 年时间使江州区圈养山羊量达 10 万只以上。据此案例制订一套种羊的饲养管理方案。

实施过程

1. 做好种公羊的饲养管理和利用工作

（1）种公羊的正确饲养。①应根据其膘情、精液质量、配种需要、性欲、食欲强弱等因素不断调整饲养水平。②种公羊饲料要求较高，要有足量优质蛋白质、维生素 A、维生素 D 及无机盐等，且易消化，适口性好，最好由麸皮、豆粕、胡萝卜、麦芽等混合而成。在配种淡季或非配种期以放牧饲养为主；配种旺季，在放牧饲养的同时，应适当补充混合精料和青干草。③配种或采精频率较高时，每天要补喂 1～2 只鸡蛋。

（2）种公羊的科学管理。①种公羊要单独放牧或圈养，除配种外，其他时间不要和母羊放在一起。放牧时应防止树桩划伤阴囊。圈养时，每只公羊要有 1～1.2m^2 的圈舍面积。②保证运动量。舍饲时应保证每天至少运动 6h。③种公羊要定期检疫，制订合理的防疫与驱虫程序。注意日常管理，每天观察种公羊精神状态，发现问题及时解决。

（3）种公羊的合理利用。青年公羊在 4～6 月龄性成熟，6～8 月龄体成熟，此时开始利用较为适宜。利用强度要适宜，配种季节一般每天采精 1～3 次，连续采精 3～4d 休息 1d。采精后要让其安静休息，不要马上运动和饮水，夏季炎热和冬季寒冷季节，公羊的精液品质差，此时不宜采精。

2. 抓好母羊空怀期的饲养管理　母羊在完成哺乳后到配种受胎前的时期称空怀期，约为 3 个月。

母羊配种前，要抓膘复壮，为配种妊娠贮备营养。断奶后较瘦弱的母羊应适当增加营养，以达到复膘目的。日常饲料以干粗饲料为主，如红薯藤、花生秸等，任其自由采食，每天放牧 4h 左右，此时期每天每只补饲混合精料 0.4kg 左右。

母羊空怀期正是青草季节，牧草生长茂盛、营养丰富，而母羊自身对营养需求相对较少，可完全放牧。只要母羊膘情好，就能按时发情配种。如有条件可酌情补饲。据研究，在配种前 1～1.5 个月，对母羊加强放牧，突击抓膘，特别是配前 15～20d 实行短期优饲，会使母羊能够发情整齐，多排卵，提高受胎率和产羔率。

3. 抓好母羊妊娠期的饲养管理

（1）妊娠期的饲养。

妊娠前3个月，胎儿小，增重慢，营养需求较少。秋季配种后，牧草处于青草期或已结籽，营养丰富，可完全放牧；如果配种季节较晚，牧草已枯黄，放牧不能吃饱时就应适当补饲，日粮组成一般为：苜蓿50%，青干草30%，青贮料15%，精料5%。

妊娠后两个月，胎儿大，增重快（羔羊出生重的80%～90%在此期内完成），营养需求较多，又处在枯草季节，仅靠放牧不能满足营养需求。因此，在妊娠最后5～6周，怀单羔的母羊可在维持饲养基础上增加12%的饲料，怀双羔母羊则增加25%的饲料。

（2）妊娠期的管理。在放牧饲养为主的羊群中，妊娠后期冬季每天放牧6h，放牧距离不少于8km；但临产前7～8d不要到远处放牧，以免产羔时来不及回羊圈。出入圈、放牧、饮水时要慢要稳，防止滑跌，防止拥挤，并在地势平坦的地方放牧。严防急追暗打，突然惊吓，以免流产。预防怀孕羊腹泻，避免孕羊吃霜草、霉变料和饮用冰碴水。

4. 抓好母羊哺乳期的饲养管理

（1）哺乳期的饲养。母羊的哺乳期一般为3～4个月。由于羔羊生后2个月内的营养主要来自母乳，因此，哺乳母羊的营养水平应根据泌乳量确定。通常每千克鲜奶可使羔羊增重176g，肉用羔羊日增重一般为250g，则母羊应日产鲜奶1.42kg。每生产1kg鲜奶需风干饲料0.6kg，则哺乳母羊每天需风干饲料0.85kg。如果增加母羊饲喂量，则会促进羔羊发育。

哺乳母羊的饲喂还应考虑哺乳羔羊的数量。产单羔和产双羔的母羊可参考以下饲喂方案：日补精料量，产单羔者0.5kg，产双羔者0.7kg；日补青干草量，产单羔者0.5kg苜蓿干草和0.5kg野干草，产双羔者1kg苜蓿干草；日补多汁料量，产单羔者和产双羔者均为1.5kg。

（2）哺乳期的管理。产后前3d的母羊，应给以易消化的优质干草，尽量不补饲精料。否则，大量饲喂精饲料，往往会增加母羊肠胃负担，导致消化不良或发生乳房炎。保证充足的饮水。经常清扫羊舍，保持清洁干燥卫生，特别是毛团、塑料袋等杂物要及时清除，以防羔羊吞食。经常检查母羊乳房，以便及时发现奶孔闭塞、乳房炎、化脓或无奶等情况，并及时采取相应措施。

任务3　肉羊育肥

 学习任务 ▶

近年来，人们对羊肉青睐有加，羊肉消费产量随之大幅度上升，肉羊育肥技术越来越被养殖者所重视。本次任务中，你应该了解育肥羔羊日粮配方，熟悉肉羊的育肥方式，掌握各种类型羊的育肥技术。

必备知识 ▶

肉羊的育肥方式

（1）放牧育肥。羊能够吃到各种青草，能较好地满足营养需要；放牧时，空气新鲜、光照充足，有利于羊只健康，同时可合成较多的维生素D，骨骼健壮，促进生长发育；放牧利用了天然草场和人工草场，减少了劳力，降低了生产成本。

（2）舍饲育肥。主要用于肥羔生产，人工控制羊舍小气候，利用全价饲料，让羊自由采食、饮水。由于羔羊育肥与其生长发育是同时进行的，要求羊只舍饲期间保证饲料营养丰富、全面、适口性好。要特别注意利用大量精料时要使羊有一个适应期，预防过食精料造成羊肠毒血症和因钙磷比例失调引起的尿结石症。

（3）混合育肥。混合育肥是放牧与补饲相结合的育肥方式。可采取以下两种途径：一种是整个育肥期全部采取每天放牧并补饲一定数量混合精料的育肥方式。前期以放牧为主，舍饲为辅，少量补料；后期以舍饲为主，多量补料，适当就近放牧，精料补充量为每天每只200～500g。另一种是前期安排在牧草茂盛的季节全天放牧，进入秋末冬初季节再转入舍饲催肥。催肥期饲喂依据饲养标准配合的日粮，30～40d后出栏上市。

实践案例

新农网报道，肉羊育肥周期短、见效快、效益可观。山西省大同县积极扶持养羊产业发展，截至 2013 年底，肉羊饲养量 500 只以上的规模养殖场（户）超过 100 家，肉羊饲养量超过 40 万只，肉羊养殖已成为该县农民增收致富的主要产业。据此案例制订一套肉羊饲养管理方案。

实施过程

1. 做好育肥前的准备工作

（1）组织好育肥羊群。为了使各类羊育肥均能获得最好的效果和最高效益，在羊育肥前，应先将其按品种、年龄和性别合理分群。

（2）给羔羊去势。羊在育肥前一般要去势。羊去势后，性情温驯、管理方便、容易育肥、节省饲料、而且肉的膻味小，去势后的羊称为羯羊。

（3）消毒羊舍及设备。

①进出口消毒。在羊舍的进出口处设消毒池，池中放置浸有 2%～4% 的氢氧化钠溶液的麻袋片。

②运动场消毒。运动场清扫干净后，用 3% 的漂白粉溶液、10% 石灰溶液或 5% 氢氧化钠溶液喷洒消毒。

③羊舍消毒。清扫后用 10%～20% 石灰溶液或 10% 漂白粉溶液、3% 来苏儿溶液、5% 热草木灰溶液、1% 石炭酸水溶液等喷洒。

④粪便与污水消毒。将清扫出的羊粪便堆积在离羊舍 100m 以外处，上面覆盖 10cm 左右的细湿土发酵 1 个月左右。污水要集入污水池，每立方米污水加入 2～5kg 漂白粉消毒。

（4）驱虫和防疫。

①驱虫。丙硫咪唑具有高效、低毒、广谱的特点，对于羊的肝片吸虫、肺线虫、消化道线虫、绦虫等均有效，可同时驱除混合感染的寄生虫，是较为理想的驱虫药。使用驱虫药时，要求剂量准确，一般先进行小群试验，在取得良好效果后再全群驱虫。

②药浴。可有效预防和驱除羊的体表寄生虫，特别是疥癣与扁虱，保持皮肤健康，促进羊毛生长。

③防疫注射。目前，我国尚没有统一的羊群免疫程序。因此，需要在实践中不断摸索和总结，然后制订出符合本地区和本羊场的免疫程序。

（5）储备充足的饲草和饲料。储备充足的饲草、饲料，确保整个育肥期羊只不断草料，同时也不轻易更换饲草和饲料。

2. 科学育肥羔羊　肥羔是指育肥到 4～6 月龄即屠宰的羊。

（1）实施早期断奶。羔羊早期断奶有 4 个方面的意义：一是可以使羔羊尽早处于人为控制的营养环境中，有利于最大限度地发挥羔羊早期生长快的潜能；二是可以缩短羔羊生产周期，即从传统的 8～10 个月缩短到 3～4 个月，从而提高羔羊的生产效益；三是羔羊早期断奶，有助于母羊施行高效高频繁殖；四是有利于母羊提前恢复生理机能和体况，从而大大降低母羊的饲养成本。

（2）应用经济杂交。利用早熟肉用品种进行经济杂交是羔羊生产的有效方式。杂交能产生杂种优势。

（3）繁育早熟品种。羊的产肉性能主要取决于品种特性。因此，应引进早熟品种，建立肉羊繁育体系，生产适于育肥的优质羔羊。

3. 适时育肥正常断奶羊

（1）转群前后的管理。羊断奶离开母羊和原有的生活环境，转入育肥场时，会产生较大的应激反应。转群后 2～3 周，应减少对羊群的惊扰，让其充分休息，并保证羊群充足饮水。断奶羊转移进入育肥场后，首先按羊的体格大小合理分群。体格大的羊优先给予精料型日粮，进行短期强度育肥，以利于提早上市。

（2）育肥期的饲养管理。

①转入舍饲的育肥羊，要经过一阶段时间的过渡期，一般为 3～5d，此时只喂干草。之后，逐步加入精料，注意要由少到多。再经过 5～7d，即可按育肥计划规定的精料标准进行饲养。

②饲养过程中，避免过快更换饲料种类和类型。更换饲料必须有过渡期，每 3d 更换 1/3 的饲料。

③育肥用的青干草或粗饲料要铡短，块根茎饲料要切片。精料每天可分两次投喂，使用青贮饲料和氨化秸秆时，每只羊每天喂量青贮饲料 2～3kg，氨化秸秆 1～1.5kg。

④确保育肥羊每天有清洁的饮水。

⑤经常观察羊群，发现问题及时处理。

4. 合理育肥成年羊　成年羊的整个育肥期可划分为预饲期（15d）、正式育肥期（30～50d）和出栏期 3 个阶段。预饲期的主要任务是让羊只适应新的环境和饲料，适应饲养方式的转变，并完成健康检查、注射疫苗、驱虫、分群、灭癣等生产环节。预饲期应以粗料为主，适当搭配精饲料，并逐步将精饲料的比例提高到 40%。在正式育肥期，精料的比例可提高到 60%，玉米、大麦、燕麦等籽实类能量饲料可占精料的 80% 左右。

任务 4　剪毛和抓绒

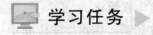
学习任务

羊毛和羊绒是毛纺工业的重要原料，是养羊业的重要产品，更是养羊场（户）重要的经济来源。本次任务中，你应该了解用于剪毛和抓绒羊的一般饲养管理技术，会剪毛和抓绒操作。

🄀 必备知识 ▶

剪毛和抓绒羊的一般饲养管理技术

（1）饮水。羊在夏季一般每天饮水 2~3 次，春、秋季节每天饮水 2 次，冬季每天饮水 1~2 次。水质要清洁，不得饮用坑水。孕羊在冬季应该饮 20~30℃的温水。

（2）喂盐。食盐是羊一年四季都不可缺少的重要物质，具有增进食欲、增强体质的作用。一般羊日喂量 5~10g，妊娠后期和哺乳期的母羊 11~15g，配种种公羊 15~20g。饲喂方法：拌入精料中喂给；随水饮入；撒入盐槽任羊舔食。

（3）断尾。羔羊生后 1 周左右即可断尾，身体瘦弱的羊或遇天气寒冷时，可适当推迟断尾时间。断尾最好在晴天的早晨进行，以便全天观察和护理羊只。断尾部位一般在 3~4 尾椎间（距尾根 5~6cm）。断尾方法主要有以下 3 种。

热断法：准备一个特制的断尾铲和两块长、宽各为 20cm 的木板，在木板的一面钉上铁皮。一块为挡板，挡板的下方凿一个半圆形的缺口，断尾时将羊尾压在半圆形的缺口里，可防止灼热的断尾铲烫伤羔羊的肛门和睾丸。另一块为垫板，断尾时衬在板凳上面，以免烫坏板凳。断尾时需两人配合，一人保定羔羊：左右手分别抓住羊一侧的皮肤及前后肢，让羊的背部紧靠人的前胸，呈半蹲半坐状。另一人将羊尾的皮肤向尾根处捋起，在距离尾根 5~6cm 处（第 3、4 尾椎之间），用带有半圆形缺口的挡板将羊尾紧紧压住，将烧至暗红色的断尾铲放在羊尾上稍微用力下压，即将羊尾断下。断尾后松开捋起的皮肤，使其包住伤口。如果止血不好，还可再用断尾铲烧烙伤口，然后用碘酊消毒。

橡皮筋断尾法：用橡皮筋在第 3 和第 4 尾椎之间紧紧扎住，断绝血液流通，经 10~15d，被橡皮筋扎住的羊尾下端即可自行脱落。这种方法安全、方便，只是所需时间较长。

快刀断尾法：用锋利的刀在断尾处迅速断尾，断处作止血处理。

（4）去势。不适宜做种用的公羊应予去势。从生后 1~2 周直至成年均可进行去势。去势方法主要有 3 种。

刀切法：用手术刀切开羊的阴囊，摘除睾丸。手术时需两个人配合，一人保定羊，一人进行手术。

橡皮筋去势法：将羊睾丸挤进阴囊内，用橡皮筋或细绳紧紧地结扎阴囊的上部，断绝睾丸的血液流通，经过 20~30d，阴囊及睾丸萎缩后自行脱落。

去势钳法：用特制的去势钳，在羊阴囊上部用力将精索夹断后，睾丸会逐渐萎缩。

（5）修蹄。修蹄可在春、秋季，最好在雨后天晴时进行。这时羊的蹄质软，易修剪。先用修蹄剪剪去过长的角质，然后用修蹄刀修平蹄底。

为了避免羊发生蹄病，平时应注意休息场所保持干燥通风，勤打扫、勤垫圈，有条件的，在圈内和门口撒草木灰，以消毒羊蹄。如发现羊蹄趾间、蹄底或蹄冠部皮肤红肿，跛行甚至分泌有臭味的黏液，应及时治疗。轻者可用 10％硫酸铜溶液或 10％甲醛溶液洗蹄 1~2min，也可以用 2％来苏儿溶液洗净蹄部并涂以碘酒，重者应配合抗生素治疗。

（6）药浴。每年在春季放牧和秋季舍饲前各进行 1 次。若羊发生疥癣，则治疗性药浴可随时进行。但在冬、春季节给羊群药浴时，必须有可靠的取暖设施，以防冻坏羊只。

①药浴方法。

盆浴：将药液盛在一个容器内，如大盆、大锅或特制的水槽，让羊逐只进行洗浴。这种药浴方法适用于绵羊数量较少的小羊场与个体户的羊群。

池浴：药浴池为水泥沟形池，上口宽0.6～0.8m，下口宽0.3～0.5m，深1～1.5m，长3～10m，在出口处，建造1.5%坡度的滴流台。药液的深度以没及羊体为原则。药浴时，将羊逐一赶入池中，让其从药浴池的一头游到另一头，当羊走近出口时，要将羊头压入药液内1～2次，以防头部发生疥癣。离开药池时，让羊在滴流台上停留10min，待羊身上药液滴流入池后，再让其到凉棚或宽敞的厩舍内，免受日光照射，过6～8h后，方可饲喂草料。

淋浴：淋浴有容量大、速度快、省劳力等优点，也比较安全，但需要一定的动力（电力或内燃机）与设备，成本较高。淋浴在专门设计的淋浴场中进行，淋浴时把羊赶入淋浴场中，开动水泵喷淋，经3min，当药液淋透羊体后关闭喷淋设备。将淋浴过的羊赶入滤液栏中，再经3～5min后放出。

喷浴：是用汽车拉上机动喷雾器或喷粉器给羊群喷浴。这种方法省掉了建药浴池的费用，一次可喷浴700～1 000只羊，适于草原地区流动作业。

②药浴注意事项。

药浴前8h停止喂料，药浴前2～3h给羊饮足水，以防止羊喝药液。

药浴时，应选择在晴朗无风的天气进行，还要随时注意天气的变化。为了防止羊受凉感冒，浴液温度保持在30℃左右。

药浴前要检查羊只身上是否有伤口。药液配好后，工作人员应戴好口罩和橡皮手套，以防中毒。每浴完一群羊，应根据药液减少情况进行适量的添补，以保持药液浓度和使用量。

药浴时，工作人员要站在池的两边，用压扶杆将羊的头部压入药液中几次，使其全身各部位都能彻底着药。

工作人员要很好地控制羊群，以免同时投入池中的羊只过多，羊只压在下面而发生危险。发现有被药水呛着的羊只，要用压扶杆把羊头扶出水面并引导其上岸。

药浴前先组织小群羊试浴，无问题后，再组织大群健康羊药浴。

羊药浴常用的药液及剂量见表7-5。

表7-5　羊药浴常用的药液及剂量

药物名称	使用剂量	药物名称	使用剂量
杀虫脒	0.1%～0.2%	蜱螨灵	0.04%
精制敌百虫	0.5%～1%	蝇毒灵	0.05%
辛硫磷	0.05%	氰戊菊酯	0.1%
林丹乳油	0.03%	速灭菊酯	80～200mg/kg
消虫净	0.2%	溴氰菊酯	50～80 mg/kg

实践案例

2014年5月上旬，受冷暖空气活动剧烈影响，我国中西部牧区比近30年平均气温低4℃以上，抓绒剪毛工作不得不推迟了3～10d。天气条件会影响羊毛羊绒的产量和质量，剪毛、抓绒的方法和技术也是影响羊毛羊绒产量和质量的重要因素。据此案例制订一套抓绒和剪毛工作方案。

🔲 实施过程 ▶

1. 剪毛技术

(1) 剪毛时间。细毛羊、半细毛羊和杂种羊，一年剪一次毛，粗毛羊一年剪两次毛。剪毛时间与当地气候和羊群膘情有关，最好在气候稳定和羊只体力恢复之后进行，北方地区一般每年5～6月进行。

(2) 剪毛次序。先剪粗毛羊，再剪杂种羊，最后剪细毛羊；先剪幼龄羊，再剪羯羊和公羊，最后剪母羊。

(3) 剪毛方法。有手工剪毛和机械剪毛两种。

(4) 剪毛步骤。剪毛时，先将羊的左侧放在剪毛台上，头向左，背靠剪毛手。先从大腿内侧起，剪完两后肢及两前肢，将毛放一边，然后从后向前把右腹部和胸部毛剪下，再将羊翻转，使腹部朝向剪毛手，先将左腹部向剪毛手，剪下左腹部毛，然后从腹部向背部、肩部剪，剪完左侧再剪右侧。最后抬起羊头，从头部、颈部剪，直至剪完。

(5) 剪毛注意事项。

①剪毛前6～12h停止饮水和饲喂，以保持羊毛充分干燥。

②剪毛时，应防止羊只来回翻转而引起疾病，一般不要捆绑，速度要快。

③剪毛后放牧时，控制羊的进食量，以防引起消化不良。

④剪毛后1周内，严防雨淋和日光暴晒。

2. 抓绒技术

(1) 抓绒时间。每年春季进行，具体时间掌握在头部、耳跟部、眼圈周围有绒毛脱落，或拨开被毛发现绒已离开皮板，并能用手轻轻取下时，即为抓绒最佳时间。

(2) 抓绒顺序。先母后公，再羯羊和幼龄羊；先健康羊，后患病羊；先抓白绒羊，后抓有色羊，并分开包装。

(3) 抓绒步骤。①清扫场地，铺上席子。②保定。让羊只卧倒在席上，用绳子将两前肢和一后肢捆住。③用稀梳顺毛由前往后，自上而下梳掉草芥、粪块等污物。④用密梳逆毛抓绒，梳齿贴紧皮肤，但不可用力过猛。⑤抓下的绒揉成小团，并按颜色不同分别存放。

(4) 抓绒注意事项。①抓绒前12h停水停食，保持羊体干燥。②抓绒时，梳子要紧贴皮肤，用力要均匀，不可太猛，以免抓破皮肤。③抓绒后，防止羊过食，以免造成消化不良。注意羊只保暖。

⚙ 职业能力测试 ▶

1. 接羔员给羔羊拧断脐带的部位是距腹部_____。

    A. 0～1cm   B. 2～3cm   C. 4～6cm   D. 10～15cm

2. 母羊的哺乳期一般为_____。

    A. 21～28d   B. 3～4个月   C. 5～8个月   D. 1～1.5年

3. 去势后的羊称为_____。

    A. 羯羊   B. 羔羊   C. 育肥羊   D. 育成羊

4. 成年羊育肥时，每只每天可喂青贮饲料_____。

    A. 2～3kg   B. 5～6kg   C. 8～10kg   D. 10～15kg

5. 正在配种期的种公羊每天的食盐喂量一般为_____。
   A. 1~2g　　　　B. 5~10g　　　　C. 15~20g　　　　D. 50~100g

6. 细毛羊断尾部位一般距尾根_____。
   A. 1~2cm　　　　B. 5~6cm　　　　C. 10~15cm　　　　D. 20~30cm

7. 药浴前 2~3h 要给羊_____。
   A. 喂足干草　　　　B. 喂足精料　　　　C. 喂足食盐　　　　D. 饮足水

8. 我国北方地区剪毛时间一般在每年的_____。
   A. 1~2 月　　　　B. 5~6 月　　　　C. 9~10 月　　　　D. 11~12 月

9. 怎样培育羔羊？

10. 简述种羊饲养管理的要点。

11. 如何做好羊群育肥前的准备工作？

12. 怎样给细毛羊剪毛？

项目三　羊产品的识别

任务 1　羊毛与羊绒的识别

💻 学习任务 ▶

　　羊毛主要是指绵羊毛，而羊绒则是指山羊纤细而柔软的无髓毛。本次任务中，你应该了解羊毛的类型和山羊绒的特性，熟悉山羊绒分类方法，会评定羊毛品质，会鉴定无毛绒品质。

Q 必备知识 ▶

1. 羊毛的种类

同质毛：也称同型毛，是由同一类型的纤维所组成。

异质毛：也称混型毛。这种羊毛由各种不同类型的毛纤维组成。

2. 山羊绒的特性

（1）物理特性。山羊绒质地纤细，手感柔软而光滑，无弯曲，拉力强，富有弹性，光泽明亮而易着色。山羊绒长度在 2.5~16.6cm。一般情况下，原始品种的羊绒细而较短，培育品种的羊绒粗而较长。只有细而长的羊绒才能纺出细而均匀的纱，织出轻薄、柔软的织品。

（2）化学特性。山羊绒与细羊毛相比，易受水渍，对碱和热的反应较为敏感，损失程度比细羊毛严重。羊绒对碱的敏感度高于酸，耐酸性能比羊毛强。

📖 小贴士 ▶

山羊绒的工艺价值

　　山羊绒是指产绒山羊次级毛囊里生长的纤细而柔软的无髓毛纤维，直径在 $25\mu m$ 以下。在国际市场上，将山羊绒通称为"开司米"，是地名"克什米尔"的谐音。

　　山羊绒是纺织原料中很细的动物纤维，具有柔软、富有弹性、光泽好、隔热性强等优良特性，被誉为"天然纤维中的明珠"或"纤维之冕"。用山羊绒织制的围巾、披肩、羊绒衫和丝绒等产品，集轻、暖、软于一体，被誉为"毛织品之最"，穿着舒适，美观大方，是当今最受人们喜爱的时尚产品。由于山羊绒产量少而品质优良，成为世界各厂商竞相争购的名贵原料，其价格是细羊毛的几十倍。其中，白色开司米价格最高。

实践案例

据报道，很多羊绒衫、羊绒裤等羊绒制品成衣标识上印的是"绵羊绒"，商标上标的却是"羊绒"。实际上，"绵羊绒"与"羊绒"没有任何联系。"羊绒"特指产于山羊身上的底绒，纤维细短，纯纺的羊绒手感丰满、光滑、回弹力柔中带韧。而绵羊只产毛，不产绒，所谓的"绵羊绒"就是普通羊毛，羊毛粗糙发硬，双层滑动时发涩，贴身穿有刺痒的感觉。因此，成衣标"绵羊绒"，商标标"羊绒"的这种方式是在误导消费者。

实施过程

1. 评定羊毛的品质

（1）细度。细度是指羊毛纤维直径的大小，表示单位"μm"。在国内外羊毛交易、纺织工业和养羊生产中都采用与羊毛直径相关的品质支数来表示羊毛的细度。

品质支数的含义是：1kg 净梳毛能纺成多少个 1 000m 长的毛纱段数。如果 1kg 净梳毛能纺成 60 个 1 000m 长的毛纱，那么这种羊毛的细度就是 60 支。

（2）长度。羊毛的长度有两个概念，即自然长度与伸直长度。自然长度是指羊毛在自然状态下的毛丛长度；伸直长度是指单个纤维将弯曲伸直而未延伸时的长度，这个长度是羊毛的真实长度。在养羊生产中和羊毛收购时都用自然长度。在工业生产上用伸直长度。一般伸直长度比自然长度长 10%～20%。

（3）弯曲。羊毛纤维在自然状态下有规则的波浪形弯曲。弯曲可以增加毛纤维的弹性。一般羊毛越细，弯曲越小，弯曲数越多。

（4）强度和伸度。拉断羊毛所需要的力，称为羊毛的强度，用 g 表示。羊毛的强度分为绝对强度和相对强度。绝对强度是指将单根毛纤维拉断所用的力。相对强度是拉断羊毛时在其单位横截面积上所用的力，用 kg/cm^2 表示，细毛和半细毛相对强度比粗毛大。

伸度是指将羊毛自然弯曲拉直，继续拉长，直至断裂时所增加的长度与自然长度的比。羊毛的伸度与强度有一定的相关性，影响羊毛强度的因素也影响羊毛的伸度。

（5）弹性及回弹力。给羊毛施加外力使其变形，当外力除去后羊毛恢复原来形状的特性，称为弹性。这种恢复原形的速度称为回弹力。两型毛具有较大弹性。

（6）羊毛的可塑性与毡合性。羊毛在水湿、温热条件下，施以外力使其变形，当外力解除后，它能保留所变形状的性质，称为可塑性。人们利用可塑性烫平半干的毛料衣服，使它保持被烫的挺直形状。

在湿、热和机械压力下，羊毛纤维相互毡和，收缩紧密的现象，称为羊毛的毡合性。这是羊毛重要的工艺特性，是其他纤维所不具有的，人们利用这种特性制毡及进行呢绒制品的缩绒。

（7）羊毛的光泽和颜色。光泽是羊毛对光线的反射能力。一般细毛对光线的反射能力较弱，光泽比较柔和。粗毛鳞片平整，对光线的反射方向一致，所以光泽很强。

颜色是指羊毛的天然颜色，这种颜色产生于羊毛皮质层细胞沉积的色素，有白色、黑色、褐色、灰色、紫色和杂毛等。在毛纺工业中，白色的羊毛因可以染成各种艳丽的色泽，价值最高。在羔皮羊中，优良的天然色泽又能提高羔皮的价值。

（8）吸湿性及回潮率。羊毛在自然状态下具有吸收水分并保持水分的特性，称之为吸湿性。羊毛在自然状态下的含水量称为羊毛的湿度，其表示方法常采用含水率和回潮率两种指标。一般情况下原毛含水量可达 $15\%\sim18\%$。

2. 熟悉山羊绒的分类　我国山羊绒按原绒的颜色分为白绒、青绒和紫绒 3 类。

（1）白绒。绒毛和短散粗毛均为白色。

（2）青绒。绒毛和短散粗毛均为灰色，也包括带有异色粗毛的白绒。

（3）紫绒。绒毛为深紫色或浅紫色，短散粗毛为黑色。

山羊绒应分色抓绒、分色收购和包装，各种颜色不宜混淆。

3. 鉴定无毛绒品质　我国近年已由过去的原绒出口为主转向无毛绒出口为主，无毛绒的售价是原绒的 5～6 倍。我国无毛绒共分 3 档。

（1）1 档绒。有髓毛含量不超过 1%。

（2）2 档绒。有髓毛含量不超过 2%。

（3）3 档绒。有髓毛含量不超过 5%。

我国分梳的无毛绒，1 档甚少，主要是 2 档和 3 档。

任务 2　羔皮与裘皮的识别

🖥 学习任务 ▶

羊皮作为羊的重要产品，在给养羊场带来可观效益的同时，还提高了人们的生活质量。本次任务中，你应该了解羔皮和裘皮的概念，熟悉其防腐措施，掌握其贮运方法，能识别羔皮和裘皮。

◎ 必备知识 ▶

1. 羔皮　流产胎儿或产后 1～3d 的羔羊宰剥的毛皮，称为羔皮。羔皮具有毛短而稀，花案美观，皮板薄而轻的特点，主要用于缝制皮帽、皮领、披肩、翻毛大衣等产品，一般毛丛外露。

2. 裘皮　产后 1 个月以上的羊宰剥的毛皮，称为裘皮。裘皮在我国分为二毛皮、大毛皮、老羊皮。产后 30d 左右羔羊宰剥的皮是二毛皮；6 月龄以上未剪过毛的羊皮是大毛皮；老羊皮则是 1 岁以上剪过毛的羊皮。裘皮具有毛股较长，底绒多，皮板厚实，花穗美观，保暖性好的特点，主要用于制作皮板向外毛丛向内的皮衣、大衣等防寒衣物。

📖 **小贴士** ▶

　　绵羊、山羊屠宰后剥下的鲜皮，在未经鞣制前称为"生皮"，生皮带毛鞣制的产品称"毛皮"，生皮经脱毛鞣制而成的产品称"革"。

🔍 **实践案例** ▶

　　西藏阿里地区海拔较高，气温很低，普兰县至今保留着非常独特的藏族服饰——羔皮袍。羔皮袍制作精细、装饰典雅，在整个藏区都独具特色。据此案例制订羔皮和裘皮的鉴定方案。

📋 **实施过程** ▶

1. 我国主要羔皮和裘皮

　　（1）湖羊羔皮。湖羊羔皮又称小湖羊羔皮。湖羊羔皮的特点是：板皮薄而柔软，毛小细短无绒，毛根发硬，富有弹力，毛色洁白如丝，炫耀夺目，其花纹类型主要分波浪形和片花形两种。用湖羊羔皮制成的产品在国际上很受欢迎，销路很好，并享有盛誉。

　　（2）卡拉库尔羔皮。卡拉库尔羔皮是世界上最珍贵的羔皮。毛色有黑色、灰色、棕色、白色、金色、银色、粉红色、彩色（也称苏尔）等，而以灰色为最珍贵。卡拉库尔羔皮的毛卷坚实、独特，花案美观，密度适中。在国际毛皮市场上享有盛誉。

　　（3）滩羊二毛裘皮。滩羊二毛裘皮毛色纯白而富有光泽，适时屠宰的毛皮毛股长 8cm 左右。被毛由细小毛股形成，弯曲多而整齐，花穗美观不毡结，皮板厚度适中，保暖性好。

2. 羔皮和裘皮的防腐

　　（1）晾干法。冬春寒冷季节宰剥的羊皮可用此法。羊皮除去油脂、肉屑、血块、泥土等杂质后，将毛抖顺，皮板向下，毛面向上，平铺在木板上。将羊皮的头部、四肢部位按自然姿势拉平，但不要过分拉伸，直到皮板定形后揭下，再将皮板朝上，放在阴凉处风干。

　　（2）干盐腌法。食盐颗粒大小要适中，在皮厚、脂肪多的头颈部、尾部要多撒些，盐的用量一般为皮重的 $15\% \sim 20\%$，将板面对板面叠起，腌制 $2 \sim 3d$ 后，将盐和脏物抖干净，摊开晾干贮存。

　　（3）盐水渍法。在木桶内放入 25% 的食盐溶液，溶液的温度最好保持 $5 \sim 15$℃。将毛皮浸入，盐渍 $10 \sim 15h$。其间上下翻动毛皮数次。取出毛皮，将盐水沥尽稍晾后，再在皮板上撒上干盐，保存。用过的盐水，补足盐量后再继续使用。盐渍法可使盐水均匀地渗透到皮张中去，防腐效果好。

3. 羔皮和裘皮的贮运　　毛皮的保存应注意防雨、防潮、防晒、防鼠害，不要露天放置。毛皮存放应距墙及地面各 $10 \sim 20cm$，地面垫上木头或其他防潮物品，防止霉烂。经过防腐处理晾干后的毛皮，将板面对板面、毛面对毛面叠起，并要分等级捆扎堆放，$10 \sim 20$ 张为一小捆，按毛皮的颜色和等级分别堆放贮存。上面要用塑料布或帆布苫盖好。库房应清洁、通风、干燥、阴凉。

　　不适宜长期存放的毛皮应迅速交售。运输工具要清洁干燥，防止曝晒雨淋，毛皮应妥善包装，在两侧夹上木板捆紧扎好。搬运时，不可用手直接扯拉皮张，以防损伤。

任务3 羊肉的识别

学习任务

羊肉具有高蛋白、低脂肪、低胆固醇的特点，是营养价值较高的肉产品，消费量逐年上升。本次任务中，你应该熟悉羊肉的分类方法，会评定羊肉的品质。

必备知识

羊肉的分类

（1）肥羔肉。指羔羊生后4～6个月龄，体重达36～40kg的幼龄羊肉。肥羔肉具有瘦肉多、脂肪少、鲜嫩多汁、味道可口、易消化、膻味轻等特点，深受消费者欢迎。市场价格比其他羊肉高。

（2）当年羔羊肉。指生后12个月龄内，完全是乳齿的当年羊屠宰后的肉。当年羔羊肉除水分含量略少于肥羔肉，嫩度稍差外，其他基本与肥羔肉相似。

（3）大羊肉。指1～5岁羊的羊肉。大羊肉与前两种羔羊肉相比，虽然水分少，干物质多，但鲜嫩度差，有一定膻味。

（4）老羊肉。指5岁以上老龄羊的羊肉。老羊肉与前几种相比，肌纤维粗糙，不鲜嫩，适口性差，膻味较重，不易消化。羊肉品质差，价格低。尤其是淘汰老龄母羊和阉割的公羊的肉质更差。

实践案例

2013年2月3日，在公安部的统一协调下，江苏无锡公安机关在无锡、上海两地统一行动，打掉一特大制售假羊肉犯罪团伙，一举捣毁制售假羊羔肉地下窝点，现场查扣制假原料、成品半成品10余t。据此案例制订一套羊肉质量鉴定方案。

实施过程

1. 肉色评定　取最后一个胸椎处背最长肌（眼肌），新鲜肉样于宰后1～2h，冷却肉样于宰后24h在4℃左右冰箱中存放。在室内自然光度下，用目测评分法评定肉样的新鲜切面（避免在阳光直射下或在室内阴暗处评定）。肉色为灰红色评1分，微红色评2分，鲜红色评3分，微暗红色评4分，暗红色评5分。两级之间允许评0.5分。具体评分时可用美式或日式肉色评分图对比，凡评为3分或4分者属正常颜色。

2. 羊肉的大理石纹评定　取第1腰椎部背最长肌鲜肉样，置于0～4℃冰箱中24h。取出横切，以新鲜切面观察其纹理结构，并借助大理石纹评分标准图评定，脂肪只有痕迹评为1分，微量评为2分，少量评为3分，适量评为4分，过量评为5分。

3. 羊肉酸碱度评定　用酸度计进行测定。直接测定时，在切面的肌肉面用金属棒从切面中心刺一个孔，然后插入酸度计电极，使羊肉紧贴电极球端后读数；捣碎测定时，将肉样加入组织捣碎机中捣3min左右，取出装入小烧杯后插入酸度计电极测定。评定标准：鲜肉

pH 为 5.9～6.5，次鲜肉 pH 为 6.6～6.7，腐败肉 pH 为 6.7 以上。

4. 羊肉的嫩度评定 嫩度是指肉的老嫩程度。羊肉嫩度评定通常采用仪器和品尝两种方法。使用仪器评定时，通常采用 C-LM 型肌肉嫩度计，以 kg 为单位表示。数值越小，肉越细嫩。口感品尝通常是取后腿或腰部肌肉 500g，放入锅内蒸 60min，取出切成薄片，凭咀嚼的碎裂程度进行评定，易碎裂则表明羊肉细嫩。

5. 羊肉的膻味评定 膻味是羊固有的一种特殊气味，属羊的代谢产物。膻味的大小与羊的品种、性别、年龄、季节、地区、去势与否等诸多因素有关。对羊肉膻味的鉴别，最简易的方法煮沸品尝。取前腿肉 0.5～1.0kg，放入锅内蒸 60min，取出切成薄片，放入盘中，不加任何作料（原味），凭咀嚼感觉来判定膻味的浓、淡程度。

任务 4 羊奶的识别

🖥 学习任务 ▶

羊奶是羊的主要产品，也是人们日常生活中不可缺少的主要饮品之一，随着人们生活水平的提高，羊奶也赢得了人们的青睐。本次任务中，你应该熟悉羊奶的营养价值，掌握控制羊奶膻味的方法，会检验羊奶的品质。

⊙ 必备知识 ▶

羊奶的营养价值

羊奶分为初乳和常乳，两者的成分和营养价值有所差异。

（1）初乳的营养价值。初乳是母羊分娩后 5d 内分泌的乳汁，初乳中蛋白质含量明显高于常乳，它不但营养丰富，而且具有许多独特的生物学功能，是初生羔羊不可替代的营养物质。

（2）常乳的营养价值。常乳是指母羊产后 6d 至干奶期以前所产的乳汁。羊奶的总营养价值高于牛奶，其干物质中，蛋白质、脂肪、矿物质含量均高于人奶和牛奶，乳糖低于人奶和牛奶。

📖 小贴士 ▶

羊奶以其营养丰富、易于吸收而被视为乳品中的精品，被称为"奶中之王"。各项营养指标与人奶十分接近，是世界上公认的最接近人奶的乳品。

🔧 实践案例 ▶

山东省某乳业公司从事牛奶加工生产，产品质量一直比较稳定，声誉较好。2013 年调查发现，人们逐渐认识到羊奶的营养价值高于牛奶，特别是羊奶中的必需氨基酸、维生素、钙和磷非常丰富，是老人、婴儿很好的食品。为适应人们对羊奶的需求，2014 年 1 月，开始进行羊奶的加工销售，但不久便发现羊奶产品的稳定性和适口性存在一定问题，请你为该公司提出改进方案。

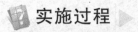**实施过程**

1. 控制羊奶的膻味

（1）膻味的来源。膻味是山羊本身所固有的一种特殊气味，它是山羊代谢的产物。羊奶膻味的主要来源：①从周围环境中吸入的异味；②山羊本身固有的气味。

（2）膻味的控制方法。

①遗传学方法。由于膻味能够遗传，所以，通过对低膻味或奶中低级脂肪酸含量少的个体的连续选择，可培育膻味低的山羊品系。

②微生物学方法。利用某些微生物（如乳酸菌）的作用，使奶中产生芳香物质，来掩盖膻味，进行发酵脱膻；或使奶中产生乳酸，降低 pH，抑制解酯酶的活性，减少再生性游离脂肪酸等来减轻膻味。

③物理方法。产生膻味的化学物质具有挥发性；可通过某种方式的高温处理，使膻味的主要成分挥发出去，从而降低膻味。如真空喷雾脱膻法，国外大多采用"万克利脱"脱膻设备，在真空负压条件下，将羊奶与蒸汽同时喷雾，脱去挥发性膻味。

④化学方法。利用鞣酸、杏仁酸进行脱膻。鞣酸和杏仁酸可中和或除去羊奶中产生膻味的化学物质。如在煮奶时放入一小撮茉莉花茶，或放入少许杏仁，待奶煮开后，将花茶或杏仁撤除，即可脱去羊奶膻味。

⑤脱膻剂方法。1984 年，天津市化学试剂研究所已研制出环醚型复合物的山羊奶化学脱膻剂，对奶中产生膻味的低级脂肪酸进行中和酯化，使其变为不具有膻味的酯类化合物，从而除去膻味。

2. 检验羊奶的品质

（1）颜色和气味检验。正常的山羊鲜奶乳白色，微甜，略带膻味。颜色异常或具有酸败等异常气味，以及乳汁稀薄或凝结，则为污染奶，不能饮用、不能制作乳制品。

（2）密度测定。为评定鲜奶品质或防止奶中掺水，应进行密度测定。羊奶的密度与乳脂率和温度有关。正常的鲜羊奶在 15℃ 时，密度为 1.034×10^3 kg/m³［(1.030×10^3) ～ (1.037×10^3) g/m³］。当密度低于 1.028×10^3 kg/m³时，可能奶中掺水，密度计下降刻度越多，则掺水量越多。

（3）酸度测定。奶的酸度也称新鲜度，正常鲜奶的酸度平均为 15°T（10～18°T），若超过 18°T，则说明奶的酸度过高，鲜度差。奶的酸度测定采用酒精法和滴定法。

①酒精法。用 70% 的酒精 1mL，与等量的羊奶在玻璃器皿中充分混合，若出现颗粒状或絮状沉淀，说明奶的酸度超过 18°T，这种奶称为酒精阳性乳，为不合格奶。

②滴定法。取被测奶样 10mL，加 20mL 蒸馏水稀释，再加 0.5mL 酚酞指示剂，然后用 0.1mol/L 的氢氧化钠溶液滴定，直到出现淡红色并在 30s 内不褪色为止。将消耗的氢氧化钠毫升数乘 10，所得数为中和 100mL 羊奶乳酸所消耗的碱量，每毫升代表 1°T。如若得数为 18mL 以上，则表明该羊奶的酸度已超过 18°T。

职业能力测试

1. 如果 1kg 净梳毛能纺成 60 个 1 000m 长的毛纱，这种羊毛细度是＿＿＿＿。

　A. 6 支　　　　B. 60 支　　　　C. 600 支　　　　D. 6 000 支

2. "开司米"是指_____。

    A. 山羊绒   B. 山羊毛   C. 绵羊毛   D. 羔皮

3. 决定山羊绒纺织价值高低的主要指标是_____。

    A. 细度   B. 弯曲度   C. 光泽度   D. 弹性

4. "革"是指_____。

    A. 宰后剥下的鲜皮   B. 未经鞣制的皮

    C. 带毛鞣制而成的皮   D. 脱毛鞣制而成的皮

5. 流产胎儿或产后1～3d的羔羊宰剥的毛皮，称为_____。

    A. 羔皮   B. 二毛皮   C. 大毛皮   D. 老羊皮

6. 用目测评分法评定肉样时，新鲜切面鲜红色为_____。

    A. 1分   B. 2分   C. 3分   D. 5分

7. 市场上出售的新鲜羊肉 pH 为_____。

    A. 5.9～6.5   B. 6.6～6.9   C. 7.0～7.5   D. 7.6～8.0

8. 酒精阳性乳的酸度为_____。

    A. 低于0°T   B. 1～5°T   C. 10～15°T   D. 超过18°T

9. 生产中用哪些指标评定羊毛的品质？

10. 简述羔皮和裘皮的防腐方法。

11. 怎样鉴定羊肉的质量？

12. 怎样减轻羊奶的膻味？

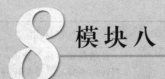

模块八

特种动物生产

项目一　家兔生产

任务1　家兔品种的选择

📺 学习任务

选择好家兔品种是提高养兔经济效益的重要措施。本次任务中，你应该了解家兔品种的分类方法，熟悉生产中常见的肉用兔、皮用兔、皮肉兼用和毛用兔品种，会给养兔场选择适宜的家兔品种。

ⓠ 必备知识

家兔品种的分类

目前，世界各国饲养的家兔品种，被公认的有60多个。这些品种按不同分类方法可分为不同的经济类型。

按经济用途分类：肉用型、皮用型、毛用型、实验用型、观赏用型和兼用型。

按被毛长度分类：长毛类型、短毛类型和标准毛型。

按体重分类：大型（6kg以上）、中型（4～5kg）、小型（2.5～3.5kg）和微型（2kg以下）。

按培育过程分类：地方品种、育成品种。

🔍 实践案例

2013年2月，某公司计划在闲置的土地上建养殖场，投资家兔生产。因为是第1次涉足养殖业，对家兔产业不太了解，不知该引进什么品种，因此前来咨询。请你帮其选择合适的家兔品种。

📖 实施过程

1. 生产中常见的家兔品种　生产中有代表性的家兔品种的外貌特征、生产性能及评价利用见表8-1。

表 8-1 生产中有代表性的家兔品种

名称	类型	外貌特征	生产性能	评价与利用
新西兰白兔	中型肉兔品种	被毛纯白,眼呈粉红色,头宽圆而粗短,耳小、较宽厚而直立,颈粗短,四肢粗壮有力。成年公、母兔颌下皆有肉髯	成年体重母兔 4.5～5.4kg,公兔4.1～5.4kg。屠宰率 50%～55%,最佳初配年龄为 5～6 月龄,每窝产仔 7～8只	性情温驯,易于管理,饲料转化率高,但需要较好的营养。适应性和抗病力较强。毛皮品质较差,基本没有利用价值
比利时兔	大型肉兔品种	被毛黄褐色,腹部毛色浅,尾背侧为黑色。眼睛黑色,耳大而直立,面颊部突出,脑门宽圆,鼻骨隆起,体躯和四肢较长,后躯较高	窝产仔 8 只左右,仔兔初生重 60～70g,6 周龄断奶重 1.2～1.3kg,3 月龄体重可达 2.3～2.8kg。成年体重:公兔5.5～6.0kg,母兔 6.0～6.5kg	肌肉较丰满,体质健壮,生长快,适应性强,耐粗饲,泌乳力高。作为杂交亲本,与中国白兔杂交,可获得理想的杂种优势
獭兔	皮用兔品种	由家兔的突变个体培育而成,毛皮酷似水獭,故称獭兔。其绒毛短而整齐,枪毛不露出绒面,手感极佳,异常漂亮,有兔中之王的美誉	皮毛十分平整、浓密,绒毛纤维细小,短而均匀,毛长在 2.2cm 以内,理想毛长为 1.6cm。被毛主要有海狸色、青紫蓝色、巧克力色、天蓝色、白色、红色等 14 种	我国先后引进美系、德系和法系獭兔。我国也培育出了吉绒兔、四川白色獭兔
青紫蓝兔	皮肉兼用兔品种	被毛浓密,有光泽,整体为蓝灰色。眼圈、尾底、腹下和后额三角区呈灰白色。外貌匀称,颜面较长,嘴钝圆;耳中立,稍向两侧倾斜;眼圆大,呈茶色或蓝色;体质健壮,四肢粗大	标准型:成年母兔体重 2.7～3.6kg,公兔 2.5～3.4kg。偏向于皮用 美国型:成年母兔体重 4.5～5.4kg,公兔 4.1～5.0kg。属于皮肉兼用品种 巨型:成年母兔体重 5.9～7.3kg,公兔 5.4～6.8kg。偏向于肉用	耐粗饲,适应性强,皮板厚实,毛色华丽。我国各地,3 种类型均有,标准型较多,经半个世纪的饲养,完全适应当地饲养条件,深受养殖户欢迎
安哥拉兔	毛用兔品种	体型较大,被毛浓密,有毛丛结构。外貌表现很不一致,头有的圆,有的长,额部、颊部有的长有长毛,有的则不长长毛	成年体重 3.5～5.2kg,繁殖性能不高,年产 3～4 胎,每胎产仔 6～8 只。产毛量高,母兔年产毛 1 351 g,公兔 1 140g	安哥拉兔是唯一的毛用兔品种,经各国长期培育形成了多个品系,饲养最普遍的是德系

2. 合理选择家兔品种 选择家兔品种时,要根据市场条件、饲料资源、饲养技术等因素综合考虑。

(1)分析不同生产类型家兔的国内外市场前景以及当地的区域经济特点,确定所要饲养的家兔生产类型,减少投资风险。

(2)所选择的家兔品种要能适应当地生产环境。如南方从北方引种,是否能适应湿热气候,北方从南方引种,则要考虑是否能安全过冬等。

(3)考虑当地的生态条件和草料条件。若四季温差小,草料丰富,则是理想的养兔地区,而四季温差大、草料贫乏地区势必增加饲养成本。

(4)结合当地的传统饲养方式,考虑技术条件。有一定经验的可养高产品种,而经验不足的可先养耐粗、低产品种,逐步过渡。

任务 2 家兔饲养管理

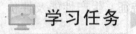 学习任务 ▶

饲养家兔是投资小、周期短、见效快的养殖项目之一。本次任务中,你应该熟悉家兔的

生活习性，会正确饲养各生理阶段的家兔。

必备知识 ▶

家兔的生活习性

（1）昼伏夜行。指家兔白天休息，黄昏后活动觅食的习性，这种习性是在野生时期形成的。家兔至今仍保留这一习性，表现为夜间活跃，白天安静，采食和饮水也是夜间多于白天。

（2）嗜眠性。指家兔在自然条件下白天很容易进入睡眠状态。在此状态的家兔，除听觉外，其他感觉迟钝甚至消失，如视觉消失。

（3）胆小怕惊。兔天敌较多，而本身攻击能力差，长期的进化中形成了胆小怕惊的习性，对周围环境比较敏感。兔耳长大，听觉灵敏，能转动竖起收集各方音响，作出判断，以便逃避敌害。

（4）喜清洁爱干燥。家兔喜爱清洁干燥的生活环境。干燥清洁的环境有利于家兔的健康，而潮湿污秽的环境则是造成家兔患病的重要原因。

（5）群居性。家兔的群居性很差。家兔群养时，同性别的成年兔，经常发生互相争斗现象，特别是公兔群养和新组成的兔群，互相咬斗现象更为严重。

（6）啮齿行为。家兔的第 1 对门齿是恒齿，出生时就有，永不脱换，而且不断生长。因此，家兔必须借助采食和啃咬硬物不断磨损，才能保持其上下门齿的正常咬合。

（7）穴居性。指家兔具有打洞穴居并在洞内产仔的本能行为。在笼养的条件下，要给繁殖的母兔准备一个产仔箱，令其在箱内产仔。

（8）食粪性。家兔排出两种粪便，一种是粒状的硬粪，量大、较干，表面粗糙；另一是团状的软粪，量少、质地软，表面细腻，有如涂油状，通常呈黑色。在正常情况下，家兔排出软粪时自然弓腰用嘴从肛门处吃掉，很少发现软粪的存在，只有当家兔生病时才停止食粪。

实践案例 ▶

我国是世界家兔生产大国，兔肉产量占世界总产量的 1/4，獭兔皮和兔毛一直处于垄断地位，我国兔毛出口量占世界贸易量的 90%以上，獭兔皮及其制品是世界唯一出口国。饲养家兔是我国重要的养殖项目之一。请制订一套家兔饲养管理方案。

实施过程 ▶

1. 加强种公兔的饲养管理

（1）种公兔的饲养。

①饲喂全价配合饲料。配种公兔的饲料中，消化能不低于 10.46MJ/kg，粗蛋白质不低于 17%，还应补充维生素和矿物质。种公兔每天饲喂 2 次，或者采取自由采食的饲喂方法。

②如使用配合精料与青饲料混合饲养，精料每天饲喂 100～200g，青料每天供应 700～800g。饲喂程序为"先精、后青、再精"。

（2）种公兔的日常管理。

①对种公兔应进行严格选育，3月龄时即应单笼饲养，严防早配。

②适时初配，一般大型品种家兔适宜初配时间为8月龄，中型品种为7月龄，小型品种为6月龄。

③种公兔应饲养在距母兔较远的笼内。配种时将母兔捉送到公兔笼内。

④合理使用种公兔。青年公兔每天配种1次，连用2～3d，休息1d；壮年公兔每天配种1次，1周休息1d，或每天2次，连用2～3d，休息1d，每天配种2次时，间隔时间不少于4h。

⑤种公兔应每天放出运动1～2h，以增强体质。

⑥兔笼应保持清洁干燥，经常洗刷消毒。

⑦毛用种公兔的采毛间隔时间应缩短，每隔6周修剪1次，以便提高精液品质和配种能力。

2. 合理饲养种母兔

（1）空怀期。

①合理喂养。空怀母兔要求营养全面，其全价配合饲料营养水平应低于妊娠与哺乳母兔，饲料消化能不低于8.79/kg，粗蛋白质不低于12%。每只每天饲喂量应控制在150g左右，并根据膘情进行适当调整，保持在七八成膘的水平。

②日常管理。定时观察母兔的采食、饮水、活动、精神及粪尿情况，并做好记录，如发现异常情况，应及时处理。坚持每天清扫兔舍粪污及其他污物，定期清洗、消毒兔笼及饲养用具等。注意观察母兔发情情况，对长期不发情的母兔，除改善饲养管理条件外，还可采用人工催情。长毛兔配种前全身剪毛。

（2）妊娠期。

①合理喂养。妊娠前期（1～18d）营养应全面，适当增加饲喂量，每只每天饲喂量应为150～200g。妊娠后期（19～30d），胎儿增长速度很快，需要营养物质增多，饲养水平应比空怀母兔高1～1.5倍，自由采食不限量。

②日常管理。保持环境安静，光线不能过强，禁止陌生人围观和大声喧哗，防止其他动物闯入。妊娠母兔应1兔1笼，不要无故捕捉，摸胎动作要轻柔。每天清扫兔舍，及时清粪，定期清洗、消毒兔笼及饲养用具。定时观察种兔的采食、饮水、活动、精神及粪尿情况，并做好记录，发现有病兔应及时隔离处理，查明原因。临产前3～4d就要准备好产仔箱，清洗消毒后铺垫一层晒干并敲软了的稻草或其他垫料，在临产前1～2d放入笼内，供母兔拉毛筑巢。母兔产仔时保持安静，并及时供水，以免因受惊或口渴而食仔。长毛兔在孕期应禁止梳毛和采毛。

（3）哺乳期。

①合理喂养。母兔分娩后1～3d，乳汁较少，消化功能尚未完全恢复，食欲不振，体质较弱，消化能力低，这时饲料喂量不宜太多，否则会引起消化不良，母兔易患肠毒血症和乳腺炎。5d以后喂量逐渐增加，1周后恢复正常喂量，达到哺乳母兔饲养标准，饲料消化能不低于10.87MJ/kg，粗蛋白质17%～18%。

②日常管理。母兔产后要及时清理巢箱，清除被污染的垫草以及残剩的胎盘和死胎。以后要每天清理笼舍，保持干净清洁，每周清理巢箱并更换垫草。经常检查母兔的乳头、乳房，了解母兔的泌乳情况，如发现乳房有硬块，乳头有红肿、破伤情况，要及时治疗。定时

观察母兔的采食、饮水、活动、精神及粪尿情况，并做好记录，如发现异常情况，应及时处理。适时断奶。一般采用 30～40 日龄一次性断奶。母兔营养状况良好，产后第 2 天即可配种，如母兔营养状况不好，应延期配种。

3. 精心养护仔兔

（1）合理喂养。

①早吃奶，吃足奶。这是提高仔兔成活率的关键。产后要及时检查哺乳情况，保证仔兔在生后 6h 内吃到初乳。吃饱的仔兔腹部圆满，肤色红润，安静少动。未吃饱时，皮肤有皱褶，肤色发暗，骚动不安。

②提早开食。随着仔兔的生长母兔泌乳量逐渐减少。仔兔可从 16～18 日龄开始诱食，约 20 日龄正式补料。饲料要容易消化、营养丰富。

（2）精心管理。

①加强保温。舍内应保持 15～25℃。产仔箱内放置保温性好、吸湿性强、干燥松软的稻草、麦秸或碎刨花等物，再铺一层兔毛。

②防鼠类侵害。老鼠最易侵害睡眠期的仔兔。要做好兔舍的防鼠工作，室外养殖的可将仔兔集中管理，专人看管，采取定时哺乳的方式。

③搞好卫生。仔兔开食后，粪便增多，必须坚持每天清扫，定期消毒，产仔箱要勤换垫草，保持清洁干燥。

④预防疾病。仔兔开食和断奶期间，在料中添加木炭粉、无机盐、洋葱、大蒜等，以健胃、消炎和杀菌，增强体质，减少疾病；还应添加氯苯胍或地克珠利等抗球虫药物。

（3）正确断奶，减少断奶应激。

①断奶前采用母仔分开、定时哺乳的饲养方式。

②分窝时最好原窝在一起，实行小群笼养，切不可 1 兔 1 笼。

③断奶后 1～2 周应保持饲料不变，保持环境条件不变，管理方式不变。以后逐渐过渡。

4. 细心培育幼兔

（1）合理喂养。

①幼兔断奶 1～2 周继续饲喂哺乳期饲料，幼兔颗粒料应逐渐加量，2 周左右全部使用幼兔颗粒料，以防因突然变料而导致消化系统疾病。

②断奶幼兔的饲料应营养全面、易消化，适口性好。饲料消化能不低于 12MJ/kg，粗蛋白质不低于 18%。

③断奶后的幼兔前 3 周不宜喂得过饱，只需喂八九成饱，否则易腹胀与消化不良等。投料时间宜早上早投，晚上晚投。饲喂要定时定量，少量多次，每天喂 3～4 次为宜。

（2）加强管理。

①刚断奶的幼兔，应按日龄、体质强弱、体重大小等分群饲养。笼养一般每笼 8 只，体重达 1.5kg 后，再分为每笼 4 只。

②每天清晨细心观察幼兔的神态、采食、粪便等，判断健康状况。发现食欲下降、精神委靡、目光呆滞、粪便不正常的幼兔，及时隔离饲养，找出原因，采取措施。做到有病早发现，早隔离，早处理。

③认真做好清洁卫生工作，保持圈舍清洁、干燥、通风。

④根据兔本身生长发育情况以及系谱资料选择，符合留种要求的要编号登记，建立种兔

档案，并及时打耳号。不符合要求的转入生产群或及时淘汰。

⑤加强运动，以提高幼兔采食量，促进生长。

⑥长毛兔2月龄时要剪毛。

⑦及时注射兔瘟、巴氏杆菌病和魏氏梭菌病等疫苗，定期投喂抗球虫药物，预防传染病及球虫病。

5. 快速育肥商品肉兔

（1）饲喂优质颗粒饲料和充足的饮水。保证肉兔育肥期间营养水平，饲喂全价颗粒饲料，蛋白质18%，消化能12.12MJ/kg，粗纤维8%～10%，自由采食。饮水要充足，最好安装自动饮水器。使用开放式饮水器的兔场应重视饮水卫生。

（2）加强管理、防控疾病。舍温控制在15～25℃，湿度60%～65%。舍内光线以能看到食物和饮水为度，保持安静。高密度笼养，每平方米笼底面积养18只左右。60日龄前可适度运动，以后限制运动。断奶1周后接种兔瘟疫苗。保持笼舍清洁卫生，加强对兔球虫、感冒、腹泻、巴氏杆菌病的预防。

（3）适时出栏。出栏时间应根据饲养方式、品种、季节、体重和兔群表现而定。自由采食全价颗粒饲料时，肉兔70～90日龄，体重达到2.0～2.5kg时出栏较为适宜。

任务3 家兔繁殖

🖥 学习任务 ▶

做好家兔的繁殖工作是提高养兔经济效益的关键环节。本次任务中，你应该了解家兔的生殖生理，能进行准确的发情鉴定，掌握家兔的人工辅助配种和人工授精技术。

◎ 必备知识 ▶

1. 家兔繁殖年龄 一般情况下，家兔体重达到成年体重的70%时即可初配。小型品种为4～5月龄，体重达2.5～3.0kg；中型品种为6～7月龄，体重达3.5～4.0kg；大型品种为7～8月龄，体重达4kg以上。

家兔繁殖的最佳年龄是1～3岁，1岁之前虽已达到繁殖年龄，但在生理等方面未达到完全成熟，而3岁以后则进入老年期，繁殖力明显下降。

2. 家兔的繁殖方式 传统繁殖方式是仔兔40～45日龄断奶，母兔断奶后再配种，一年繁殖3～5胎。

工厂化养兔生产中，采用适当频密繁殖，母兔产后1～2d配种，仔兔25日龄左右断奶。每年可繁殖8～10胎，每只母兔年提供断奶仔兔40～50只。

3. 家兔的妊娠与分娩 家兔的妊娠期平均为30～31d。但其妊娠期的长短因品种、年龄、个体营养状况、胎儿数量等情况而异。一般大型品种比小型品种长，老年母兔比青年母兔长。母兔在分娩前几天，乳房充盈，腹部凹陷，食欲降低，叼草、用嘴拉下腹毛，在产仔箱内做窝。分娩前几小时，精神紧张，跳进跳出产仔箱。分娩时阵痛，努责，排出羊水，最后呈犬坐姿势，仔兔便顺次产出（连同胎衣）。每产出一个仔兔，母兔便将脐带咬断，吃掉胎衣，舔干仔兔身上的血迹和黏液。分娩结束后跳出巢箱找水喝。母兔的产程一般都较顺利，产完一窝需 20～30min。

实践案例 ▶

安徽省某养兔场，配种时饲养员一直是将发情的母兔放到公兔笼内 2～3d，任其自由交配，母兔受胎率较高，一般在 85% 以上，母兔平均产仔数 10 只。但发现出生的仔兔弱小，成活率较低。你认为这种配种方法是否可行，并帮该场制订一套家兔的繁殖方案。

实施过程 ▶

1. 准确的发情鉴定

（1）行为观察法。发情母兔表现为活跃不安，跑跳刨地，啃咬笼门，常在食盘或其他用具上摩擦下腭，后肢"顿足"，频频排尿，食欲减退。主动爬跨公兔，甚至爬跨自己的仔兔或其他母兔。当公兔追逐爬跨时，抬升后躯以迎合公兔。有上述表现时即定为发情。

（2）外观检查法。外阴部可视黏膜的生理变化可作为发情鉴定的主要依据。母兔在间情期，外阴部黏膜苍白、干涩；发情初期呈粉红色，发情盛期时潮红或大红色，水肿湿润；发情后期为紫红色、皱缩。从粉红色到紫红色消退为 3～4d，称发情持续期。自然交配的最佳时间为发情盛期；人工授精，以排卵刺激后 2～8h 输精为宜。

2. 适时进行人工辅助配种　将发情盛期的母兔放入公兔笼。公、母兔接触后，相互嗅闻，然后公兔追逐母兔，如果母兔正在发情，则略逃数步即伏下等待公兔爬跨，公兔做交配动作时，即举尾抬臀迎合。阴茎插入阴道后，公兔臀部屈弓迅速射精，公兔伴随射精动作发出"咕咕"叫声，后肢蜷缩，从母兔背部滑落，倒向一侧。数秒钟后，公兔站起，再三顿足，说明交配成功，及时将母兔臀部提起来，并轻拍一下，促进阴道收缩，防止精液倒流，并将母兔送回原笼。

母兔一个发情期可配种两次。与第 1 只公兔交配后，把母兔送回原地，过 20～30min后，再送入第 2 只公兔笼中进行交配。一只健壮的成年公兔可为 8～10 只母兔配种，在 1d之内可交配 1～2 次，连续交配 2d 后要停配 1d。

3. 正确实施人工授精技术

（1）刺激排卵。家兔是诱发排卵动物，人工授精需对母兔进行刺激排卵才能成功。①生殖激素刺激排卵法。发情母兔肌内注射绒毛膜促性腺激素（HCG）50IU，或促黄体素（LH）50IU，注射后 1～5h 输精。②试情公兔刺激排卵法。利用体质健壮、性欲旺盛、经过结扎输精管的试情公兔进行交配刺激。交配后 6h 内输精，受胎率很高。

（2）输精。将采集的精液稀释后镜检，活力无变化即可输精。

①输精量。发情母兔应输精 1～2 次，每次 0.5mL，有效精子数 1 000 万～3 000 万个为宜。

②输精部位。家兔是双子宫动物，阴道长 8～10cm，输精部位应在阴道深部近子宫颈口处为好。人工授精时，一般要求输精深度为 6～8cm。

③输精方法。输精器用 5% 的 30℃ 葡萄糖液冲洗 2～3 次，吸取精液。助手保定母兔自然站立，一手伸入腹下，抬高臀部，冲洗外阴；操作者一手分开母兔阴唇，将输精管沿阴道背侧缓缓插入 7～8cm，来回抽动数次，再将精液注入，拔出输精管，轻轻拍击母兔臀部，

防止精液倒流。

1. 下列品种中,属于毛用兔的是_____。
   A. 安哥拉兔　　　　　B. 獭兔　　　　　C. 青紫蓝兔　　　　　D. 比利时兔
2. 下列药物中,可以用来预防家兔球虫的是_____。
   A. 地克珠利　　　　　B. 链霉素　　　　　C. 红霉素　　　　　D. 恩诺沙星
3. 仔兔开始补料的时间一般在_____。
   A. 1～2 日龄　　　　B. 10～12 日龄　　C. 16～18 日龄　　　　D. 30～50 日龄
4. 一般大型品种家兔适宜初配时间为_____。
   A. 1 月龄　　　　　B. 8 月龄　　　　　C. 12 月龄　　　　　D. 15 月龄
5. 母兔的妊娠期为_____。
   A. 30d　　　　　　B. 114d　　　　　　C. 150d　　　　　　D. 280d
6. 怎样为兔场选择合适的家兔品种?
7. 简述提高仔兔成活率的措施。
8. 简述给母兔输精的步骤。

项目二　水貂生产

学习任务

水貂是一种珍贵的毛皮动物,素有"裘皮之王"的美称,饲养管理水平直接影响其毛皮质量。本次任务中,你应该了解水貂的生物学特性,掌握水貂各生产期的饲养管理技术,会养护幼貂。

必备知识

水貂的生物学特性

水貂外型似鼬,体细长,头短小,耳壳小,四肢较短,前后肢均有 5 趾,趾端具有锐爪,趾基间有微蹼,尾细长而且蓬松,肛门两侧有一对腺体。

野生水貂毛色呈浅褐色,人工饲养的水貂由于长期选择,毛色加深,大多为黑褐色或深褐色,通常称为标准色水貂。另外,还有变异及人工分离培育出的白色、银蓝、米黄、蓝宝石、咖啡色、紫罗兰色等毛色的水貂。水貂春季、秋季各换毛 1 次。

成年公貂体重为 1.8～2.5kg,体长 38～45cm,尾长 18～22cm;成年母貂体重 0.8～1.3kg,体长 34～38cm,尾长 15～18cm。

水貂听觉、嗅觉极为灵敏,性情比较凶猛,攻击性强,行动敏捷,善于游泳和潜水,多在夜间活动、觅食。

野生水貂多生活在河床、湖畔和溪边,利用天然洞穴筑巢。洞口多位于有遮掩的岸边或水下。巢内铺有鸟的羽毛或松软的干草,洞穴附近常用草丛或树丛作为掩护。

水貂寿命 12～15 年,有繁殖能力的时间为 8～10 年,人工饲养种貂只能利用 2～3 年,少数优良种貂可利用 4~5 年。

实践案例

2012 年,江苏省某水貂场的母貂空怀率达 50%,时常出现母貂吃掉仔貂的现象,断奶时窝仔貂数平均不到 2 只。而且,夏季水貂的黄脂肪病和肠炎比较普遍,经济效益很差。据此案例制订一套水貂全程饲养方案。

实施过程

1. 做好配种期的饲养管理

(1) 合理饲养。饲喂营养丰富、适口性好的饲料。日粮中动物性饲料占 75%~80%,谷物饲料占 20%~22%,蔬菜占 1%~2%,添加剂占 1%~2%。日粮总量不超过 250g。

(2) 日常管理。

①添加垫草。要保证随时有充足的垫草,以防寒保温。特别是温差较大时更应注意,以防水貂感冒或发生肺炎。

②充足饮水。要供给水貂充足的饮水,尤其是公貂,每次交配后口渴,更应给予充足的饮水。

③防止跑貂和咬伤。要经常检查笼舍、箱盖等,发现问题,及时处理。

(3) 做好配种工作。

①发情鉴定。公貂常活跃于貂笼之中,食欲下降,不时发出"咕咕"的叫声。发情母貂食欲下降,活动增加,呈现兴奋状态,时而嗅舔生殖器,排尿频繁,尿呈绿色,有的发出"咕咕"叫声,捕捉时较温驯。

②放对配种。3 月 5~14 日,对发情母貂进行初配。3 月 13~20 日,对初配的母貂进行复配,尚未初配的母貂进行初配的同时连日复配,此时貂群所有母貂都应达到 2 次交配。放对方法是将发情母貂抓至公貂笼门前,来回逗引,如果公貂有求偶表现,发出"咕咕"叫声,打开笼门,将母貂头颈部送入笼内,待公貂叼住其颈背部后,将母貂顺势放于公貂腹下,松手关好笼门,让其交配。

2. 做好妊娠期的饲养管理

(1) 合理饲养。供给营养丰富的饲料,每天应供给代谢能 0.92~1.09MJ,蛋白质 25~35g。动物性饲料占 75%~80%,谷物饲料占 18%~20%,蔬菜可占 1%~2%。严禁喂给腐败变质或贮存时间过长的饲料;严禁使用含激素的饲料,防止引起母貂流产。保证充足的饮水。

(2) 日常管理。

①保持安静,防止惊吓。饲养员喂食或清除粪便时要小心谨慎。不要在场内乱窜、喧哗,谢绝参观。

②搞好卫生防疫。必须搞好笼舍、食具、饲养和环境的卫生,小室垫草应勤换,粪便要勤扫;食碗、水盆要定期消毒;注意预防肠道疾病。

③增加人工光照。利用 40W 日光灯管或 100~200W 白炽灯泡照明,光源距貂笼垂直距离以 0.8~1.0m 为宜,在配种基本结束后,应给予 12h 光照作为"春分信号",然后逐渐增加光照,经 30~40d,到产仔时光照达 15h,并保持到产仔结束。

④注意观察母貂食欲、行为、体况和粪便的变化。如果发现母貂食欲不振，粪便异常等，要立即查找病因，及时采取措施予以解决。

3. 做好产仔泌乳期的饲养管理

（1）合理饲养。

①合理调配饲料。哺乳期日粮应维持妊娠期的水平，饲料种类尽可能多样化，要适当增加蛋、肝、乳类等易消化的饲料，调配要稀一些。此期日粮总量应达到 300g 以上，每天喂 2～3 次。

②及时给仔貂人工补饲。仔貂 30 日龄前后，将新鲜的肉鱼细细绞碎，加入维生素、蛋黄，用适量的乳汁调匀，摊在木板上，将母貂赶入貂笼里，把仔貂放在木板上，让其自由采食。当仔貂吃完后，将仔貂嘴上残食擦干净，放回小室内。几天后，就可将食物放在食盆内让其自行采食。

（2）细心管理。

①产后及时检查仔貂。将母貂引出窝箱后，检查者用窝箱的草搓手，以免带进异味。健康仔貂，体重 8～11g，体长 6～8cm，全身干燥，同窝仔貂发育均匀，身体温暖，抱团卧在一起，捉在手中挣扎有力。吃过奶的仔貂鼻镜发亮，腹部饱满，浅色型的仔貂隔皮肤可看到胃、肠内充满黄色乳块。

②仔貂代养。把代养的母貂关进小室，将被代养的仔貂用代养母貂的小室内的垫草擦拭或其粪尿擦拭全身，放在小室门口，打开小室门，让母貂将其叼入小室内。观察一段时间，如无异常再离开。若母貂不认仔貂，则需要找新的代养母貂。

③保持安静。产仔期间要谢绝参观，严禁动物进入场内，饲养员不要在场内相互串舍或大声喧哗，操作的动作要轻，避免母貂叼仔、吃仔。

④昼夜值班。产仔期间应建立值班制度，以便及时处理产仔时出现的异常情况。

⑤加强饮水。母貂产仔过程中及产后，饮水量增加，值班人员应注意产仔母貂水盒中的水量，缺水时及时补加。

⑥加强产箱的保温。在春寒地区，要注意小室中垫草是否充足，以确保室内的温度。

4. 做好幼貂的饲养管理

（1）适时断奶。水貂 40～45 日龄断奶分窝时，若同窝仔貂发育均匀，可一次性断奶；否则，可按体型大小、采食能力等情况分批断奶，将体质好、采食能力强的先行分窝，体小、较弱的继续留给母貂哺乳护理。

（2）合理饲养。分窝后的前 2～3 周，水貂消化器官适应性较差，这时应避免引起消化道疾病，日粮要合理搭配，并且要保持营养全价、品质新鲜、易消化、含脂率低等。加工要精细，调制要稍稀一些，一般以供给哺乳期的日粮为宜，每天供给可消化蛋白质 18～25g，2 月龄以后增加到 25～32g。

（3）日常管理。

①防饲料变质。育成期天气炎热，要严防水貂采食变质饲料。此期，要趁早晚凉爽时间饲喂，每次所喂饲料要在 1h 内吃完，如吃不完应及早撤出食具。饲料用具要天天刷洗、定期消毒，饲料室和笼舍要保证卫生，并定期投喂抗生素预防肠炎。

②及时免疫。一般在幼貂断奶分窝后 15～21d 及时接种犬瘟热、病毒性肠炎和脑炎等疫苗，预防传染病的发生。

③防止中暑。貂棚和窝箱要加强通风，供给充足的饮水，遮挡直射光，防止中暑。

④保持环境清洁。每天要打扫棚舍和小室，清除粪便和残食。

知识拓展

水貂饲料加工方法

饲料经过冲洗、蒸煮、浸泡、溶解等各种加工准备之后，过秤，绞制，混合搅拌调制。首先将准备好的各种饲料按饲料单规定的数量认真过秤，然后分别进行绞碎、混合，最后加入牛奶、维生素、食盐、水等补充饲料，并充分搅拌即成。

调制饲料的时间应与喂貂时间紧密结合，做到饲料加工调制完，就能马上分发喂貂。调制好的饲料不要留在饲料室内放置时间过长，以免多种饲料混合后引起营养物质的破坏或损失。

每次饲料加工调制完毕，所用的绞肉机、搅拌机、饲料槽等用具和容器及地面要彻底洗刷，必要时要消毒。饲料室消毒不能用烈性消毒药物，可用1%～2%氢氧化钠溶液、5%～10%的漂白粉溶液、0.1%高锰酸钾溶液等。

职业能力测试

1. 人工饲养种貂一般利用_____。

    A. 2～3 年   B. 5～7 年   C. 8～10 年   D. 12～15 年

2. 水貂是季节性繁殖的动物，其配种为每年的_____。

    A. 2～3 月   B. 5～6 月   C. 8～9 月   D. 11～12 月

3. 水貂妊娠期平均为_____。

    A. 30d   B. 47d   C. 114d   D. 150d

4. 仔貂开始补饲的时间是_____。

    A. 15～20d   B. 30d   C. 90d   D. 110d

5. 怎样做好水貂的配种工作？

6. 母貂妊娠期的饲养管理要点是什么？

项目三　茸鹿生产

学习任务

茸鹿全身都是宝，其饲养管理水平直接影响鹿场经济效益。本次任务中，你应该熟悉茸鹿的饲养管理原则，掌握成年鹿的饲养管理技术，会护理幼鹿。

必备知识

茸鹿的繁殖规律

（1）季节性发情。茸鹿每年有一个发情季节，大部分鹿在每年秋季和冬初发情交配，到翌年春末夏初产仔。母鹿在一个发情季节里，出现周期性的多次发情，发情周期为16d，每次发情持续18～36h。在北方地区，母鹿在9月末开始发情，10月中旬达到旺期，11月中旬基本结束，发情期为2～2.5个月，大致可经历3～5个发情周期。公鹿繁殖的季节性更为明显，北方地区在8月中旬就开始发情。

（2）初配年龄。母鹿的性成熟时间为15～18月龄，即生后的第2年秋天即可发情配种；公鹿在生后的第3年秋天才可达到完全的性成熟。一般情况下，公鹿3.5～4岁开始配种为宜，母鹿初配年龄2.5～3岁为宜。

（3）妊娠期。鹿的妊娠期为229～241d，平均236d。一般老龄母鹿的妊娠期稍长，怀双胎时稍长，怀母鹿比怀公鹿时稍长。优良的饲养管理条件可使妊娠期稍有缩短。

实践案例

2005年，吉林省敦化市江源镇为发展梅花鹿养殖产业成立了养鹿协会。当时，协会会员只有30多人，养鹿户12户，梅花鹿存栏只有380只。江源镇通过养鹿协会与吉林某公司签订了养鹿合同，公司负责回收仔鹿，解决了养鹿户市场销售难题。至2007年末，该镇的梅花鹿存栏量已经达2 700多只，养鹿户获得了丰厚的经济效益。据此案例制订一套茸鹿饲养管理方案。

实施过程

1. 成年公鹿的饲养管理

（1）生茸期公鹿的饲养管理。生茸期的粗饲料除干枝叶、大豆荚皮、玉米秸、豆秸外，舍饲公鹿应配搭一定量的青贮饲料，每天喂2～4kg；放牧公鹿应补饲青干草和青贮饲料，每天喂1.7～3.1kg。同时，供给配合精饲料1.6～2.0kg。

每次饲喂时应先精后粗，并尽量延长每次的间隔时间，以提高鹿的采食量。3～6月，每天给2次青贮饲料和1次干粗料；6～8月，每天给2次青饲料和1次干粗料；放牧的公鹿在每天2次归牧后要补给精料。供足饮水，每头公鹿每天7～8kg；保证食盐供给，每天15～25g。保持舍内安静，谢绝参观，防止炸群后损伤鹿茸；从公鹿脱盘起，工作人员应随时观察和记录每只鹿的脱盘生茸情况（分左枝右枝），及时拔掉不落的花盘，并制止鹿的咬茸恶癖；设专人值班，检查鹿舍和围栏；夏季炎热时应防暑降温、淋浴遮阴。

（2）配种期公鹿的饲养管理。此时期种公鹿的日粮应考虑适口性和具有催情作用，饲料种类应多样化。多提供含糖、维生素和矿物质丰富的饲料，如青割全株玉米、青割大豆、鲜嫩枝叶及瓜类、胡萝卜、大麦芽、大葱等青绿多汁和块根块茎类饲料。精饲料则搭配使用豆饼、玉米、大麦、高粱、麸皮等。精料日喂量：种用公鹿1～1.4kg，非种用公鹿0.5～0.8kg；青绿多汁和块根块茎类日喂量1.0～1.5kg；粗饲料不限饲喂量。随时检修圈门和围栏，早晚水槽加盖，防止公鹿在顶架或配种后马上饮水。

（3）越冬期公鹿的饲养管理。越冬期的公鹿应尽量饲喂干粗饲料，如树叶、大豆荚皮、野干草及玉米秸等，用青贮饲料代替多汁料。精料日喂量：种用公鹿1.5～1.7kg，非种用公鹿1.3～1.6kg。越冬期昼短夜长、天气寒冷，饲喂时间应均衡。白天饲喂2次精料、3次粗料，夜间喂1次热精料和1次粗料，并保证足够的饮水。为增强鹿在冬春期间的御寒能力，增强鹿体的新陈代谢，舍饲公鹿每天早晨应定时驱赶运动 1h；为防止舍内潮湿、阴冷，鹿舍内应有足够的豆秸或稻草，或保留一定的干粪；舍内应防风、保温、采光良好。

2. 成年母鹿的饲养管理

（1）配种期母鹿的饲养管理。

①抓好配种期母鹿的饲喂。配种期母鹿的日粮应以容积较大的粗饲料和多汁饲料为主，以精料为辅。精料日喂量 1.1～1.2kg，食盐 18g，石粉 15g；块根块茎等青绿多汁料日喂量 1.0kg。圈养母鹿每天饲喂 3 次精料和粗料，夜间补饲鲜嫩枝叶和青干草、青割粗饲料；放牧的母鹿夜间补饲精料和粗料，供足饮水。

②做好配种工作。鹿的配种期自 9 月初至 11 月底，大约 90d。在白露前后，公鹿表现兴奋不安，母鹿有发情征兆时，可将公鹿拨入母鹿群中。此时，饲养员应昼夜值班，大群配种更需要有专人看护，防止公鹿严重争偶格斗。每天 5：00～7：00 和 16：00～20：00，驱赶霸占发情母鹿的强悍公鹿，使其他公鹿有机会参与配种，可使母鹿得到多只公鹿的多次配种，有利于提高受胎率。

（2）妊娠期母鹿的饲养管理。妊娠期的母鹿应保持较高的日粮水平，尤其应注意蛋白质和矿物质的供应。妊娠初期可喂给较多青绿多汁饲料和品质优良的干粗饲料等体积稍大的饲料；妊娠中、后期应选择体积小、质量好、适口性好的饲料；预产期前 20d 左右应适当限制饲养，防止母鹿因肥胖造成难产。妊娠母鹿饲喂精料和多汁料的次数以每天 2～3 次为宜，饲喂的时间间隔应相对均匀；每天饲喂 3 次粗饲料，白天 2 次，夜间 1 次。严禁饲喂霉败、结冰、酸度过大的饲料，保证充足的饮水，天冷宜饮温水。每圈母鹿头数不宜过多，防止拥挤，保持安静，以免发生流产。鹿舍应清洁干燥，垫草厚 15cm。每天驱赶运动 1h。3～4 个月调群一次，挑出空怀、瘦弱和患病母鹿。产前应做好准备工作。

（3）哺乳母鹿的饲养管理。

①做好接产工作。产前 15d，母鹿的乳房开始变大，乳头增粗，腺体充实，临产前几天可以从乳房中挤出黏稠淡黄色乳汁；分娩前 1～2d，母鹿起卧不安，出现腹痛症状，在舍内踱来踱去；临产时频繁排尿或抬尾，不时仰首回视腹部，有时发出叫声或低声呻吟，鼻孔开张，有透明的牵缕状分泌物从阴部流出，垂于阴门外。此时，准备好必要的助产用品，必要时进行人工助产。在鹿舍一侧设好仔鹿保护栏，铺上柔软、干燥、洁净的垫草。饲养员昼夜值班，加强看护，直到仔鹿吃上初乳。保持产仔圈舍及周围环境安静，避免任何异常干扰。

②合理饲喂母鹿。母鹿产后一般食欲较差，可按产前日粮喂给，第 2 天增加精料 0.2～0.4kg，3d 后，母鹿基本恢复食欲，每天增加精料 0.1～0.2kg。当增料后不见泌乳增加，应逐渐减料至标准日粮。母鹿产后瘤胃容积逐渐变大，消化机能逐渐加强，采食量逐渐增加，应选择优质青粗饲料作为主要日粮。

3. 幼鹿的饲养管理 幼鹿包括哺乳仔鹿、离乳仔鹿（或断奶仔鹿）和育成鹿。3 月龄以前的小鹿称仔鹿或哺乳仔鹿，断奶后到育成以前称为离乳仔鹿，当年出生的仔鹿来年即称为育成鹿。

（1）哺乳仔鹿的饲养管理。

①清除黏液及断脐。优秀母鹿分娩后，寸步不离其幼仔，并舔舐爱抚，仔鹿很快被舔干，仔鹿生后 20～30min 即可站立吃乳。母性好的母鹿卧着舔舐仔鹿，以让仔鹿尽早吃上初乳。母性不好的母鹿，分娩后对仔鹿漠不关心，仔鹿身上的黏液不能及时清除，不能很快

的站立和吃初乳。饲养员应用纱布将初生仔鹿的全身擦干，首先清除口及鼻孔中的黏液，以防因窒息而死亡。

多数仔鹿可自然断脐，没有自然断脐的应及时人工断脐。无论是自然断脐还是人工断脐，断脐处均应用碘酒消毒，并注意防止脐带出血。

②哺喂初乳。初乳是母鹿在产后5～7d分泌的乳汁。仔鹿生后一般在1～2h应吃到初乳。越早给仔鹿喂上初乳，仔鹿血液中的免疫球蛋白越多，抗病力越强。

③寄养仔鹿。新生仔鹿得不到亲生母鹿的直接哺育时，可寻求寄养。代养母鹿要求性情温驯，母性好，泌乳量高；母鹿分娩时间与寄养仔鹿的出生时间应相近，原则上不超过2d。寄养时，将寄养仔鹿送入代养母鹿圈内，如母鹿不扒不咬、主动嗅舔，即认为其已接受寄养仔鹿，寄养仔鹿能顺利地吃到2～3次乳，即谓寄养成功。

④及早补饲。仔鹿2周龄前几乎不进行反刍，15～20d后，开始采食少量饲料，并出现反刍现象，可开始补饲。在保护栏内增设料槽和水槽，除保证仔鹿充足的饮水外，每天补饲1次混合精料和2次青绿饲料。混合精料的配方为：豆饼50%、大豆10%、高粱30%（炒香后磨碎）、麸皮10%、食盐和添加剂适量。

（2）断奶幼鹿的饲养管理。仔鹿的断奶最好在8月中下旬，实行一次性断奶分群，但对晚生、体弱的仔鹿，可推迟到9月上旬。分群时，应按照仔鹿的性别、年龄、体质强弱等情况，30～40只组成一个断奶仔鹿群，饲养在远离母鹿的圈舍里。刚刚断奶的仔鹿因恋母而常鸣叫不安，精神和食欲不振，饲养员应耐心护理。

断奶初期仔鹿消化机能尚未完善，日粮应由营养丰富、容易消化的饲料组成。饲喂量应逐渐增加，防止一次采食饲料过量引起消化不良。初期每天喂4～5次，夜间补饲1次粗料，以后逐渐过渡到成年鹿的饲喂次数和营养水平。4～5月龄的幼鹿便进入越冬季节，还应供给一部分青贮饲料和其他含维生素丰富的多汁饲料，必要时可补喂维生素和矿物质添加剂。

（3）育成鹿的饲养管理。日粮应由适量的精料和一定量的优质青粗料组成，精料用量0.8～1.4kg，基础粗饲料是树叶、青草，可用适量的青贮饲料代替干树叶。公母鹿混养到3～4个月后，应按其性别和体况适时分群，以防止早熟的鹿混交乱配，影响生长发育。育成鹿在越冬期应加强防寒工作，饲料尽量满足供应，运动要充足，防止鹿群受到风雪的袭击。保持育成鹿舍内的卫生、清洁干燥，及时清除粪便。

🔍 知识拓展

鹿的精饲料配方

各种类型鹿的精饲料配方见表8-2。

表8-2　各种类型鹿的精饲料配方（%）

饲料	断奶鹿和育成鹿	公鹿		母鹿			
		配种期	生茸期	配种期和妊娠前期	妊娠中期	妊娠后期	哺乳期
玉米面	31	50.1	57.6	67.0	56.2	48.9	33.9
大豆粕	44	34.0	25.5	20.0	14.0	23.0	30.0
大豆（熟）	13	—	5.0	—	12.0	14.0	17.0
麸皮	9	12.0	8.0	10.0	14.0	10.0	15.0

饲料	断奶鹿和育成鹿	公鹿		母鹿			
		配种期	生茸期	配种期和妊娠前期	妊娠中期	妊娠后期	哺乳期
食盐	1.5	1.5	1.5	1.5	1.5	1.5	1.5
骨粉	1.5	2.4	2.4	1.5	2.3	2.6	2.6
营养水平							
粗蛋白质（%）	28	20	18.0	15.35	16.83	20	23.32
总能（MJ/kg）	17.34	16.55	16.72	16.51	16.89	16.89	17.35
代谢能（MJ/kg）	11.37	11.20	12.25	11.41	12.29	12.25	12.29
钙（%）	0.77	0.92	0.91	0.62	0.88	0.99	1.02
磷（%）	0.56	0.60	0.57	0.36	0.58	0.61	0.67

职业能力测试

1. 鹿的妊娠期平均为_____。
   A. 30d   B. 114d   C. 235d   D. 280d
2. 母鹿的发情周期一般是_____。
   A. 16d   B. 21d   C. 30d   D. 60d
3. 仔鹿出现反刍的时间一般为_____。
   A. 15～20d   B. 35～40d   C. 55～60d   D. 85～100d
4. 生后第 2 年的鹿称为_____。
   A. 哺乳仔鹿   B. 离乳鹿   C. 育成鹿   D. 成年鹿
5. 怎样做好鹿的配种工作？
6. 怎样培育哺乳仔鹿？

模块九

水 产 养 殖

项目一 鱼类养殖

学习任务

草鱼是我国淡水养殖的四大家鱼之一，具有生长快、肉质细嫩、味道鲜美的特点。本次任务中，你应该熟悉草鱼的生物学特性，能合理培育鱼苗和鱼种，会因地制宜饲养草鱼的成鱼。

必备知识

1. 草鱼的生长发育过程 鱼苗孵化后2～3d，鱼鳔充气，卵黄囊消失，开始摄食外界的食物，此时称为海花。从海花下塘，培育到3cm阶段，称为鱼苗培育。把3cm左右的鱼苗培育到10cm的过程，称为鱼种培育。在1年内把草鱼种养到达上市规格称为草鱼成鱼的饲养。

2. 草鱼的生物学特性

（1）主要形态特征。体呈筒形，稍侧扁。头前部稍平扁。口端位，无须。眼间隔宽阔。鳃耙短小，排列稀疏。下咽齿2行，呈梳状。鳞大，侧线完全。各鳍无硬刺，尾鳍叉形。

（2）食性。草鱼是典型的草食性鱼类。在自然状态下，鱼苗以浮游生物为食；鱼种喜食芜萍、小浮萍、紫背浮萍、轮叶黑藻等；成鱼喜食苦草、眼子菜、菹草等。在人工饲养条件下，草鱼除摄食水生植物外，还喜食陆生鲜嫩的植物，如甘蔗叶、玉米叶、木薯叶、芭蕉叶、红薯藤叶、牧草等；也喜食人工饲料，如花生饼（粕）、米糠、麦麸等。

（3）生活习性。草鱼在水的中下层及岸边摄食水草，主要在水体中下层活动。性情活泼，游泳速度快，食量大，抢食凶。

（4）生长和繁殖。草鱼在适当的密养条件下，当年可达50～250g，二龄可达0.5～1.5kg，三龄可达1.5～2.5kg。池养条件下，四龄性成熟，南方早1～2年，北方晚1～2年。产卵季节为4月下旬到6月上旬，产漂浮性卵。

（5）对外界环境的适应。草鱼在1～38℃水中都能生存，但适宜温度为20～32℃。其中，繁殖最适温度为22～28℃。养殖水体最适的溶氧量为5mg/L以上。养殖水体适宜的pH为7～9，最适为7.5～8.5。草鱼喜欢在清新的水体中生活。

实践案例

广西壮族自治区忻城县水产站自2007年8月鼓励库区群众利用网箱主养草鱼。网箱养鱼具有设备简单，投资少，操作方便，管理方便等优点，而且养殖密度大，单产高，平均单产125～135kg/m³，取得了较好的经济效益，增加了库区农民的收入，提高了库区农民的生活水平。据此案例制订一套主养草鱼的饲养管理方案。

实施过程

1. 培育鱼苗

（1）选择合适的鱼苗池。鱼苗池最好是东西走向的长方形，长宽比为2∶1或3∶2，面积以1 000～2 000m²为宜，池深1.0～1.5m，池底要平坦，或略向排水口倾斜，以利于干池捕鱼；池底质以壤土为好，池塘的淤泥深10～15cm。

（2）消毒清塘。在鱼苗入池前10d左右进行，鱼池水深5～10cm，生石灰75～100g/m²，溶解后全池均匀泼洒。

（3）培育水质。清塘后3d开始注水60～80cm，在进水口用80目的筛绢布袋过滤。经发酵的有机肥按300～750g/m²施入水塘，水色以逐渐变为茶褐色或油绿色为好。

（4）放养鱼苗。施肥培育水质7d左右，经"试水"确认消毒药物毒性消失后，即可放养鱼苗，每平方米放养孵出后3～4d的草鱼苗150～180尾。

（5）做好鱼苗饲养管理工作。

①投饲。鱼苗下塘后前3d以投喂黄豆浆为主，3d后可投喂花生麸、米糠或配合饲料，每天每万尾投喂量为100～300g，每天投喂2次，投喂时间为9∶00和17∶00。

②注水。放苗后7～10d，视水质变化情况逐渐加注新水，至出苗前使水深达1.5m。

③巡塘。每天早、晚各巡塘1次，观察鱼苗的活动、生长情况和水质变化，以决定投饵量、施肥量和是否加注新水。及时捞出蛙卵、死鱼及杂物等。

④锻炼和出塘。鱼苗经过15～20d的饲养，长到2.5～3cm时要分塘，进入鱼种培育阶段。鱼种出塘前要进行拉网锻炼，以增强鱼的体质，使其能经受操作和运输。鱼体锻炼是在上午鱼苗不浮头或浮头下沉后，拉网将鱼苗围进网箱内，密集到15∶00左右，鱼体已经"老练"（分泌大量黏液，排完粪便，肌肉结实），就可过数出塘。

2. 培育鱼种

（1）选择合适的鱼种池。鱼种池面积以1 500～3 000m²为宜，池深1.2～1.5m。

（2）放养鱼种。鱼种池经消毒清塘和培育水质后7d，确认消毒药物毒性消失后，放养鱼种，每平方米放养3cm左右的草鱼种15尾，1个月后放入3cm左右的鲢鱼种3尾、鳙鱼种2尾。

（3）做好鱼种的饲养管理工作。

①投饲。投喂粗蛋白质含量为32%的鱼用破碎料或粗蛋白质含量为30%的草鱼专用配合饲料，鱼种下塘后1个月内，正常投饵率为4%；7月中旬到9月初，日投饵率为3.5%；9月中旬以后为3%。适当投喂一些浮萍等青饲料。每天投喂2次，投喂时间为9∶00左右和17∶00左右。

②水质调控。适时换去旧水，加注新水，保持池水透明度在25～30cm。每隔15～20d，用20g/m³的生石灰全池遍洒。必要时开动增氧机。

③疾病预防。每隔20d使用1次"三黄"药饵（大黄、黄芩、黄柏三者比例为5∶3∶2，按每千克鱼体重用药4g计算），制作方法是计算出总用药量后，加适量水煎煮至沸腾20min

后滤出药液，待药液温度降至室温后拌入饲料，待充分混合后及时投喂，连用 3d。每隔 7d 在饲料中添加 1 次鱼用维生素。

④出塘。养到 10 月底，草鱼种规格达 20～25 尾/kg，就可过数出塘。

3. 池塘主养草鱼

（1）选好池塘。主养草鱼的池塘面积一般为 5 000～10 000m²，鱼池水深以 2.0～2.5m 为宜，池塘的淤泥深 10～15cm，水源充足，水质好，每个池塘应配备 2.2kW 增氧机 1 台。鱼种放养前 10d 左右，消毒清塘并培育水质。

（2）放养鱼种。施肥培育水质 7d 左右，确认消毒药物毒性消失后放养鱼种。草鱼种必须体质健壮，规格大，100～250g/尾，其他搭配的鱼品种规格，特别是鲤鱼种规格不得大于草鱼种。草鱼投放量应掌握在总投放量的 60% 左右，条件较好的池塘，每 1 000m² 可放养草鱼种 750～800 尾，搭配鲢鱼种 450 尾（10～15cm/尾），鳙鱼种 100 尾（10～15cm/尾），鲤鱼种 120 尾（或鲫鱼种 150～200 尾），还可适当搭配团头鲂。

鱼种入池前必须进行严格的药物消毒，可用 2%～4% 食盐溶液浸浴 5min，或用 20g/m³ 高锰酸钾溶液浸浴 10 min，或用 30g/m³ 聚维酮碘（有效碘 1%）溶液浸浴 5min，并注射草鱼疫苗。

（3）投喂饲料。以青饲料为主，适当投喂草鱼膨化颗粒饲料。陆生的各种无毒嫩草、蔬菜、木薯叶、西瓜叶、玉米叶、香蕉叶、红薯藤叶等，各种水生植物，如浮萍、轮叶黑藻、苦草、菹草等都是草鱼很好的饲料，还可以投喂人工种植的象草、苏丹草、黑麦草等优质牧草。饲料投喂量应根据天气、鱼类吃食情况、水质情况等灵活掌握，以每天傍晚前吃完为好，在夏季高温季节，应杜绝草鱼吃夜草。另外，在每天 16：00 左右，按塘鱼（除去鲢、鳙）重量的 1.5% 投喂草鱼膨化颗粒饲料，以补充营养。同时，应驯化鱼类定点摄食。也可以投喂草鱼膨化颗粒饲料为主，适当投喂青饲料。膨化颗粒饲料既能满足草鱼生长的需要，又能节省大量劳动力，同时对净化水质，预防鱼病很有好处。

（4）调节水质。要经常保持水质的清新和卫生。每隔 3～5d 添加新水 5～10cm，以增强水体活力，增加溶氧，提高浮游生物的增殖率，满足鲢、鳙对饵料的需要，也刺激草鱼的快速生长。每隔 15～20d，用 20g/m³ 的生石灰全池遍洒，调节水质。池水透明度最好保持在 25～30cm。配备增氧机，保证水中溶氧满足鱼类生长的需要及防止鱼类浮头。

（5）捕捞成鱼。南方地区，每年 1～2 月放养鱼种，采用轮捕轮放的技术，6 月开始捕鱼，草鱼的上市规格一般为 1.25～1.5kg/尾，每隔 30～40d 捕捞 1 次，捕大补小，到年底 1 次性清塘上市。每 1 000m² 年产鲜鱼 1 500kg 以上。

4. 网箱主养草鱼

（1）选择养殖水域。可在水库、湖泊或流速 0.2m/s 以下的江河等架设网箱养殖草鱼，要求水深 5m 以上，底质平坦，水体不受污染，透明度在 50cm 以上，溶解氧 3mg/L 以上，pH7.0～9.0，草鱼对水温适应性较强，在 0.5～38℃ 水中都能生存，网箱宜设置在背风向阳，水面宽阔处。

（2）制作网箱。网箱设置为框架浮动式，用汽油桶或泡沫箱（筒）做浮子，框架用角铁或镀锌管焊接而成，简单的框架可用厚板材、圆木料或毛竹捆扎而成。成鱼网箱面积为 6～28m²，网箱高度为 2.5～3m，入水深度为 2.0～2.5m，四周网衣高出水面 0.5m，网目大小为 2～3cm（以不逃鱼为原则），网箱为双层敞口式。

沉子：可选用各种适合的材料，如混凝土沉子或大塑料瓶装沙、筛绢布袋装沙作沉子，沉放在网衣内底部四角及四周边中部。

锚泊系统：网箱用铁锚固定或打桩固定，固定力以大于风浪的冲力为度。离岸边近的网箱可用缆绳固定于岸上的固定物。

一般是在浮动框架人行道两边架设网箱，结构如"非"字形，有的在连体网箱上搭建1间供住人、存放少量饲料和渔具等的棚屋。

（3）放养鱼种。鱼种放养前7～10d将网箱安装于水中（让藻类附生于网线上，不易伤鱼），多次使用的旧网箱要用三氯异氰尿酸（又称强氯精）浸泡消毒并曝晒1～2d方可使用。鱼种规格为100g/尾以上，要求体质健壮，规格一致，活动能力强，无伤无病；放养密度为50～100尾/m²。鱼种入箱前进行药物消毒并注射草鱼疫苗。

（4）做好饲养管理工作。

①投饵。用草鱼专用料投喂（蛋白质含量为28%）。每天的投饵量依水温、溶氧、鱼的活动和摄食情况、天气情况等而定，一般为鱼体重的1%～5%。前2个月每天喂3次，以后改为每天喂2次。人工投饵，投饵时采取"慢—快—慢"和"少—多—少"的方式，鱼吃到8～9成饱即可。

②日常管理。从入箱后第2天开始，每天定时驯食2～3次，每次用少量饲料，边撒饲料边发出响声，使鱼形成条件反射，听到响声便来吃料。定期洗刷网衣，及时清除网箱内外的漂浮物和障碍物，保持网箱内外水流畅通。如网衣上的附着物很多，可换上新网箱。每天检查网箱，及时修补破损处；根据水位变化及时调整网箱位置；每10d抽检1次鱼类生长情况，做好记录，据此调整投饵量；做好养殖日志，记录鱼种放养数量及规格、投饵量、鱼类病况、死鱼量等。

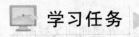 **职业能力测试**

1. 把3cm左右的鱼苗培育到10cm的过程，称为_____。
   A. 海花培育　　　　　B. 鱼苗培育　　　　　C. 鱼种培育　　　　　D. 成鱼饲养
2. 草鱼在适当的密养条件下，当年可达_____。
   A. 5～25g　　　　　B. 50～250g　　　　　C. 500～800g　　　　　D. 1 000～1 500g
3. 草鱼鱼种放养前必须消毒，可用3%～4%的食盐水溶液浸洗鱼种_____。
   A. 15min　　　　　B. 30min　　　　　C. 1.5h　　　　　D. 15h
4. 草鱼的产卵季节为_____。
   A. 1～3月　　　　　B. 4～6月　　　　　C. 7～9月　　　　　D. 10～12月
5. 怎样培育鱼苗？
6. 如何做好网箱养鱼的饲养管理工作？

项目二　虾类养殖

学习任务

南美白对虾是当今世界养殖产量最高的三大虾类之一，具有生活力强、适应性广、营养要求低、抗病能力强、生长迅速、产量高、规格整齐等特点。本次任务中，你应该了解南美白对虾养殖概况，熟悉南美白对虾的生物学特性，会合理养殖南美白对虾。

🔍 必备知识 ▶

南美白对虾的生物学特性

（1）形态特征。成虾最大体长可达23cm，甲壳较薄，正常体色为青蓝色，全身不具斑纹，步足呈白垩状，故有白脚虾或白肢虾之称。额角侧沟比较短，到胃上刺下方即消失，头胸甲具肝刺及触角刺，肝脊明显。第1触角具双鞭，第1～3对步足的上肢十分发达，第4～5对步足无上肢，第5步足具雏形外肢。腹部第1～6节具背脊，尾节具中央沟。

（2）食性。南美白对虾是杂食性虾类，偏向于动物性，在自然界以小型甲壳类或桡足类等生物为主食。对营养要求并不高，在人工配合饲料中，蛋白质含量达25%～30%即可，对植物性蛋白质的利用率高于其他虾类。

（3）生活习性。南美白对虾自然栖息区为泥质海底，水深为1～72m，水温为25～32℃，盐度为28～34，pH为8.0±0.3。成虾多生活于离岸较远的深水水域，幼虾则喜欢在饵料生物丰富的河口地区觅食生长。白天静伏池底，晚上则活动频繁。

（4）生长和繁殖。南美白对虾的生长速度较快。在盐度20～40、水温30～32℃、不投食的天然海水中，从虾苗开始到收获，180d内，平均每尾对虾的体重可以达到40g，体长由1cm增长到14cm以上。南美白对虾在池塘养殖条件下，卵巢不易成熟。但在自然海域中，头胸甲长度达到40mm左右时，便有怀卵个体出现，雌体成熟需要12周以上，体长14cm左右的对虾，其怀卵量一般有10万～15万粒。

✎ 实践案例 ▶

江西省虾农乔某从事对虾养殖多年，2014年夏季相对凉爽和少日照，让作为热带品种的南美白对虾虾苗闹起了"情绪"，"厌食"不愿意吃饵料。对虾胃口一差，生长速度减慢，影响了产量。据此案例制订一套南美白对虾养殖技术方案。

📘 实施过程

1. 选择养殖池塘与设施配备

（1）虾池。虾池以东西走向的长方形为好，面积3 000～6 000m²，水深2～3m为宜。

（2）蓄水池。无论精养还是半精养，都要按照科学管理的布局要求，因地制宜确定蓄水池的位置、面积及进出水方式。蓄水池总面积应占全部养殖池的1/3～1/2。禁止在蓄水池内放养其他养殖品种，以确保蓄水效果。

（3）养殖设施。按设计要求配备增氧机，一般选择叶轮式增氧机或水车式增氧机，精养池按每500～1 000m²配备1kW增氧机，半精养池按每2 000～3 000m²配备1kW增氧机，在离池堤10～20m处呈环形排列，使池水能形成环流，保证增氧效果。

2. 做好虾苗放养前的准备工作

（1）虾池清淤消毒。将池底污泥彻底清除出池外，切忌推至堤坡上，养殖期间又被雨水冲刷入池内，半途而废。放苗前15d，每1 000m²（水深5cm左右）用生石灰150～200kg或用 75～100g/m³ 有效氯含量为 30％ 的漂白粉，全池均匀泼洒消毒。

（2）蓄水池纳水并消毒。虾池清淤消毒前，将蓄水池纳满水，用 25～30g/m³ 有效氯含量为 30％ 的漂白粉，全池均匀泼洒消毒，杀灭所有病菌和藻类，待漂白粉的毒性消失后待用。

（3）养殖池进水及培养基础生物饵料。虾池清淤消毒 2～3d 后，从蓄水池连续 2 次进水，彻底冲刷池底，清除残留药物。然后进水 60～70cm，进行肥水。新建虾池每 1 000m² 施发酵鸡粪 20～30kg，并分别追施过磷酸钙 3kg 和碳酸氢铵 1.5kg。施肥后的水色以浅黄褐色或浅黄绿色，透明度 30～40cm 为好。

3. 挑选、暂养与投放虾苗

（1）虾苗的挑选。挑选健康体壮、无病毒的虾苗，不放养未经过检验的虾苗。

（2）虾苗的暂养。池水温度稳定在 20℃ 以上，天然饵料充足，可直接放养体长 1cm 左右的虾苗，也可通过中间暂养后养成。中间暂养可以设中间培育池，也可在养成池一角用 40 目筛绢网围成一定面积进行暂养。暂养密度为 1 000m² 养 30 万～45 万尾，体长达到 2～3cm 时投放养成。

（3）放养密度。粗养每 1 000m² 放苗 1.5 万～2 万尾，产量约 150kg。精养每 1 000m² 放苗 4.5 万尾，产量约 300kg。

（4）虾苗的投放。提前调节好水温和盐度，使育苗池与暂养池和养殖池条件基本一致。放苗时，温差控制在 2℃ 以内，选择晴天中午前后，水温高于 20℃，在上风处将虾苗缓缓放入池水中。

4. 做好养成期管理工作

（1）水质管理。定期对养殖池池水和底质的理化因子、生物因子进行监测，变化较快的指标应每天监测。常规水质监测标准为：水温为 25～32℃，盐度为 28～34，pH 为 8.0 ± 0.3，溶解氧量不低于 3 mg/L，氨氮含量在 0.2 mg/L 以下，池底硫化氢含量不超过 0.1mg/L，池底表土有机质含量不超过 5mg/L，透明度为 30～40cm。水色要依据生物优势种群的不同来确定，比较理想的水色一般为浅褐色，以硅藻为主。

（2）饵料投喂。养成前期，池内基础生物饵料丰富时可不投饵。随着基础生物饵料的消耗，逐渐投喂一些蛋白质含量较高的优质饵料。养成中后期则选用蛋白质含量为 35％～40％ 的南美白对虾专用饲料。养成后期，发病高峰已过，对虾接近收捕，可投喂一些无污染的鲜活饵料，有利于促进对虾快速生长，降低饵料成本。

南美白对虾养殖前期，池内基础生物饵料少时，每天投饵 2 次，8：00 及 20：00 各 1 次；养殖中期，每天投饵 3 次，8：00、19：00 及 23：00 各 1 次；养殖后期每天投饵 4 次，7：00、12：00、19：00 及 24：00 各 1 次。每天投饵数量，养殖前期为虾重的 8％～10％；中期为 6％～8％；后期为 4％～5％。饵料在塘边均匀投撒（最好能全池均匀投撒），夜间投饵量占日投饵量的 50％。

（3）病害防治。病害防治要坚持以防为主，防治结合的原则，从各个环节严格把关。①放养的虾苗必须保证不带病原体，活力强，体质健壮。②切实做好放苗前的清池消毒工作，保证池底清洁。③蓄水池纳满水后，要严格消毒处理，杀灭病原体。④严格落实水质管理措施，保证池水理化因子指标符合标准要求，保持水环境相对稳定。⑤及时杀灭和消除虾池中的有害动植物。⑥全程投喂优质饵料，切断病害传播途径。

5. 收获与捕捞　南美白对虾养殖周期一般为 80～90d，规格达 60～70 尾/kg 便可捕捞出售。池塘养殖南美白对虾的捕获方式有放水收虾、拉网收虾、虾笼网具收虾等。放水收虾是在排水口安放收虾袖网，打开排水闸，急速放水，使虾随水流出池塘存于网袋中。若在养殖间期少量收虾，则可采取拉网收虾或用虾笼网具收虾。

⚙ 职业能力测试 ▶

1. 在给南美白对虾投饵时，白天与夜间最理想的投喂比例为＿＿＿＿＿。
　　A. 1∶3　　　　　B. 1∶1　　　　　C. 3∶1　　　　　D. 10∶1
2. 南美白对虾幼苗对从高温向低温突变的适应能力较弱，放苗时，育苗池与暂养池温差应不超过＿＿＿＿＿。
　　A. 0.2℃　　　　B. 0.5℃　　　　C. 2℃　　　　　D. 5℃
3. 南美白对虾养成期间养殖池池水的溶解氧量不低于＿＿＿＿＿。
　　A. 0.3mg/L　　B. 1mg/L　　　C. 3mg/L　　　D. 10mg/L
4. 怎样做好南美白对虾的水质管理？
5. 怎样给南美白对虾投喂饵料？

项目三　鳖的养殖

🖥 学习任务 ▶

　　中华鳖肉味鲜美，营养价值高，商品鳖的价格较稳定，养殖前景好。本次任务中，你应该了解鳖的养殖概况，熟悉鳖的生物学特性，会培育鳖的苗种，熟悉幼鳖放养的时间与密度，会养殖和收获商品鳖。

◎ 必备知识 ▶

鳖的生物学特性

　　（1）生活习性。鳖喜欢栖息在环境安静，光照充足，水质清新，饲料丰富的环境中，属水陆两栖的爬行动物。鳖生性胆小，惧怕惊动，晚上活动频繁。鳖耐热怕冷，温度适宜时活动能力强，食欲旺盛，低温时，摄食减少，有冬眠的习性，水温低于 20℃时，钻到水底泥沙中冬眠；水温高于 20℃开始复苏，爬出活动及觅食。鳖有"晒背"的习性，天气晴朗时，爬到岸滩或岩石或露出水面的"晒台"上晒太阳，通过晒背杀灭体表的病原体，同时能使背甲皮肤增厚变硬，增强抵抗力。

　　（2）食性和生长。鳖是以动物性食物为主的杂食动物，喜欢摄食鱼、虾、螺、蚌、蚯蚓、水蚤及一些昆虫等，也摄食鲜嫩植物及人工配合饲料。鳖的生长温度为 22～32℃，最适温度为 29～31℃。南方地区，在自然温度条件下人工养殖，当年 7～9 月孵化出的个体养殖到次年 10 月，平均可达 300g，第 3 年即可达 1 000g 左右的商品规格。

　　（3）繁殖习性。在自然界，我国大部分地区鳖的性成熟年龄为 4～5 龄。在南方地区，人工养殖条件下，第 3 年，鳖体重达到 1kg 左右，性腺基本发育成熟。每年开春，水温达

22℃以上时，亲鳖开始发情交配，约经过 20d，雌鳖开始产卵，一般在 20：00 到第 2 天凌晨 4：00 产卵，尤其在雷阵雨后的晚上产卵较多，雌鳖通常选择较疏松的沙土挖穴产卵。如果食物丰富，环境条件适宜，经 2～3 周，雌鳖又可再进行交配产卵。雌鳖年产卵一般为 3～7 次，一般每次产卵 8～15 枚，年平均产卵 40～120 枚。

小贴士

鳖，俗称甲鱼、水鱼等。它隶属于爬行纲、龟鳖目、鳖科、鳖属。我国鳖属有两个种，即中华鳖和山瑞鳖。山瑞鳖是我国仅次于中华鳖的主要养殖品种，属国家二级保护野生动物，分布于云南、贵州、广西、广东、海南等南方省区。全国各地均有优良的中华鳖地方品种，由于中华鳖肉的品质好，味道鲜美，营养价值高，商品鳖的价格较稳定，深受养殖者和消费者青睐。

实践案例

2010 年，贵州省养殖户刘某看到中华鳖具有较大的食用和药用价值，于是开始养殖成鳖，但由于缺少管理知识和经验，误认为药物万能，滥用药物，破坏了池塘水的生态平衡，导致发生疾病后用药物很难控制或彻底清除，造成严重损失。据此案例制订一套鳖的养殖方案。

实施过程

1. 培育好稚鳖

（1）科学投喂饲料。稚鳖孵出后 2～3d，体内的卵黄已吸收完毕，便开始摄食外界食物。稚鳖对饲料要求较高，要求饲料营养全面，适口性好。以小鱼、小虾、水蚤、水蚯蚓、鸡肝、鸭肝、黄粉虫等营养丰富的动物性饲料为主，也可以投喂稚鳖配合饲料。将动物性饲料切碎或搅成肉糜后投喂，配合饲料加适量水搅拌制成小团粒投喂；或把动物性饲料搅成肉糜与配合饲料拌匀投喂。每天 8：00～9：00、17：00～18：00 各投喂 1 次，将饲料粘在靠近水面的饲料台上。配合饲料，每天投饲量为鳖体重的 2%～3%；鲜活饲料，每天投饲量为鳖体重的 5%～10%。根据水温、水质状况和鳖的实际摄食量灵活增减，以投喂后 1～2h 吃完为宜。

（2）管理好稚鳖。

①水质管理。水深根据养殖个体的大小和季节灵活控制。个体小，水可以浅些；个体大则要求适当加深水位。春秋季节水温低，可以适当降低水位，利于提高水温；夏季温度高，应适当加深水位，防止水温太高；冬季天气寒冷，加深水位利于保温。保持鳖池水质良好，根据水质状况适时换掉部分老水，加注部分新水。适当种植部分水生植物，以吸收水中的营养物质，净化水质；每隔 15～20d，用 15～20g/m³ 的生石灰全池泼洒 1 次，消毒水体和提高池水 pH。

②日常管理。每天早晚、投饵前后巡查鳖池，观察鳖的活动、摄食情况，检查防逃、防盗设施，发现问题，及时解决。保持养殖环境的安静，消除各种惊扰，投饲后，应立即离

开，防止闲杂人员进入养殖区干扰稚鳖的摄食和活动。

③养殖好越冬的稚鳖。鳖苗越冬时对环境的适应能力较差。尤其是 9 月底或 10 月以后孵出的鳖苗，越冬前养殖的时间较短，加上天气转冷，生长较慢，体重轻，体质差，冬眠期间消耗能量多，越冬后体重下降 10%～20%，体质弱的容易死亡，成活率降低。为提高成活率，鳖苗的越冬一般采取保温养殖的方式进行，即在稚鳖越冬前采用塑料薄膜搭盖保温棚，通过太阳照射升高棚内越冬池的温度，使养殖池的温度稳定在 22℃ 以上，稚鳖能摄食、生长。每年的 1～2 月由于自然温度太低，不易保温，养殖池达不到稚鳖摄食、生长所需要的温度，不能进行保温养殖，此时，应让稚鳖自然越冬。当温棚内水温低于 22℃，稚鳖不再摄食时，可把保温棚一角或四周打开，让其在常温下自然越冬。越冬期间，如果气温低于 5℃，应重新盖严保温棚，保持水温在 7～15℃，防止稚鳖冻伤。每年 4 月前后，天气回暖，外界温度升高，温棚内水温超过 30℃ 时，可打开温棚四周的塑料薄膜通风散热，保持水温在 28～31℃，进行养殖。每年 5 月气温稳定在 25℃ 以上时，即可拆除保温棚的薄膜。

2. 培育好幼鳖　稚鳖经过越冬养殖至次年 5 月，大多数个体达到 30g 以上，但体格大小可能不均匀，应分规格养殖。个体重为 20～50g 的幼鳖，放养密度为 15～20 只/m²。

3. 合理养殖成鳖

（1）合理放养幼鳖。每年的 4 月底或 5 月初，水温稳定在 22℃ 以上时即可放养。个体重为 50～100g 的幼鳖，放养密度为 6～10 只/m²，个体重 100～200g 的幼鳖，放养密度为 2～5 只/m²。

（2）做好饲养管理工作。可以投喂的饲料很多，动物性饲料有鱼、虾、蚌、螺、蚯蚓、蝇蛆、黄粉虫及畜禽内脏等，植物性饲料有花生麸、玉米粉、新鲜的瓜果蔬菜等，也可以投喂全价人工配合饲料。按照定时、定位、定质、定量的"四定"的原则投喂，每天 8：00～9：00、17：00～18：00 各投喂 1 次，日投饵量为鳖体重的 5% 左右。加强水质管理，使池水透明度保持在 20～30cm。每隔 15～20d，用 15～20g/m³ 的生石灰全池泼洒 1 次，消毒水体和提高池水 pH。

（3）收获商品鳖。在南方地区，在自然温度下养殖，鳖第 3 年可达到 1kg 左右的食用规格，即可捕捉上市，如养到 1.5kg 以上再上市，经济效益更高。

🔧 职业能力测试

1. 在自然界，我国大部分地区鳖的性成熟年龄为_____。
   A. 1～2 龄　　　B. 4～5 龄　　　C. 8～10 龄　　　D. 12～15 龄

2. 鳖的最适生长温度为_____。
   A. 1～2℃　　　B. 10～12℃　　　C. 19～21℃　　　D. 29～31℃

3. 雌鳖每年平均产卵_____。
   A. 1～2 枚　　　B. 4～12 枚　　　C. 40～120 枚　　　D. 400～1 200 枚

4. 个体重为 50～100g 的幼鳖，放养密度为_____。
   A. 1～2 只/m²　　　B. 6～10 只/m²　　　C. 16～20 只/m²　　　D. 26～30 只/m²

5. 怎样做好稚鳖的越冬工作？

6. 怎样做好成鳖的饲养管理工作？

主要参考文献

陈晓华.2003.动物生产技术与动物医学［M］.哈尔滨：黑龙江科学技术出版社.
杜文兴.2003.肉鸭无公害饲养综合技术［M］.北京：中国农业出版社.
冯春霞.2001.家畜环境卫生［M］.北京：中国农业出版社.
冯定远.2003.配合饲料学［M］.北京：中国农业出版社.
呙于明.2004.家禽营养［M］.北京：中国农业大学出版社.
库克奇.2012.养殖基础［M］.北京：中国农业出版社.
焦骅.1999.家畜育种学［M］.北京：中国农业出版社.
咎林森.1998.肉牛高效益饲养法［M］.北京：中国农业出版社.
李昂.2003.实用养鹅大全［M］.北京：中国农业出版社.
李炳坦.2004.养猪生产技术手册［M］.北京：中国农业出版社.
李德发.2001.中国饲料大全［M］.北京：中国农业出版社.
李海林.2003.牛胚胎高效移植技术［M］.北京：中国农业出版社.
李建国,曹玉凤.2003.肉牛标准化生产技术［M］.北京：中国农业大学出版社.
李震钟.1993.家畜环境卫生学附牧场设计［M］.北京：中国农业出版社.
刘国艳.2009.动物营养与饲料［M］.2版.北京：中国农业出版社.
刘国艳,李华慧.2014.动物营养与饲料［M］.3版.北京：中国农业出版社.
刘红林.2001.现代养猪大全［M］.北京：中国农业出版社.
刘建新等.2003.干草秸秆青贮饲料加工技术［M］.北京：中国农业科学技术出版社.
孟和.2001.羊的生产与经营［M］.北京：中国农业出版社.
牛树田.2001.高产奶牛饲养技术［M］.北京：中国农业出版社.
彭建,陈喜斌.2008.饲料学［M］.北京,科学出版社.
夏中生.2004.动物营养与饲料［M］.桂林：广西师范大学出版社.
席克奇.2011.养殖基础［M］.北京：中国农业出版社.
邢廷铣.2000.农作物秸秆饲料加工与应用［M］.北京：金盾出版社.
徐建义.2000.养禽与禽病防治［M］.北京：中国农业出版社.
王俊东.2003.奶牛无公害饲养综合技术［M］.北京：中国农业出版社.
吴健.2006.畜牧学概论［M］.北京：中国农业出版社.
杨凤.2000.动物营养学［M］.北京：中国农业出版社.
杨久仙,宁金友.2005.动物营养与饲料加工［M］.北京：中国农业出版社.
岳永生.2002.简明养鸭手册［M］.北京：中国农业大学出版社.
张力,杨孝列.2012.动物营养与饲料［M］.北京：中国农业大学出版社.
钟孟淮.2009.动物繁殖与改良［M］.2版.北京：中国农业出版社.
张忠诚.2004.家畜繁殖学［M］.4版.北京：中国农业出版社.

267

图书在版编目（CIP）数据

动物生产基础/苏成文，彭少忠主编．—北京：
中国农业出版社，2015.6
中等职业教育农业部规划教材
ISBN 978-7-109-20404-1

Ⅰ.①动… Ⅱ.①苏…②彭… Ⅲ.①畜禽—饲养管
理—中等专业学校—教材 Ⅳ.①S815

中国版本图书馆 CIP 数据核字（2015）第 087557 号

中国农业出版社出版
（北京市朝阳区麦子店街 18 号楼）
（邮政编码 100125）
策划编辑 杨金妹
文字编辑 耿韶磊

北京通州皇家印刷厂印刷 新华书店北京发行所发行
2015 年 6 月第 1 版 2015 年 6 月北京第 1 次印刷

开本：787mm×1092mm 1/16 印张：17.5
字数：420 千字
定价：37.50 元
（凡本版图书出现印刷、装订错误，请向出版社发行部调换）